U0389076

普通高等教育"十一五"国家级规划教材

实 验 化 学

（上册）

（第二版）

主　编　陈虹锦

副主编　马　荔　黄孟娇

科学出版社

北　京

内 容 简 介

本书是基础化学实验系列课程教材之一。其基本内容包括三个部分：第一部分为化学实验基础知识，包括绪论、化学实验室的基本常识、化学实验中的误差分析和数据处理、基础化学实验中常用的简单仪器、化学实验的基本操作、基本仪器的使用、化学实验室常见的测量计及其使用方法7章；第二部分为实验，包括基本操作实验、基本原理实验、有机合成实验、综合实验、微波和微型实验5章，将基本实验技能训练，如玻璃工基本操作、滴定分析基本操作、无机化学和有机合成的基本操作等贯穿于各个实验中，另外将有关的无机化学实验、分析化学实验和有机化学实验融合在一起形成综合性、设计性实验，旨在逐步锻炼学生综合实验能力；第三部分为附录。

本书适合高等院校化学、化工、生命、农学、医学、环境、药学等专业的低年级本科生使用，也可以供有关人员参考。

图书在版编目（CIP）数据

实验化学（上册）/陈虹锦主编. —2版. —北京：科学出版社，2007
（普通高等教育"十一五"国家级规划教材）

ISBN 978-7-03-019215-8

Ⅰ. 实… Ⅱ. 陈… Ⅲ. 化学实验-高等学校-教材 Ⅳ. O6-3

中国版本图书馆 CIP 数据核字（2007）第 139403 号

责任编辑：刘俊来 丁 里 王国华/责任校对：邹慧卿
责任印制：徐晓晨/封面设计：耕者设计工作室

科学出版社出版
北京东黄城根北街 16 号
邮政编码：100717
http://www.sciencep.com

北京京华虎彩印刷有限公司 印刷
科学出版社发行 各地新华书店经销

*

2003 年 8 月第 一 版 开本：B5（720×1000）
2007 年 9 月第 二 版 印张：26 3/4
2016 年 8 月第五次印刷 字数：507 000

定价：41.00元
（如有印装质量问题，我社负责调换）

第二版前言

2003 年 7 月,经过多年基础化学实验教学的实践,配合实验化学体系的改革,在科学出版社的支持下,我们出版了《实验化学》(上册),在同行中得到了较好的评价和反响。经过几年的使用和探索实践,我们又积累了一些经验,并有了一些新的体会。第二版教材被列入普通高等教育"十一五"国家级规划教材。为此,在调查、研究和讨论的基础上,我们对第一版教材进行了整合、更新,重新编排。第二版教材在原有教材内容的基础上有了以下几方面的改变:

(1)进一步完善化学实验基础知识,包括化学实验室的基本常识、化学实验中的误差分析和数据处理、基础化学实验中常用的简单仪器、化学实验的基本操作、基本仪器的使用、化学实验室常见的测量计及其使用方法等。

(2)加强实验技能的综合训练,以素质、能力培养为主线,将实验分为基本操作实验、基本原理实验、有机合成实验、综合实验、微波和微型实验。

(3)将涵盖的实验内容,包括无机化学、分析化学、有机化学实验及有关的综合设计实验进行整合与更新,形成新的体系。注重实验原理,简化实验步骤。

(4)加强综合设计训练,将实验的综合性、设计性贯穿于具体实验中,加强无机化学、分析化学与有机化学实验之间的联系,使学生在实验过程中对学过的化学理论知识融会贯通,学会化学实验技能和方法的综合运用。

(5)更加注重学生能力的培养,增加了实验预习内容和实验思考题。实验思考题针对实验过程中的问题和涉及的实验原理而提出,力争使学生通过实验的教学过程,综合能力得到更进一步提高。

化学是实践性学科,有关的原理、知识以及应用能力必须依靠化学实验的操作和在实验进行过程中的体验才能获得。基础化学实验知识的获得和技能的培养,对于化学理论知识的理解,特别是对于综合实验能力的培养以及科研能力的培养有着潜移默化的作用。希望通过本教材的介绍,使学生了解基础化学实验中的有关问题,通过实验教学,培养学生实事求是的科学态度和缜密的分析问题的能力。

本书再版过程中,我们得到了上海交通大学基础化学实验中心广大教师和实验室人员的大力帮助,在此表示衷心的感谢!

由于编者学识有限,书中难免有错误和不妥之处,恳请广大读者批评指正。

编 者
2007 年 8 月于上海

第一版前言

化学是一门实践性很强的科学。在学习化学理论知识的同时,必须通过化学实验课程来达到两个目的:一是验证理论知识、加深对理论的了解和掌握,同时使学生学会用所学的知识对实验现象和结果进行分析及讨论;二是通过实验这个实践环节,培养学生独立处理问题、解决问题的能力和设计水平,为今后专业课程的学习与科研工作训练良好的实验技能、打下扎实的综合基础。

《实验化学》是上海交通大学化学化工学院基础化学实验中心的有关教师总结多年基础化学实验教学的经验,本着提高学生综合实验能力的宗旨而开设的一门独立的新系列课程。它不局限于对理论知识的验证,而是从基础知识、基本训练到设计性实验、研究性实验和综合实验,有步骤地引导学生从掌握最基本的实验技能到熟练进行综合实验设计,可全面提高学生的独立工作能力、综合设计能力、科学研究能力以及团队协作精神。

本书是《实验化学》的上册,着重介绍实验化学的基础知识,以及对学生进行基本实验技能的训练、基本化合物的合成和测试训练,为后续的系列实验打下基础。本书由陈虹锦任主编、马荔和黄孟娇任副主编。在本书的编写过程中,得到我们基础化学实验中心的许多教师的大力帮助,如吴旦老师、谢少艾老师对本书中有关基础化学知识、基本化学实验技能以及无机与化学分析有关的实验内容的编写给予了很大的帮助;章烨老师、孟庆华老师对相关的有机化学的实验内容的编写和资料收集也给予很大支持,在此一并表示衷心感谢! 另外,在本书的编写过程中,在实验的设计和验证过程中,基础化学实验中心的全体教师都给予了积极的支持与帮助,使我们的实验改革和本书的编写工作得以顺利地进行,为此也向他们表示最真诚的谢意。

由于我们的能力有限和对基础化学实验教学的改革还处于探索阶段,书中难免会有一些不妥和错误之处,欢迎读者批评指正。

编　者

2003 年 7 月于上海

目　　录

第二部分　实　验

第三部分　附　　录

第一部分
化学实验基础知识

第1章 绪 论

1.1 化学实验的目的

化学是一门实验性非常强的自然科学。在学习过程中,要真正地掌握好化学理论知识及研究方法,达到融会贯通,化学实验是必不可少的一个重要环节。基础化学实验作为高等理工院校化学、化工、材料、环境、生命、医药等专业的基础课程的一部分,对培养学生的综合能力有着极为重要的作用。面对人才培养模式的改革,为适应不同的需求,在不断实践的过程中,根据国家教学示范实验中心建设的要求,我们对沿袭多年的四大基础化学实验体系,即无机化学、分析化学、有机化学、物理化学实验体系进行改革和整合。整合后的基础化学实验作为一门独立的课程,其课程体系分为基础知识、基本技能训练,基本合成,基本性能测试及表征,综合、开放实验四个模块。希望通过实行新的基础化学实验体系,达到以下几个目的:

(1)通过实验课程掌握基本实验技能和基本实验方法,培养学生独立思考问题、解决问题的能力,树立严谨的治学作风,培养良好的素质及科学素养。

(2)通过基本实验、设计性实验、综合性实验三个层次的教学,逐步提高学生获取新知识和掌握科学研究方法的能力。

(3)培养学生准确、细致、整洁等良好的科学习惯;培养学生实事求是的科学精神,形成科学思维方法和开拓创新能力。

(4)经过严格的实验训练,使学生具有一定的分析和解决较复杂问题的能力、收集和处理分析化学信息的能力、文字表达能力以及团结协作精神。

(5)通过整个实验过程,培养学生对实验方案设计原理的了解和思考,促使学生逐步形成带着问题学习的良好学习习惯。

(6)通过实验过程,使学生对化学原理与实际应用融会贯通,加深对基本概念的理解,提高应用能力。

1.2 化学实验课的要求

如上所述,化学实验是一个独立的课程体系,为了使实验课程达到上述学习效果,学生应端正学习态度,更重要的是要建立一套正确、有效的学习方法。在实验教学的过程中要注重预习、实验、实验报告三个环节。

1.2.1　预习

预习是实验成败的关键因素之一。首先要根据实验目的,了解实验的内容、步骤以及每一步要达到的目的或可能有的现象,将实验的整体过程在头脑中建立起一个框架,做到心中有数。然后对实验中可能遇到的问题及疑点、难点,查阅有关资料,制定可行的实验方案,使实验得以顺利进行。实验的预习步骤如下:

(1)阅读与实验相关的内容,研究并领会实验原理,了解及考虑实验步骤和操作过程中的注意事项。实验前要根据自己对实验预习的体会写好预习报告。预习报告的主要内容包括实验目的,简要的实验原理(主反应和重要副反应方程式),简明的实验步骤和流程图,使用的原料、产物和主要副反应产物,实验方法和操作要点,与实验相关的物理化学常数及主要试剂规格、用量等。

(2)对于一些简单的设计性实验,首先要明确需要解决的问题,再根据所学的知识,通过查阅有关资料,结合实验室可提供的条件,选定实验方法,设计实验方案。必要时先和指导教师讨论后再做设计。

(3)预习报告的书写要求简明扼要,实验内容按不同实验的要求,可用框图、箭头或表格的形式表达,有些文字可用符号简化,如实验所用仪器或实验步骤。另外,预答思考题及预测实验现象,估计实验中可能出现的问题,设想解决办法,标出操作中的关键步骤。必须考虑留出相应的表格和空格,便于实验中记录实验现象及数据。

总之,预习要达到了解概貌、预测难题和现象、明确思路的效果。

1.2.2　实验

学生应根据教材上所规定的或自己设计的方法、步骤和试剂用量进行操作,完成实验应做到以下几点:

(1)实验过程中保持安静,严格遵守实验室安全和操作规范。

(2)认真操作,细心观察实验现象,包括气体的生成,沉淀的产生,颜色、温度、压力、流量、pH 的变化等。

(3)对实验中产生的现象,应本着实事求是的科学态度进行如实的记录,应用所学的理论进行分析,得出结论。如果发现实验现象和化学原理或预想的不符合,应认真检查原因,并细心地重做此实验。必要时,可以做空白实验或对照实验加以检验或校正。

(4)实验中遇到疑难问题时提倡师生间、同学间的讨论,从而提高实验效率,逐步提高解决问题的能力。

(5)每个学生必须准备一本有页码的预习报告本记录实验数据和现象。记录时,文字要简明扼要、书写整齐、字迹清楚。如实、详细地把实验现象、数据记录在预习报告所留出的空格或表格内。数据记录一定要真实、有效、规范。

（6）实验完毕后，登记实验的原始数据，并将记录和实验产品一并交教师审阅。

1.2.3 实验报告

实验报告是实验的最后一项工作，是实验的总结，是一个把感性认识上升到理性认识的重要环节。这一环节是培养学生分析、归纳、总结、写作能力的重要步骤。

实验报告一般应包括以下内容：

（1）实验名称，日期，当时环境温度，实验者及班级代号、学号，指导教师姓名。

（2）实验目的。

（3）实验原理。要求简明扼要，尽量用化学的语言表达。

（4）实验步骤及操作重点。通过简图、表格、化学反应方程式、符号等简洁明了地表示。

（5）实验结果。表达实验获得的数据及处理实验的结果。根据实验现象、数据进行整理、归纳、计算。

（6）结果讨论与分析。对实验进行小结，包括对实验的现象与结果的分析讨论。也可对实验的整体设计（包括内容和安排不合理的地方）提出自己的意见和建议，实验中的一切现象（包括异常现象）都应进行讨论，提出自己的看法和原理依据，做到生动、活泼、主动地学习。

（7）思考题的解答。

1.3 实验报告格式

这里提供的实验报告的格式是为低年级学生示范的，高年级的学生可在教师的指导下根据实验的具体内容拟定实验报告格式。实验报告总的原则是简洁明了，尽量用化学的语言及符号、图、表等有层次地清晰表达。以下为几种类型实验报告格式的示例。

【例1-1】 "无机制备实验"报告格式

姓名　　　　　班级　　　　　学号　　　　　实验日期

实验指导教师　　　　　助教　　　　　成绩

课程名称：实验化学一　　实验名称：硫酸亚铁铵的制备

一、实验目的（略）

二、实验原理

$$Fe + H_2SO_4 \Longrightarrow FeSO_4 + H_2 \uparrow$$
$$FeSO_4 + (NH_4)_2SO_4 + 6H_2O \Longrightarrow FeSO_4 \cdot (NH_4)_2SO_4 \cdot 6H_2O$$

三、实验步骤

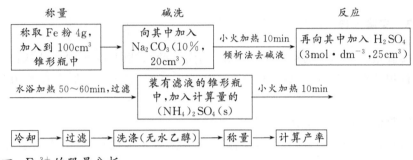

四、Fe^{3+} 的限量分析

原理：$Fe^{3+} + nSCN^- \Longrightarrow [Fe(NCS)_n]^{3-n}$

方法：目视比色法

五、实验现象与解释

六、实验结果

    理论产率的计算：

    产量：   产率：

    产品等级：

七、问题与讨论

八、思考题

【例1-2】 "测定实验"报告格式

姓名   班级   学号   实验日期

实验指导教师   助教   成绩

课程名称：实验化学二   实验名称：乙酸电离常数和电离度的测定

一、实验目的(略)

二、实验原理(略)

三、实验内容

1. 实验步骤

HAc 浓度的标定 $\xrightarrow{\text{NaOH 标准溶液}}$ 不同浓度 HAc 的配制 $\longrightarrow$ 不同浓度 HAc 的 pH 的测定。

2. 实验数据及处理

(1) HAc 浓度的标定

	I	II	III
NaOH 浓度/(mol・dm^{-3})		0.1985	
HAc 体积/cm³		25.00	
NaOH 体积(终)/cm³	25.05	25.02	24.96
NaOH 体积(初)/cm³	0.00	0.00	0.00
NaOH 体积/cm³	25.05	25.02	24.96
NaOH 体积平均值/cm³			
HAc 浓度计算公式			
HAc 平均浓度/(mol・dm^{-3})			

（2）HAc 溶液的 pH 的测定

编　号	V_{HAc}	$V_{总}$	c	lg$c$	pH	2pH	[H$^+$]	K_{HAc}	α
1	5cm³	100cm³							
2	10cm³	100cm³							
3	15cm³	100cm³							
4	20cm³	100cm³							
5	25cm³	100cm³							

四、结果与讨论

五、思考题

【例 1-3】　基本操作实验报告

因基本操作实验内容差别较大,很难有固定的格式。可仿照合成实验报告格式,将"产率计算"改成"数据记录和处理"。

姓名　　　　　　　班级　　　　　　　　学号　　　　　　实验日期

实验指导教师　　　　　　　　　助教　　　　　　成绩

课程名称:实验化学二　　　　实验名称:溴乙烷的制备

一、实验目的

1. 掌握从醇制备溴代烷的原理和实验技能。

2. 学习蒸馏装置和分液漏斗的使用方法。

二、实验原理

主反应:　　　　$NaBr + H_2SO_4 \longrightarrow NaHSO_4 + HBr$

$$HBr + C_2H_5OH \rightleftharpoons C_2H_5Br + H_2O$$

副反应:　　　　$2C_2H_5OH \xrightarrow[140℃]{H_2SO_4} C_2H_5OC_2H_5 + H_2O$

$$C_2H_5OH \xrightarrow[170℃]{H_2SO_4} CH_2 = CH_2 + H_2O$$

三、主要试剂用量及规格

试剂	规格	用量
95% C_2H_5OH	化学纯	7.6g($10cm^3$,约 0.17mol)
浓 H_2SO_4	工业品	$19cm^3$(约 0.32mol)
NaBr	化学纯	15g(约 0.15mol)

四、主要装置图(略)

五、实验步骤和现象记录

1. 实验流程图

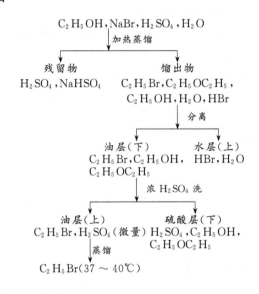

2. 现象记录

步　骤	现　象	备　注
(1) 在蒸馏烧瓶中加入 $10cm^3$ 95% 的 C_2H_5OH 及 $9cm^3$ H_2O		加少量水可防止反应进行时产生大量泡沫,减少副产物乙醚的生成和避免氢溴酸的挥发
(2) 在不断振摇和冷水浴冷却下,逐渐加 $19cm^3$ 浓 H_2SO_4,冷却至室温	放热	
(3) 振摇下,逐渐加入 15g 研细的 NaBr 及几粒沸石		
(4) 按图安装好蒸馏装置		
(5) 小火加热,约半小时后逐渐加大火焰	开始加热时有很多泡沫产生,冷凝管中有馏出液,乳白色油状物沉在水底。馏出液由混浊变成澄清	接收瓶内放少许冷水并浸于冷水浴中,接液管的末端刚浸没在接收器的冷水中

续表

步　骤	现　象	备　注
(6) 停止加热		瓶中残留物趁热倒出,以免 $NaHSO_4$ 冷后结块不易倒出
(7) 馏出物用分液漏斗分出油层	油层变透明	
(8) 将油层在冰水冷却下,逐滴加入 $5cm^3$ 浓 H_2SO_4		浓 H_2SO_4 除去乙醚、乙醇、水等杂质
(9) 用分液漏斗分去下层 H_2SO_4		
(10) 将溴乙烷倒入蒸馏瓶中,加入沸石,改用水浴加热,进行蒸馏	接收瓶用冰水浴冷却	
(11) 收集 37~40℃ 的馏分	产物为无色液体	
(12) 观察产物外观,称量	接收瓶　53.0g 接收瓶+C_2H_5Br　64.0g C_2H_5Br　11.0g	

六、产率计算

产品溴乙烷为无色透明液体,产量 11.0g。

溴乙烷的摩尔质量为 $108.9g \cdot mol^{-1}$,其理论产量为 $m = 108.9g \cdot mol^{-1} \times 0.15mol = 16g$。

$$产率 = \frac{11.0g}{16g} \times 100\% = 68.75\%$$

七、结果与讨论

1. 硫酸洗涤时发热,表明粗产品中乙醚、乙醇或水分过多。这可能是由于反应时加热太猛,使副产物增多。另外,也可能由于从水分中分出粗油层时,带进了一些水分。

2. 溴乙烷沸点很低,硫酸洗涤时发热可使一部分产品挥发损失。

实验指导教师在学生实验中起着重要作用。为此,要求教师必须做到坚持做预备实验。实验课开始前,指导教师应检查学生的预习情况,讲授实验基本知识和实验操作。指导实验时,指导教师应坚守工作岗位,及时发现并指出学生的操作错误与不足。实验结束后,指导教师应认真批改实验报告,将学生实验过程中和实验报告中存在的问题及时进行讲评和总结。而学生应该在实验之前认真预习,实验时最好与指导教师进行讨论,并且整个实验环节完成以后,要弄懂每一个环节的内涵。

基础化学实验课是一个独立的课程体系,因此考核是很重要的。学生成绩的评定应包括以下几项内容:预习情况,实验态度,实验操作技能,实验记录,实验报告的撰写是否认真、是否符合要求,实验结果的科学性与准确性,实验过程中和实验结束后是否做到积极思考、主动学习,是否有意识地培养思考分析的习惯等。

第2章 化学实验室的基本常识

2.1 化学实验室的概貌

化学实验室的基础设施主要有实验台、洗涤设施、通风装置、废液回收装置、220V 交流电和管道煤气(天然气)等。如果条件允许的话,还应配备 36V 以下直流电和纯水管道。同时化学实验室的基本附件有灭火细砂、灭火器、洗眼器、烟雾报警器、喷淋装置和应急电源或应急灯。

学生进入实验室后的第一件事就是要了解实验室的基本情况,以便今后很好地进行实验,并且在出现事故时能及时应对,做到安全、自救、逃生。

2.2 化学实验用水

在化学实验室中,根据任务和要求的不同,实验室对水的纯度要求也不同。对于一般的分析实验,采用蒸馏水或去离子水即可;而对于超纯物质分析,则要求纯度较高的"高纯水"。

我国已建立了实验室用水规格的国家标准(GB/T6682—92)。标准中规定了实验室用水的技术指标、制备方法及检验方法。

2.2.1 实验室用水规格

实验室用水规格列于表 2-1。

表 2-1　实验室用纯水的级别及主要指标

指标名称	一　级	二　级	三　级
pH 范围(25℃)	—	—	5.0~7.5
电导率(κ)(25℃)/(mS·m^{-1})≤	0.01	0.10	0.50
比电阻(25℃)/(mΩ·cm)≥	10	1	0.2
可氧化物质[以(O)计]/(mg·dm^{-3})<	—	0.08	0.40
吸光度(A)(254nm,1cm 光程)≤	0.001	0.01	—
可溶性硅(以 SiO$_2$ 计)/(mg·dm^{-3})<	0.01	0.02	—
蒸发残渣(105℃±2℃)/(mg·dm^{-3})≤	—	1.0	2.0

标准中只规定了一般技术指标,在实际工作中,有些实验对水有特殊要求,还要检查有关项目,如 Cl^-、Fe^{3+}、Cu^{2+}、Zn^{2+}、Pb^{2+}、Ca^{2+}、Mg^{2+} 等的含量。

2.2.2　纯水的制备方法

制备实验室用水的原料水应当是饮用水或比较纯净的水。如有污染,则必须进行预处理。

三级水:是最普遍使用的纯水,适用于实验室一般工作。过去多采用蒸馏方法制备,故通常称为蒸馏水。为节省能源和减少污染,目前多改用离子交换法、电渗析法制备。

二级水:可含有微量的无机、有机或胶态杂质。可采用蒸馏、反渗透或去离子后再蒸馏等方法制备。

一级水:基本不含有溶解或胶态离子杂质及有机物。可用二级水经进一步处理制得。例如,可用二级水经过蒸馏、离子交换混合床或过滤膜的方法,或者用石英装置进一步蒸馏制得。

蒸馏法:使用的蒸馏器由玻璃、铜、石英等材料制成。蒸馏法设备成本低,操作简单,但能量消耗大,只能除去水中非挥发性杂质,不能除去溶解在水中的气体。

离子交换法:这是应用离子交换树脂去除水中杂质离子的方法。用这种方法制得的纯水通常称为去离子水。此法的优点是容易制备、量大、成本低、去离子的能力强。缺点是设备及操作较复杂,不能除去非电解质(如有机物)杂质,而且尚有微量离子交换树脂溶在水中。

电渗析法:这是在离子交换技术基础上发展起来的一种方法。它是在外电场的作用下,利用阴、阳离子交换膜对溶液中离子的选择性透过而使杂质离子从水中分离出来的方法。此方法除去杂质的效率相对较低,适用于要求不是很高的实验工作。

以下的叙述中所涉及的水均为不同等级但符合要求的纯水,不再提及蒸馏水或去离子水。

2.2.3　纯水的检验方法

根据表 2-1 中纯水的主要指标,纯水测定的指标和方法如下:

1. pH 的测定

用酸度计测定水的 pH 时,先用 pH 5.0~8.0 的标准缓冲溶液校正 pH 计,再将 $100cm^3$ 水注入烧杯中,插入玻璃电极和甘汞电极(或复合电极),测定水的 pH。

2. 电导率的测定

测定电导率应选用适于测定高纯水的电导率仪（最小量程为 $0.02\mu S\cdot cm^{-1}$）。一、二级水电导率极低，通常只测定三级水。配备电极的电导池常数一般为0.1～1，用烧杯接取约 $100cm^3$ 水样，立即测定。如电导率仪无温度补偿功能，则应在测定电导率的同时测定水温，再根据下式换算成 25℃时的电导率：

$$\kappa_{25}=\alpha(\kappa_T-\kappa_p)+0.0548$$

式中：κ_{25}——25℃时水样的电导率，$\mu S\cdot cm^{-1}$；

κ_T——T℃时测定水样的电导率，$\mu S\cdot cm^{-1}$；

κ_p—— T℃时理论纯 H_2O 的电导率，$\mu S\cdot cm^{-1}$；

α——T℃时的换算因数；

0.0548——25℃时理论纯 H_2O 的电导率，$\mu S\cdot cm^{-1}$。

其中 α 值和 κ_p 值列于表 2-2。

表 2-2　理论纯水的电导率（κ_p）和电导率的换算因数（α）

T/℃	α	$\kappa/(\mu S\cdot cm^{-1})$
0	1.873	0.0111
5	1.625	0.0160
10	1.413	0.0224
15	1.250	0.0308
20	1.111	0.0414
25	1.000	0.0548
30	0.903	0.0710
35	0.822	0.0908

3. 吸光度的测定

将水样分别注入 1cm 和 2cm 的比色皿中，用紫外-可见分光光度计，在波长254nm 处，以 1cm 比色皿中纯水为参比，测定 2cm 比色皿中待测水的吸光度。

4. SiO_2 的测定

SiO_2 的测定方法比较繁琐，一级、二级水中的 SiO_2 可按 GB/T6682—92 方法中的规定测定。通常使用的三级水可测定水中的硅酸盐。方法如下：取 $30cm^3$ 水注入一小烧杯中，加入 $5cm^3\,4mol\cdot dm^{-3}\,HNO_3$、$5cm^3\,5\%(NH_4)_2MoO_4$ 溶液，室温下放置 5min 后，加入 $5cm^3\,10\%Na_2SO_3$ 溶液，观察是否出现蓝色。如呈现蓝色，则不合格。

5. 可氧化物的限度实验

将 $100cm^3$ 需要进行氧化物限度实验的水注入烧杯中,然后加入 $10.0cm^3$ $1mol \cdot dm^{-3} H_2SO_4$ 溶液和新配制的 $1.0cm^3$ $0.002mol \cdot dm^{-3} KMnO_4$ 溶液,盖上表面皿,将其煮沸并保持 $5min$,与置于另一相同容器中不加试剂的等体积的水样做比较。此时溶液呈淡红色,且颜色应不完全褪尽。

另外,在某些情况下,还应对水中的 Cl^-、Ca^{2+}、Mg^{2+} 进行检验。

Cl^-:取 $10cm^3$ 待检查的水,用 $4mol \cdot dm^{-3}$ 的 HNO_3 酸化,加 2 滴 $1\% AgNO_3$ 溶液,摇匀后不得有混浊现象。

Ca^{2+}、Mg^{2+}:取 $10cm^3$ 待检查的水,加 $NH_3 \cdot H_2O-NH_4Cl$ 缓冲溶液(pH≈ 10),调节溶液 pH 至 10 左右,加入 1 滴铬黑 T 指示剂,不得显红色。

2.2.4　纯水的合理选用

分析用的纯水必须保持纯净,防止污染。使用时要根据不同的情况选用适当级别的纯水。

在定量分析化学实验中,一般使用三级水,有时需将三级水加热煮沸后使用,特殊情况下也需使用二级水。仪器分析实验中一般使用二级水,有些实验可用三级水,有的实验则需使用一级水。

2.3　化　学　试　剂

2.3.1　化学试剂的规格

表 2-3 给出我国化学试剂等级标志与某些国家化学试剂等级标志的对照表。

表 2-3　化学试剂等级对照表

质量次序		1	2	3	4
我国化学试剂等级标志	级　别	一级品	二级品	三级品	
	中文标志	优级纯	分析纯	化学纯	生物试剂
	符　号	G. R.	A. R.	C. P.	B. R. ,C. R.
	标签颜色	绿	红	蓝	黄色等
德国、美国、英国等国通用等级和符号		G. R.	A. R.	C. P.	—
俄罗斯等级和符号		化学纯 X. ц	分析纯 ц, дА	纯 ц	—

化学试剂中,指示剂纯度往往不太明确。除少数标明"分析纯"、"试剂四级"外,经常只标明"化学试剂"、"企业标准"或"部颁暂行标准"、"生物染色素"等。常

用的有机溶剂、掩蔽剂等,也经常见到级别不明的情况,平常只可作为"化学纯"试剂使用,必要时需进行提纯。例如,三乙醇胺中铁含量较大,而又常用来掩蔽铁,因此使用该试剂时,必须注意。

生物化学中使用的特殊试剂,纯度表示和化学试剂表示也不相同。例如,蛋白质类试剂经常以含量表示,或以某种方法(如电泳法等)测定的杂质含量来表示。再如,酶以每单位时间能酶解多少物质来表示其纯度,也就是说,它是以活力来表示的。

此外,还有一些特殊用途的高纯试剂。例如,"色谱纯"试剂是在最高灵敏度下以 10^{-10} g 无杂质峰来表示的;"光谱纯"试剂是以光谱分析时出现的干扰谱线的数目强度大小来衡量的,往往含有该试剂的各种氧化物,不能认为是化学分析的基准试剂,这点需特别注意;"放射化学纯"试剂是以放射性测定时出现干扰的核辐射强度来衡量的;"MOS"试剂是"金属-氧化物-半导体"试剂的简称,是电子工业专用的化学试剂;等等。

在一般分析工作中,通常要求使用分析纯试剂。

常用化学试剂的检验,除经典的化学分析方法之外,已愈来愈多地采用物理化学方法和物理方法,如原子吸收光谱法、发射光谱法、电化学方法、紫外光谱、红外光谱和核磁共振分析法以及色谱法等。高纯试剂的检验只能选用比较灵敏的痕量分析方法。

化学工作者必须对化学试剂标准有一明确的认识,做到合理使用化学试剂,既不超规格造成浪费,又不随意降低规格而影响分析结果的准确度。

2.3.2　化学试剂的存放

化学试剂应储存在通风良好、干净和干燥的房间。要远离火源,并要注意防止水分、灰尘和其他物质的污染,同时,还应根据试剂的性质采用不同的储存方法。

液体试剂通常存放在细口瓶中,固体试剂存放在广口瓶中;见光易分解的试剂(如 $AgNO_3$、$KMnO_4$、$CHCl_3$、CCl_4 等)应装在棕色瓶中;盛液体的瓶盖多为磨口的,碱性很强的试剂($NaOH$、KOH、浓氨水、Na_2SO_3 等)应盛放在有橡皮塞的瓶中;氢氟酸只能装在塑料瓶中;H_2O_2 见光易分解,但不能装在棕色玻璃瓶中,因为玻璃中的微量金属会对 H_2O_2 分解起催化作用,因而应存放在不透明的塑料瓶中,必要时应用黑色纸或塑料袋罩住以避光。特种试剂应有特殊的储存方法,如金属钠浸在煤油中保存、白磷在水中保存等。

每个试剂瓶都要贴上标签,并标明试剂的名称、规格、浓度、配制日期,标签纸外应涂上石蜡或贴上透明胶带。试剂应存放在阴凉处,特别是有机试剂与氧化剂应分开存放。

2.4　化学实验室安全知识

化学实验室是教与学、理论与实践相结合的重要场所,实验教学是培养学生化学素质、熏陶学生安全和环境意识的重要环节,实验室的安全问题不仅关系到个人健康安全,而且关系到国家财产安全。

在化学实验室中有许多不安全的因素存在。首先,可能拥有大量易燃、易爆危险品和高压气体等,在这样的环境中,如果处理不当,操作失误或者遇到明火可能会酿成火灾或引起爆炸事故。其次,在实验过程中有时会产生或使用大量的有毒化学品,如不加小心,极易造成事故。再者,在实验中还会用到各种电器设备,不仅要与 220V 的低压电打交道,甚至还可能用到上千伏的高压电,如果缺乏用电安全知识,就有可能引起电器事故或由此引起二次事故。另外,在实验过程中,玻璃器皿破碎造成的皮肤与手指创伤、割伤在实验室里也常有发生。根据一份日本大学理科有关实验事故的资料统计,各类事故中玻璃器皿造成的事故占 34.7%;药品起火、灼伤造成的事故占 21.1%;刀具使用造成的事故占 7.0%;物体移动、落下碰撞造成的事故占 10.7%;其他占 11.7%。

实验室事故与人员(指导教师和学生)在安全管理和安全技术上的认识和修养水平有密切关系。发生事故的原因大多是缺乏安全知识、安全保护重视程度不够,没有建立相应的规章制度或者没有采取必要的保护措施等。因此,保证学生在实验前熟悉实验内容、步骤,了解实验中使用的仪器、设备、药品、工具,掌握发生事故时的急救措施和紧急处理方法等,是避免事故发生和正确应对事故的有效手段。

安全专家在对各种事故分析调查研究后提出了控制事故发生的“3E”措施,即安全技术(engineering)、安全教育(education)和安全管理(enforcement)。安全技术是指符合安全技术要求的设计,包括实验室安全设计、实验工艺流程、操作条件、设备性能的安全等。安全教育是指要不断提高实验人员的安全素养,要达到这一点必须通过教育,使实验人员提高操作技能,了解各种不安全因素并懂得如何防止,一旦事故发生,能够迅速冷静地排除事故。安全管理包括制订和执行与安全有关的制度、标准、章程等。

2.5　常见危险品及安全预防措施

2.5.1　易燃、易爆品

1. 燃烧和爆炸

燃烧是一种同时产生热和光的剧烈氧化反应。燃烧的发生必须同时具备三个条件:①可燃物质,如气体、液体和固体可燃物;②助燃物质,如氧或氧化剂;③点火源,即要使可燃物和助燃物发生化学反应,必须具备有足够的点火能量。实验室潜在的点火源有明火、电器火花、摩擦静电火花、化学反应热、高温表面、雷电火花、日光聚焦。因此,预防燃烧发生的措施就是避免燃烧三条件同时出现,化学实验室唯一可行的预防措施是禁止明火。

爆炸物在热力学上是一种或多种均一或非均一的很不稳定体系,当受到外界能量的激发时,可迅速地自一种状态转变为另一种状态,并在瞬间以机械功的形式放出大量能量,此过程称为爆炸。爆炸具有过程进行快、爆炸点附近瞬间压力急剧升高、发出响声、周围介质发生震动或物质遭到破坏等特点。爆炸只能预防,不能中途控制。爆炸分为物理爆炸和化学爆炸。物理爆炸如压力容器爆炸,化学爆炸如物质发生高速放热的化学反应,产生大量气体并急剧膨胀做功而形成的爆炸。

2. 燃、爆类物质

1) 可燃气体

如 H_2、CH_4、乙炔、煤气等。当这类气体从容器或管道里泄露出来,或者空气进入盛有这类气体的容器相互混合达到某种浓度范围时,遇火就会立即燃烧,甚至能在瞬间将燃烧传播到整个混合物而发生爆炸。

2) 可燃液体

一般是指闪点小于 45℃的易燃液体,如乙醚、丙酮、汽油、苯、乙醇等。闪点是指液面挥发的可燃性气体与空气混合,当火源接近时,发生瞬间火苗或闪光的最低温度。在闪点时,液体的挥发速度并不快,蒸发出来仅能维持一刹那的燃烧,还来不及补充新的蒸气,所以火焰会自然熄灭。闪点低的可燃液体在常温下就能不断地挥发出可燃蒸气,与空气形成爆炸性混合物,因此闪点越低,危险性越大。乙醚的闪点为-45℃,夏天乙醚的存放要特别当心。有些人习惯把乙醚放入冰箱,这同样具有危险性。因为液体在任何温度下都能挥发,只不过温度低时挥发得慢,温度高时挥发得快。由于冰箱空间小,长期不打开冰箱,就会使乙醚充满整个空间。一般电冰箱使用继电器控温,如果继电器质量不好就可能产生火花并引起爆炸,这样的事故曾经发生过。

3) 易燃固体

凡是遇火、受热、撞击、摩擦或与氧化剂接触能着火的固体都称为可燃固体,燃点小于 300℃的称为易燃固体。固体物质的颗粒越细,危险性越大,如镁粉、铝粉、合成树脂粉,当粒度小于 0.01mm 时,会悬浮在空气中,与空气形成的混合物具有一定的爆炸性。

4) 自燃物

有些物质,在没有任何外界热源的作用下,由于本身自行发热和向外散热的速度处于不平衡状态,热量积蓄,温度升高到自燃点能自行燃烧,称为自燃物。自燃物分为两个级别,其中一级自燃品在空气中氧化速度极快,自燃点低,燃烧迅速而猛烈,危害性大。如黄磷,自燃点 34℃,在常温下就能和空气中的氧发生氧化还原反应,同时放出大量热,极易达到自燃点而燃烧,故应放入水中保存。

　　5) 遇水燃烧物

　　有些化学品当吸收空气中的潮气或接触水时,会发生剧烈反应,并放出可燃气体和大量热量,这些热量使可燃气体的温度猛升到自燃点而发生燃烧或爆炸。物质性质不同,遇水后危险程度不同。碱金属、硼氢化物置于空气中就会自燃;氢化钾遇水具有自燃性和自爆性;磷化钙遇水生成有毒磷化氢。遇水燃烧物遇酸或氧化剂时,反应更剧烈,危险性更大。安全预防措施有:①密封放置,严禁受潮,如 K、Na、Li 应放入煤油中保存;②与氧化剂、酸、易燃物、含水物隔离;③发生火灾时只能用干沙或干粉灭火,不能用水、泡沫、酸碱、二氧化碳灭火;④在通风橱中使用,防止跌落或细粉在空气中扩散。

　　6) 混合危险物

　　两种或两种以上物质,相互混合或接触能发生燃烧和爆炸。一般发生在强氧化剂和还原剂之间。强氧化剂如硝酸盐、过氯酸盐、高锰酸钾、重铬酸盐、过氧化物、发烟硝酸、发烟硫酸等;强还原剂如苯胺、胺类、醇类、油脂、硫磺、磷、碳、锑、金属粉等。

　　安全使用氧化剂的原则是:①用量最小化;②远离有机品、易燃品、还原剂存放;③实验过程移去不必要的化学品;④使用通风橱和个人安全用品;⑤防止过期化学品中有过氧化物存在。

　　在化学实验室中易形成过氧化物的化学品有乙醛、环己烯、乙醚、p-二氧六环、金属钠、四氢呋喃、二异丙乙醚等。防止过氧化物引起的爆炸,应落实以下几方面措施:①熟悉常用的易形成过氧化物的化学品;②过期药品使用前要检查是否含有过氧化物;③加还原剂去除过氧化物;④化学品应存放于干燥、低温、阴暗处。如某化学实验室曾经发生蒸馏过期四氢呋喃溶剂而引起的爆炸事故。

　　7) 其他危险品

　　实验室可能还会使用到一些其他易燃、易爆危险品,如过氧化物、苦味酸、叠氮化合物、高氯酸盐等对撞击敏感的危险品,使用时要十分小心。

　　3. 安全措施

　　(1) 存有易燃、易爆物品的实验室禁止使用明火,如需加热可使用封闭式电炉、加热套或可加热磁力搅拌,玻璃加工操作应有专用房间。

　　(2) 使用电磁搅拌前应检查转动是否正常、有无火花产生。

　　(3) 加热回馏易燃液体时,蒸馏中途不要添加活性炭。

（4）实验室保持良好的通风环境,实验过程应在通风橱中进行。

（5）如有机溶剂散落到地上,应立即用纸巾吸除,并做适当的处理。

（6）熟悉使用物质的爆炸危险性质、影响因素与正确处理事故的方法,了解仪器结构、性能、安全操作条件和防护要求。对于乙醚等试剂,在进行回流和加热之前,应检查是否有过氧化物存在,如有应先除去过氧化物,方可使用。

（7）干燥有爆炸危险性的物质时,不得关闭烘箱门,且宜使用氮气保护。

（8）使用个人保护措施。

（9）禁止使用无标签、性质不明的物质。

（10）勿将易燃液体与玻璃器皿放于日光下,否则由于玻璃弯曲面的聚焦作用可产生局部高温而引起燃爆事故。

2.5.2　有毒化学品及其预防措施

毒物侵入人体后,通过血液循环分布到全身各个组织或器官。由于毒物本身的理化特性及各自的生化、生理特点,可破坏人的正常生理机能,导致中毒。中毒可分为急性中毒和慢性中毒。急性中毒指短时间内大量毒物迅速作用于人体后所发生的病变,多见于突发性事故场合。慢性中毒指长期接触少量毒物,毒物在人体内积累到一定程度所引起的病变,职业中毒以慢性中毒为主。

1. 有毒化学品进入人体的途径

（1）呼吸道,是最常见、也是最危险的一种入侵方式,毒物经肺部吸收进入血液循环,可不经肝脏的解毒作用直接遍及全身,产生毒性作用,引起急慢性中毒。

（2）皮肤,如 CS_2、汽油、苯等能够溶解于皮肤脂肪层且通过皮脂腺及汗腺侵入人体。当皮肤破损时,各类毒物只要接触患处都可以顺利地侵入人体。

（3）消化道摄取,这与个人卫生习惯、实验室卫生状况有关。

2. 有毒化学品分类和预防措施

1) 窒息化学品

窒息气体取代正常呼吸的空气,使氧的浓度达不到维持生命所需的量而引起窒息。有些窒息气体向低凹处聚集,逐步驱逐空气,且通常不易引起注意。窒息分为物理窒息和化学窒息,相对而言,化学窒息更危险。药品储藏室由于通风不良有时会积累大量窒息性气体,进入前要特别注意。一般氧气浓度低于 16% 时,人会感到眼花;低于 12% 时会造成永久性脑损伤;低于 5% 的场合,6～8min 人会死亡。

2) 刺激性化学品

氯、氨、二氧化硫等气体作用于上呼吸道黏膜,导致气管痉挛和支气管炎。当病情严重时可发生呼吸道机械性阻塞而窒息死亡。水溶性较大的刺激性气体对局部黏膜产生强烈的刺激作用而引起充血、水肿。吸入大量水溶性的刺激性气体或蒸气常引起中毒性肺水肿。实验室可能会遇到的这类化学品除了氯、氨、二氧化硫外,还有氮氧化物、三氧化硫、卤代烃、光气、硫酸二甲酯、羰基镍等。

3) 麻醉或神经性化学品

锰、汞、苯、甲醇、有机磷等所谓"亲神经性毒物"作用于人体,对神经系统起不良反应,会出现头晕、呕吐、幻视、视觉障碍、昏迷等。二硫化碳、砷、铊的慢性中毒可引起指、趾触觉减退、麻木、疼痛、痛觉过敏,甚至会造成下肢运动神经瘫痪和营养障碍。

4) 致癌化学品

现在已经基本确认有致癌作用的化学物质有砷、镉、铬酸盐、亚硝酸盐、石棉、3,4-苯并芘类多芳烃、蒽和菲衍生物、联苯胺、氯甲醚等。还有大量被怀疑有致癌作用或有潜在致癌作用的化学品。

5) 无机、金属及金属有机危险品

汞以蒸气形式经呼吸道侵入人体,易积累于肝、肾脏甚至脑中。浓度为 $1\sim 3mg\cdot m^{-3}$ 可引起急性中毒,所以学生实验中应尽量避免使用水银温度计,意外打碎温度计时,应立即将撒落的汞收集到小试剂瓶中并加水封,撒硫磺粉于被汞污染地面,清理干净后,用 10% 漂白粉冲洗。

6) 强腐蚀化学品

氢氟酸有第一酸之称,具有强烈的腐蚀作用,受氢氟酸伤害后开始无明显征兆,慢慢感到疼痛,并逐步加重到剧疼,且治愈难、耗时长。因此,应尽量避免使用氢氟酸,如果必须要用,使用前应接受专门训练。另外,在工作中所有可能接触到氢氟酸的地方都要备有葡萄糖酸钙。一旦有皮肤接触氢氟酸,立即用大量水彻底冲洗皮肤 5min,在灼伤处擦葡萄糖酸钙,然后尽快接受医生的检查和处理。

3. 防毒措施

(1) 养成良好的个人卫生习惯,保持实验室良好的环境卫生。

(2) 采取必要的防护措施,进入实验室一定要穿工作服、选择并戴好防护眼镜、防护手套。另外,根据实验要求决定是否需戴防毒面具。

(3) 改进实验方案,尽量不用或少用有毒物质。

(4) 化学操作一定要在通风橱内完成。

(5) 加强室内通风条件,防止吸入有毒气体、蒸气、烟雾。

(6) 建立实验室安全制度和安全检查机制,实验室配置和使用各种安全警告标牌。

2.6　事故紧急处理

2.6.1　火灾紧急处理

火灾的发展分为初起、发展和猛烈扩展三个阶段,其中初起阶段大约持续 5～10min,实践证明该阶段是最容易灭火的阶段,所以一旦出现事故,实验室人员应保持冷静,设法制止事态的发展。首先应发出警报;然后尽快把火种周围的易燃物品转移;最后采用相应的手段进行灭火。切记易燃固体和固体有机物着火不能用水浇。实验室常用的灭火工具有灭火器、灭火沙和湿抹布。实验室可能有的灭火器有酸碱灭火器、泡沫灭火器、二氧化碳灭火器、干粉灭火器,其中以二氧化碳灭火器为主。在物化或分析实验室等场所,易燃物数量较少,电气设备和精密仪器的数量较多,最好使用二氧化碳灭火器。灭火器应挂在实验室进门附近,不应直接挂在危险地段,因为挂在危险地段,一旦起火,往往不易拿到。

如果火势已开始蔓延,则应该及时通知有关消防和安全部门(一般实验室应该贴有紧急火灾联络电话等信息);再切断所有电源开关;并且尽量疏散那些可能使火灾扩大、有爆炸危险的物品以及重要物资;对消防人员进出通道要及时清理保持畅通;在专业消防人员到达后,主动介绍着火部位等有关信息。一些严重的紧急事故,要求进行人员疏散。有条件的单位,实验大楼和实验室内应安装烟雾报警器,报警器还应该与学校保安消防部门保持连接。

2.6.2　中毒紧急处理

在化学实验室或工厂,有时因为打翻容器或蒸馏时冲料等造成大量毒物外溢,造成实验人员或作业人员中毒。急性中毒往往发展急剧、病情严重,因此必须争分夺秒,及时抢救。

现场抢救原则有:

(1) 救护者进入毒区抢救前,首先要做好个人呼吸系统和皮肤的防护,佩带好供氧式防毒面具或氧气呼吸器,穿好防护服。

(2) 切断毒物源。救护人员进入事故现场后,除对中毒者进行抢救外,还应迅速侦察毒物源,采取果断措施切断毒物源,防止毒物继续外逸。对于已扩散的有毒气体或蒸气,应立即启动通风设备或开启门窗,并采取中和处理等措施,还应该在实验室或工段门口醒目处安置危险警示牌,以免他人误入。

(3) 采取有效措施防止毒物继续入侵人体。将中毒者迅速转移到空气新鲜处,松开颈部纽扣和腰带,让其头部侧偏以保持呼吸通畅。迅速脱去中毒者被污染的衣服、鞋袜、手套等,并用清水有针对性地冲洗 15min。毒物进入眼睛时,用冲眼器冲 15min 以上,冲眼时把眼睑撑开。实验室应设安全淋浴器和冲眼器,可设在过道、厕所靠近实验室附近。毒物经口腔引起中毒时,可根据具体情况和现场条件正确处理。

（4）在急救时如果遇到呼吸失调或休克,在医务人员到达前,应立即施行人工呼吸,必要时应给氧呼吸。具体做法是:使中毒者仰卧,救护者一手托起中毒者下颌,尽量使其头部后仰。另一手捏紧中毒者的鼻孔,救护者深呼吸后,立即对中毒者的口吹气,使中毒者上胸部升起,然后松开鼻孔。如此有节律地、均匀反复进行,直至中毒者可自行呼吸为止。

实验大楼平时应组织由学生和所有工作人员参加的安全演习,演习包括灭火器、防毒面具的使用;搜寻和营救训练;快速有效的疏散;急救工具使用和急救方法的训练以及事故现场指挥和联络等训练。

化学实验室经常使用高压钢瓶,它是一种高压容器,容积为 $12\sim55dm^3$ 不等。由于瓶内压力很高,所以使用钢瓶有一定的危险性。具体的使用方法见 5.5.4"气体钢瓶"。

2.6.3　烫伤和试剂灼伤

1）烫伤

轻伤涂以玉树油、鞣酸油膏或其他有效药,重伤涂以烫伤油膏后送医院。

2）酸灼伤

立即用大量水洗,再以 3％～5％碳酸氢钠溶液洗,最后用水洗。严重时要消毒,拭干后涂烫伤油膏。

3）碱灼伤

立即用大量水洗,再以 1％～2％硼酸液洗,最后用水洗。严重时同上处理。

4）溴灼伤

立即用大量水洗,再用酒精擦至无溴液存在为止,然后涂上甘油或烫伤油膏。

5）钠灼伤

可见的小块用镊子移去,其余与碱灼伤处理相同。

2.6.4　试剂或异物溅入眼内

任何情况下都要先洗涤,急救后送医院。

1）酸

用大量水洗,再用 1％碳酸氢钠溶液洗。

2）碱

用大量水洗,再用 1％硼酸溶液洗。

3）溴

用大量水洗,再用 1％碳酸氢钠溶液洗。

4）玻璃

用镊子移去碎玻璃，或在盆中用水洗，切勿用手揉动。

2.7 "三废"处理

实验室可能产生三种废物：化学废物、生物废物和放射性废物，在此主要讨论化学废物的处理。

处理途径：中和到 pH 6～10 的无机酸和无机碱以及无毒无机盐可以直接放入城市下水道；一般有害有机酸、有机碱、溶剂必须分别放入酸、碱、溶剂回收桶内，集中处理；高活性化学品、爆炸品、强氧化剂、还原剂不能和其他化学品混合，此类化学品应分别盛于回收容器中，单独处理。实验室应配备酸、碱、有机溶剂等的回收桶，其中酸、碱回收桶可以采用塑料桶，有机溶剂采用金属桶，含卤素的有机溶剂最好使用塑料内衬金属桶。

有害化学废物集中回收程序应注意：①检查回收桶液面高度，控制加入后的废液不能超过容器 75%；②加新液体前应做相溶性实验；③废液转入回收桶，量多时使用漏斗；④为防止溢出烟和蒸气，每次倾倒废液之后应紧盖容器；⑤填写化学废物记录卡。

废液混合安全检查方法：在通风橱中，取目标液 $50cm^3$ 于烧杯中，插入温度计，慢慢混合化学废品到适当的体积比，如果起泡、产生蒸气或温度上升 10℃，则停止混合，该目标物不能倒入废液桶，如果 5min 内无反应则可以混合。

废物处理时注意使用个人防护用品，如防护眼镜、手套等，有毒蒸气的处理使用通风橱。为了给废液处理单位提供参考，废液废物记录卡填写内容应包括废物名称、每种化学品的量、主要有害特征等有关信息。

在化学实验中会产生各种有毒的废气、废液和废渣。"三废"不仅污染环境，造成公害，而且"三废"中的贵重和有用的成分没有回收，在经济上也是损失。此外，学生在学习期间就应进行"三废"处理以及减免污染的教育，树立绿色化学及环境保护观念。

1）有毒废气的排放

做产生少量有毒气体的实验时，可以在通风橱中进行。通过排风设备把有毒废气排到室外，利用室外的大量空气来稀释有毒废气。如果实验时产生大量有毒气体，应该安装气体吸收装置来吸收这些气体，然后集中进行处理。如卤化氢、二氧化硫等酸性气体，可以用氢氧化钠水溶液吸收后排放；碱性气体用酸溶液吸收后排放；CO 可点燃转化为 CO_2 气体后排放。

2）废酸和废碱

溶液经过中和处理，使 pH 为 6～8，并用大量水稀释后方可排放。

3）含 Cd 废液

加入消石灰等碱性试剂,使所含的金属离子形成氢氧化物沉淀而除去。

4）含六价铬化合物

在铬酸废液中,加入 $FeSO_4$、亚硫酸钠,使其变成三价铬后,再加入 NaOH(或 Na_2CO_3)等碱性试剂,调 pH 至 6～8,使三价铬形成氢氧化铬沉淀除去。

5）含氰化物的废液

（1）氯碱法。即将废液调节成碱性后,通入氯气或次氯酸钠,使氰化物分解成二氧化碳和氮气而除去。

（2）普鲁士蓝法。向含有氰化物的废液加入硫酸亚铁,以生成铁氰化合物的形式使之沉淀。此方法处理含有大量重金属的废液较为有利,但要彻底处理则比较困难。

（3）臭氧氧化法。用 Cu、Mn 等金属离子作催化剂加快反应,在 pH 11～12 条件下进行反应,即可把废液变为无害溶液。

6）含汞及其化合物废液

有较多的方法。如离子交换法,此法处理效率高,但成本也较高。处理少量含汞废液经常采用化学沉淀法,即在含汞废液中加入 Na_2S,使其生成难溶的 HgS 沉淀而除去。

7）含铅盐及重金属的废液

其方法为在废液中加入 Na_2S(或 NaOH),使铅盐及重金属离子生成难溶性的硫化物(或氢氧化物)而除去。

8）含砷及其化合物废液

在废液中加入硫酸亚铁,然后用氢氧化钠调 pH 至 9,这时砷化合物就和氢氧化铁与难溶性的亚砷酸钠或砷酸钠产生共沉淀,再过滤除去。另外,还可用硫化物沉淀法,即在废液中加入 H_2S 或 Na_2S,使其生成硫化砷沉淀而除去。

有毒的废渣应深埋在指定的地点,如有毒的废渣能溶解于地下水,会混入饮用水中,不能未经过处理就深埋。有回收价值的废渣应该回收利用。

2.8　实验室安全规则

在化学实验中,经常使用腐蚀性、易燃、易爆或有毒的化学试剂;大量使用易破损的玻璃仪器和某些精密分析仪器;使用煤气、水电等。为确保实验的正常进行和人身安全,必须严格遵守实验室的安全规则。

（1）实验室内严禁饮食、吸烟,一切化学药品严禁入口。实验完毕后须洗手。水、电、煤气灯使用完毕后,应立即关闭。离开实验室时,应仔细检查水、电、煤气开关和门、窗是否均已关闭。

（2）使用煤气灯时,应严格遵守操作规则(参见5.7.1"加热设备")。用后及时关闭。

（3）使用电器设备时,应特别小心,切不可用湿手去开启电闸和电器开关。凡是漏电的仪器不要使用,以免触电。

（4）浓酸、浓碱具有强烈的腐蚀性,使用时要谨慎。使用浓 HNO_3、HCl、H_2SO_4、$HClO_4$、氨水时,均应在通风橱中操作,绝不允许在通常的实验室中加热。夏天,打开浓氨水瓶盖之前,应先将氨水瓶放在自来水下流水冷却后,再行开启。如不小心将浓酸、浓碱溅到皮肤上或眼内,应立即用水冲洗,然后用碳酸氢钠溶液(酸腐蚀时采用)或硼酸溶液(碱腐蚀时采用)冲洗,最后用水冲洗。

（5）使用 CCl_4、乙醚、苯、丙酮、三氯甲烷等有机溶剂时,一定要远离明火和热源。使用完后将试剂瓶盖紧,放在阴凉处保存。低沸点的有机溶剂不能直接在火焰上或热源(煤气灯或电炉上)上加热,而应在水浴或电热套中加热。

（6）热、浓的 $HClO_4$ 遇有机物易发生爆炸,使用时应特别小心。

（7）汞盐、砷化物、氰化物等剧毒物品,使用时应特别小心。氰化物不能接触酸,因作用时产生剧毒的 HCN!

（8）H_2S 气体、氯气等有毒,涉及这些有毒气体的操作时,一定要在通风橱中进行。

（9）如发生烫伤,可在烫伤处抹上黄色的苦味酸溶液或烫伤软膏。严重者应立即送医院治疗。

（10）实验室如发生火灾,应根据起火的原因进行针对性灭火。乙醇及其他可溶于水的液体着火时,可用水灭火;汽油、乙醚等有机溶剂着火时,用砂土扑灭,此时绝对不能用水,否则反而会扩大燃烧面;导线或电器着火时,不能用水及二氧化碳灭火器,而应首先切断电源,用四氯化碳灭火器灭火。衣服着火时,切忌奔跑,而应就地躺下滚动,或用湿布在身上抽打灭火。情况紧急时应及时报警。

（11）实验室应保持室内整齐、干净。不能将毛刷、抹布、固体物、玻璃碎片等扔入水槽内,以免造成下水道堵塞。此类物质以及废纸、废屑应放入废纸箱或实验室规定的地方。废酸、废碱等小心倒入废液缸(或塑料桶)内,切勿倒入水槽内,以免腐蚀下水管道。

2.9　实验过程中的行为规范

为了保证实验的正常进行和培养良好的实验室作风,学生必须遵守下列实验室规则:

（1）实验前做好充分的准备工作。

（2）实验中应保持安静和遵守秩序。实验进行时思想要集中,操作要认真,不得大声喧哗,不得擅自离开。要安排好时间,按时结束。

（3）遵从教师的指导,注意安全,严格按照操作规程和实验步骤进行实验。发生意外事故时,要镇静,及时采取应急措施,并立即报告指导教师。

（4）保持实验室整洁。实验时做到桌面、地面、水槽、仪器四净。实验完毕后应把实验台整理干净,关闭所用水、电、煤气。

（5）爱护公物。公用仪器及药品用后立即归还原处。节约水、电、煤气及消耗性药品,严格控制药品用量。

（6）实验中产生的"三废"应根据不同的性质进行分类处理。

（7）遵守实验室卫生条例,要整理公用仪器,打扫实验室,并协助实验室管理人员检查和关好水、电、煤气开关及门窗。

第3章　化学实验中的误差分析和数据处理

3.1　实 验 记 录

做实验时,学生应有专门的编有页码的实验记录本(也可记录在具有实验记录表格的预习报告本上),并且不得随意撕去任何一页。不允许将数据记在单页纸上,或随意记在任何地方。实验过程中的各种测量数据及有关现象应及时、准确、清楚地予以记录。记录实验数据时要严谨、实事求是,切忌夹杂主观因素,绝不能随意拼凑和伪造数据。实验过程涉及的各种特殊仪器的型号和标准溶液浓度等也应及时准确地记录。

实验过程中记录测量数据时,应注意其有效性,即有效数字的位数。

有效数字就是实际能测到的数字。在一个数据中,除最后一位是不确定的或可疑的外,其他各位都应是确定的。例如,滴定管及吸量管的读数,应记录至 $0.01cm^3$,所得体积读数 $25.86cm^3$,表示前三位是准确的,只有第四位是估读出来的,属于可疑数字,那么这四位数字都是有效数字,它表示确定体积为 $25.86cm^3$。用分析天平称量时,要求记录至 $0.0001g$。用分光光度计测量溶液的吸光度时,如吸光度值在 0.6 以下,应记录至 0.001 的读数;如大于 0.6,则要求读数记录至 0.01。

实验记录上的每一个数据都是测量结果。所以,重复观测时,即使数据完全相同也应记录下来。

另外,文字记录应整齐清洁;数据记录尽量用一定形式的表格,使其更为清楚明白。

若发现数据算错、测错或读错而需要改动时,可将该数据用一横线划去,并在其上方写上正确的数字,切忌随意涂抹。

3.2　实验数据的处理

为了衡量实验结果的精密度,一般对单次测定的一组结果 $x_1,x_2,\cdots,x_n$,计算出算术平均值 $\bar{x}$ 后,再用单次测量结果的相对偏差、平均偏差、标准偏差、相对标准偏差和置信区间表示出来,这些是化学实验中最常用的几种处理数据的表示方法,下面一一介绍。

化学实验的目的是通过一系列的操作步骤来获得可靠的实验结果或获得被测

定组分的准确含量。但是在实际测定过程中即使采用最可靠的实验方法、使用最精密的仪器、由技术很熟练的实验人员进行操作,也不可能得到绝对准确的结果。即使同一个人在相同条件下对同一个试样进行多次测定,所得结果也不会完全相同。这表明,在实验过程中,误差是客观存在的、不可避免的。因此,我们应该了解实验过程中产生误差的原因及误差出现的规律,以便采取相应措施减小误差,并对所得的数据进行归纳、取舍等一系列分析处理,使测定结果尽量接近客观真实值。

3.2.1　准确度和精密度

实验结果的准确度是指测定值 x 与真实值 μ 的接近程度,两者差值越小,则分析结果准确度越高,准确度的高低用误差来衡量。误差又可分为绝对误差和相对误差两种,其表示方法如下:

$$绝对误差 = x - \mu$$

$$相对误差 = \frac{x - \mu}{\mu} \times 100\%$$

相对误差表示误差在真实值中所占的百分率,例如,分析天平称量两物体的质量各为 1.6380g 和 0.1637g,假定两者的真实质量分别为 1.6381g 和 0.1638g,则两者称量的绝对误差分别为

$$1.6380 - 1.6381 = -0.0001(g)$$

$$0.1637 - 0.1638 = -0.0001(g)$$

两者称量的相对误差分别为

$$\frac{-0.0001}{1.6381} \times 100\% = -0.006\%$$

$$\frac{-0.0001}{0.1638} \times 100\% = -0.06\%$$

由此可知,绝对误差相等,相对误差并不一定相同,上例中第一个称量结果的相对误差为第二个称量结果相对误差的十分之一。也就是说,同样的绝对误差,当被测定的量较大时,相对误差就比较小,测定的准确度也就比较高。因此,用相对误差来表示各种情况下测定结果的准确度更为确切。

绝对误差和相对误差都有正值和负值。正值表示实验结果偏高,负值表示实验结果偏低。

在实际工作中,真实值常常是不知道的,因此无法求得实验结果的准确度,所以常用另一种表达方式来说明实验结果可靠与否。这种表达方式是:在确定条件下,将测试方法实施多次,求出所得结果之间的一致程度,即精密度。精密度的高低用偏差来衡量。偏差是指个别测定结果与几次测定结果的平均值之间的差别。与误差相似,偏差也有绝对偏差和相对偏差之分,测定结果与平均值之差为绝对偏差,绝对偏差在平均值中所占的百分率为相对偏差。

　　例如,标定某一标准溶液的浓度,三次测定结果分别为 0.1827mol · dm^{-3}、0.1825mol · dm^{-3} 及 0.1828mol · dm^{-3},其平均值则为 0.1827mol · dm^{-3}。

　　三次测定的绝对偏差分别为 0、−0.0002 及 +0.0001mol · dm^{-3}。

　　三次测定的相对偏差分别为 0、−0.1% 及 +0.06%。

　　准确度表示测定结果与真实值符合的程度,而精密度表示测定结果的重现性。由于真实值是未知的,因此常常根据测定结果的精密度来衡量分析测量是否可靠,但是精密度高的测定结果,不一定是准确的,两者的关系可用图 3-1 说明。

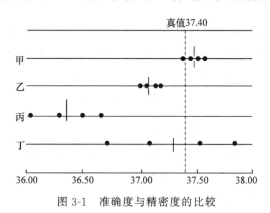

图 3-1　准确度与精密度的比较

　　图 3-1 表示甲、乙、丙、丁四人测定同一试样中铁含量时所得的结果。由图可见:甲所得结果的准确度和精密度均好,结果较可靠;乙的实验结果的精密度虽然很高,但准确度较低;丙的精密度和准确度都很差;丁的精密度很差,平均值虽然接近真值,但这是由于大的正负误差相互抵消的结果,因此丁的实验结果也是不可靠的。由此可见,精密度是保证准确度的先决条件。精密度差,所得结果不可靠,但高的精密度也不一定能保证高的准确度。

3.2.2　误差产生的原因及减免方法

　　上例中为什么乙所得结果精密度高而准确度不高?为什么每人所做的四个平行测定数据都有或大或小的差别?这是由于在实验过程中存在着各种性质不同的误差。

　　误差按其性质的不同可分为两类:系统误差(或称可测误差)和偶然误差(或称未定误差)。

1. 系统误差

　　这是由测定过程中某些经常性的原因所造成的误差。它对实验结果的影响比较恒定,会在同一条件下的多次测定中重复地显示出来,使测定结果系统地偏高或偏低(能有高的精密度而不会有高的准确度)。例如,用未经校正的砝码进行称量时,在几次称量中用同一个砝码,误差就会重复出现,而且误差的大小也不变。此外,系统误差有的对实验结果的影响并不恒定,甚至在实验条件变化时误差的正负值也有改变。例如,标准溶液因温度变化而影响体积,使其浓度发生变化,这种影响即属于不恒定影响。但如果掌握了溶液体积随温度改变而变化的规律,就可以对实验结果做适当的校正,尽量消除这种误差。由于这类误差不论是恒定的或是不恒定的,都可找出产生误差的原因和估计误差的大小,所以它又称为可测误差。

系统误差按其产生的原因不同,可分为如下几种:

(1)方法误差。这是由于实验方法本身不够完善而引入的误差,例如,重量分析中由于沉淀溶解损失而产生的误差、在滴定分析中由于指示剂选择不当而造成的误差等都属于方法误差。

(2)仪器误差。由于仪器本身的缺陷造成的误差,如天平两臂长度不相等,砝码、滴定管、容量瓶等未经校正而引入的误差。

(3)试剂误差。如果试剂不纯或者所用的去离子水不合格,引入微量的待测组分或对测定有干扰的杂质,就会造成误差。

(4)主观误差。由于操作人员主观原因造成的误差,例如,对终点颜色的辨别不同,有人偏深,有人偏浅。如用滴定管进行平行滴定时,有人总是想使第二份滴定结果与前一份滴定结果相吻合,在判断终点或读取滴定管读数时,就不自觉地受这种“先入为主”的影响,从而产生主观误差。

2. 偶然误差

虽然实验者仔细操作,外界条件也尽量保持一致,但测得的一系列数据往往仍有差别,并且所得数据误差的正负不定,有些数据包含正误差,也有些数据包含负误差,这类误差属于偶然误差。这类误差是由某些偶然因素造成的,例如,可能由于室温、气压、湿度的偶然波动所引起,也可能由于个人一时辨别的差异而使读数不一致。又如,在读取滴定管读数时,估计小数点后第二位的数值,几次读数不一致。这类误差在操作中不能完全避免。

除了会产生上述两类误差外,往往还可能由于工作上的粗心、不遵守操作规程等而造成过失误差,如器皿不洁净、丢损试液、加错试剂、看错砝码、记录及计算错误等,这些都属于不应有的过失,会对实验结果造成严重影响,必须注意避免。为此,必须严格遵守操作规程,一丝不苟,耐心细致地进行实验,在实验过程中养成良好的操作习惯。对已发现错误的测定结果,应予剔除,不参加计算平均值。

偶然误差是由偶然因素所引起的,可大可小,可正可负,粗看似乎没有规律性,但事实上偶然性中包含着必然性。经过大量的实践发现,当测量次数很多时,偶然误差的分布有一定的规律:

（1）大小相近的正误差和负误差出现的概率相等，即绝对值相近而符号相反的误差是以同等的概率出现的；

（2）小误差出现的概率较高，而大误差出现的概率较低，很大误差出现的概率近于零。

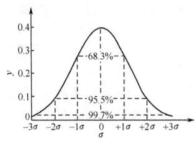

图 3-2　误差的正态分布曲线

上述规律可用正态分布曲线（图 3-2）表示。图中横轴代表误差的大小，以标准偏差 σ 为单位，纵轴代表误差发生的概率。

可见在消除系统误差的情况下，平行测定的次数越多，则测得值的算术平均值越接近真值。因此适当增加测定次数，取其平均值，可以减少偶然误差。

偶然误差的大小可由精密度表现出来，一般地说，测定结果的精密度越高，说明偶然误差越小；反之，精密度越差，说明测定中的偶然误差越大。

3. 误差的减免

系统误差可以采用一些校正的办法和制定标准规则的办法加以校正，使之尽可能减小或接近消除。例如，选用公认的标准方法与所采用的方法进行比较，找出校正数据，消除方法误差。在实验前对使用的砝码、容量器皿和其他仪器进行校正，消除仪器误差。做空白实验，即在不加试样的情况下，按照试样的实验步骤和条件进行空白实验，所得结果称为空白值，从试样的实验结果中扣除此空白值，就可消除由试剂、蒸馏水及器皿引入的杂质所造成的系统误差。但空白值一般不应很大，否则将引起较大误差。当空白值较大时，应通过提纯试剂和改用其他器皿等途径加以消除。也可采用对照试验，即用已知含量的标准试样（或配制的试样）按所选用的测定方法，以同样条件、同样试剂进行对比，找出改正数据或直接在试验中纠正可能引起的误差。对照试验是检查实验过程中有无系统误差的最有效的方法。

由于存在着系统误差与偶然误差两大类误差，所以在实验和计算过程中，如未消除系统误差，则实验结果虽然有很高的精密度，也并不能说明结果准确。只有在消除了系统误差以后，精密度高的实验结果才既精密又准确。

对于教学实验来说，首先要重视数据的精密度，因为教材中所选的实验，一般都较为成熟，方法的误差可以不予考虑，组分的含量都是预先用相同的试剂和类似的仪器测定过的，实验结果如不准确，其主要原因往往是操作上的过失（操作错误），这多数可从精密度不合格反映出来，因此对初学者来说，首先要做到精密度达到规定的标准。

3.2.3　数据处理

在实验中,最后处理实验数据时,一般都需要在校正系统误差和剔除错误的测定结果后,计算出结果可能达到的准确范围。首先要把数据加以整理,剔除由于明显的错误而与其他测定结果相差甚远的那些数据。对于一些精密度似乎不很高的可疑数据,按照本节下面所述的 Q 检验(或根据实验要求,按照其他规则)决定取舍,然后计算数据的平均值、偏差、平均偏差与标准偏差,最后按照要求的置信度求出平均值的置信区间。现分述如下:

1. 平均偏差

平均偏差又称算术平均偏差,常用来表示一组测定结果的精密度,其表达式如下:

$$\bar{d} = \frac{\sum |x - \bar{x}|}{n}$$

式中:$\bar{d}$——平均偏差;

　　　x——任何一次测定结果的数值;

　　　$\bar{x}$——n 次测定结果的平均值。

相对平均偏差则是

$$\frac{\bar{d}}{\bar{x}} \times 100\%$$

用平均偏差表示精密度比较简单,但由于在一系列的测定结果中,小偏差占多数,大偏差占少数,如果按总的测定次数求算术平均偏差,所得结果会偏小,大偏差得不到应有的反映。如下面两组结果:

$x - \bar{x}$:$+0.11$、-0.63、$+0.24$、$+0.51$、-0.14、0.10、$+0.30$、-0.21

　　　　　　$n_1 = 8$　　　　　$\bar{d}_1 = 0.28$

$x - \bar{x}$:$+0.19$、$+0.26$、-0.25、-0.36、$+0.32$、-0.28、$+0.31$、-0.27

　　　　　　$n_2 = 8$　　　　　$\bar{d}_2 = 0.28$

两组测定结果的平均偏差虽然相同,但是实际上第一组数值中出现两个大偏差,测定结果的精密度不如第二组好。

2. 标准偏差

当测定次数趋于无穷大时,总体标准偏差 σ 表达式如下:

$$\sigma = \sqrt{\frac{\sum (x - \mu)^2}{n}}$$

式中:μ——无限多次测定的平均值,称为总体平均值。即

$$\lim_{n \to \infty} \overline{x} = \mu$$

显然,在校正系统误差的情况下,μ 即为真实值。

在一般的实验中,只做有限次数的测定,根据概率可以推导出在有限测定次数时的样本标准偏差 s 的表达式为

$$s = \sqrt{\frac{\sum (x - \overline{x})^2}{n-1}}$$

上述两组数据的样本标准偏差分别为:$s_1 = 0.38$,$s_2 = 0.29$。可见标准偏差比平均偏差能更灵敏地反映出大偏差的存在,因而能较好地反映测定结果的精密度。

相对标准偏差也称变异系数(CV):

$$CV = \frac{s}{\overline{x}} \times 100\%$$

【例 3-1】 分析铁矿石中铁的质量分数,得如下数据:37.45%,37.20%,37.50%,37.30%,37.25%。计算此结果的平均值、平均偏差、标准偏差、变异系数。

 解 $\overline{x} = \dfrac{37.45\% + 37.20\% + 37.50\% + 37.30\% + 37.25\%}{5} = 37.34\%$

各次测量偏差分别是

$$d_1 = +0.11\%, d_2 = -0.14\%, d_3 = +0.16\%, d_4 = +0.04\%, d_5 = -0.09\%$$

$$\overline{d} = \frac{\sum |d_i|}{n} = \frac{0.11\% + 0.14\% + 0.16\% + 0.04\% + 0.09\%}{5} = 0.11\%$$

$$s = \sqrt{\frac{\sum d_i^2}{n-1}} = \sqrt{\frac{0.11\%^2 + 0.14\%^2 + 0.16\%^2 + 0.04\%^2 + 0.09\%^2}{5-1}} = 0.13\%$$

$$CV = \frac{s}{\overline{x}} = \frac{0.13\%}{37.34\%} \times 100\% = 0.35\%$$

以上讨论的 $\overline{d}$、s 的表达式中都涉及平行测定中各个测定值与平均值之间的偏差,但是平均值毕竟不是真实值,在很多情况下,还需要进一步解决平均值与真实值之间的误差。

3. 置信度与平均值的置信区间

图 3-2 中曲线各点的横坐标是总体标准偏差 σ。曲线上各点的纵坐标表示某个误差出现的概率,曲线与横坐标为 $-\infty \sim +\infty$ 所包围的面积代表具有各种大小误差的测定值出现的概率总和,设为 100%。由数学计算可知,对无限次测定而言,在 $\mu - \sigma$ 到 $\mu + \sigma$ 区间内,曲线所包围的面积为 68.3%,即真值落在 $\mu \pm \sigma$ 区间内的概率(即置信度)为 68.3%。也可算出落在 $\mu \pm 2\sigma$ 和 $\mu \pm 3\sigma$ 区间的概率分别为 95.5% 和 99.7%。

经推导,对于有限次数测定,真值 μ 与平均值 $\bar{x}$ 之间有如下关系:

$$\mu = \bar{x} \pm \frac{ts}{\sqrt{n}}$$

式中:s——标准偏差;

　　　n——测定次数;

　　　t——在选定的某一置信度下的概率系数,可根据测定次数从表 3-1 中查得。

由表 3-1 可知,t 值随测定次数的增加而减小,也随置信度的提高而增大。

表 3-1　对于不同测定次数及不同置信度的 t 值

测定次数	t				
n	50%	90%	95%	99%	99.5%
2	1.000	6.314	12.706	63.657	127.32
3	0.816	2.920	4.303	9.925	14.089
4	0.765	2.353	3.182	5.841	7.453
5	0.741	2.132	2.776	4.604	5.598
6	0.727	2.015	2.571	4.032	4.773
7	0.718	1.943	2.447	3.707	4.317
8	0.711	1.895	2.365	3.500	4.029
9	0.706	1.800	3.306	3.355	3.832
10	0.703	1.833	2.262	3.250	3.690
11	0.700	1.812	2.228	3.169	3.531
21	0.687	1.725	2.086	2.845	3.153
∞	0.674	1.645	1.960	2.576	2.807

利用上式可以估算出,在选定的置信度下,总体平均值在以测定平均值 $\bar{x}$ 为中心的多大范围内出现,这个范围就是平均值的置信区间。例如,分析试样中某组分的含量,经过 n 次测定,在校正系统误差以后,算出含量为 28.05%±0.13%(置信度为 95%),即说明该组分的 n 次测定的平均值为 28.05%,而且有 95% 的把握认为该组分的总体平均值(或真值)μ 为 27.92%~28.18%。

【例 3-2】　测定某样品中 SiO_2 的质量分数,得到下列数据:28.62%,28.59%,28.51%,28.48%,28.52%,28.63%。求平均值、标准偏差、置信度分别为 90% 和 95% 时平均值的置信区间。

解　$\bar{x} = \dfrac{(28.62+28.59+28.51+28.48+28.52+28.63)\%}{6} = 28.56\%$

$s = \sqrt{\dfrac{0.06\%^2 + 0.03\%^2 + 0.05\%^2 + 0.08\%^2 + 0.04\%^2 + 0.07\%^2}{6-1}} = 0.06\%$

查表 3-1,置信度为 90%,$n=6$ 时,$t=2.015$。

$$\mu = 28.56\% \pm \frac{2.015 \times 0.06\%}{\sqrt{6}} = 28.56\% \pm 0.05\%$$

同理,对于置信度为 95%,可得

$$\mu = 28.56\% \pm \frac{2.571 \times 0.06\%}{\sqrt{6}} = 28.56\% \pm 0.07\%$$

上述计算说明,若平均值的置信区间取值为 28.56%±0.05%,则真实值在其中出现的概率为 90%,而若使真实值出现的概率提高为 95%,则其平均值的置信区间将扩大为 28.56%±0.07%。

从表 3-1 还可看出,测定次数越多,t 值越小,因而求得的置信区间的范围越窄,即测定平均值与总体平均值 μ 越接近。同时也可看出,测定 20 次以上与测定次数为 ∞ 时,t 值相差不多,这表明当测定次数超过 20 次时,再增加测定次数对提高测定结果的准确度已经没有什么意义了。所以只有在一定测定次数范围内,分析数据的可靠性才随平行测定次数的增加而增加。

【例 3-3】　测定某钢样中铬质量分数时,先测定两次,测得的质量分数为 1.12% 和 1.15%;再测定三次,测得的数据为 1.11%、1.16% 和 1.12%。分别按两次测定和按五次测定的数据来计算平均值的置信区间(95% 置信度)。

解　两次测定时

$$\overline{x} = \frac{1.12\% + 1.15\%}{2} = 1.14\%$$

$$s = \sqrt{\frac{(1.12\% - 1.14\%)^2 + (1.15\% - 1.14\%)^2}{2 - 1}} = 0.022\%$$

查表 3-1,得 $t_{95\%} = 12.7(n=2)$,于是

$$\mu_{Cr} = 1.14\% \pm \frac{12.7 \times 0.022\%}{\sqrt{2}} = 1.14\% \pm 0.20\%$$

五次测定时

$$\overline{x} = \frac{1.12\% + 1.15\% + 1.11\% + 1.16\% + 1.12\%}{5} = 1.13\%$$

$$s = \sqrt{\frac{\sum (x - \overline{x})^2}{n - 1}} = 0.022\%$$

查表 3-1,得 $t_{95\%} = 2.78(n=5)$

$$\mu_{Cr} = 1.13\% \pm \frac{2.78 \times 0.022\%}{\sqrt{5}} = 1.13\% \pm 0.03\%$$

由上例可见,在一定测定次数范围内,适当增加测定次数,可使置信区间显著缩小,即可使测定的平均值与总体平均值 μ 更接近。

3.2.4　可疑数据的取舍

在实际工作中,常常会遇到一组平行测定数据中有个别数据精密度不很高的情况,该数据与平均值之差值是否属于偶然误差是可疑的。可疑值的取舍会影响结果的平均值,尤其当数据少时影响更大。因此在计算前必须对可疑值进行合理的取舍,不可为了单纯追求实验结果的"一致性",而把这些数据随便舍弃。若可疑值不是由明显的过失造成的,就要根据偶然误差分布规律决定取舍。取舍方法很多,现介绍其中的 Q 检验法。

当测定次数 $n=3\sim10$ 时,根据所要求的置信度(如取 90%),按照下列步骤,检验可疑数据是否可以弃去:

(1) 将各数据按递增的顺序排列: $x_1, x_2, \cdots, x_n$。

(2) 求出最大与最小数据之差 $x_n - x_1$。

(3) 求出可疑数据与其最邻近数据之间的差 $x_n - x_{n-1}$。

(4) 求出 $Q = \dfrac{x_n - x_{n-1}}{x_n - x_1}$。

(5) 根据测定次数 n 和要求的置信度(如 90%),查表 3-2,得出 $Q_{0.90}$。

表 3-2　不同置信度下,舍弃可疑数据的 Q 值表

测定次数 n	$Q_{0.90}$	$Q_{0.95}$	$Q_{0.99}$
3	0.94	0.98	0.99
4	0.76	0.85	0.93
5	0.64	0.73	0.82
6	0.56	0.64	0.74
7	0.51	0.59	0.68
8	0.47	0.54	0.63
9	0.44	0.51	0.60
10	0.41	0.48	0.57

(6) 将 Q 与 $Q_{0.90}$ 相比,若 $Q > Q_{0.90}$,则弃去可疑值,否则应予保留。

【例 3-4】　在一组平行测定中,测得试样中钙的质量分数分别为 22.38%、22.39%、22.36%、22.40% 和 22.44%。试用 Q 检验判断 22.44% 能否弃去(要求置信度为 90%)。

解　(1) 按递增顺序排列:22.36%,22.38%,22.39%,22.40%,22.44%。

(2) $x_n - x_1 = 22.44\% - 22.36\% = 0.08\%$。

(3) $x_n - x_{n-1} = 22.44\% - 22.40\% = 0.04\%$。

(4) $Q = \dfrac{x_n - x_{n-1}}{x_n - x_1} = \dfrac{0.04\%}{0.08\%} = 0.5$。

(5) 查表 3-2，$n=5$ 时，$Q_{0.90}=0.64$。

(6) $Q<Q_{0.90}$，所以 22.44 应予保留。

如果测定次数比较少，如 $n=3$，而且 Q 值与查表所得 Q 值相近，这时为了慎重起见最好是再补加测定一两次，然后确定可疑数据的取舍。

在 3 个以上数据中，需要对一个以上的可疑数据用 Q 检验决定取舍时，首先检验相差较大的值。

【例 3-5】 测定某一热交换器水垢中 SiO_2 的质量分数，进行七次平行测定，经校正系统误差后，其数据为 79.58%、79.45%、79.47%、79.50%、79.62%、79.38% 和 79.80%。求平均值、平均偏差、标准偏差和置信度分别为 90% 和 99% 时平均值的置信区间。

解 (1) 首先对七个测定数据进行整理，其中 79.80% 与其余六个数据相差较大，但又无明显的原因可将它剔除，现根据 Q 检验决定其取舍。

$$Q=\frac{79.80\%-79.62\%}{79.80\%-79.38\%}=\frac{0.18\%}{0.42\%}=0.43$$

查表 3-2，$n=7$ 时，$Q_{0.90}=0.51$，所以 79.80 应予保留。

同理，置信度为 99% 时，$Q_{0.99}=0.68$，所以 79.80 也应保留。

(2) 算术平均值

$$\bar{x}=\frac{79.38\%+79.45\%+79.47\%+79.50\%+79.58\%+79.62\%+79.80\%}{7}$$

$$=79.54\%$$

(3) 平均偏差

$$\bar{d}=\frac{0.16\%+0.09\%+0.07\%+0.04\%+0.04\%+0.08\%+0.26\%}{7}$$

$$=0.11\%$$

(4) 标准偏差

$$s=\sqrt{\frac{0.16\%^2+0.09\%^2+0.07\%^2+0.04\%^2+0.04\%^2+0.08\%^2+0.26\%^2}{7-1}}$$

$$=0.14\%$$

(5) 查表 3-1，置信度为 90%，$n=7$ 时，$t=1.943$，于是

$$\mu=79.54\%\pm\frac{1.943\times0.14\%}{\sqrt{7}}=79.54\%\pm0.10\%$$

同理，对于置信度为 99%，可得

$$\mu=79.54\%\pm\frac{3.707\times0.14\%}{\sqrt{7}}=79.54\%\pm0.20\%$$

3.3　误差的传递

　　试样测定方法一般包括一系列的测量步骤,通过几个直接测量的数据,按照一定的公式算出实验结果,因此在每一步中引入的测量误差,都会或多或少地影响实验结果的准确度,即个别测量步骤中的误差将传递到最后的结果中。系统误差与偶然误差的传递规律有所不同。

3.3.1　系统误差的传递规律

　　对于加减法运算,如以测定量 A、B、C 为基础,得出结果 R:
$$R = A + B - C$$
则根据数学推导可知,实验结果最大可能的绝对误差(ΔR)为各测定量绝对误差之和,即
$$(\Delta R)_{max} = \Delta A + \Delta B + \Delta C$$
对于乘除法运算,如由测定量 A、B、C 相乘除,得出分析结果 R:
$$R = \frac{AB}{C}$$
则结果最大可能的相对误差 $\left(\dfrac{\Delta R}{R}\right)_{max}$ 为各测定量相对误差之和,即
$$\left(\frac{\Delta R}{R}\right)_{max} = \frac{\Delta A}{A} + \frac{\Delta B}{B} + \frac{\Delta C}{C}$$

　　需要指出,以上讨论的是最大可能误差,即各测定量的误差相互累加,但在实际工作中,各测定量的误差可能相互部分抵消,使得实验结果的误差比按上式计算的要小些。

3.3.2　偶然误差的传递规律

　　对于加减法运算,实验结果的偏差(标准偏差的平方)为各测定量的偏差之和,如
$$R = A + B - C$$
则
$$s_R^2 = s_A^2 + s_B^2 + s_C^2$$
式中:s——标准偏差;
　　s_A、s_B、s_C——A、B、C 的标准偏差;
　　s_R——总的标准偏差。
　　对于乘除法运算,实验结果的相对偏差的平方等于各测定量的相对偏差平方

之和。如 $R=AB/C$,则

$$\left(\frac{s_R}{R}\right)^2 = \left(\frac{s_A}{A}\right)^2 + \left(\frac{s_B}{B}\right)^2 + \left(\frac{s_C}{C}\right)^2$$

作为基础课的实验化学课程,不要求对各类误差的传递进行定量计算。但从所列举的数学表达式可知,在一系列的实验步骤中,若某一测量环节引入 1% 的误差(或标准偏差),而其余几个测量环节即使都保持 0.1% 的误差(或标准偏差),最后实验结果的误差(或标准偏差)也仍然是在 1% 以上。因此,在实验中,应使每个实验环节的误差(或标准偏差)接近一致或保持相同的数量级,这对于得到一个较可靠的实验结果是非常重要的。

3.4　实验数据处理方法

实验数据的表示法通常有列表法、图形法和方程式法三种,这三种方法各有优缺点。同一组数据,不一定同时用这三种方法表示,表示方法的选择主要依靠经验及理论知识去判定。随着计算技术的发展,方程式表示法的应用更加广泛,但列表法及图形法仍是必不可少的手段。

3.4.1　实验数据列表表示法

所有测量至少包括两个变量,其中一个自变量,另一个为因变量。列表法就是将一组实验数据中的自变量、因变量的各个数值依一定的形式和顺序一一对应列出。列表法的优点是简单易行、形式紧凑,同一表内可以同时表示几个变量间的变化关系而不混乱,易于参考比较。数据表达直接,不引入处理误差。未知自变量、因变量之间函数关系形式也可列出。

实验数据列表一般以函数式的变量为依据列表表达。函数式表的主要特征为自变量 x 与因变量 y 的各个对应值均在表中按 x 的增大或减小的顺序一一列出。一个完整的函数式表,应包括表的序号、名称、项目说明及数据来源等数项。

表的名称应简明扼要,一看即知其内容。如遇表名过于简单不足以说明其原意时,则在名称下面或表的下面附以说明,并注出数据来源。表的项目应包括变量名称及单位,一般在不加说明即可了解的情况下,应尽量用符号代表。表内数值的写法应注意整齐统一。数值为零时记为 0,数值空缺时记为"—"。同一竖列的数值,小数点应上下对齐。测量值的有效数字取决于实验测量的精度,记至第一位可疑数字。理论计算的数值,可认为有效数字无限制,而列表中有效数字位数选取要适当。数值过大或过小,应以科学记数法表示,如 0.000 005 726 应写成 5.726×10^{-6}。

实验原始数据的记录表格,应能记录实验测量的全部数据,包括一个量的重复测量结果,并且应在表内或表外列出实验测量的条件及环境情况数据。例如,室温、大气压、湿度、测定日期、时间以及测定者签字等。对于实验数据处理或实验报告用表,应包括必要的单位换算结果、中间计算结果及最终实验结果。当数据量较大时可以进行精选,使表中所列数据规律更明显,查阅、取值更为方便,使自变量的分度更加规则。对于各项中间计算结果及最终实验结果的意义、单位及计算方法必须在表外做详细说明,最好做出计算示例。对计算中所取的一些常数或物性(如摩尔质量等)数据也应说明。

例如,表 3-3 中列出了实验十七"化学反应速率及活化能测定"中浓度对化学反应速率的影响的原始数据和中间物理量,供参考。

表 3-3　浓度对化学反应速率的影响

	实验编号	1	2	3	4	5
	$0.20mol \cdot dm^{-3}(NH_4)_2S_2O_8$	20.0	10.0	5.0	20.0	20.0
	$0.20mol \cdot dm^{-3}KI$	20.0	20.0	20.0	10.0	5.0
试剂用量	$0.010mol \cdot dm^{-3}Na_2S_2O_3$	8.0	8.0	8.0	8.0	8.0
$/cm^3$	0.4%淀粉	4.0	4.0	4.0	4.0	4.0
	$0.20mol \cdot dm^{-3}KNO_3$	0	0	0	10.0	15.0
	$0.20mol \cdot dm^{-3}(NH_4)_2SO_4$	0	10.0	15.0	0	0
反应时间 $\Delta t/s$		29.48	58.38	136.00	56.68	119.00
混合液中反应物的起始浓度 $/(mol \cdot dm^{-3})$	$(NH_4)_2S_2O_8$	0.0769	0.038 46	0.019 23	0.0769	0.0769
	KI	0.0769	0.0769	0.0769	0.038 46	0.019 23
	$Na_2S_2O_3$	0.001 538	0.001 538	0.001 538	0.001 538	0.001 538
$S_2O_8^{2-}$ 的浓度变化 $\Delta[S_2O_8^{2-}]/(mol \cdot dm^{-3})$		0.000 769	0.000 769	0.000 769	0.000 769	0.000 769
反应速率$/(mol \cdot dm^{-3} \cdot s^{-1})$		2.61×10^{-5}	1.32×10^{-5}	5.65×10^{-6}	1.37×10^{-5}	6.46×10^{-6}

3.4.2　实验数据图形表示法

实验数据图形表示法是根据解析几何原理,用几何图形如线的长度、图面的面积、立体图的体积等将实验数据表示出来。此方法在数据整理上极为重要。其优点在于形式简明直观,便于比较,易显出数据的规律性以及最高点、最低点、转折点、周期性以及其他特征。此外,如果图形作得足够准确,则不必知道变量间的数学关系,即可对变量求微分和积分。图形表示法为进一步求得函数关系的数学表示式提供了依据。有时还可用作图进行外推,以求得实验难以获得的重要物理量。总之,图形不仅可用来表示实验测量结果,还可用于实验数据的处理。

现对作图方法要点简述如下:

(1) 坐标纸选择:通常的直角毫米坐标纸适合于大多数用途。有时也用单对数或双对数坐标纸。特殊需要时用三角坐标纸或极坐标纸。

(2) 坐标标度的选择:①习惯上用横坐标表示自变量,纵坐标表示因变量。②坐标刻度应能表示全部有效数字,使测量值的最后一位有效数字在图中也能估计出来。最好使变量的绝对误差在图上相当于坐标的 $0.5\sim1$ 个最小分度。做到既不夸大也不缩小实验误差。③所选定的坐标分度应便于从图上读出任一点的坐标值。通常应使最小分度所代表的变量值为简单整数(可选为 1、2、5,不宜用 3、7、9)。如无特殊需要(如由直线外推求截距),就不必以坐标原点作为标度的起点。应以略低于最小测量值的整数作为标度起点。这样得到的图形紧凑,充分利用坐标纸,读数精度也得以提高。④直角坐标的两个变量的全部变化范围在两个坐标轴上表示的长度要相近,不可悬殊太大。否则图形会扁平或细长,甚至不能正确地表现出图形特征。以如上规定所作的图常常过大,实际作图时经常将坐标的标度进行缩小,但对通常的学生实验来说,图纸不得小于 $10cm\times10cm$。

(3) 描点所用符号:常用 ·、○、◆、▲、■、×……各符号中心点应处于数据代表的位置。在同一张纸上如有几组物理量时,各组物理量的代表点应该用不同的符号表示,以便区别,并在图上或图外说明各符号意义。描点符号不宜过大,它应粗略地表明测量误差范围,一般在坐标纸上各方向距离 $1\sim1.5mm$。

(4) 作曲线时,应根据所描数据点,将曲线画得平滑、连续,尽量接近各数据点。为满足这两方面要求,往往曲线并不应通过所有数据点,而应使所有数据点在线的两旁均匀分布,点的数目及点与线的偏差比较均匀。点与曲线的距离表示该组实验数据的绝对误差。图 3-3 为描线的方法。

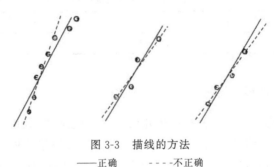

图 3-3　描线的方法
——正确　　- - -不正确

在曲线的极大值和极小值或转折处应多取一些点,以保证曲线所表示规律的可靠性。

如果发现个别点远离曲线,又不能判断被测物理量在此区域会发生什么突变,就要分析一下是否有偶然性的过失误差,如果确属后一种情况,描线时不必考虑这一点。但如果重复实验仍有同样的情况,就应在这一区间重复进行实验,更为仔细地测量,搞清在此区间内是否存在必然的规律,并严格按照上述原则描线。切不可毫无理由地丢弃离曲线较远的点。

（5）写明图的名称,纵、横坐标所表示的变量的名称、刻度值、单位等。实验条件应在图中或图名的下面注明。

图 3-4 为苯-正庚烷气-液平衡相图,其中（a）为正确图例,（b）为错误图例。图 3-4（b）的错误包括:①纵坐标的起点及分度选择不当,使图形太扁,误差较大;②纵、横坐标的意义未注清楚;③实验所处的压力条件未注明。

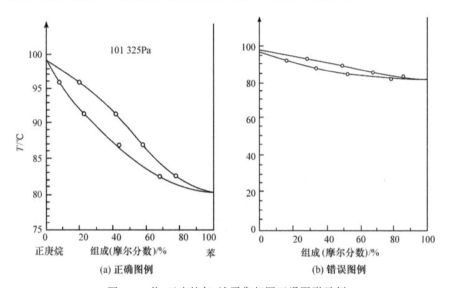

图 3-4　苯-正庚烷气-液平衡相图正误图形示例

（6）直线是最易画准的图线,使用最方便。为了使变量间函数关系能在图中表示成直线,常可将某些函数直线化,就是将函数关系式 $y=f(x)$ 转换成直线方程式。要达此目的,可选择新的变量 $y^*=g(x,y)$、$x^*=h(x,y)$ 代替变量 y、x,使 y^* 与 x^* 之间具有 $y^*=A+Bx^*$ 形式的函数关系,如用阿伦尼乌斯公式

$$k = Ae^{-\frac{E_a}{RT}}$$

k 与 T 两者之间不是直线关系,但经取对数处理后,变为

$$\ln k = -\frac{E_a}{R}\frac{1}{T} + \ln A$$

$y^*=\ln k$ 与 $x^*=\frac{1}{T}$ 呈直线关系,这样就可以方便讨论了。

3.4.3　实验数据方程式表示法

当一组实验数据用列表法或图形法表示后,常需要进一步用一个方程式或经

验公式将数据表示出来。因为方程式表示不仅在形式上较前两种方法更为紧凑，而且进行微分、积分、内插、外延等运算、取值时也方便得多。经验方程式是变量间客观规律的一种近似描述，它为变量间关系的理论探讨提供了线索和根据。

　　用方程式表示实验数据有三项任务：①方程式的选择；②方程式中常数的确定；③方程式与实验数据拟合程度的检验。

　　随着计算机的普及，应用计算机的数据处理系统可以很方便地完成上述任务。

第 4 章 基础化学实验中常用的简单仪器

基础化学实验中常用的简单仪器如表 4-1 所示。

表 4-1 基础化学实验中常用的简单仪器

仪 器	规 格	用 途	注意事项
试管及试管架 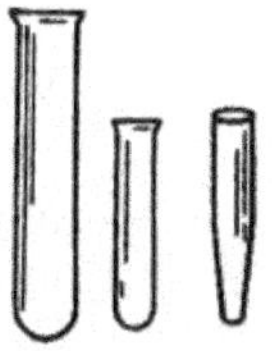 	普通试管和离心试管 普通试管以管口外径 (mm)、管长(mm)分类 离心试管分有刻度和 无刻度两种,按容量 (cm³)分类 试管架有木质、铝质、 有机玻璃质等	1. 少量试剂的反应容器,便于操作和观察 2. 收集少量气体用 3. 离心试管用于沉淀 分离	1. 反应液体积不超过试 管容积 1/2,加热时不超 过 1/3 2. 加热时管口不对人, 试管与桌面成 45°,同时 不断振荡,火焰上端不超 过管内液面 3. 加热固体时管口应略 向下倾斜 4. 离心管不可直接加热 5. 加热后不能骤冷
试管夹  	由木料或金属丝、塑料 制成。形状各有不同	夹试管	注意不能用火烧
烧杯 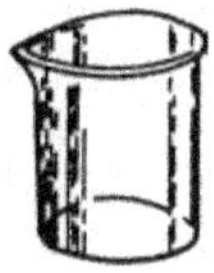	以容积(cm³)表示,一 般 有 50、100、150、 200、400、500、1000··· 此外还有 5、10 等微型 烧杯	1. 大量反应容器,反 应物易混合均匀 2. 配制溶液 3. 代替水槽	1. 反应液体不得超过容 积 1/3 2. 应放在石棉网上加热 3. 标出刻度不代表容积
锥形瓶(a)、碘量瓶(b) 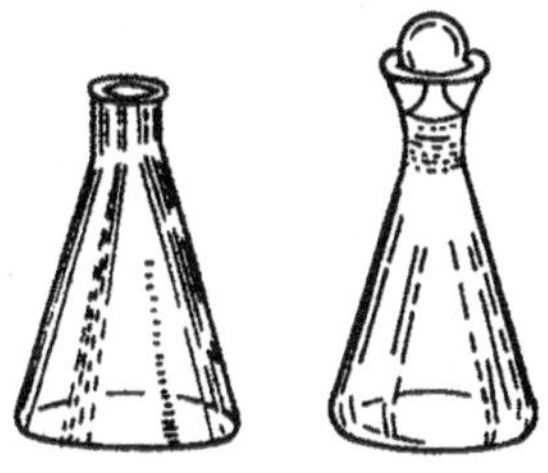 (a)　　　　(b)	分磨口和不磨口的两 种;碘量瓶均磨口。按 容积(cm³)分有 50、 100、150、200、250···	1. 反应容器 2. 振荡方便,适用于 滴定操作 3. 碘量瓶用于碘量法 滴定操作	1. 盛液不能太多 2. 应放在石棉网上加热 或置于水浴中加热

仪　器	规　格	用　途	注意事项
量杯(a)、量筒(b) 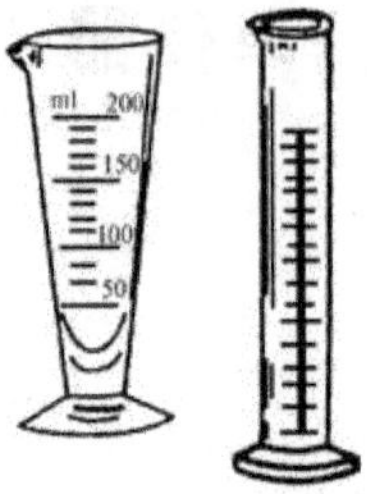	刻度按容积(cm³)分有 5、10、20、25、50、100、200…	量取一定体积的液体	1. 不可加热,不可作实验容器,不可作配溶液的容器 2. 不可量取热的溶液或液体
吸量管(a)、移液管(b) 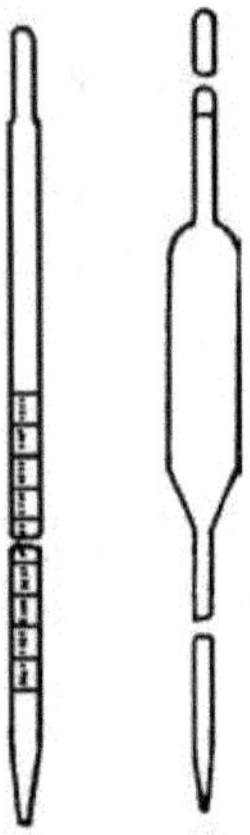	分多刻度管型和单刻度大肚型 按刻度最大标度(cm³)分有 1、2、5、10、25、50 等 微量的有 0.1、0.2、0.5 等	精确移取一定体积的液体	1. 用时先用少量所移液润洗三次 2. 一般移液管残留最后一滴液体不要吹出(完全流出式应吹出)
药勺 	牛角,瓷质,塑料质,不锈钢质	取固体试剂,两端各有一勺,一大一小,根据取用药量多少选用	1. 取用一种药品后,必须洗净擦干后再用于另外一种药品或药品专用 2. 不能取灼热药品
滴瓶、滴管 	滴瓶分棕色、无色两种。滴管上带有橡皮胶头。规格按容积(cm³)分为 5、30、60、125…	滴瓶用于盛放少量液体试剂或溶液,便于取用 滴管用于滴加少量液体或溶液	1. 滴管不能吸得太满,也不能倒置 2. 滴瓶不能长时间存放碱液 3. 滴管专用,管尖不能沾污

续表

仪　器	规　格	用　途	注意事项
细口瓶(试剂瓶) 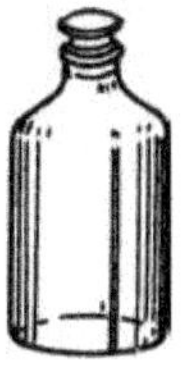 	有磨口、不磨口,无色、棕色之分。按容积(cm³)分有 100、125、250、500、1000…	储存溶液和液体药品	1. 不能用火直接加热 2. 瓶塞不能互换 3. 放碱液时用橡皮塞 4. 有磨口塞子的细口瓶不用时应洗净并在磨口处垫上纸条
广口瓶 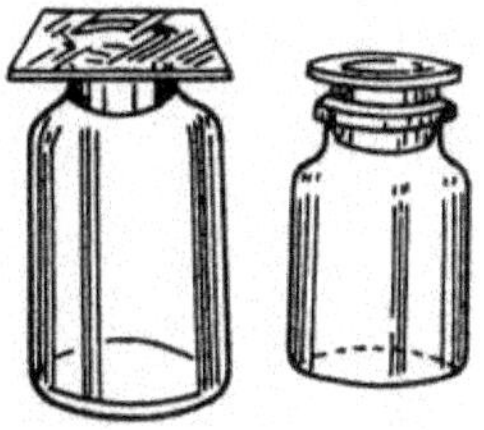 	有磨口、不磨口,无色、棕色之分。磨口有塞,口上部是磨砂的为集气瓶,按容积(cm³)分有 30、60、125、250、500…	1. 储存固体药品 2. 集气瓶用于收集气体	1. 不能直接加热 2. 不能放碱 3. 瓶塞必须干净
表面皿 	按直径(mm)分有 45、65、75、90…	盖在烧杯上,防止液体迸溅或其他用途	不能用火直接加热
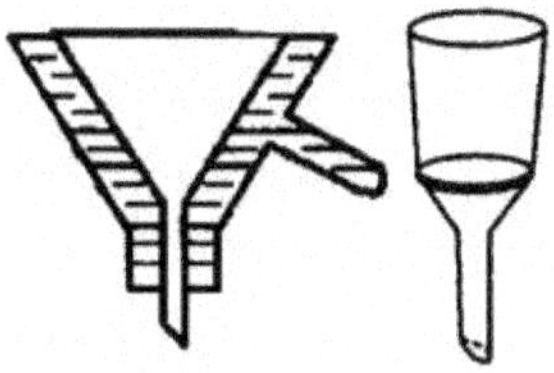 漏斗 (a)普通漏斗,(b)铜制热漏斗,(c)玻璃砂芯漏斗 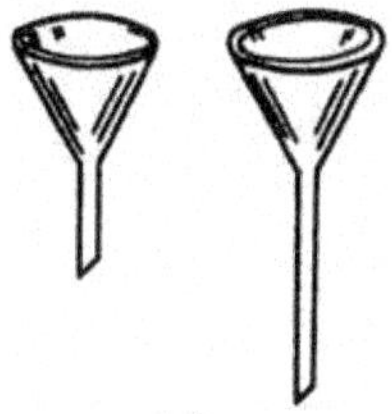 	玻璃质或搪瓷质,分长颈和短颈两种,按斗颈(mm)分 30、40、60、100、120… 铜制热漏斗内放玻璃漏斗用于趁热过滤 漏斗过滤必须配合滤纸完成过滤过程 玻璃砂芯漏斗可以直接过滤	1. 过滤液体 2. 倾注液体 3. 长颈漏斗常装配气体发生装置,用于加液	不能直接加热

续表

仪　器	规　格	用　途	注意事项
漏斗架	木质或塑料质	过滤时用于放置漏斗	
吸滤瓶和布氏漏斗	布氏漏斗为瓷质,规格以直径(mm)表示,吸滤瓶为玻璃质,规格按容积(cm³)分,大小不同	两者配套使用,用于减压过滤	不能直接加热
蒸发皿	瓷质、玻璃质、石英、铂制品等,有圆底、平底两种,以口径(mm)或容积(cm³)表示	用于蒸发液体或溶液	1. 液体性质不同选用不同质地的蒸发皿 2. 不宜骤冷 3. 蒸发溶液时一般放在石棉网上,也可直接用火加热
石棉网	由铁丝编成,中间涂有石棉,规格以铁丝状边长(cm)表示,如 16×16、23×23…	支撑受热器皿,使受热物体均匀受热	1. 不能与水接触 2. 不能卷折
容量瓶	按刻度以下的容积(cm³)分 5、10、25、50、100、150、200、250…	配制准确浓度溶液	1. 不能受热,不能代替试剂瓶存放溶液 2. 瓶口为磨口的,用过洗净后用纸垫上

仪　器	规　格	用　途	注意事项
称量瓶 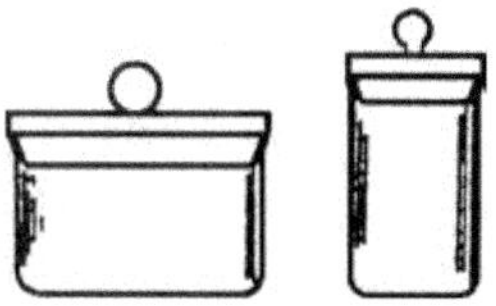	分高型、矮型,规格以外径(mm)×瓶高(mm)表示	准确称取一定量固体药品时用	1. 不能加热 2. 盖与瓶磨口配套,不能互换
滴定管和滴定管架 (a)碱式滴定管　(b)酸式滴定管 (c)滴定管架 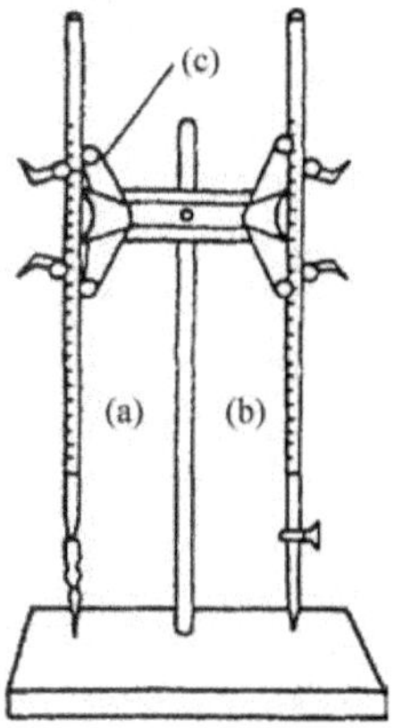	分酸式(具玻璃活塞)和碱式(具乳胶管连接的玻璃尖管)两种;也有用聚四氟乙烯材料做的滴定管,酸碱都能用。有无色、棕色两种,用容积(cm³)表示有 25、50…,微量的有 1、2、3、4、5、10…	1. 滴定管用于滴定溶液 2. 滴定管用于量取较准确体积液体 3. 滴定管架用于支持滴定管	1. 酸式滴定管和碱式滴管不能混用 2. 见光易分解的滴定液宜用棕色滴定管
干燥器 (a)普通干燥器　(b)真空干燥器 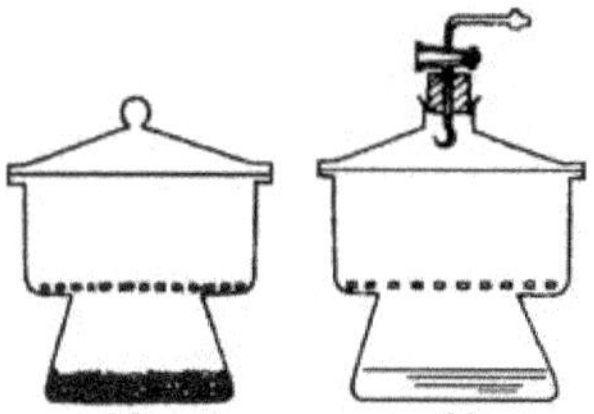	玻璃质,以外径(mm)大小表示,分普通干燥器和真空干燥器两种	内装干燥剂,用于干燥或保干试剂	1. 防止盖子滑动而打碎 2. 红热的物品待稍冷后才能放入
三角架 	铁质,有大小、高低之分,比较牢固	放置较大或较重的加热容器	1. 放置加热容器(水浴锅、坩埚除外)应先放石棉网 2. 加热灯焰位置要适当

续表

仪　器	规　格	用　途	注意事项
坩埚钳 	铁质，有大小、长短的不同	夹持坩埚加热或向马弗炉中放、取坩埚	1. 使用时必须干净 2. 坩埚钳用后应尖端向上平放 3. 使用完毕后，洗净擦干，放入实验柜中，防锈蚀
坩埚和泥三角  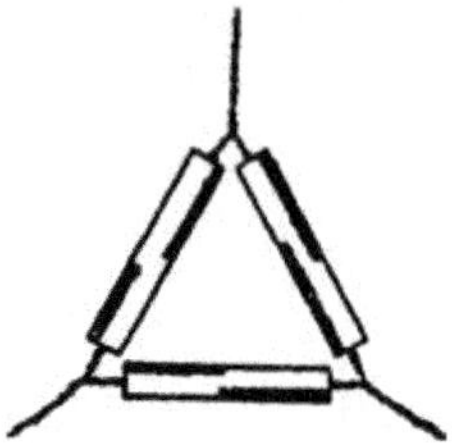	瓷、石墨、石英、氧化锆、铁、镍、铂质等，以容积（cm³）分，有 10、15、25、50…泥三角用铁丝拧成，套有瓷管，有大小之分	强热、煅烧固体。随固体性质不同可选用不同质的坩埚；泥三角在灼烧坩埚时放置坩埚用	1. 放在泥三角上直接加热或放入马弗炉中煅烧 2. 加热或反应完毕后，用坩埚钳取下时，坩埚钳应预热，取下后应放置在石棉网上
烧瓶 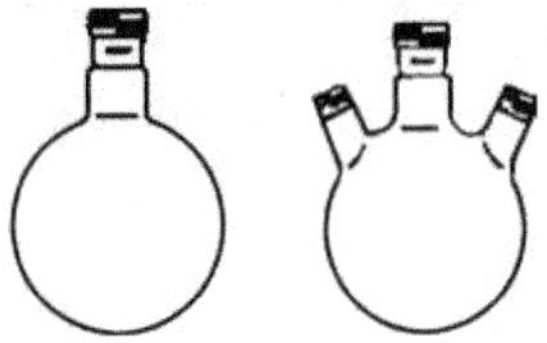	烧瓶有各种不同的形状的，有平底、圆底，长颈、短颈，细口、粗口之分，有磨口和普通两种。现在多用磨口烧瓶，常用的单口和三口磨口圆底烧瓶。按容积（cm³）分 50、100、250、500、1000…此外还有微型烧瓶	圆底烧瓶、平底烧瓶可作为长时间加热的反应容器 可用于液体蒸馏、回馏，也可用于制取少量气体	1. 盛放液体的量不能超过容积的 2/3，也不能太少 2. 不可直接加热，应放在石棉网上或电热套中加热，加热前外壁要擦干
分液漏斗 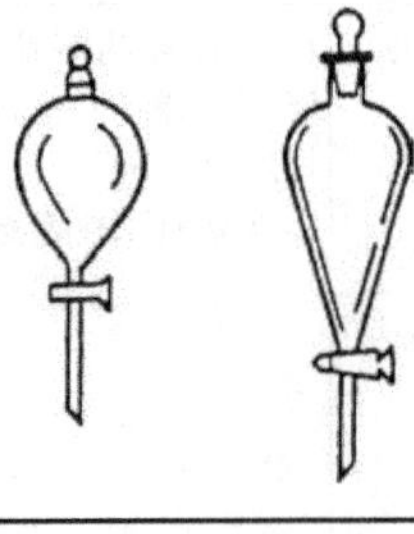	有球形、梨形之分，按容积（cm³）分，有 50、100、250、500…	1. 互不相溶的液液分离 2. 气体发生装置中加液	1. 不能加热 2. 磨口的漏斗塞子不能互换，活塞处不能漏液

续表

仪　器	规　格	用　途	注意事项
干燥管 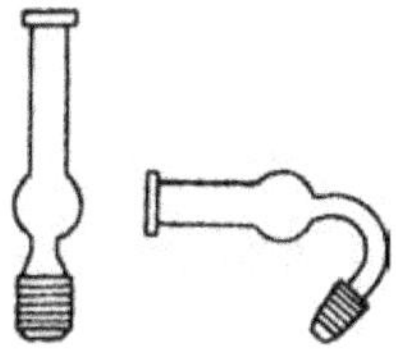	玻璃质,以口径(mm)大小表示,一般多使用磨口的	装干燥剂,用于干燥气体或用于无水反应装置	1. 干燥剂大小适中,不与气体反应 2. 两端用棉花团塞好 3. 干燥剂变潮后应立即更换 4. 使用时固定在铁架台上,大头进气,小头出气
洗气瓶 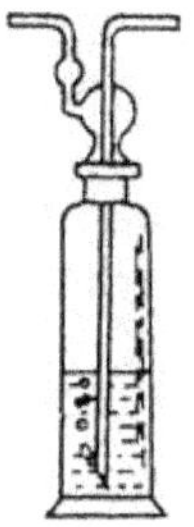	玻璃质,多种形状,按容积(cm³)分有 125、250、500、1000…	净化气体,反接也可作安全瓶(或缓冲瓶)	1. 接法要正确(进气管通入液体) 2. 洗涤液注入容器高度 1/3,不得超过 1/2
研钵 	分瓷、玻璃、玛瑙、铁质,以口径大小(mm)表示	1. 研碎固体用 2. 固体物质混合	1. 按固体性质和硬度选用不同研钵 2. 放入量不宜超过研钵容积的 1/3 3. 忌用研钵研磨易爆物质(只能轻轻压碎)
铁架台 (a) 铁架 (b) 铁圈 (c) 铁夹 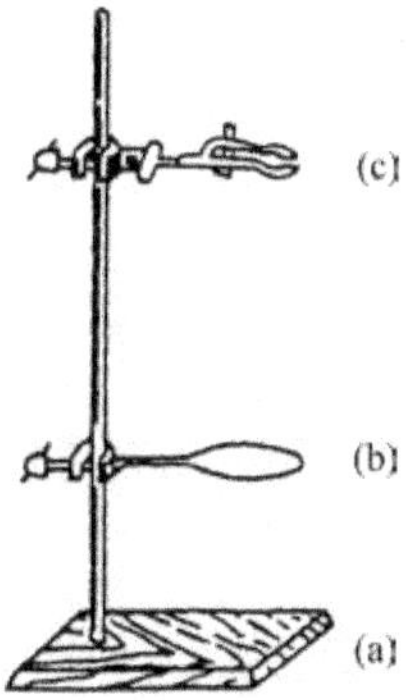	铁制品,铁夹有铝和铜制品	用于固定或放置反应容器。铁圈还可以代替漏斗架使用	1. 仪器固定在铁架台上时,仪器和铁架的重心应落在铁架台底盘中部 2. 用铁夹夹持仪器时,应以仪器不能转动为宜,不能过紧过松 3. 加热的铁圈应避免撞击摔落在地
水浴锅 	分铁、铜、铝制品,有大、中、小之分	1. 间接加热如水浴、油浴 2. 粗略控温实验	1. 加热器皿没入锅中 2/3 2. 经常加水,防止烧干 3. 用后洗净

仪　器	规　格	用　途	注意事项
毛刷 	以大小和用途表示。如试管刷、滴定管刷等	洗刷玻璃仪器	洗涤时手持刷子的部位要合适。要注意毛刷顶部竖毛的完整
点滴板 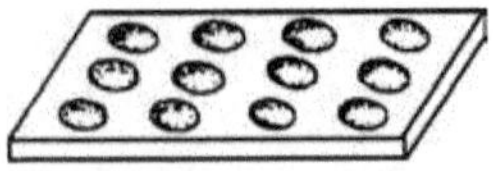	瓷质，分黑色、白色。有二凹穴、六凹穴、九凹穴、十二凹穴的	显色反应	白色沉淀用黑色板，有色沉淀用白色板
自由夹，螺旋夹 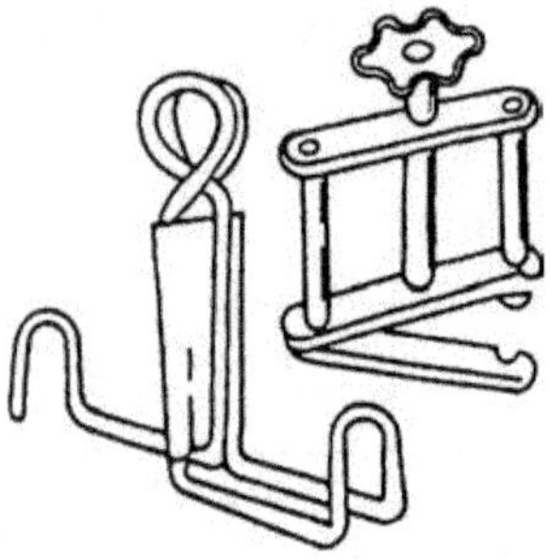	自由夹又称弹簧夹、止水夹、管夹等，螺旋夹又称节流夹	在蒸馏水储瓶、制气或其他实验装置中沟通或关闭流体的通路。螺旋夹还可控制流体的流量	1. 应使胶管夹在自由夹的中间部位。2. 在蒸馏水储瓶的装置中，夹子夹持胶管的部位应常变动
滴液漏斗 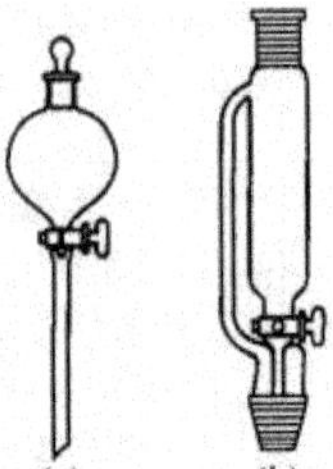	分为一般滴液漏斗（a）和恒压滴液漏斗（b），恒压滴液漏斗以外径（mm）×高（mm）表示，大多为筒状形	恒压滴液漏斗主要用于反应体系内有压力存在的反应，使液体顺利滴加	容易折断，使用和洗涤时要小心
冷凝管 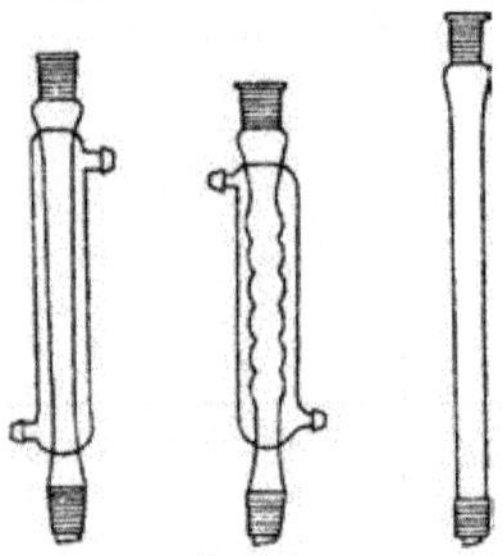	以口径长度（mm）表示，主要分为（a）直形，（b）球形，（c）空气冷凝管。此外还有其他形状的	蒸馏和回流操作	回流操作时须使用球形冷凝管，一般蒸馏时使用直形冷凝管，当被冷却气体的温度超过140℃时，可用空气冷凝管

续表

仪　器	规　格	用　途	注意事项
蒸馏头 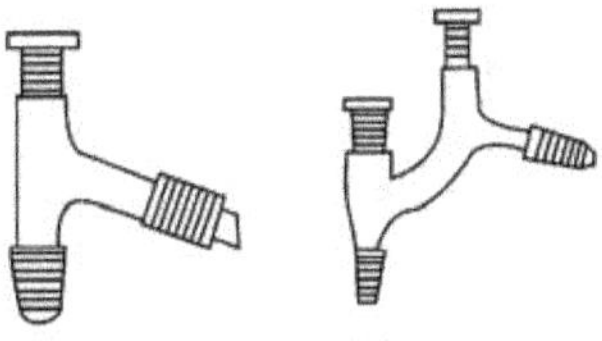 （a）　　　（b）	以口径（mm）表示，一般有普通蒸馏头（a）和克氏蒸馏头（b）	与圆底烧瓶组装后用于蒸馏	减压蒸馏时应在磨口连接处涂润滑油剂，保证装置密封性。普通蒸馏用普通蒸馏头，减压蒸馏用减压蒸馏头
接引管 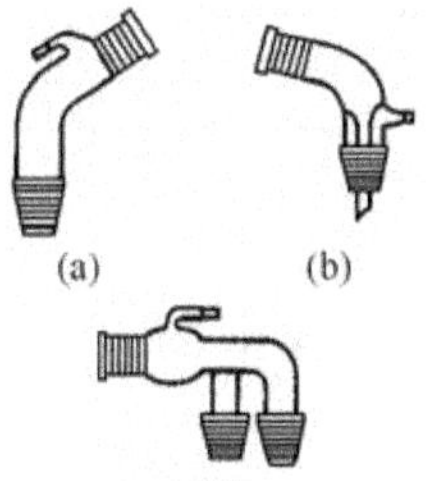 （a）　　　（b） （c）	以口径（mm）表示，主要有单接引管（a、b）和双接引管（c）	与冷凝管组装用于蒸馏	减压蒸馏时应在接引管磨口处涂润滑油剂，以保证减压蒸馏顺利进行。接引管（a）用于常压蒸馏，接引管（b）用于减压蒸馏
套管 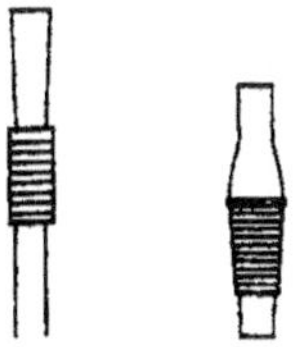 （a）　　　（b）	以口径（mm）表示，主要分为温度计套管（a）和搅拌器套管（b）	温度计套管（a）用于固定温度计和反应器皿，搅拌器套管（b）用于固定搅拌器和反应器皿	使用时须用橡皮管连接固定
连接管 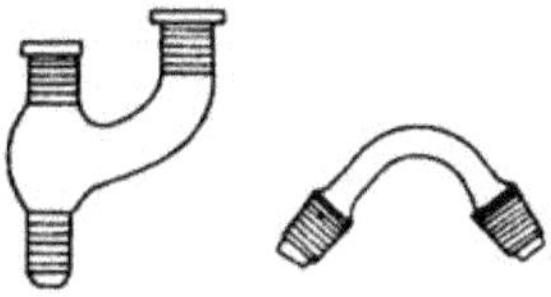 （a）　　　（b）	以口径（mm）表示，一般有二口连接管（a）和75°弯接管（b）	75°弯接管主要用于连接反应器皿和直形冷凝管，用于一般蒸馏。二口连接管用于连接反应器皿和滴液漏斗及回流冷凝管	二口连接管有时也可用于连接反应器皿、温度计及回流冷凝管
水分离器 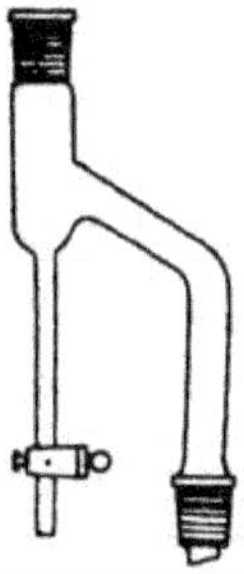 	以口径（mm）表示	用于分离反应中产生的水	一般借共沸蒸馏带走反应中生成的水

仪　器	规　格	用　途	注意事项
洗瓶 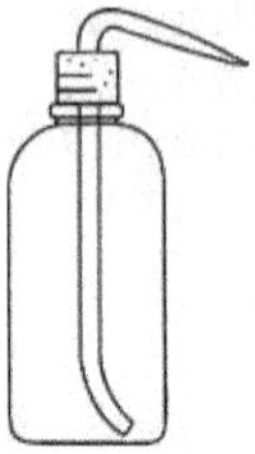	分为塑料和玻璃的,以容积(cm³)表示,大多使用 250cm³ 的洗瓶	主要用于盛装蒸馏水,洗涤容器和沉淀时使用,塑料洗瓶使用方便,卫生,应用更加广泛	不能加热
磁力搅拌器 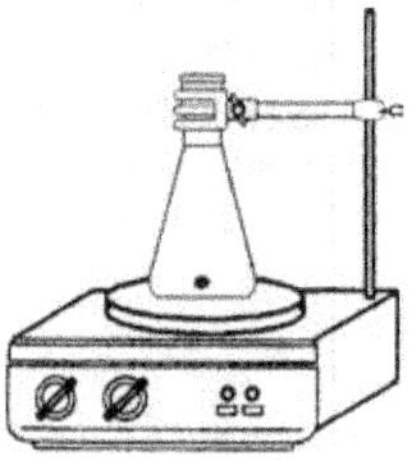	有一个可旋转的磁子,并有控制磁子转速的旋钮及控制温度的加热装置	用于需要搅拌的两相反应	加热反应温度一般很难超过 100℃。适用于反应温度不高的一类反应
电动搅拌器和搅拌棒 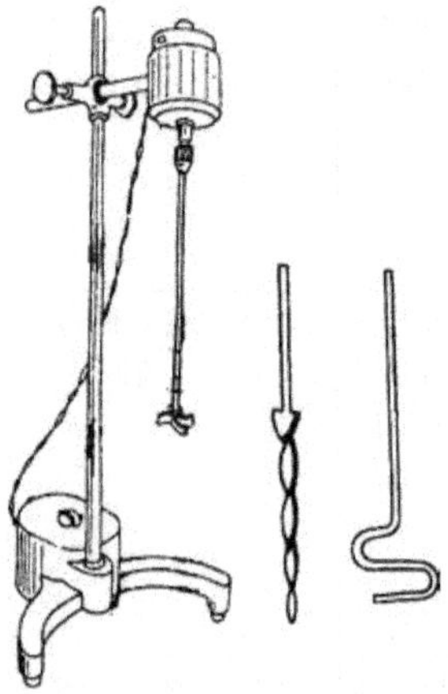	由小马达连调压变压器组成,带动玻璃搅拌棒搅拌容器中的液体,固定搅拌棒用简易密封或液封	适用于油、水等溶液或固液反应中	不适用过黏的胶状溶液。使用时必须接上地线
燃烧匙 	匙头铜质、铁质	检验可燃性,进行固气燃烧反应	1. 放入集气瓶应由上而下慢慢放入,且不要触及瓶壁 2. 硫磺、钾、钠燃烧实验,应在匙底垫上少许石棉或砂子 3. 用完立即洗净匙头并干燥

续表

仪　器	规　格	用　途	注意事项
比色管 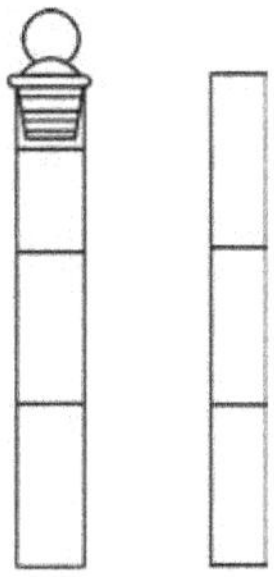	按容积(cm³)分有 10、25、50…有刻度,磨口具塞,也有不具塞的	用于光度分析中的目视比色	不可以直接用火加热,磨口塞必须原配,不可用去污粉刷洗
万能夹  (a)  (b)	铜质或铝质	用于固定烧瓶或冷凝管。(a)为多脚夹;(b)为单脚夹,主要用于夹玻璃仪器的磨口处	爪部需用乳胶管或布包裹;并需注意及时更换
双顶丝夹 	铜质,又称 S 扣	用于将万能夹固定在铁架台上	使用时注意一个扣口朝上,另一个扣口朝向自己

第5章 化学实验的基本操作

5.1 玻璃工操作和塞子钻孔

5.1.1 玻璃工操作

1. 玻璃管(棒)的截断

第一步:截断。将玻璃管(棒)平放在桌面上,按图 5-1 所示,用锉刀(或小砂轮)的棱在左手拇指按住玻璃管(棒)的地方用力向前(或向后)单向挫出一道凹痕,然后,双手持玻璃管(棒),凹痕向外,用两拇指在凹痕的后面轻轻外推,同时食指和拇指把玻璃管(棒)向外侧用力推[避免玻璃管(棒)的断口扎向手心],折断玻璃管(棒),如图 5-2 所示。

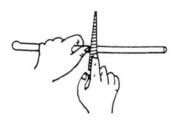

图 5-1 玻璃管的挫割

图 5-2 玻璃管的截断

第二步:圆口。玻璃管(棒)的截断面很锋利,容易划手,且难以插入塞子的圆孔内,所以必须熔烧至融化,冷却后呈圆滑口。把截断面斜插入煤气灯或酒精喷灯的氧化焰中灼烧时,要缓慢地转动玻璃管(棒)至管口光滑为止,如图 5-3 所示。灼热的玻璃管(棒)温度很高,应放在石棉网上冷却。

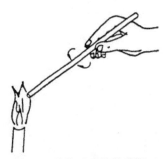

图 5-3 熔烧玻璃管的截断面

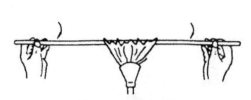

图 5-4 加热玻璃管

2. 玻璃管的弯曲

先把玻璃管内外壁擦干,内壁可用棉球擦净(把棉球塞进管口内,不要太紧,然后用铁丝把棉球从另一端推出),即可以进行操作。

第一步:烧管。双手持玻璃管,先将玻璃管用小火预热,把要弯曲的地方斜插入氧化焰中,以增大玻璃管的受热面积(也可以在煤气灯上罩以鱼尾灯头),缓慢而均匀地沿着一个方向转动玻璃管,两手用力要均等,转速要一致,以免玻璃管在火焰中扭曲。加热到玻璃管发黄且变得足够软,如图 5-4 所示。

第二步:弯管。自火焰中取出玻璃管,稍等一两秒钟,待各部温度均匀,准确地把它弯成所需角度。一般有两种方法:吹气法和不吹气法。吹气法可以总结为堵管吹气,迅速弯管,如图 5-5(a)所示,注意不能用手指堵管。对初学者不提倡使用吹气法。不吹气法是离开火焰,用"V"字形手法,两手在上方,玻璃管弯曲部分在下方,如图 5-5(b)所示,弯好后待冷却变硬才停止,放在石棉网上冷却。120°以上的角度,应一次弯成。较小的角度,可分几次弯成,先弯成 120° 左右的角度,待玻璃管稍冷后,再加热弯成较小角度(如 90°),注意玻璃管的第二次受热的位置应较第一次受热的位置略为偏移一些。当需要弯成更小的角度(如 60°、45°)时,需要进行第三次加热和弯曲操作,此操作具有一定的难度。

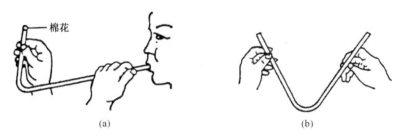

图 5-5 玻璃管的弯曲

待玻璃管完全冷却后,检查弯管角度是否准确及整个玻璃管是否处于同一平面上,如图 5-6 所示。

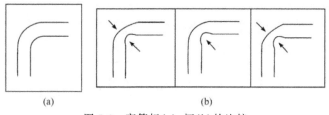

图 5-6 弯管好(a)、坏(b)的比较

3. 拉玻璃管

第一步:烧管。方法同"弯管",只是时间要长,使加热部位的玻璃更软些。

第二步:拉管。玻璃管烧软后,从火焰中取出,顺着水平方向边拉边来回转动玻璃管使狭部至所需粗细。然后一手持玻璃管使玻璃管另一端自然下垂,冷却后按需长度截断。

第三步:缘口。如果制滴管,管口需要套橡皮乳头,须将管口壁加厚,称为缘口。方法是:将玻璃管在火焰中插入镊子(镊子应先预热,也可以不用镊子),在火焰上转动使管口略为扩大,待管口稍向外翻后,迅速将玻璃管放在石棉板上轻轻压平,这样就得到比较整齐厚实的缘口,如图 5-7 所示。

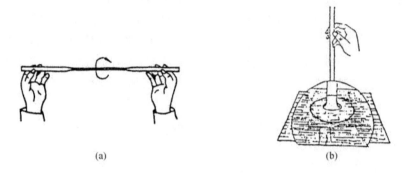

图 5-7　玻璃管的拉制(a)和扩口(b)

4. 熔点管的制备

取一支干净的细玻璃管(直径约 1cm,壁厚约 1mm 的玻璃管),放在煤气灯上加热,如"拉玻璃管",当玻璃管被烧黄软化时,立即离开火焰,两手水平地边拉边转动,开始拉时要慢一些,然后再较快地拉长,直到拉成直径约为 1mm 的毛细管。然后截成 6~8cm 长的小段,将其一端在煤气灯外焰处呈 45°角转动加热,烧熔封口即得熔点管,如图 5-8 所示。

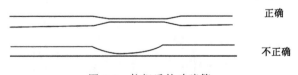

图 5-8　拉细后的玻璃管

5. 玻璃管的连接

一套装置中各部分之间可用玻璃管和
橡胶管连接,这样可形成通道,使气体或液
体通过。玻璃管连接方式要考虑到便于拆
装和不易折断,所以两部分之间的玻璃管连
接采用橡皮管连接。方法如图 5-9 所示,玻
璃管口应切割平齐,两管口对正接触。

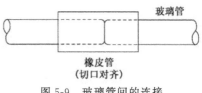

图 5-9　玻璃管间的连接

5.1.2　塞子打孔

化学实验室常用的塞子有玻璃磨口塞、橡皮塞和软木塞。软木塞易被酸、碱所
损坏,但与有机物作用较小。橡皮塞可以把瓶子塞得很严密,并可以耐强碱性物质
的侵蚀,但它易被强酸和有机物质(如汽油、苯、氯仿、丙酮等)所侵蚀。各种塞子都
有大小不同的型号,可根据瓶子或仪器口径的大小来选择合适的塞子。

实验装配仪器时多用橡皮塞。

在塞子内需要插入玻璃管或温度计时,必须在塞子上钻孔。钻孔的工具是打
孔器,如图 5-10 所示。它是一组不同的金属管,一端有柄,另一端很锋利,可用来
钻孔,也有专有的打孔机。

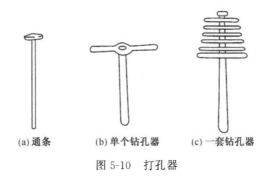

(a) 通条　　　(b) 单个钻孔器　　(c) 一套钻孔器

图 5-10　打孔器

钻孔的步骤如下:

1. 塞子大小的选择

塞子的大小应与仪器的口径相适合,如图 5-11 所示。

2. 钻孔器的选择

选择一个比要插入橡皮塞的玻璃管口径略粗的钻孔器,因为橡皮塞有弹性,孔
道钻成后会收缩使孔径变小。

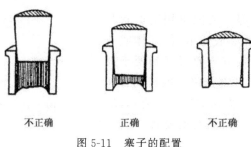

不正确　　　　正确　　　　不正确

图 5-11　塞子的配置

3. 钻孔的方法

如图 5-12 所示,将塞子小的一端朝上,平放在桌面上的一块木板上,左手持塞,右手握住钻孔器的柄,并在钻孔器前端涂点甘油或水,将钻孔器按在选定的位

置上,以顺时针方向,边用力向下压边旋转。钻孔器要与塞子的平面垂直,不能左右摇动,更不能倾斜,以免把孔钻斜。钻到一半深时,拔出钻孔器调换到橡皮塞的另一端,对准原孔方位按同样操作钻孔,直到打通为止。

钻孔后,检查孔道是否合用,如果玻璃管可以毫不费力地插入圆孔内,说明孔太大,塞孔和玻璃管之间不够严密,塞子不能使用;若塞孔稍小或不光滑时,可用圆锉修整。

图 5-12　钻孔法

4. 玻璃管插入橡皮塞的方法

用甘油或水把玻璃管的前端湿润后,先用布包住玻璃管,然后用手握住玻璃管的前半部,把玻璃管慢慢旋入塞孔内合适的位置。

5.2　玻璃仪器的洗涤与干燥

5.2.1　洗涤要求及方法

实验中使用不洁净的仪器,将得不到准确的结果,所以实验前必须先把仪器洗涤干净。洗涤的方法应根据实验的要求、污物的性质和沾污的程度来选择。

对于试管、烧杯、烧瓶等普通玻璃仪器,可选用合适的毛刷用水洗去可溶物及附着在仪器上的尘土;如果仪器很脏或有油污,可蘸取去污粉或洗涤剂洗涤,做到少量多次,洗涤时应注意毛刷不要用力过猛而将底部穿破。量筒的洗涤应尽量不用毛刷,非用不可时动作要尽量轻缓。

对于容量分析仪器(如滴定管、移液管、容量瓶等)的洗涤要求较高,首先应将容器用水冲洗,然后加入一定量的混合洗液(洗衣粉、洗洁精),转动容器使其内壁全部被洗液浸润,经一段时间后,用自来水冲洗干净,最后用蒸馏水冲洗两三次即可。如混合洗液不能把污物去掉,则用铬酸洗液洗涤,方法同上。但要注意以下几点:

(1) 铬酸洗液有很强的腐蚀性,易灼伤皮肤和腐蚀衣物,使用时注意安全。

(2) 加入洗液前应尽量把仪器中残留的水倒掉,以免将洗液稀释,影响洗涤效果。

(3) 洗液用后应倒回原瓶,以便重复使用。

(4) 绿色洗液不再具有氧化性和去污力,故不能使用。

(5) 铬(Ⅵ)化合物有毒,清洗残留在仪器上的洗液时,第一遍和第二遍洗涤水均不能倒入下水道,应回收处理。

对于一些不溶于水的沉淀垢迹,需根据其性质,选用适当的试剂,通过化学方法除去。表 5-1 介绍了几种常见垢迹的处理方法。

表 5-1　常见垢迹处理方法

垢　迹	处理方法
沾附在器壁上的 MnO_2、$Fe(OH)_3$	用盐酸处理,MnO_2 垢迹需用浓度$\geq 6 mol \cdot dm^{-3}$ 的 HCl 才能洗掉,必要时可以加少量乙二酸并微热
碱土金属的碳酸盐等	用盐酸处理
沉积在器壁上的银或铜	用稀硝酸处理
沉积在器壁上的难溶性银盐	一般用 $Na_2S_2O_3$ 溶液洗涤。Ag_2S 垢迹则需用热、浓 HNO_3 处理
沾附在器壁上的硫磺	用煮沸的石灰水处理,反应原理如下: $3Ca(OH)_2 + 6S == 2CaS_2 + CaS_2O_3 + 3H_2O$
残留在容器内的 Na_2SO_4 或 $NaHSO_4$ 固体	加水煮沸使其溶解,趁热倒掉
不溶于水,不溶于酸或碱的有机物胶质等污迹	用有机溶剂洗。常用的有机溶剂有乙醇、丙酮、苯、四氯化碳等
煤焦油污迹	用浓碱浸泡(约 1 天左右),再用水冲洗
蒸发皿和坩埚内的污迹	一般可用浓 HNO_3 或王水洗涤
瓷研钵内的污迹	将少量食盐放在研钵内研洗,倒去食盐,再用水洗净

5.2.2　仪器的干燥

1. 晾干

把洗净的仪器置于干净的专用橱内,使其自然晾干。

2. 烤干

用煤气灯小火烤干,烧杯和蒸发皿应放在石棉网上。试管的烤干如图 5-13(a)

所示,将管口向下,来回移动试管。注意事先擦干玻璃仪器的外壁。

3. 烘干

将洗净的仪器放到电热烘干箱内(控制温度在 105℃左右),仪器放进烘箱前应尽量把水倒干,并在烘箱的最下层放一搪瓷盘,接受从容器上滴下的水珠,以免直接滴在电炉丝上损坏炉丝,如图 5-13(b)所示。

4. 吹干

用电吹风机或气流烘干机吹干,如图 5-13(c)所示。

5. 有机溶剂的快速干燥

先用少量丙酮等有机溶剂洗一遍,然后晾干,如图 5-13(d)所示。

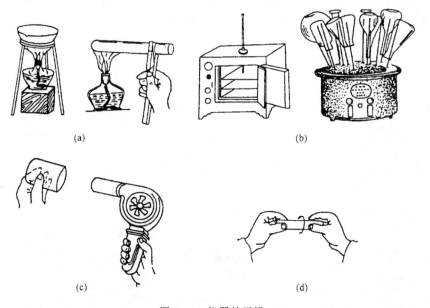

图 5-13 仪器的干燥

5.3 试剂的干燥、取用和溶液的配制

5.3.1 试剂的干燥

干燥是使样品失去水分子或其他溶剂的过程。常用的干燥方法有加热干燥、低温干燥、化学结合除水、吸附去水四种。

(1) 加热干燥法的原理是利用加热的方法将物质中的水分变成蒸汽蒸发出来。常用仪器有电炉、煤气灯、真空干燥箱等。它的优点是能在较短的时间达到干燥目的,无机物质干燥一般用此法。

(2) 低温干燥一般指在常温或低于常温的情况下进行干燥,常见的是常温常压下在空气中晾干、吹干,在减压(或真空)下干燥和冷冻干燥等均属低温干燥。低温干燥适用于易燃、易爆或受热变质的物质,比较缓和安全。

(3) 化学结合除水多用于有机物的除水,通常的做法是向盛有有机物的试剂瓶中加入可吸水的无机物,这些无机物通常和有机物是互不相溶的,使用时取上层清液即可。

(4) 干燥剂干燥多用于干燥气体和液体中含有的游离水。作为干燥剂的物质要易于和游离水作用或易于吸附水汽而又不与被干燥的物质作用。一般常用的干燥剂有氢氧化钠、氢氧化钾、金属钠、氧化钙、五氧化二磷、浓硫酸、硅胶、分子筛等(表 5-2)。用这种方法干燥时,被干燥的物质往往有被污染的危险,应该注意。

表 5-2　常用干燥剂的性能与应用范围

干燥剂	吸水作用	干燥性能	应用范围
氯化钙	形成 $CaCl_2 \cdot nH_2O$ $n=1,2,4,6$	中等	廉价的干燥剂,可干燥烃、烯、某些酮、醚、中性气体
硫酸镁	形成 $MgSO_4 \cdot nH_2O$ $n=1,2,4,5,6,7$	较弱	中性,应用范围广。可代替氯化钙,并可干燥酯、醛、酮、腈、酰胺
硫酸钠	形成 $Na_2SO_4 \cdot 10H_2O$	弱	中性,应用范围广。常用于初步干燥
硫酸钙	形成 $CaSO_4 \cdot 1/2H_2O$	强	中性,应用范围广。常先用硫酸钠(镁)干燥后再用
碳酸钾	形成 $CaCO_3 \cdot 1/2H_2O$	较弱	弱碱性,用于干燥醇、酮、酯、胺、杂环等碱性化合物
氢氧化钠 氢氧化钾	溶于水	中等	强碱性,用于干燥醚、烃、胺及杂环等碱性化合物
钠	$Na+H_2O \longrightarrow NaOH+1/2H_2 \uparrow$		干燥醚、烃、叔胺的痕量水
氧化钙	$CaO+H_2O \longrightarrow Ca(OH)_2$	强	干燥中性和碱性气体、胺、醇、醚
五氧化二磷	$P_2O_5+3H_2O \longrightarrow 2H_3PO_4$	强	干燥中性和酸性气体、乙烯、二氧化碳、烃、卤代烃及腈中痕量水
分子筛(钠铝硅型、钙铝硅型)	物理吸附	强	可干燥各类有机物、流动气体

这种方法一般使用玻璃干燥器,有时也用真空干燥器,使用方法如图 5-14 所示。使用干燥器前首先将其擦干净,烘干多孔瓷板后,将干燥剂通过一纸筒装入干

燥器底部,应避免干燥剂沾污内壁的上部,然后盖上瓷板。

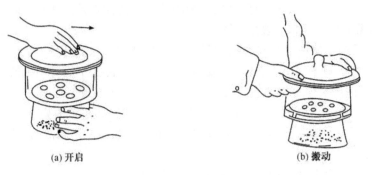

(a) 开启　　　　　　　　　　　　　(b) 搬动

图 5-14　干燥器

干燥剂一般用变色硅胶,也可用无水氯化钙等。由于各种干燥剂吸收水分的能力都有一定限度,因此干燥器中的空气并不绝对干燥,而只是湿度相对降低。所以灼烧和干燥后的坩埚和沉淀,如在干燥器中放置过久,可能会吸收少量水分而使质量增加,须加以注意。

干燥器盛装干燥剂后,应在干燥器的磨口上涂上一层薄而均匀的凡士林油,再盖上干燥器盖。

开启干燥器时,左手按住下部,右手按住盖子上的圆顶,向左前方推开器盖,如图 5-14(a)所示。盖子取下后应拿在右手中,用左手放入(或取出)坩埚(或称量瓶),及时盖上干燥器盖。盖子取下后,也可放在桌上安全的地方(注意要磨口向上,圆顶朝下)。加盖时,也应当拿住盖上圆顶,推着盖好。

当坩埚或称量瓶等放入干燥器时,应放在瓷板圆孔内。但称量瓶比圆孔小时则应放在瓷板上。将坩埚等热的容器放入干燥器后,应连续推开干燥器一两次。

搬动或挪动干燥器时,应该用手的拇指同时按住盖,防止滑落打破,如图 5-14(b)所示。

5.3.2　试剂的取用

1. 固体试剂

(1) 取用试剂前要看清标签及规格,打开试剂瓶,瓶盖应倒置于洁净处。

(2) 要用洁净的药勺取用固体试剂。试剂取用后应立即盖好瓶盖并放回原处,标签向外。

(3) 取用试剂时应从少开始,不要多取,多余的试剂不可倒回原试剂瓶。

(4) 固体颗粒太大时,应在洁净的研钵中研碎(研钵中所盛试剂量不能超过其容量的1/3)。

（5）向试管中（特别是湿试管中）加入固体试剂时，可将试剂放在一张对折的纸条槽中，伸入试管的 2/3 处扶正滑下；块状固体应沿管壁慢慢滑下，如图 5-15 所示。

(a)用药匙向试管中送入固体试剂　　　(b)用纸槽向试管中送入固体试剂　　　(c)块状固体沿管壁慢慢滑下

图 5-15　试管中加入固体试剂的操作

2. 液体试剂

（1）用倾注法从细口瓶中取用液体试剂。先将瓶塞取下，倒置于桌面（若倒置不稳，要用右手中指和无名指夹住瓶塞）。右手心对着标签拿起试剂瓶，倒取试剂，注意用玻璃棒引流。最后将瓶塞盖上（不要盖错！），放回原处，标签朝外，如图 5-16 所示。

（2）从滴瓶中取出液体试剂时，要使用滴瓶中的专用滴管。先用拇指和食指将滴管提起并离开液面，赶出胶头内空气，放入液体，放松手指，吸入液体后再提起滴管，即可取出试剂（注意避免使滴管在试剂中鼓泡）。用滴管向容器内滴加试剂时，禁止滴管与容器壁接触，也不许将滴管伸入试管中，如图 5-17 所示。装有试剂的滴管任何时候均不得横置、倒置，以免液体流入胶头内而被污染。

图 5-16　从细口瓶中
取用液体试剂

（3）在试管里进行某些实验，试剂不需要准确量取时，应学会初步估计液体的量，譬如 1cm³ 约为多少滴、2cm³ 液体约占所用试管的几分之几（试管内液体不允许超过其容积的 1/3）等。

（4）若用量筒量取液体，应先选好与所取液体体积相匹配的量筒。量液体时，应将视线与量筒内液体的弯月面最低处持平（无色或浅色溶液），视线偏高或偏低都会造成较大误差，如图 5-18 所示。

（5）若用自备滴管取用液体，必须选用洁净而干燥的滴管，以防污染或稀释原来的溶液。

取用试剂的过程中应特别注意：

（1）不弄脏试剂。试剂不能用手接触，固体用干净的药匙或纸条，试剂瓶盖绝

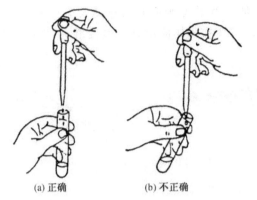

(a) 正确　　　　　　(b) 不正确

图 5-17　向试管中滴加液体试剂

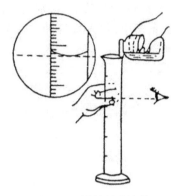

图 5-18　量筒量取液体

不能张冠李戴。

(2) 节约使用。在实验中,试剂的用量按规定量取,若没有写明用量,应尽可能取用少量。如果取多了,将多余的试剂分给其他需要的同学使用,不要倒回原瓶,以免弄脏。

5.3.3　溶液的配制

溶液的配制步骤如下:

(1) 计算。根据要求,计算出所需溶质和溶剂的量。

(2) 称量。根据要求,选适当的仪器进行称取或量取,将样品置于烧杯中。

(3) 配制。先用适量水溶解,再稀释至所需的体积。

几点说明:

(1) 配制溶液时应根据对纯度和浓度的要求选用不同等级的试剂,不要超规格使用试剂,以免造成浪费。

(2) 由于试剂溶解时常伴有热效应,配制溶液的操作一定要在烧杯中进行,并用玻璃棒搅拌,但不能太猛,更不能使玻璃棒触及烧杯。试剂溶解时若有放热现象,或用加热的方法促使其溶解,应待冷却后,再转入其他试剂中或定量转入容量瓶中。

(3) 配制饱和溶液时,所用溶质的量应稍多于计算量,加热促使其溶解,待冷却至室温并析出固体后即可使用。

(4) 配制易水解的盐溶液,如 $SbCl_3$、Na_2S 溶液,应预先加入相应的酸(HCl)或碱(NaOH)以抑制水解,然后稀释至一定体积。

(5) 对于易氧化、易水解的盐,如 $SnCl_2$、$FeSO_4$ 溶液,不仅要加相应的酸来抑制水解,配好后还要加入相应的纯金属锡粒、铁钉等,以防其氧化变质。

(6) 有些易被氧化或还原的试剂,常在使用前临时配制,或采取措施,防止氧化或还原。

（7）易侵蚀或腐蚀玻璃的溶液,不能盛放在玻璃瓶内,如氟化物应保存在聚乙烯瓶中,装苛性碱的玻璃瓶应换成橡皮塞,最好也盛于聚乙烯瓶中。

（8）配制指示剂溶液时,需称取的指示剂量往往很少,这时可用分析天平称量,但只要读取两位有效数字即可,根据指示剂的性质采用合适的溶剂,必要时还要加入适当的稳定剂,并注意其保存期;配好的指示剂一般储存于棕色瓶中。

配好的溶液必须标明名称、浓度、日期,标签应贴在试剂瓶的中上部。

经常并大量使用的溶液,可先配制成使用浓度的 10 倍的储备液,需要用时取储备液稀释 10 倍即可。

5.4　试纸的使用

试纸是把滤纸用某些特殊的试剂浸泡后晾干而制得的,也有些常用的试纸可以购置,不同的试纸有不同的用途。

1. 用试纸检验溶液的酸碱性

常用 pH 试纸检验溶液的酸碱性。将小块试纸放在干燥洁净的点滴板上,用玻璃棒沾取待测的溶液,滴在试纸上,观察试纸的颜色变化,在 30s 内尽快将试纸呈现的颜色与标准色板颜色对比,即可得到溶液的 pH。

pH 试纸分为两类:一类是广泛试纸,其变色范围为 pH1～14,用来粗略地检验溶液的 pH,变化为 1 个 pH 单位;另一类是精密 pH 试纸,用于比较精确地检验溶液的 pH。精密试纸的种类很多,可以根据不同的需求选用,精密试纸的变化小于 1 个 pH 单位。

2. 用试纸检验气体

用蒸馏水润湿试纸并沾附在干净玻璃棒的尖端,将试纸放在发生反应的试管上方,观察试纸颜色的变化。

不同的试纸可以检验不同的气体（表 5-3）。

表 5-3　不同的试纸检验不同的气体

试纸的种类	检验的气体	现　象
pH 试纸或石蕊试纸	气体的酸碱性	不同的酸碱性,试纸的颜色不同
KI-淀粉试纸	Cl_2	先变蓝色,后褪色
Pb(Ac)$_2$ 试纸	H_2S	变黑
KMnO$_4$ 试纸	SO_2	褪色
KIO$_3$-淀粉试纸	SO_2	先变蓝色,后褪色

5.5 气　　体

5.5.1　气体的发生

实验室需要少量气体时,可在实验室中制备;如需大量和经常使用气体,从压缩钢瓶中直接获得即可。气体的发生方法如表5-4所示。

表 5-4　气体的发生

气体发生的方法	实验装置图	适用气体	注意事项
加热试管中的固体制备气体	如图5-43(b)所示	氧气、氨、氯气等	1. 见"试管中固体试剂的加热" 2. 检查气密性
利用启普发生器制备气体	如图5-19所示	氢气、二氧化碳、硫化氢等	适用于固、液混合,不加热即可能得到的气体物质
利用蒸馏烧瓶和分液漏斗的装置制备气体	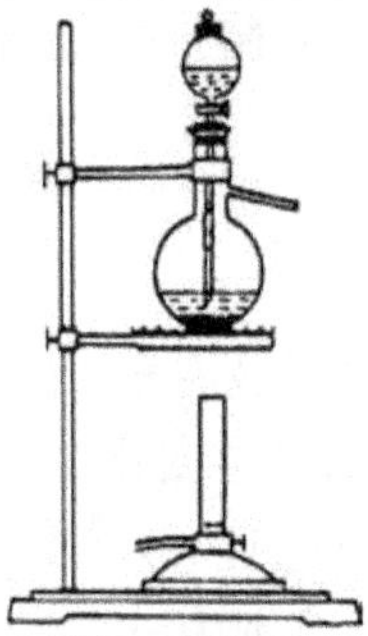	一氧化碳、二氧化硫、氯气、氯化氢等	1. 分液漏斗管应插入液体(或一个小试管)内,否则漏斗中液体不易流下 2. 必要时可微微加热 3. 必要时用三口瓶加回流装置
从钢瓶直接获得气体		氮气、氧气、氢气、氨、二氧化碳、氧气、乙炔、空气等	见5.5.4中的"使用钢瓶注意事项"

启普发生器是无机化学实验室中常见的气体发生装置,如图5-19所示。固体药品放在中间圆球内,可以在固体下面放些玻璃棉来承受固体,酸从球形漏斗加入。使用时只要打开活塞,酸即进入中间球内,与固体接触而产生气体。停止使用时,只要关闭活塞,气体就会把酸从中间球压入球形漏斗内,使固体与酸脱离而终止反应。中球侧口用来排气和更换固体药品,下球侧口用来排放废酸。

启普发生器的缺点是不能加热,而且装在启普发生器内的固体必须是块状的。实验完毕,洗净启普发生器,在磨口处垫上纸条,以备下次再用。

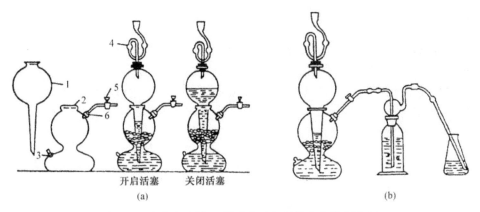

图 5-19　启普发生器(a)及连有洗气瓶的启普发生器(b)

1. 球形漏斗；2. 液体入口；3. 液体出口；4. 安全漏斗；5. 活塞；6. 气体出口

5.5.2　气体的收集

气体的收集方法如表 5-5 所示。

表 5-5　气体的收集

收集方法		实验装置	适用气体	注意事项
排水集气法		气体→	难溶于水的气体,如氢气、氧气、氮气、一氧化氮、一氧化碳、甲烷、乙烯、乙炔等	1. 集气瓶装满水,不应有气泡 2. 停止收集时,应在拔出导管或移走水槽后,才能移开灯具
排气集气法	瓶口向下	气体→	比空气轻的气体,如氨等	1. 集气导管应尽量接近瓶底 2. 相对密度与空气接近或在空气中易氧化的气体不宜用排气法,如 NO
	瓶口向上	←气体	比空气重的气体,如氯化氢、氯气、二氧化碳、二氧化硫等	

5.5.3　气体的干燥和净化

通常制得的气体带有酸雾和水汽,使用时常需净化和干燥。酸雾可用水或玻璃棉除去,水则可根据气体的性质选用浓硫酸、无水 $CaCl_2$、NaOH 或硅胶脱除。一般情况下使用洗气瓶、干燥塔、U 形管或干燥管等仪器进行净化和干燥,分别如图 5-20 所示。

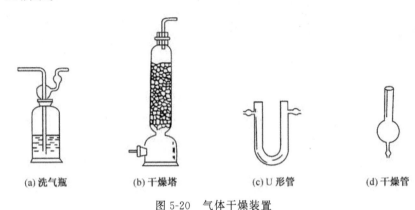

(a) 洗气瓶　　　　(b) 干燥塔　　　　(c) U 形管　　　　(d) 干燥管

图 5-20　气体干燥装置

液体(如浓 H_2SO_4、H_2O 等)装在洗气瓶中,无水 $CaCl_2$ 和硅胶装在 U 形管或干燥管中。气体中如果还有其他杂质,则应根据具体情况分别用不同的洗涤液或固体吸收。常用的干燥剂如表 5-6 所示。

表 5-6　常用干燥剂

气　体	常用干燥剂	气　体	常用干燥剂
H_2、O_2、N_2、CO、CO_2、SO_2	H_2SO_4(浓)、$CaCl_2$(无水)、P_2O_5	HI	CaI_2
		NO	$Ca(NO_3)_2$
Cl_2、HCl、H_2	$CaCl_2$(无水)	HBr	$CaBr_2$
NH_3	CaO 与 KOH 混合物		

5.5.4　气体钢瓶

化学实验室经常使用高压钢瓶,它是一种高压容器,容积 $12\sim55dm^3$ 不等。由于瓶内压力很高,为降低压力并保持稳压,常常要装上减压器(带气表)使用。

1. 颜色与标志

为了避免各种气体钢瓶混淆,通常将钢瓶油漆成不同颜色以示区别,如表 5-7 所示。

表 5-7　高压钢瓶的颜色与标志

气瓶名称	瓶身颜色	标　志	标志颜色
氧气瓶	天蓝	氧	黑
氢气瓶	深绿	氢	红
氮气瓶	黑	氮	黄
氩气瓶	灰	氩	绿
压缩空气瓶	黑	压缩空气	白
硫化氢气瓶	白	硫化氢	红
二氧化硫气瓶	黑	二氧化硫	白
二氧化碳气瓶	黑	二氧化碳	黄
氨气瓶	黄	氨	黑
氯气瓶	草绿(保护色)	氯	白
其他可燃气瓶	红	(气体名称)	白
其他非可燃气瓶	黑	(气体名称)	黄

2. 使用方法

高压钢瓶使用时要用气表指示瓶内总压并控制使用气体的分压,气表结构如图 5-21 所示(以氧气表为例)。

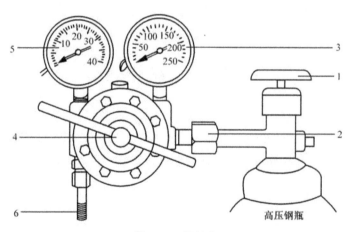

图 5-21　氧气表

1. 总阀门;2. 气表和钢瓶连接螺丝;3. 总压力表;4. 调节阀门;5. 分压力表;6. 供气阀门

使用时将气表和钢瓶连接好,将调节阀门左旋到最松位置上,打开钢瓶总阀门,总压力表就指示出钢瓶内总压力。用肥皂水检查表头和钢瓶是否漏气。如不漏气,即可将调节阀门慢慢向右旋,调节阀即开启向系统进气,分压力表指示出进入系统气体的压力。使用完毕,先关闭钢瓶总阀门,让气体排空,直到总压力表和分压力表指示都下降为零,再将调节阀门左旋到最松位置。必须指出,如果调节阀门没有左旋到最松位置上(关闭阀门),就会造成再次打开钢瓶总阀门时,因高压气流的冲击导致减压阀门失灵、气表损坏。

　　3. 使用钢瓶注意事项

　　(1) 钢瓶应存放在阴凉、干燥、远离热源(阳光、暖气、炉火等)的地方,以免因温度升高,瓶内压力增大造成漏气或发生爆炸。

　　(2) 搬运钢瓶要轻、稳,使用时放置必须牢固(用架子或铁丝固定),切勿摔倒或剧烈振动,以免爆炸。钢瓶总阀门较脆弱,搬运时应旋上瓶帽。

　　(3) 使用时要用气表。一般可燃性气体钢瓶气门螺纹是左旋,其他气体为右旋。各种气表一般不能混用,以防爆炸。开启气门时应站在气表的另一侧,避免危险。

　　(4) 钢瓶上不得沾染油污及其他有机物,特别是在气门出口和气表出口处更应保持洁净,不可用麻、棉等物堵漏,因为气体急速放出时会使温度升高而引起爆炸,尤其是氧气瓶。

　　(5) 使用可燃气体钢瓶要有防止回火装置,有的气表有此装置。在导管中塞细钢丝网可防止回火,管路中加封也可起到保护作用。

　　(6) 不可把钢瓶内气体用完,一般要留 $4.9 \times 10^5 Pa$ 表压以上[乙炔则应留 $(1.96 \sim 2.94) \times 10^5 Pa$ 表压],以防重新灌气时发生危险。

5.6　容量分析基本操作

　　移液管(器)、吸量管、滴定管、容量瓶、量筒、微量进样器等是化学分析的容量分析实验中测量溶液体积的常用量器。它们的正确使用是分析化学(尤其是容量分析法)实验的基本操作技术。在此简要地介绍这些量器的规格和使用方法。

5.6.1　量筒

　　量筒是化学实验室中最常使用的度量液体体积的仪器。它有各种不同的容量,可以根据不同的需要来选用。例如,需要量取 $8.0 cm^3$ 液体时,如果使用 $100 cm^3$ 量筒测量液体的体积至少有 $\pm 1 cm^3$ 的误差。为了提高测量的准确度,应该换用 $10 cm^3$ 量筒,此时测量体积的误差可以降低到 $\pm 0.1 cm^3$。读取量筒的刻度值,一定要使视线与量筒内液面(半月形弯曲面)的最低点处于同一水平线上,如图 5-22(a)所示,否则会增加体积的测量误差,如图 5-22(b)、(c)所示。

　　量筒不能作反应器用,不能装热的液体。

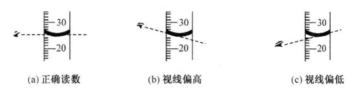

(a) 正确读数　　　　　(b) 视线偏高　　　　　(c) 视线偏低

图 5-22　观看量筒内液体的容积

5.6.2　移液管

移液管是准确移取一定体积溶液的量出式玻璃量器,正规名称是"单标线吸量管",通常惯称为移液管。它的中间有一膨大部分,管颈上部刻有一标线,此标线的位置是由放出溶液的体积决定的。移液管的容量单位为 cm^3,其容量为在 20℃ 时按下述方式排空后所流出纯水的体积。

洁净的移液管充入纯水至标线以上几毫米,除去黏附于流液口外面的液滴,在移液管垂直状态下将下降的液面调定于刻线,即弯液面的最低点与刻线的上边缘水相切(视线在同一水平面),此时即调定零点。然后将管内纯水排入另一口稍倾斜(约 30°)的容器中,当液面降至流液口处静止时,再等待 15s。这样所流出的体积即该移液管的容量。

移液管产品按其容量精度分为 A 级和 B 级。国家规定的容量允差和水的流出时间见表 5-8。

表 5-8　常用移液管的规格

标称容量/cm³		2	5	10	20	25	50	100
容量允差/cm³	A	±0.010	±0.015	±0.020	±0.030		±0.050	±0.080
	B	±0.020	±0.030	±0.040	±0.060		±0.100	±0.160
水的流出时间/s	A	7~12	15~25	20~30	25~35		30~40	35~40
	B	5~12	10~25	15~30	20~35		25~40	30~40

使用移液管时应注意以下几点:

(1) 必要时,用铬酸洗液将其洗净,使其内壁及下端和外壁均不挂水珠。用滤纸片将流液口内外残留的水吸干。

(2) 移取溶液之前,先用欲移取的溶液将其润洗 3 次。方法是:吸入溶液至膨大部分,立即用右手食指按住管口(尽量勿使溶液回流,以免稀释),将移液管横过来,用两手的拇指及食指分别拿住移液管的两端,转动移液管并使溶液布满全管内壁,当溶液流至距上口 2~3cm 时,将管直立,使溶液由尖嘴(流液口)放出,弃去。

(3) 用移液管自容量瓶中移取溶液时,右手拇指及中指拿住管颈刻线以上的

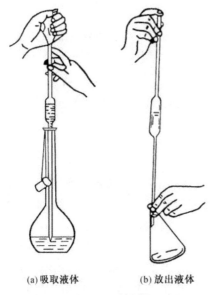

(a) 吸取液体　　　(b) 放出液体

图 5-23　移液管

地方(后面无名指和小指依次靠拢中指),将移液管插入容量瓶内液面以下 1～2cm 深度。不要插入太深,以免外壁粘带溶液过多;也不要插入太浅,以免液面下降时吸空。左手拿洗耳球,排除空气后紧按在移液管口上,借吸力使液面慢慢上升,移液管应随容量瓶中液面的下降而下降。当管口液面上升至刻线以上时,迅速用右手食指堵住管口(食指最好略润湿),用滤纸擦去管尖外部的溶液,将移液管的流液口靠着容量瓶(或锥形瓶)颈的内壁,左手拿容量瓶,并使其倾斜约 30°。稍松食指,用拇指及中指轻轻捻转管身,使液面缓慢下降,直到调定零点。然后,按紧食指,使溶液不再流出,将移液管移入准备接受溶液的容器中,仍使其流液口接触倾斜的器壁,松开食指,使溶液自由地沿壁流下(图 5-23),待下降的液面静止后,再等待 15s,然后拿出移液管。

　　注意:在调整零点和排放溶液过程中,移液管都要保持垂直,其流液口要接触倾斜的器壁(不可接触下面的溶液)并保持不动;等待 15s 后,旋转 360°,这样管尖部分每次留存的体积会基本相同,不会导致平行测定时产生过大的误差。因为一些管口尖部做得不十分圆滑,如果不旋转移液管,随停靠在接受内壁的管尖部位的不同方位而留存在管尖部位的液体体积会出现差异。流液口内残留的一点溶液不可用外力使其震出或吹出;移液管用完应放在管架上,不要随便放在实验台上,尤其要防止管颈下端被沾污。

5.6.3　吸量管

　　吸量管的全称是"分度吸量管",它是带有分度的量出式量器,如图 5-24 所示,用于移取非固定量的溶液。吸量管容量的精度级别分为 A 级和 B 级,其产品大致分为以下三类:

　　(1) 规定等待时间 15s 的吸量管;

　　(2) 不规定等待时间的吸量管;

　　(3) 快流速和吹出式吸量管。

图 5-24　分度吸量管

吸量管的使用方法与移液管大致相同,这里只强调几点:

(1)由于吸量管的容量精度低于移液管,所以在移取 $1cm^3$ 以上固定量溶液时,应尽可能使用移液管。

(2)使用吸量管时,尽量在最高标线调整零点。

(3)吸量管的种类较多,要根据所做实验的具体情况,合理地选用吸量管。但由于种种原因,目前市场上的产品不一定都符合标准,有些产品标志不全,有的产品质量不合格,使得用户无法分辨其类型和级别,如果实验精度要求很高,最好经容量校准后再使用。

5.6.4　定量、可调移液器

移液器为量出式仪器,分定量和可调两种,主要用于仪器分析、化学分析、生化分析中进行取样和加液。移液器利用空气排代原理进行工作。它由定位部件、容量调节指示部分、活塞套和吸液嘴等组成(图 5-25 和图 5-26)。移液量由一个配合良好的活塞在活塞套内移动的距离来确定。移液器的容量单位为 $\mu L(10^{-3}\,cm^3)$。吸液嘴由聚丙烯等材料制成。

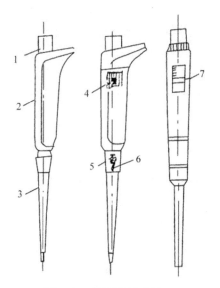

图 5-25　移液器示意图

1. 按钮;2. 外壳;3. 吸液杆;4. 定位部件;5. 活塞套;

6. 活塞;7. 计数器

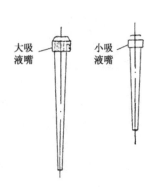

图 5-26　吸液嘴示意图

定量和可调移液器的规格分别列于表 5-9 和表 5-10。

表 5-9　定量移液器容量允许误差和重复性（引自 JJG646—90）

标称容量/$10^{-3}cm^3$	容量允许误差/%	重复性/%
10	±4.0	≤|2.0|
50	±3.0	≤|1.5|
100～150	±2.0	≤|1.0|
200～600	±1.5	≤|0.7|
1000	±1.0	≤|0.5|

表 5-10　可调移液器容量允许误差和重复性（引自 JJG646—90）

标称容量/$10^{-3}cm^3$	检定点/$10^{-3}cm^3$	容量允许误差/%	重复性/%
20	5	±8.0	≤|3.0|
	10	±4.0	≤|2.0|
	20	±4.0	≤|2.0|
100	20	±4.0	≤|2.0|
	50	±3.0	≤|1.5|
	100	±2.0	≤|1.0|
200	50	±3.0	≤|1.5|
	100	±2.0	≤|1.0|
	200	±1.5	≤|1.0|
1000	100	±2.0	≤|1.0|
	200	±2.0	≤|1.0|
	500	±1.5	≤|0.5|
	1000	±1.5	≤|0.5|

移液器的使用方法如下：

（1）吸液嘴用过氧乙酸或其他合适的洗液进行清洗，然后依次用自来水和纯水洗涤，干燥后即可使用。

（2）将可调移液器的容量调节到所需微升数，再将吸液嘴紧套在移液器的下端，并轻轻旋动，以保证密闭。

（3）吸取和排放被取溶液两三次，以润洗吸液嘴。

（4）垂直握住移液器，将按钮揿到第一停点，并将吸液嘴浸入液面以下 3mm 左右，然后缓慢地放松按钮，等待一两秒后再离开液面，擦去吸嘴外面的溶液（但不能碰到流液口，以免带走器口内的溶液）。将流液口靠在所用容器的内壁上，缓慢地把按钮揿到第一停止点，等待一两秒，再将按钮完全揿下，然后使吸液嘴沿着容器内壁向上移开。

（5）用过的吸液嘴若想重复使用，应随即清洗干净，晾干或烘干后存放于洁净处。

5.6.5　滴定管

滴定管是可放出不固定量液体的量出式玻璃量器,主要用于滴定分析中对滴定体积的测量。它的主要部分管身用细长而内径均匀的玻璃管制成,上面刻有均匀的分度线,下端的流液口为一尖嘴,中间通过玻璃旋塞或乳胶管连接以控制滴定速度。

滴定管大致有以下几种类型:普通的具塞和无塞滴定管、三通活塞自动定零位滴定管、侧边活塞自动定零位滴定管、侧边三通活塞自动定零位滴定管等。滴定管的全容量最小为 $1cm^3$,最大为 $100cm^3$,如图 5-27 所示。常用的是 $10cm^3$、$25cm^3$、$50cm^3$ 容量的滴定管。国家规定的容量允差和水的流出时间列于表 5-11。

表 5-11　常用滴定管

标称总容量/cm^3		5	10	25	50	100
分度值/cm^3		0.02	0.05	0.1	0.1	0.2
容量允差/cm^3	A	±0.010	±0.025	±0.04	±0.05	±0.10
	B	±0.020	±0.050	±0.08	±0.10	±0.20
水的流出时间/s	A	30~45		45~70	60~90	70~100
	B	20~45		35~70	50~90	60~100
等待时间/s		30				

1. 酸式滴定管

酸式滴定管的结构如图 5-27(a)所示。

常量分析用的酸式滴定管是一支长玻璃管,下端收缩成滴管状,在滴管部分装有玻璃活塞,活塞中部有小孔。

酸式滴定管用来盛酸性或氧化性溶液,而不能盛放碱性溶液,否则玻璃活塞易被碱液腐蚀。

一支洗涤干净的滴定管,要检查其活塞是否漏水、活塞转动是否灵活。若漏水,应鉴定活塞和滴定管是否配套,若不配套,需更换滴定管。然后取少许凡士林,先用手指将凡士林摩擦至近溶,再涂于干燥活塞小孔的两旁,如图 5-28 所示。涂好凡士林的活塞应如油润湿过一样。凡士林是极薄的一层,注意勿将凡士林涂入活塞孔中,否则会给滴定操作造成麻烦。涂好凡士林后,将活塞插入活塞槽,转动活塞,直至活塞呈良好的透明状,这表明凡士林已将活塞与塞槽间隙充满,空气已完全被排出,经检查不漏水后,滴定管即可使用。

准备好的滴定管还必须用待装溶液洗涤。洗涤的方法是从试剂瓶中注入待装

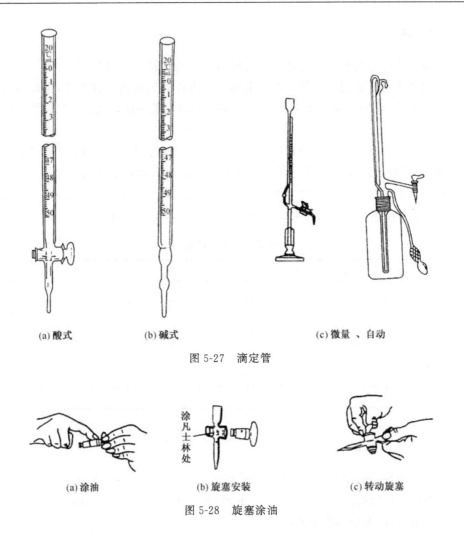

(a) 酸式　　　　(b) 碱式　　　　(c) 微量、自动

图 5-27　滴定管

(a) 涂油　　　　(b) 旋塞安装　　　　(c) 转动旋塞

图 5-28　旋塞涂油

溶液 5～10cm³,两手托平滴定管,不断转动它,使溶液均匀润湿滴定管内壁,然后将滴定管直立,打开活塞,将废液放出。如此洗涤三次后就可以将标准溶液装入滴定管中。转动活塞使溶液充满滴定管下部,此时若活塞附近有气泡,应转动活塞将气泡排出,滴定管中液面若在"0"刻度线上,再转动活塞使液面下降调至零或适当刻度。读取滴定管的读数时应遵守以下规则:

(1) 读数时,滴定管需垂直放置,为此,一般用右手轻捏滴定管上部,令其自然下垂。

(2) 读数需在活塞关闭后 1～2min 时进行。注意,在同一次实验中,每次读数时应保证从关闭活塞到读数这段时间间隔基本相同。

(3) 滴定管中液面呈弯月状,对于无色溶液,读数时视线一定要与弯月面的最

低点相切。为此,最方便的读数方法是右手轻握滴定管上端,令其自然下垂,上下移动滴定管,使弯月面的最低点和视线在同一条水平线上,然后读数,如图 5-29(a) 所示。对于有色溶液,视线应与液面的最高上沿相切,如图 5-29(b) 所示。

(4) 有"蓝带"的滴定管,无色溶液在其中形成两个弯月面,两弯月面相交于蓝带的某一点,读数时,视线应与该交点在同一水平线上。

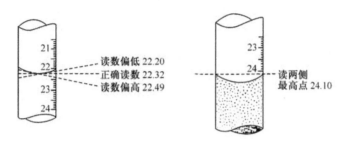

(a) 无色或浅色溶液读数方法　　(b) 深色溶液读数方法

图 5-29　滴定管读数

(5) 由于滴定管的体积标刻不可避免会有误差,在使用滴定管时,最好固定使用某个读数范围的一段。习惯上常使用 0~30cm³ 这一段。这样做,结果的重现性会较好。

滴定操作一般使用锥形瓶,滴定时用左手的拇指、食指和中指转动活塞,转动时将活塞向手心方面轻轻压紧,切忌手指将活塞抽出或手心将活塞顶出。边旋转边摇动锥形瓶,如图 5-30(a) 所示。

滴定时,瓶底离滴定台高 2~3cm,使滴定管下端伸入瓶口内约 1cm。左手握住滴定管,按前述方法,边滴加溶液,边用右手摇动锥形瓶,边滴边摇动。其两手操作姿势如图 5-30(b) 所示。

在烧杯中滴定时,将烧杯放在滴定台上,调节滴定管的高度,使其下端伸入烧杯内约 1cm。滴定管下端应在烧杯中心的左后方处(放在中央影响搅拌;离杯壁过

(a) 转动活塞　　　(b) 滴定操作方式　　(c) 在烧杯中的滴定操作

图 5-30　滴定操作法

近不利搅拌均匀）。左手滴加溶液，右手持玻璃棒搅拌溶液，如图 5-30(c) 所示。玻璃棒应做圆周搅动，不要碰到烧杯壁和底部。当滴至接近终点只滴加半滴溶液时，用玻璃棒下端承接此悬挂的半滴溶液于烧杯中，但要注意，玻璃棒只能接触液滴，不能接触管尖，其余操作同前所述。

进行滴定操作时，应注意如下几点：

（1）最好每次滴定都从 $0.00cm^3$ 开始，或接近"0"的任一刻度开始，这样可以减少滴定误差。

（2）滴定时，左手不能离开活塞而任溶液自流。

（3）摇瓶时，应微动腕关节，使溶液向同一方向旋转（左、右旋转均可），不能前后振动，以免溶液溅出。不要因摇动使瓶口碰在管口上，以免造成事故。摇瓶时，一定要使溶液旋转出现有一旋涡，因此要求有一定速度，不能摇得太慢，影响化学反应的进行。

（4）滴定时，要观察滴落点周围颜色的变化。不要只看滴定管上的刻度变化，而不顾滴定反应的进行。

（5）一般开始时，滴定速度可稍快，呈"水滴成串"，这时为 $10cm^3 \cdot min^{-1}$，即每秒三四滴，而不要滴成"水线"。接近终点时，应改为一滴一滴地加入，即加一滴摇几下，再加，再摇。最后是每加半滴，摇几下锥形瓶，直到溶液出现明显的颜色变化为止。

（6）快到滴定终点时，要一边摇动，一边逐滴地滴入，甚至是半滴半滴地滴入。学生应该扎扎实实地练好加入半滴溶液的技能。用酸管时，可轻轻转动活塞，使溶液悬挂在出管口尖上，形成半滴，用锥形瓶内壁将其沾落，再用洗瓶吹洗。对碱管，加半滴溶液时，应先松开拇指与食指，将悬挂的半滴溶液沾在锥形瓶内壁上，再放开无名指和小指，这样可避免出口管尖出现气泡。

滴入半滴溶液时，也可采用倾斜锥形瓶的方法，使附于壁上的溶液至瓶中。这样可避免吹洗次数太多，造成被滴物稀释。

为使读数准确，在装满或放出溶液后，必须等 $1 \sim 2min$，使附着在内壁的溶液流下来后，再读数。如果放出液的速度较慢（如接近计量点时就是如此），那么可只等 $0.5 \sim 1min$ 后读数。记住，每次读数前都要看一下管壁有没有挂水珠、管的出口处有无悬液滴、管尖有无气泡。

读取的值必须读至 cm^3 小数后第二位，即要求估计到 $0.01cm^3$。正确掌握估计 $0.01cm^3$ 读数的方法很重要。滴定管上两个小刻度之间为 $0.1cm^3$，是如此之小，要估计其十分之一的值，对一个分析工作者来说要进行严格训练。为此，可以这样来估计：当液面在此两小刻度之间时，即为 $0.05cm^3$；若液面在两小刻度的三分之一处，即为 $0.03cm^3$ 或 $0.07cm^3$；当液面在两小刻度的五分之一时，即为 $0.02cm^3$；等等。

2. 碱式滴定管

碱式滴定管的下端接一段乳胶管,管中有一玻璃珠起活塞作用。碱式滴定管内可盛碱液,但不能盛氧化性溶液,如 $KMnO_4$、I_2 溶液等,它们能与乳胶管中的有机物发生反应,这样既改变了标准溶液的浓度,又损坏了乳胶管。图 5-31 为碱式滴定管的滴头。

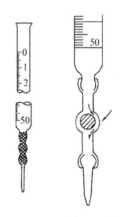 

图 5-31 碱式滴定管滴头　　　　　　图 5-32 碱式滴定管气泡的排除

碱式滴定管的洗涤、读数等,都与酸式滴定管相同。

碱式滴定管的乳胶管中特别容易进入气泡,在滴定前必须将气泡排除,排除的方法如图 5-32 所示。将滴定管倾斜,手捏玻璃珠上半部的乳胶管,这时玻璃珠和乳胶管之间形成一细缝,溶液可以通过细缝流出。将乳胶管弯曲,使末端管口向上,这时气泡便可顺利地被排除。

5.6.6　容量瓶

容量瓶按容积大小分为 $1000cm^3$、$500cm^3$、$250cm^3$、$100cm^3$、$50cm^3$、$25cm^3$ 及 $10cm^3$ 等。

1) 容量瓶的准备

根据配制的溶液的数量,可以选用不同容积的容量瓶,使用前要洗涤干净。

2) 操作方法

容量瓶在使用之前,要先进行以下两项检查:

(1) 容量瓶容积与所要求的是否相符。

(2) "试漏"。将容量瓶盛约 1/2 体积的水,盖好塞子,左手按住瓶塞,右手拿住瓶底倒置容量瓶 2min,观察瓶塞周围有无漏水现象。再转动瓶塞 180°,如仍不漏水,即可使用。

3）用容量瓶配制标准溶液时的两种情况

（1）如果是由固体物质配制溶液，应先将精确称量的试样（基准物）放在小烧杯中，加入少量溶剂，搅拌使其溶解（若难溶，可盖上表皿，稍加热使其溶解，冷却后配制），将溶液转移到洗净的容量瓶中（用玻璃棒引流），如图 5-33（a）所示。多次洗涤烧杯，把洗涤液也转移入容量瓶中，以保证溶质全部转移。当溶剂加到容积的 2/3 处时，将容量瓶水平方向摇动几周（勿倒置），使溶液大体混匀。再慢慢加入到距标线 1cm 左右，等待 1～2min，使沾附在瓶颈内壁的溶液流下，用滴管伸入瓶颈接近液面处，眼睛平视标线，加水至弯月面下部与标线相切（无色或浅色溶液），立即盖好瓶塞，如图 5-33（b）所示操作。不要用手握住瓶身，以免体温使液体膨胀，影响容积的准确。随后将容量瓶倒转，使气泡上升到顶，将瓶身振荡数次，再倒转，使气泡再上升到顶，如图 5-33（c）所示。如此反复 10 次以上，才能混合均匀。

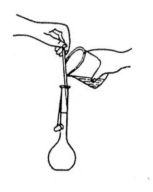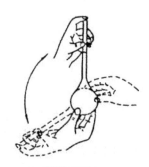

(a) 溶液转移入容量瓶　　　　(b) 容量瓶的拿法　　　　(c) 振荡容量瓶

图 5-33　容量瓶的使用

（2）如果是将溶液稀释，则用移液管移取一定体积的溶液于容量瓶中，再按上述方法将溶液稀释并混匀。

容量瓶不能久储溶液。配好的溶液应随即倒入洁净、干燥的试剂瓶中，贴上标签备用。

容量瓶的用途主要是：①将基准物质配成一定浓度的溶液；②将溶液稀释至一定浓度。

5.6.7　碘量瓶

滴定操作多在锥形瓶中进行，带磨口塞子的锥形瓶称为碘量瓶（图 5-34）。

图 5-34　碘量瓶

由于碘液较易挥发而引起误差，因此用碘量法测定时，反应一般在具有磨口玻塞且瓶口带边的锥形瓶中进行。在滴定时可打开塞子,用蒸馏水将挥发在瓶口及塞子上的碘液冲洗入碘量瓶中。有时也可以在瓶口加水封来防止碘的挥发。由于碘量瓶的塞子及瓶口的边缘都是磨砂的,所以碘量瓶在不用时,应该用纸条垫在瓶口和瓶塞之间。

5.6.8　容量器皿的校准

滴定管、移液管和容量瓶是滴定分析法所用的主要量器。容量器皿的容积与其所标出的体积并非完全符合。因此,在准确度要求较高的分析工作中,必须对容量器皿进行校准。

由于玻璃具有热胀冷缩的特性,在不同温度下容量器皿的容积也有所不同。因此,校准玻璃容量器皿时,必须规定一个共同的温度值。这一规定温度值称为标准温度。国际上规定玻璃容量器皿的标准温度为 20℃,即在校准时都将玻璃容量器皿的容积校准到 20℃时的实际容积。容量器皿常采用两种校准方法。

1) 相对校准

要求两种容器体积之间有一定的比例关系时,常采用相对校准的方法。例如,$25cm^3$ 移液管量取液体的体积应等于 $250cm^3$ 容量瓶量取体积的 $\frac{1}{10}$。

【例 5-1】　移液管和容量瓶的相对校准。

向预先洗净并晾干的 $250cm^3$ 容量瓶中,用 $25cm^3$ 移液管准确移取蒸馏水 10 次,观察瓶颈处水的弯月面是否与标线正好相切。若否,则应另做一记号。经过相对校准的容量瓶和移液管,便可以配套使用。

2) 绝对校准

绝对校准是测定容量器皿的实际容积。常用的标准方法为衡量法,又叫称量法。即用天平称得容量器皿容纳或放出纯水的质量,然后根据水的密度,计算出该容量器皿在标准温度 20℃时的实际容积。由质量换算成容积时,需考虑三方面的影响:①水的相对密度随温度的变化;②温度对玻璃器皿容积胀缩的影响;③在空气中称量时空气浮力的影响。

为了方便计算,将上述三种因素综合考虑,得到一个总校准值。经总校准后的纯水密度列于表 5-12 中。

实际应用时,只要称出被校准的容量器皿容纳和放出纯水的质量,再除以该温度时纯水的密度值,便是该容量器皿在 20℃时的实际容积。

如在 18℃,某一 $50cm^3$ 容量瓶容纳纯水质量为 49.87g,计算该容量瓶在 20℃时的实际容积方法如下:

表 5-12　不同温度下纯水的密度值[1)]

温度/℃	密度/(g·cm^{-3})	温度/℃	密度/(g·cm^{-3})
10	0.9984	21	0.9970
11	0.9983	22	0.9968
12	0.9982	23	0.9966
13	0.9981	24	0.9964
14	0.9980	25	0.9961
15	0.9979	26	0.9959
16	0.9978	27	0.9956
17	0.9976	28	0.9954
18	0.9975	29	0.9951
19	0.9973	30	0.9948
20	0.9972		

1)空气密度为 0.0012g·cm^{-3}，钠钙玻璃体膨胀系数为 2.6×10^{-5}℃$^{-1}$，黄铜砝码。

查表得 18℃时水的密度为 0.9975g·cm^{-3}，所以 20℃时容量瓶的实际容积 V_{20} 为

$$V_{20} = \frac{49.87}{0.9975} = 49.99(\text{cm}^3)$$

【例 5-2】　滴定管的绝对校准。

准备好一支洗净的 50cm^3 酸式滴定管，注入蒸馏水并将液面调节至"0.00"刻度以下附近。记录水温。慢慢旋开活塞，把滴定管中的水以约 10cm^3·min^{-1} 流速放入已称量的且外壁干燥的 50cm^3 磨口锥形瓶中。每放入水 10cm^3 左右，准确记录体积，盖紧瓶塞并准确称量，记录数据。重复上述操作，直到放出约 50cm^3 水为止。每次前后质量之差，即为放出水的质量。最后根据在实验温度下 1cm^3 水的质量（表 5-13），计算出它们的实际容积。并从滴定管所标示的容积和实际容积之差，求出其校准值。例如，25℃时校正某滴定管的实验数据举例如表 5-13 所示。

表 5-13　滴定管校准[1)]

滴定管读数	读数的容积/cm^3	瓶与水的质量/g	水的质量/g	实际容积/cm^3	校准值/cm^3	总校准值/cm^3
0.03		29.20(空瓶)				
10.13	10.10	39.28	10.08	10.12	+0.02	+0.02
20.10	9.97	49.19	9.91	9.98	-0.02	0.00
30.17	10.07	59.27	10.08	10.12	+0.05	+0.05
40.20	10.03	69.24	9.97	10.01	-0.02	+0.03
49.99	9.79	79.07	9.83	9.86	+0.07	+0.10

1)水温为 25℃，1cm^3 水的质量为 0.9962g。

重复校准一次(两次校准之差应小于 $0.02cm^3$),并求出校准值的平均值。

3) 溶液体积对温度的校正

容量器皿是以 20℃ 为标准来校准的,使用时则不一定在 20℃,因此,容量器皿的容积以及溶液的体积都会发生改变。由于玻璃的膨胀系数很小,在温度相差不太大时,容量器皿的容积改变可以忽略。溶液的体积与相对密度有关,因此,可以通过溶液相对密度来校准温度对溶液体积的影响。稀溶液的相对密度一般可用相应水的相对密度来代替。

【例 5-3】　溶液体积对温度的校正。

在 10℃ 时滴定用去 $25.00cm^3$ 浓度为 $0.1000mol \cdot dm^{-3}$ 的标准溶液,20℃ 时其实际体积应为多少?

解　$0.1000mol \cdot dm^3$ 稀溶液的相对密度可用纯水相对密度代替,查表得水在 10℃ 时相对密度为 0.9984,20℃ 溶液的体积为

$$V_{20} = 25.00 \times \frac{0.9984}{0.9972} = 25.03(cm^3)$$

5.6.9　标准溶液的配制和标定

标准溶液通常有两种配制方法。

1. 直接法

用分析天平准确称取一定量的基准试剂,溶于适量的水中,再定量转移到容量瓶中,用水稀释至刻度。根据称取试剂的质量和容量瓶的体积,计算它的准确浓度。基准物质是纯度很高、组成一定、性质稳定的试剂,它相当于或高于优级纯试剂的纯度。基准物质可用于直接配制标准溶液或用于标定溶液浓度。作为基准试剂应具备下列条件:

(1)试剂的组成与其化学式完全相符;

(2)试剂的纯度应足够高(一般要求纯度在 99.9% 以上),而杂质的含量应少到不致影响分析的准确度;

(3)试剂在通常条件下应该稳定;

(4)试剂参加反应时,应按反应式定量进行,没有副反应。

2. 间接法

实际上只有少数试剂符合基准试剂的要求。很多试剂不宜用直接法配制标准溶液,而要用间接方法,也称标定法。在这种情况下,先配成接近所需浓度的标准溶液,再选择合适的基准物或已知浓度的标准溶液来标定它的准确浓度。

在实际工作中,特别是在工厂实验室,还常采用"标准试样"来标定标准溶液的

浓度。"标准试样"含量是已知的,它的组成与被测物质相近。这样标定标准溶液浓度与测定被测物质的条件相同,分析过程中的系统误差可以抵消,结果准确度较高。

储存的标准溶液,由于水分蒸发,水珠凝于瓶壁,使用前应将溶液摇匀。如果溶液浓度有了改变,必须重新标定。对于不稳定的溶液应定期标定。

必须指出,在不同温度下配制的标准溶液,若从玻璃的膨胀系数考虑,即使温度相差 30℃,造成的误差也不大。但是,水的膨胀系数约为玻璃的 10 倍,当使用温度与标定温度相差 10℃以上时,则应注意这个问题。

5.6.10　分析试样的准备和分解

进入实验室的试样,应该具有代表性。这就要求在采集试样时要注意试样的类型、物态、特性而采取不同的方法。在试样采集进入实验室以后,要根据试样的特点进行分解,以期达到顺利进行分析和测定的目的。

试样分解和准备时要注意以下几点:

(1) 要符合试样测定或分析方法适用的含量范围、物态、形式;

(2) 不能在试样的准备过程中引入杂质物质;

(3) 不能使试样在准备的过程中有所损失,影响测定的准确性;

(4) 所加入的试剂应该对后续的测定没有影响。

如果采集到的试样是固体试样,还要根据试样的性质,即溶解性、酸碱性、氧化还原性质,利用不同的试剂来进行分解处理。如酸性氧化物用碱溶(熔)解,碱性氧化物用酸溶(熔)解,然后再根据分析方法的要求准备成必要的含量成分。

5.7　无机制备和重量分析中常用的基本操作

5.7.1　加热设备及控制反应温度的方法

1. 加热

加热方法有多种多样,归纳有两大类:一类为直接加热,指在火焰上或电加热器上直接加热;另一类为间接加热,如水浴、油浴、蒸气浴、砂浴、空气浴等都属间接加热。间接加热比直接加热更均匀,温度更易控制。

1) 常用热源介绍

A. 酒精灯

酒精灯和煤气灯是实验室最常用的加热灯具,如图 5-35 所示。酒精灯由灯罩、灯芯和灯壶三部分组成。

酒精灯要用火柴等点燃,绝不能用燃着的酒精灯来点燃,否则易将灯内酒精洒出,引起火灾。要熄灭灯焰时,可将灯罩盖上,而不能用嘴去吹灭。火焰熄灭片刻后,应将灯罩打开一次,再重新盖上,否则会产生负压,下次使用打不开罩子。

酒精灯的加热温度一般为 400～500℃,适用于温度不需太高的实验。

B. 煤气灯

煤气灯(天然气灯)的样式较多,但其构造原理基本相同。它主要由灯管和灯座组成,如图 5-36 所示。煤气中含有大量的 CO,应注意不能让煤气逸散到室内,以免发生中毒和引起火灾。

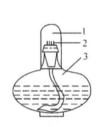

图 5-35　酒精灯

1. 灯帽;2. 灯芯;3. 灯壶

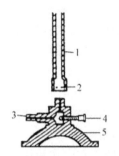

图 5-36　煤气灯的构造

1. 灯管;2. 空气入口;3. 煤气入口;

4. 螺旋针;5. 灯座

a. 点燃与熄灭

使用时,应先关闭煤气灯的空气入口,并将燃着的火柴移近灯口,再慢慢打开煤气开关,即可点燃。然后调节空气和煤气的进入量,使二者的比例合适,得到分层的正常火焰,如图 5-37(a)所示。

(a) 正常火焰　　　　　(b) 临空火焰　　　　　(c) 侵入火焰

图 5-37　各种火焰(1～4 表示焰层)

1. 氧化焰;2. 还原焰;3. 焰心;4. 加热点

b. 灯焰的构造

内层 3 为最低温处,约 300℃,煤气和空气进行混合并未燃烧,称为焰心。中层 2 为较高温度处,约 500℃,煤气不完全燃烧,分解为含碳的产物,这部分火焰具有还原性,称为还原焰。外层 1 煤气完全燃烧,约 900℃,并由于含有过量的空气,称为氧化焰。与中层交处 4 为最高温处。

空气和煤气的进入量不合适,会产生不正常的灯焰。不正常灯焰一般有三种情况:

第一种火焰呈黄色,并有火星或产生黑烟,说明煤气燃烧不完全,此种情况下应调大空气进入量直至得到正常灯焰为止,如图 5-37(a)所示。

第二种临空火焰,如图 5-37(b)所示,即火焰在灯管上空燃烧。产生的原因是煤气和空气的进入量过大,使气流冲出管外才燃烧。发生这种情况时,必须立即关闭煤气开关,重新调节、点燃、以得到正常灯焰。

第三种侵入火焰,如图 5-37(c)所示,即火焰在灯管内燃烧,其现象是看到一根细长的火焰并能听到特殊的嘶嘶声。产生的原因是由于煤气量过小,空气量过大。有时在实验过程中,由于煤气突然减少或中断也会产生侵入火焰(因为使火焰回缩,所以也称回火)。侵入火焰由于在灯管内燃烧、灯管往往被烧得灼热。遇到这种情况应立即关闭煤气开关,冷却后再重新调节、点燃。

C. 酒精喷灯

酒精喷灯有座式和挂式两种,构造如图 5-38 所示。它类似于煤气灯,只是多一个预热盆。

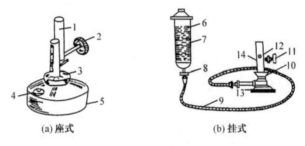

(a) 座式   (b) 挂式

图 5-38   酒精喷灯

1. 灯管;2. 空气调节器;3. 预热盆;4. 铜帽;5. 酒精壶;6. 酒精;7. 酒精储罐;8. 活塞;
9. 橡皮管;10. 预热盆;11. 开关;12. 气孔;13. 灯座;14. 灯管

使用时,在预热盆中倒满酒精,点燃酒精以加热灯管,待盆内酒精接近燃完时,将划着的火柴移至灯口,同时开启开关,使酒精从灯座内进入灯管并受热汽化,与进入管内的空气混合,即可点燃。调节开关可控制火焰大小。用毕,关闭开关,火即可熄灭。

酒精喷灯一般能达到与煤气灯同样高的温度。

使用酒精喷灯时必须注意:①在点燃喷灯前,灯管必须充分灼烧,否则酒精在灯管内难以全部汽化,会导致液态酒精从管口喷出,形成"火雨",这是很危险的。②实验完毕时,可盖灭也可旋转调节器熄灭,关闭开关的同时必须关闭储罐的活塞,以免酒精漏失,造成后患。③酒精喷灯连续使用时间一般不超过 30min。如要继续使用,须先冷却,添加酒精后重新预热,点燃。

D. 电加热设备

实验室常用电加热设备如图 5-39 所示。

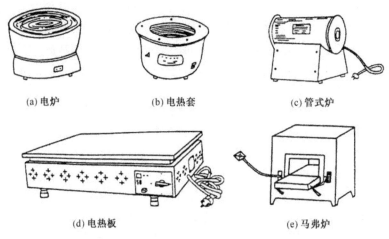

(a) 电炉　　　　　(b) 电热套　　　　　(c) 管式炉

(d) 电热板　　　　　　　　(e) 马弗炉

图 5-39　电加热设备

a. 电炉

电炉是实验室里最常用的一种电加热设备。使用电炉时必须注意电源的电压应与电炉本身规定的电压相等;电炉连续使用时间不要过长,否则寿命缩短。加热时,要在容器和电炉之间垫上石棉网,以保证容器受热均匀;加热的容器如是金属,不要触及炉丝,否则会发生触电事故。

b. 电热套

按容积分,有多种规格,它的加热电阻丝用绝缘的玻璃纤维包裹,既能保证受热均匀,又能增大加热面积,节省能源。

c. 管式炉

管式炉有一管式炉膛,利用电阻丝或硅碳棒加热,温度可以调节,炉膛中可插入一根耐高温的瓷管或石英管,管中再放入盛有反应物的瓷舟,反应物可在空气气氛或其他气氛中受热。较高温度的恒温部位位于炉膛中部。固体灼烧可以在空气气氛或其他气氛中进行,也可以进行高温下的气、固相反应。在通入其他气氛气或反应气时,炉管的两端应该用带有导管的塞子塞上,以便导入气体和引出尾气。

d. 电热板

可将容器直接放在电热板上加热。

e. 马弗炉

马弗炉是一种用电热丝或硅碳棒加热的密封炉子,温度可调。炉膛用耐高温材料制成,电热丝炉温度可达 950℃,碳硅棒炉的温度一般可达 1300℃。使用马弗炉时,待加热的物质不可直接放在炉膛内,必须放在耐高温的坩埚中。加热时不得超过最高允许温度。马弗炉内不允许加热液体和其他易挥发的腐蚀性物质。如果要灰化滤纸或有机成分,在加热过程中应微微打开几次炉门,通空气进去。

管式炉和马弗炉属于高温电炉,主要用于高温灼烧或进行高温反应,它们均由炉体和电炉温度控制器两部分组成。温度控制器通常使用热电偶温度计,它是由热电偶和毫伏计组成。热电偶由两根不同的金属丝焊接一端制成(如铬镍-镍铝、铂-铂铑等,不同的热电偶测温范围不同),将此焊接端插入待测温度处,未焊接端分别接到毫伏计的正负极上。不同的温度产生不同的热电势,毫伏计指示不同读数。一般将毫伏计的读数换算成温度数,这样就可以从表的指针位置上直接读出温度。一般情况下,都是把反应控制在某一温度下进行,这只要把热电偶和一只接入电路的温度控制器连接起来,就组成了自动温度控制器。

2) 间接加热方式

间接加热的方式有水浴、砂浴、油浴、空气浴等。

当被加热物质要求受热均匀,而温度又不能超过100℃时,可利用水浴。用煤气灯把水浴中的水加热到一定温度或沸腾,用水蒸气或热水来加热器皿,水浴锅上放置大小不同的铜圈,用以承受不同规格的器皿,如图5-40所示。水浴内盛水的量不要超过容量的2/3。根据情况添加水量,切勿烧干。不要使加热容器碰到水浴锅底,否则会因受热不均匀而破裂。

(a) 水浴加热　　　　　　　　　　　(b) 六孔电水浴锅

图 5-40　水浴加热

当被加热物质要求受热均匀,而温度又要高于100℃时,可使用砂浴。它是一个有一层均匀的细砂的铁盘,用煤气加热。被加热的器皿则放在砂子上,如图5-41所示。若要测量温度,可把温度计插入砂中。

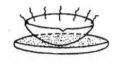

图 5-41　砂浴

当被加热物质需要的温度更高(一般为100～250℃)或有其他原因时,还可用油浴,油浴所能达到的最高温度取决于所用油的种类(表5-14)。若在植物油中加入1%的对苯二酚,便可增加它们在受热时的稳定性。

表 5-14　油浴所用的介质和温度

浴　油	温度/℃	备　注
蜡或石蜡	220	温度再高易燃烧,使用完毕,及时取出浸入其中的容器
甘油和邻苯二甲酸二正丁酯	140～150	温度过高易分解
硅油和真空泵油	>250	稳定,价格贵

　　在有机化学实验中,为保证实验室的安全,要避免直接用明火加热,尤其是用明火加热油浴时,稍有不慎,会发生油浴燃烧。因此,采用电热套加热更为安全。若与继电器和接触式温度计相连,就能自动控制热浴的温度。

　　沸点在 80℃ 以上的液体原则上均可采用空气浴加热。如图 5-42 所示。作为一种简易措施,有时也可将烧瓶离开石棉网 1～2mm 代替空气浴进行加热。

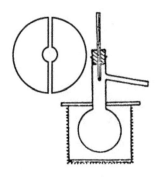

图 5-42　空气浴

　　此外,当物质在高温加热时,也可以使用熔融的盐,如等质量的硝酸钠和硝酸钾混合物在 218℃ 熔化,在 700℃ 以下是稳定的。含有 40% 亚硝酸钠、7% 硝酸钠和 53% 硝酸钾的混合物在 142℃ 熔化,适用范围为 150～500℃。必须注意:若熔融的盐触及皮肤,会引起严重的烧伤。所以在使用时,应当加倍小心,尽可能防止溢出或飞溅。

　　3) 加热时的注意事项

　　(1) 在直接加热前,必须将加热容器外面的水珠擦干,加热后不能立即与潮湿物体相互接触。

　　(2) 加热液体时,液体一般不宜超过容器总量的一半。加热烧杯、烧瓶、锥形瓶、蒸发皿等容器内的液体时,必须把玻璃仪器放在石棉网上,不然会因受热不均匀而破裂。加热试管中的液体一般可直接放在火焰上进行,但必须注意试管要用试管夹夹在中上部。试管应稍微倾斜,如图 5-43(a) 所示,加热时应上下移动,使受热均匀,以免液体溅出时把人烫伤。注意试管口避免对着人。

　　(3) 在试管中加热固体时,应使管口稍微向下倾斜,以免凝结在上的水珠倒流到灼热的管底,使试管破裂。试管除可用试管夹夹持起来加热,还可用铁夹固定起来加热,如图 5-43(b) 所示。

　　(4) 间接加热时,一定要注意将浴锅和被加热的容器放置稳当,浴中要安放温度计,并保持浴液的干净,当使用油浴加热时绝对不能让水进入浴油中。

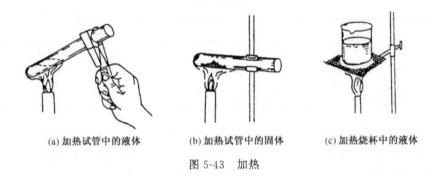

(a) 加热试管中的液体　　(b) 加热试管中的固体　　(c) 加热烧杯中的液体

图 5-43　加热

2. 冷却

有些反应,其中间体在室温下是不够稳定的,必须在低温下进行,如重氮化反应等。有的放热反应会产生大量的热,使反应难以控制,并引起易挥发化合物的损失,或导致有机物的分解或增加副反应,为了除去过剩的热量,便需要冷却。

此外,为了减少固体化合物在溶剂中的溶解度,使其易于析出结晶,也常需要冷却。

将反应物冷却的最简单的方法,就是把盛有反应物的容器浸入冷水中冷却。有些反应必须在室温以下的低温进行,这时最常用的冷却剂是冰或冰和水的混合物(表 5-15),后者由于能和器壁接触得更好,冷却的效果比单用冰好。如果有水存在,不妨碍反应的进行,也可以把冰块投入反应容器中,这样可以更有效地保持低温。

表 5-15　冷却时用到的部分盐-水-冰混合物的温度

盐 类	冰中加入盐的质量分数/%	能达到的最低温度/℃
NH_4Cl	35	−15
$NaNO_3$	50	−18
$NaCl$	33	−21
$CaCl_2 \cdot 6H_2O$	100	−29

若需要把反应混合物冷却到0℃以下,可用食盐和碎冰的混合物,一份食盐与三份碎冰的混合物,温度可降至−20℃,但在实际操作中,温度降至−18～−5℃,食盐投入冰内时碎冰易结块,故最好边加边搅拌。

冰与六水合氯化钙($CaCl_2 \cdot 6H_2O$)的混合物,理论上可得到−50℃左右的低温。在实际操作中,10 份六水合氯化钙与 7～8 份碎冰均匀混合,可达到−40～−20℃。

液氨也是常用的冷却剂,温度可达−33℃。由于氨分子间的氢键,氨的挥发速度并不很快。

将干冰(固体二氧化碳)与适当的有机溶剂混合,可得到更低的温度。其与乙醇的混合物可达到 $-72℃$,与乙醚、丙酮或氯仿的混合物可达到 $-78℃$。液氮可冷至 $-188℃$。

为了保持冷却剂的效力,通常把干冰或它的溶液及液氨盛放在保温瓶(也称为杜瓦瓶)或其他绝热较好的容器中,上口用铝箔覆盖,以降低其挥发的速度。

应当注意,温度若低于 $-38.0℃$,则不能使用水银温度计。因为低于 $-38.87℃$ 时,水银就会凝固。对于较低的温度,常常使用内装有机液体(如甲苯,可达 $-90℃$;正戊烷,可达 $-130℃$)的低温温度计。为了便于读数,往往向液体内加入少许颜料。但由于有机液体传热较差和黏度较大,这种温度计达到平衡所需的时间较长。

5.7.2　沉淀(晶体)的分离与洗涤

沉淀(晶体)与溶液的分离方法一般有三种:倾析法、过滤法和离心分离法。

1. 倾析法

沉淀(晶体)的相对密度较大或结晶的颗粒较大,静置后能很快沉降的,常用倾析法进行分离。

倾析法操作的要点是待沉淀沉降后,将沉淀上部的清液缓慢地倾入另一容器(如烧杯)中,使沉淀与溶液分离,如图 5-44 所示。如需洗涤时,可在转移完清液后加入少量清洗剂充分搅拌,待沉淀沉降后再用倾析法,倾去清液,如此重复操作两三次,即能将沉淀洗净。

图 5-44　倾析法

2. 过滤法

过滤使用过滤器和滤纸。化学实验室中常用的有定量分析滤纸和定性分析滤纸两种,按过滤速度和分离性能的不同,又分为快速、中速和慢速三种。在实验过程中,应根据沉淀的性质和数量,合理地选用滤纸。

滤纸产品按质量分为 A、B、C 等。A 等产品的主要技术指标列于表 5-16。

定量滤纸又称无灰滤纸。以直径 12.5cm 定量滤纸为例,每张滤纸的质量约 1g,在灼烧后其灰分的质量不超过 0.1mg(小于或等于常量分析天平的感量),在重量分析法中可以忽略不计。滤纸外形有圆形和方形两种。常用的圆形滤纸有 $\phi7cm$、$\phi9cm$、$\phi11cm$ 等规格,滤纸盒上贴有滤速标签。方形滤纸都是定性滤纸,有 $60cm \times 60cm$、$30cm \times 30cm$ 等规格。

表 5-16 定量滤纸和定性滤纸 A 等产品的主要技术指标及规格

指标名称		快 速	中 速	慢 速
过滤速度[1]/s		≤35	≤70	≤140
型号	定性滤纸	101	102	103
	定量滤纸	201	202	203
分离性能(沉淀物)		氢氧化铁	碳酸锌	硫酸钡(热)
湿耐破度/mmH$_2$O[2]		≥130	≥150	≥200
灰分	定性滤纸	≤0.13%		
	定量滤纸	≤0.009%		
铁含量(定性滤纸)		≤0.003%		
定量[3]/(g·m^{-2})		80.0±4.0		
圆形纸直径/cm		5.5、7、9、11、12.5、15、18、23、27		
方形纸尺寸/cm		60×60、30×30		

1) 过滤速度是指把滤纸折成 60°角的圆锥形,将滤纸完全浸湿,取 15cm^3 水进行过滤,开始滤出 3cm^3 不计时,然后用秒表计量滤出 6cm^3 水所需要的时间。

2) 1mm H$_2$O=9.806 65Pa,下同。

3) 定量是指规定面积内滤纸的质量,这是造纸工业术语。

过滤法是最常用的固-液分离方法。过滤时,沉淀留在过滤器(漏斗)内,溶液则通过过滤器进入容器中,所得溶液称为滤液。

过滤器有普通的玻璃漏斗、陶瓷的布氏漏斗、铜质的热滤漏斗、玻璃砂芯漏斗等。

过滤方法有常压过滤、减压过滤和热过滤三种。

1) 常压过滤

过滤用的玻璃漏斗锥体角度应为 60°,颈的直径不能太大,一般应为 3～5mm,颈长为 15～20cm,颈口处磨成 45°角,如图 5-45 所示。漏斗的大小应与滤纸的大小相适应。应使折叠后滤纸的上缘低于漏斗上沿 0.5～1cm,绝不能超出漏斗边缘。

滤纸一般按四折法折叠。折叠时,应先将手洗干净,揩干,以免弄脏滤纸。滤纸的折叠方法是先将滤纸整齐地对折,然后再对折,这时不要把两角对齐,将其打开后成为顶角稍大于 60°的圆锥体,如图 5-46 所示。

为保证滤纸和漏斗密合,第二次对折时不要折死,先把圆锥体打开,放入洁净而干燥的漏斗中,如果上边边缘不十分密合,可以稍稍改变滤纸折叠的角度,直到与漏斗密合为止。用手轻按滤纸,将第二次的折边固定,所得圆锥体的半边为三层,另半边为一层。然后取出滤纸,将三层厚的紧贴漏斗的外层撕下一角如图 5-46(a)所示,保存于干燥洁净的表面皿上备用。

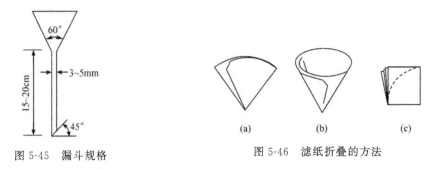

图 5-45　漏斗规格　　　　　　图 5-46　滤纸折叠的方法

　　将折叠好的滤纸放入漏斗中,且三层的一边应放在漏斗出口短的一边。用食指按紧三层的一边,用洗瓶吹入少量水将滤纸润湿,然后,轻轻按滤纸边缘,使滤纸的锥体与漏斗间没有空隙(注意三层与一层之间处应与漏斗密合)。按好后,用洗瓶加水至滤纸边缘,这时漏斗颈内应全部被水充满,当漏斗中水全部流尽后,颈内水柱仍能保留且无气泡。若不形成完整的水柱,可以用手堵住漏斗下口,稍掀起滤纸三层的一边,用洗瓶向滤纸与漏斗间的空隙里加水,直到漏斗颈和锥体的大部分被水充满,然后按紧滤纸边,松开堵住出口的手指,此时水柱即可形成,如图 5-47所示。

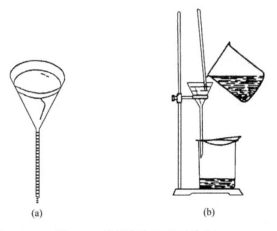

图 5-47　滤纸安放(a)和过滤(b)

　　最后再用蒸馏水冲洗一次滤纸,然后将准备好的漏斗放在漏斗架上,下面放一洁净烧杯盛接滤液,使漏斗出口长的一边紧靠杯壁,漏斗和烧杯上均盖好表面皿。
　　过滤一般分三个阶段进行:第一阶段采用倾析法,尽可能地过滤清液,如图 5-44所示;第二阶段是洗涤沉淀并将沉淀转移到漏斗上;第三阶段是清洗烧杯和洗涤漏斗上的沉淀。漏斗上沉淀的洗涤将在下节中讨论。
　　过滤时应注意:

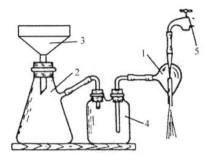

图 5-48　减压蒸馏
1. 水压真空抽气管；2. 吸滤瓶；
3. 布氏漏斗；4. 安全瓶；5. 水龙头

（1）漏斗应放在漏斗架上，漏斗颈紧靠在接收容器的内壁上，使滤液顺着容器壁流下，不致溅开来，如图 5-48 所示。

（2）用倾析法过滤，先转移溶液，后转移沉淀，以免沉淀堵塞滤纸的孔隙而减慢过滤的速度。

（3）转移溶液时，应借助玻璃棒引流，把溶液滴在 3 层滤纸处。

（4）每次加入漏斗中的溶液不要超过滤纸高度的 2/3。

如果需要洗涤沉淀，则等溶液转移完毕后，往盛沉淀的容器中加入少量洗涤剂，充分搅拌并静置，待沉淀下沉后，把上层清液倾入漏斗内，如此重复操作两三遍，再转移沉淀到滤纸上。洗涤时要按照少量多次的原则，才能提高洗涤效率。

检查滤液中的杂质，判断沉淀是否已经洗净。

2）减压过滤

减压过滤（吸滤或抽气过滤）装置如图 5-48 所示，由吸滤瓶、布氏漏斗、安全瓶和水压真空抽气管组成。

抽气管一般装在水龙头上，起着抽走空气的作用，因而使吸滤瓶内减压，造成吸滤瓶内与布氏漏斗液面上的压力差，所以过滤速度较快。

吸滤瓶用来盛接滤液。

安全瓶的作用是防止当关闭抽气管或水的流量突然减小时自来水倒灌入吸滤瓶中。

安装布氏漏斗时，应把布氏漏斗下端的斜口与吸滤瓶支管相对，用耐压橡皮管把吸滤瓶与安全瓶连上，再与真空泵相连。

吸滤用的滤纸应比布氏漏斗的内径略小，以恰好盖住瓷板上所有的孔为度。放好滤纸后，先用少量去离子水润湿，再打开水龙头，减压使滤纸紧贴在瓷板上。转移溶液与沉淀的步骤与常压过滤相同，布氏漏斗中的液体不得超过漏斗容积的 2/3。

停止吸滤时，应先拆下吸滤瓶上的橡皮管或拔去布氏漏斗，然后关闭水龙头，以防水倒灌。过滤完毕，取下布氏漏斗，将漏斗的颈口朝上，轻轻敲打漏斗边缘，即可使沉淀物脱离漏斗。如果过滤的溶液具有强碱性或强氧化性，为避免溶液和滤纸作用应采用玻璃砂芯漏斗。

3）热过滤

过滤器由带有夹层的铜质漏斗和玻璃漏斗共同组成。当需要除去热浓溶液中的不溶性杂质,而过滤时又不致析出溶质时,常采用热过滤法。为达到最大过滤速度,又常用褶纹滤纸、无颈或短颈漏斗进行过滤,而且漏斗必须预热,以利保温,如图 5-49 所示。

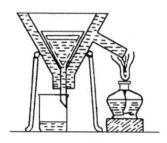

图 5-49　热过滤

3. 离心分离法

少量溶液与沉淀的分离,常用离心分离法。实验室常用 800 型电动离心机如图 5-50 所示。

离心分离时,将盛有沉淀的试管放入离心机的套管内。为使离心机保持平衡,防止高速旋转时引起震动而损坏离心机,试管要对称地放置,当只离心一个试管时,需要将装有同体积水的试管放在对称位置加以配对。然后慢慢启动离心机,逐渐加速。切记不可猛力起动离心机,变速器调到二、三挡即可。旋转 1~2min 后,关闭电源,让离心机自然停止,切勿用手或其他方法强行停止,否则极易发生危险。

离心后,沉淀沉入试管的底部,用一干净的滴管将清液吸出,注意滴管插入溶液的深度及角度,尖端不应接触沉淀(图 5-51)。

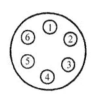

图 5-50　电动离心机

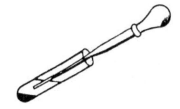

图 5-51　溶液与沉淀的分离

如果沉淀物需要洗涤,向离心试管中加入少量去离子水,搅拌,再离心分离。

5.7.3　无机制备实验基本步骤

1. 固体的溶解

固体颗粒较大时,在溶解前应进行粉碎,固体的粉碎可在干净的研钵中进行,固体的量不能超过研钵容量的 1/3。溶解固体时,常用搅拌、加热等方法加快溶解速度。加热时应注意根据被加热物质的热稳定性选用不同的溶解方法。

2. 蒸发与浓缩

蒸发、浓缩一般在水浴上进行,若溶液太稀,且该物质的热稳定性较好时,也可先放在石棉网上直接加热蒸发,然后再放在水浴上加热蒸发。蒸发速度不仅和温度的高低有关,而且和被蒸发液体表面积大小有关。常用的蒸发容器是蒸发皿,它能使被蒸发的液体有较大的表面积,有利于蒸发的进行。蒸发皿内所盛液体的量不应超过其容量的 2/3。

随着水分的不断蒸发,溶液不断浓缩,蒸发到一定程度后冷却即可析出晶体,蒸发的程度取决于溶质的溶解度、结晶时对浓度的要求。当物质的溶解度随温度变化不大时,为了获得较多的晶体,需要在结晶析出后继续蒸发(如 NaCl 溶液的蒸发)一段时间;如果结晶时希望得到较大的晶体,则不宜浓缩得太浓。

3. 结晶与重结晶

无机制备实验中往往得到的是混合物,根据混合物中各物质溶解性的差异,采用过滤、结晶等方法分离提纯物质。除去液体中不溶性的固体杂质,采用过滤的方法;如果有两种或两种以上的可溶性组分,根据可溶于水的两种物质在水中溶解度随温度的变化不同,可采取结晶法加以分离。当溶液蒸发到一定浓度(饱和)冷却后,就有晶体析出,此过程称为结晶。结晶的方法又分为蒸发溶剂法和冷却热饱和溶液法。蒸发溶剂法适用于溶解度随温度变化不大的物质,如氯化钠的提纯,溶液必须蒸到糊状;冷却热饱和溶液法适用于溶解度受温度影响较大的物质,如硫酸亚铁铵制备实验中,将溶液蒸发至出现晶膜后静置冷却即有硫酸亚铁铵晶体析出。另外如果所制备的物质含有结晶水,一般不应过度蒸发,以保证水合物的析出。

向饱和溶液中加入一小粒晶体或搅拌饱和溶液可加速晶体析出。析出晶体颗粒的大小与溶质的溶解度、溶液的浓度、冷却速度、诱导因素(指是否加入晶种、摩擦器壁、搅动溶液)等有关,如果溶液浓度较高,溶质的溶解度较小,快速冷却并加以搅拌,则析出细小晶体。若溶液浓度不太高,缓慢冷却或投入一小粒晶种后待溶液慢慢冷却或静置,则得到较大的晶体。从纯度来看,快速生成的细晶体,纯度较高;缓慢生长的大晶体,纯度较低,因为在大晶体的间隙易包裹母液或杂质而影响纯度。当晶体太小且大小不匀时,能形成稠厚的糊状物,挟带母液较多,不易洗净,也影响纯度。因此在无机制备中,晶体颗粒大小要适中且应均匀,只有这样才有利于得到纯度较高的晶体。

当第一次得到的晶体纯度不合要求时,可以重新加入尽可能少的溶剂溶解晶体,蒸发后再进行结晶、分离,这样第二次得到的晶体纯度就较高。这种操作过程称为重结晶。根据对物质纯度的要求,可进行多次结晶。

5.7.4　重量分析法基本操作

重量分析法是化学分析重要的经典分析方法。沉淀重量分析法是利用沉淀反应,使待测物质转变成一定的可称量形式,再测定其物质含量的方法。

沉淀类型主要分成两类:一类是晶型沉淀;另一类是无定形沉淀。对晶形沉淀(如 $BaSO_4$)使用的重量分析法一般过程是:

$$\boxed{试样溶解} \rightarrow \boxed{沉淀} \rightarrow \boxed{陈化} \rightarrow \boxed{过滤和洗涤} \rightarrow \boxed{烘干} \rightarrow \boxed{炭化} \rightarrow \boxed{灰化} \rightarrow$$
$$\boxed{灼烧至恒量} \rightarrow \boxed{结果计算}$$

1. 试样溶解

溶样方法主要分为两种:一是用水、酸溶解;二是高温熔融。这一步要注意的是如何选择溶剂和温度以及操作条件。

2. 沉淀

晶形沉淀的沉淀条件是"稀、热、慢、搅、陈"五字原则,即
(1) 沉淀的溶液要适当稀。
(2) 沉淀时应将溶液加热。
(3) 沉淀速度要慢,操作时应注意边加沉淀剂边搅拌。为此,沉淀时,左手拿滴管逐滴加入,右手持玻璃棒不断搅拌。
(4) 沉淀完全后要放置陈化。

3. 陈化

沉淀完全后,盖上表皿,放置过夜或在水浴上保温 1h 左右。陈化的目的是使晶体长大,不完整的晶体转变成完整的晶体。

4. 过滤和洗涤

1) 过滤

重量分析法使用的定量滤纸为无灰滤纸,每张滤纸的灰分质量约为 0.08mg,可以忽略。

过滤 $BaSO_4$ 可用慢速或中速滤纸。采用的是常压过滤方法,具体的操作见常压过滤。但要注意为了避免沉淀堵塞滤纸的空隙而影响过滤速度,溶液转移时一定要采用倾析法。

暂停倾注溶液时,烧杯应沿玻璃棒使其嘴向上提起,至使烧杯向上,以免使烧杯嘴上的液滴流失。

过滤过程中,带有沉淀和溶液的烧杯应如图 5-52 所示放置,即在烧杯下放一块垫起物,使烧杯倾斜,以利沉淀和清液分开,便于转移清液。同时玻璃棒不要靠在烧杯嘴上,避免烧杯嘴上的沉淀沾在玻璃棒上部而损失。倾析法如一次不能将清液倾注完,应待烧杯中沉淀下沉后再次倾注。

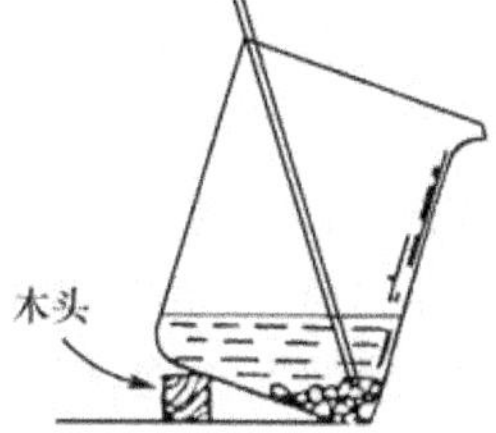

木头

图 5-52　含沉淀溶液
烧杯的放置方法

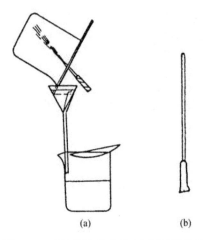

图 5-53　吹洗沉淀的方法（a）和沉淀帚（b）

用倾析法将清液完全转移后，应对沉淀做初步洗涤。洗涤时，每次用洗瓶约10cm³ 洗涤液吹烧杯四周内壁，如此洗涤杯内沉淀三四次。然后再加少量洗涤液于烧杯中，搅动沉淀使之混匀，立即将沉淀和洗涤液一起，通过玻璃棒转移至漏斗上。再加放少量洗涤液于杯中，搅拌混匀后再转移至漏斗中。如此重复几次，使大部分沉淀转移至漏斗中。即用左手把烧杯拿在漏斗上方，烧杯嘴向着漏斗，拇指在烧杯嘴下方，同时，右手把玻璃棒从烧杯中取出横在烧杯口上，使玻璃棒伸出烧杯嘴2～3cm。然后，左手食指按住玻璃棒的较高地方，倾斜烧杯使玻璃棒下端指向滤纸三层一边，用右手以洗瓶吹洗整个烧杯壁，使洗涤液和沉淀沿玻璃棒流入漏斗中。如果仍有少量沉淀牢牢地黏附在烧杯壁上而吹洗不下来时，可将烧杯放在桌上，用沉淀帚[图 5-53（b），是一头带橡皮的玻璃棒]在烧杯内壁自上而下、自左至右擦拭，使沉淀集中在底部。再按图 5-53（a）操作将沉淀吹洗入漏斗中。对牢固地粘在杯壁上的沉淀，也可用前面折叠滤纸时撕下的滤纸角，来擦拭玻璃棒和烧杯内壁，再将此滤纸角放在漏斗的沉淀上。

经吹洗、擦拭后的烧杯内壁，应在明亮处仔细检查是否吹洗、擦拭干净，包括玻璃棒、表面皿、沉淀帚和烧杯内壁在内都要认真检查。

必须指出，过滤开始后，应随时检查滤液是否透明，如不透明，说明有穿滤，这时必须换另一洁净烧杯承接滤液，在原漏斗上将穿滤的滤液进行第二次过滤。如发现滤纸穿孔，则应更换滤纸重新过滤。而第一次用过的滤纸应保留。

2) 沉淀的洗涤

沉淀全部转移到滤纸上后，应对它进行洗涤。其目的在于将沉淀表面所吸附的杂质和残留的母液除去。其方法如图 5-54 所示，即洗瓶的水流从滤纸的多重边缘开始，螺旋形地往下移动，最后到多层部分停止，称为"从缝到缝"，这样，可使沉淀洗得干净且可将沉淀集中到滤纸的底部。为了提高洗涤效率，应掌握洗涤方法的要领。洗涤沉淀时要少量多次，即每次螺旋形往下洗涤时，用洗涤剂量要少，便于尽快沥干，沥干后，再洗涤。如此反复多次，直至沉淀洗净为止。这通常称为"少量多次"原则。

图 5-54　沉淀的洗涤

5. 烘干

滤纸和沉淀的烘干通常在煤气灯上或电炉上进行。操作步骤是用扁头玻璃棒将滤纸边挑起,向中间折叠,将沉淀盖住。如图 5-55 所示。再用玻璃棒轻轻转动滤纸包,以便擦净漏斗内壁可能沾有的沉淀。然后,将滤纸包转移至已恒量的坩埚中,倾斜放置,使多层滤纸部分朝上,以利烘烤。坩埚的外壁和盖先用蓝黑墨水或 $K_4[Fe(CN)_6]$ 溶液编号。烘干时,盖上坩埚盖,但不要盖严,如图 5-56(a)所示。

图 5-55 沉淀的包裹

6. 炭化

炭化是将烘干后的滤纸烤成炭黑状。这一步在煤气灯上进行。

7. 灰化

灰化是使呈炭黑状的滤纸灼烧成灰。炭化和灰化的灼烧方法,如图 5-56(b)所示。

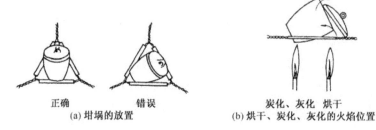

正确　　　　　错误　　　　　　　　　炭化、灰化 烘干
(a) 坩埚的放置　　　　　　　(b) 烘干、炭化、灰化的火焰位置

图 5-56 坩埚在泥三角上放置(a)及沉淀和滤纸在坩埚内烘干、炭化和灰化的火焰位置(b)

烘干、炭化、灰化,应由小火到强火,一步一步完成,不能性急,不要使火焰加得太大。炭化时如遇滤纸着火,可立即用坩埚盖盖住,使坩埚内的火焰熄灭(切不可用嘴吹灭)。着火时,不能置之不理让其燃烬,这样易使沉淀随大气流飞散损失。待火熄灭后,将坩埚盖移至原来位置,继续加热至全部炭化(滤纸变黑)直至灰化。

8. 恒量

沉淀和滤纸灰化后,将坩埚移入高温炉中(根据沉淀性质调节适当温度),盖上坩埚盖,但留有空隙。在与灼烧空坩埚时相同的温度下,灼烧 40~50min,与空坩埚灼烧操作相同,取出,冷至室温,称量。然后进行第二次、第三次灼烧,直至坩埚和沉淀恒量为止。一般第二次以后每次再灼烧 20min 即可。所谓恒量,是指相邻两次灼烧后的称量差值为 $0.2\sim0.4mg$。

从高温炉中取出坩埚时,将坩埚移至炉口,至红热稍退后,再将坩埚从炉中取出放在洁净瓷板上,在夹取坩埚时,坩埚钳应预热。待坩埚冷至红热退去后,再将坩埚转至干燥器中。放入干燥器后,盖好盖子,随后,为了释放由于热而产生的空气膨胀,须启动干燥器盖一两次以释放气体。

在干燥器冷却时,原则是冷至室温,一般须 30min 左右。但要注意,每次灼烧、称量和放置的时间都要保持一致。

5.8 有机化学基本操作

5.8.1 熔点的测定

通常当结晶物质加热到一定温度时,即会从固态转变为液态,此时的温度一般视为该物质的熔点。但严格地讲,熔点是指化合物的固-液两态在一定压力下达到相平衡时的温度。

纯粹的化合物一般都有固定的熔点,即在一定压力下,自初熔至全熔(熔点范围称为熔程),温度范围不超过 $0.5℃$。如果待测物质含有杂质,测其熔点往往较纯粹者为低,且熔程较长。因此,可根据熔点变化和熔程长短来定性地检验被测物质的纯度。

为鉴别两种熔点相同的化合物(如被测未知物与已知物的熔点相同)是否为同一物质,可采用混合熔点法,即按一定比例混合,测其熔点。若熔点无降低现象,就可判断所测未知物是已知的某化合物;若熔点降低,且熔程增大,则二者不是同一物质。有时也可以观察到熔点升高的现象,这是由于两种熔点相同的不同化合物混合后相互作用,形成一种熔点较高的新化合物。此种情况一般不常见,但其结果也表示二者并非同一物质。

1. 实验操作

熔点的测定对有机化合物的研究具有很大实用价值。如何准确地测出熔点是一个重要的问题。目前测定熔点的方法,以毛细管法较为简便,应用也较广泛。放大镜式的微量熔点测定在加热过程中可观察到晶形变化的情况,且适用于测量高熔点微量化合物。

1) 毛细管法

(1) 装样品。取少许待测熔点的干燥样品($0.1\sim0.2g$)于干燥的表面皿上,用玻璃钉将它研成粉末并集中成一堆。将熔点管开口向下插入样品粉末中,反复数次,即有少许样品挤入熔点管中。将熔点管开口向上放入垂直于桌面长 $30\sim40cm$ 的玻璃管中自由落下,并在桌面上跳动,以便样品能紧密地落于熔点管的底部,如此反复数次直到熔点管内样品高度达 2～3mm,每种样品装两三根。

　　(2) 熔点的测定。将装好样的熔点管用少许液体石蜡附在温度计上,样品部分在温度计水银球中部(图 5-57),小心地将温度计放入已装好液体石蜡的熔点测定管(又称提勒管、Thiele 管、b 形管)中,水银球在侧管的下方(图 5-58),用酒精灯加热侧管,使受热液体沿管上升运动,整个 b 形管溶液对流循环,使得温度均匀。开始升温时温度可以快些,但当温度接近熔点时(距熔点相差 10℃左右)要缓慢加热,控制升温速度每分钟不得超过 1℃。仔细观察熔点管中样品开始萎缩塌陷、湿润出现液珠(初熔)和固体全部熔化(全熔)时温度的读数并记录,用初熔至全熔的温度表示该物质的熔点。

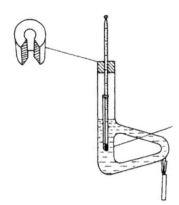

图 5-57　Thiele 管熔点测定装置　　　　　图 5-58　毛细管附在温度计上的位置

　　每一个未知样品一般先进行一次粗测,即检查熔点的大概范围,然后进行细测。每个样品至少要有两次重复的数据。每次测定必须更换新的毛细管,进行第二次测定应使浴液温度降低至比样品熔点低 30℃以下即可。实验完,取下温度计,让其自然冷却至接近室温时才能用水冲洗,否则容易发生水银柱断裂。

　　2) 放大镜式微量熔点测定法

　　测定熔点时先将玻璃载片洗净擦干,放在一个可移动的支持器内,将微量样品研细放在载片上,注意不可堆积,从镜孔可以看到一个个晶体外形,使载玻片上样品位于电热板的中心空洞上。用一载玻片盖住样品,调节镜头,使显微镜焦点对准样品。

　　装上温度计及保护套管。接通电源,打开开关(指示灯亮),开始升温;调节变压器旋钮,控制升温速度,当温度接近样品熔点时,升温速度每分钟不得超过 1℃。观察样品变化,当样品的结晶棱角开始变圆时,表示熔化开始,结晶形状全部消失而变为小液滴时,表明完全熔化,记录初熔至全熔的温度。

　　测完熔点后,停止加热,稍冷,用镊子取走载片,将一特制的铝板置于热板上,加速冷却以备重测。仪器如图 5-59 所示。

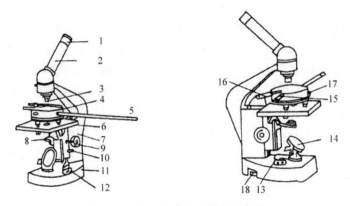

图 5-59 放大镜式微量熔点测定器

1. 目镜;2. 棱镜检偏部件;3. 物镜;4. 热台;5. 温度计;6. 载热台;7. 镜身;8. 起偏振
件;9. 粗动手轮;10. 止紧螺钉;11. 底座;12. 波段开关;13. 电位器旋钮;14. 反光镜;
15. 波动圈;16. 上隔热玻璃;17. 地线柱;18. 电压表

2. 注意事项

(1) b 形管中倒入液体石蜡其用量略高于 b 形管的上侧管为宜。

(2) 不能将已用过的熔点管冷却和固化后重复使用。因为某些物质会发生部分分解,或转变成具有不同熔点的其他晶体。

5.8.2 沸点的测定

即使在较低的温度下,液体分子也可以从其表面逸入空间成为气体分子,气体分子同时也不断地重新冷凝为液体。在一定温度下,某一液体和它的蒸气只能在一定压力之下是平衡状态,这一特定压力叫做该液体的蒸气压。各种纯净化合物在一定温度下,不论其体积大小都有一定蒸气压力,并且蒸气压力随温度的升高而增加。当蒸气压力增加到等于作用于液体表面的外界压力时,液体即开始沸腾,此时的温度即为该液体的沸点。所以液体的沸点随外界压力而改变。液体中混合非挥发性杂质时,溶液的蒸气压总是降低,因此,沸点也降低。在一定压力下,凡纯净化合物,必有一固定沸点,因此可以利用测定化合物的沸点来鉴别某一化合物是否纯净。但必须指出,凡是有固定沸点的液体不一定均为纯净的化合物。如下述共沸混合物都有固定的沸点:95.6%乙醇与 4.4%水,沸点为 78.15℃;83.32%乙酸乙酯、9.0%乙醇与 7.8%水,沸点为 170.3℃。

1. 实验操作

沸点的测定有常量法和微量法两种。常量法测定用的是蒸馏装置。这种方法一般试剂量为 10cm³ 以上(见常压蒸馏实验),在操作上也与简单蒸馏相似。若液体较少,可用微量法测定。装置如图 5-60 所示,加热浴可用小烧杯或 b 形管。将待测沸点的液体滴入自制长约 5cm、外径 5～8mm 的小试管中,液柱高约 1cm。将一端封闭约 6cm 长的毛细管,封口在上倒插入待测液中,把试管用橡皮圈固定于温度计上插入加热浴中,若使用烧杯作加热浴,为了加热均匀,需要不断搅拌。当温度慢慢升高时,将有小气泡从毛细管中经液面跑出,继续加热至接近液体沸点时将有一连串气泡快速逸出,此时停止加热,浴温持续升高后,随即慢慢下降。但必须注意观察,当气泡恰好停止外逸,液体刚要进入毛细管的瞬间(注意可观察到最后一个气泡刚欲缩至毛细管的瞬间),记下温度计上的温度,即为该液体的沸点。每支毛细管只可用于一次测定。一个样品测定须重复两三次,测得平行数据温差应不超过 1℃。

图 5-60　微量法测沸点装置

因为在最初加热时,毛细管内存在的空气膨胀逸出管外,继续加热出现气泡流。当加热停止时,留在毛细管内的唯一蒸气是由小试管内的样品受热形成的,此时若液体受热温度超过其沸点,管内蒸气的压力将高于大气压;若将液体冷却,其蒸气压下降到低于大气压时,液体即被压入毛细管;当气泡不再冒出而液体刚要缩入毛细管内的瞬间,此时毛细管内蒸气压与外界大气压相等,所测温度即为液体的沸点。一些常用标准化合物样品的沸点列于表 5-17。

表 5-17　标准化合物的沸点

化合物名称	沸点/℃	化合物名称	沸点/℃
溴乙烷	38.4	氯苯	131.8
丙酮	56.1	溴苯	156.2
氯仿	61.3	环己醇	161.1
四氯化碳	76.8	苯胺	184.5
乙醇	78.2	苯甲酸甲酯	199.5
苯	80.1	硝基苯	210.9
水	100.1	水杨酸甲酯	223.0
甲苯	110.0	对硝基甲苯	238.3

2. 注意事项

(1) 在常量法测定沸点的蒸馏过程中,应始终保持温度计水银球上有一稳定的液滴,这是气-液两相达到平衡的特征。此时温度计的读数代表液体的沸点。

(2) 用微量法测定沸点时,如果没能观察到一连串小气泡快速逸出,可能是沸点内管封处没封好的缘故。此时应停止加热,换一根内管,待导热液温度降低 20℃后即可重新测定。

5.8.3　重结晶及过滤

　　从有机反应分离出的固体有机化合物往往是不纯的,其中常夹杂一些反应的副产物、未用的原料及催化剂等。纯化这类物质的有效方法通常是用合适的溶剂进行重结晶,其一般过程(图 5-61)如下:

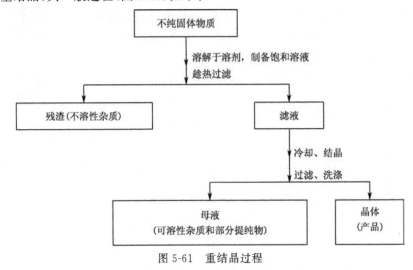

图 5-61　重结晶过程

　　(1) 将不纯的固体有机物在溶剂的沸点或接近于沸点的温度下溶解在溶剂中,制成接近饱和的浓溶液,若固体有机物的熔点较溶剂沸点低,则应制成在熔点温度以下的饱和溶液。

　　(2) 若溶液含有色杂质,可加适量活性炭煮沸脱色。

　　(3) 过滤此热溶液以除去其中不溶性杂质及活性炭。

　　(4) 将滤液冷却,使结晶从过饱和溶液中析出,而可溶性杂质仍留在母液中。

　　(5) 抽气过滤,从母液中将结晶分出,洗涤结晶以除去吸附的母液,所得的结晶经干燥后测定熔点。如发现其纯度不符合要求,可重复上述操作,直至熔点不再改变。

　　固体有机物在溶剂中的溶解度与温度有密切关系。一般是温度升高,溶解度增大。若把固体溶解在热的溶剂中达到饱和,冷却时即由于溶解度降低,溶液变成过饱和而析出结晶。利用溶剂对被提纯物质及杂质的溶解度不同,可以使被提纯物质从过饱和溶液中析出,而让杂质全部或大部分仍留在溶液中(若在溶剂中的溶解度极小,则配成饱和溶液后被过滤除去),从而达到提纯目的。

　　假设一固体混合物由 9.5g 被提纯物质 A 和 0.5g 杂质 B 组成,选择一溶剂进行重结晶,室温时 A、B 在此溶剂中的溶解度分别为 S_A 和 S_B,通常存在着下列情况:

（1）杂质较易溶解（$S_B > S_A$）。设室温下 $S_B = 0.025\text{g} \cdot \text{cm}^{-3}$，$S_A = 0.005$ $\text{g} \cdot \text{cm}^{-3}$，如果 A 在此沸腾溶剂中的溶解度为 $0.095\text{g} \cdot \text{cm}^{-3}$，则使用 100cm^3 溶剂即可使混合物在沸腾时全溶。将此滤液冷却至室温时可析出 A 物质 9g（不考虑操作上的损失）而 B 仍留在母液中。A 损失很少，产物的回收率达到 94％。如果 A 在此沸腾溶剂中的溶解度更大，例如是 $0.475\text{g} \cdot \text{cm}^{-3}$，则只要使用 20cm^3 溶剂即可使混合物在沸腾时全溶，这时滤液可以析出 A9.4g，B 仍可留在母液中，产物回收率可高达 99％。由此可见，如果杂质在冷时的溶解度大而产物在冷时的溶解度小，或溶剂对产物的溶解性能随温度的变化大，都有利于提高回收率。

（2）杂质较难溶解（$S_B < S_A$）。设在室温下 $S_B = 0.005\text{g} \cdot \text{cm}^{-3}$，$S_A = 0.025$ $\text{g} \cdot \text{cm}^{-3}$，A 在沸腾溶液中的溶解度仍为 $0.095\text{g} \cdot \text{cm}^{-3}$，则在 100cm^3 溶剂重结晶后的母液中含有 2.5gA 和 0.5g（即全部）B，析出的 A 结晶为 7g，产物的回收率为 74％。但这时，即使 A 在沸腾溶剂中的溶解度更大，使用的溶剂也不能再少了，否则杂质 B 也会部分地析出，就须再次重结晶。如果混合物中的杂质含量很多，则重结晶的溶剂量就要增加，或者重结晶的次数要增加，致使操作过程冗长，回收率极大地降低。

（3）两者溶解度相等（$S_A = S_B$）。设在室温下皆为 $0.025\text{g} \cdot \text{cm}^{-3}$，若也用 100cm^3 溶剂重结晶，仍可得到纯 A7g。但如果这时杂质含量很多，则用重结晶分离产物就比较困难。在 A 和 B 含量相等时，重结晶法就不能用来分离产物了。从上述讨论中可以看出，在任何情况下，杂质的含量过多都是不利的（杂质太多还能影响结晶速度，甚至妨碍结晶的生成）。一般重结晶只适用于纯化杂质含量在 5％以下的固体有机混合物，所以从反应粗产物直接重结晶是不适宜的，必须先采用其他方法初步提纯，如萃取、水蒸气蒸馏、减压蒸馏等，然后再用重结晶提纯。

在进行重结晶时，选择理想的溶剂是一个关键，理想的溶剂必须具备下列条件：

（1）不与被提纯物质起化学反应。

（2）在较高温度时能溶解多量的被提纯物质；而在室温或更低温度时，只能溶解很少量的该种物质。

（3）对杂质的溶解度非常大或非常小（前一种情况是使杂质留在母液中不随提纯物晶体一同析出，后一种情况是使杂质在热过滤时被滤去）。

（4）容易挥发（溶剂的沸点较低），易与结晶分离除去。

（5）能给出较好的结晶。

（6）无毒或毒性很小，便于操作。

表 5-18 列出几种常用的重结晶溶剂。

表 5-18　常用的重结晶溶剂

溶剂名称	沸点/℃	相对密度	溶剂名称	沸点/℃	相对密度
水	100.0	1.00	乙酸乙酯	77.1	0.90
甲醇	64.7	0.79	二氧六环	101.3	1.03
乙醇	78.0	0.79	二氯甲烷	40.8	1.34
丙酮	56.1	0.79	二氯乙烷	83.8	1.24
乙醚	34.6	0.71	三氯甲烷	61.62	1.49
石油醚	30～60,60～90	0.68～0.72	四氯化碳	76.8	1.58
环己烷	80.8	0.78	硝基甲烷	120.0	1.14
苯	80.1	0.88	甲乙酮	79.6	0.81
甲苯	110.6	0.87	乙腈	81.6	0.78

在几种溶剂同样都合适时，则应根据结晶的回收率、操作的难易、溶剂的毒性、易燃性和价格等来选择。

当一种物质在一些溶剂中的溶解度太大，而在另一些溶剂中的溶解度又太小，不能选择到一种合适的溶剂时，常可使用混合溶剂而得到满意的结果。所谓混合溶剂，就是把对此物质溶解度很大的和溶解度很小的而又能互溶的两种溶剂（如水和乙醇）混合起来，这样可获得新的良好的溶解性能。用混合溶剂重结晶时，可先将待纯化物质在接近良溶剂的沸点时溶于良溶剂中（在此溶剂中极易溶解）。若有不溶物，趁热滤去；若有色，则用适量（如 1%～2%）活性炭煮沸脱色后趁热过滤。于此热溶液中小心地加入热的不良溶剂（物质在此溶剂中溶解度很小），直至所出现的混浊不再消失为止，再加入少量良溶剂或稍热使溶液恰好透明。然后将混合物冷却至室温，使结晶从溶液中析出。有时也可将两种溶剂先行混合，如 1：1 的乙醇和水，则其操作和使用单一溶剂时相同。常用的混合溶剂列于表 5-19。

表 5-19　常用的混合溶剂

水-乙醇	甲醇-水	石油醚-丙酮
水-丙醇	甲醇-乙醚	氯仿-醚
水-乙酸	甲醇-二氯乙烷	苯-醇
乙醚-丙酮	氯仿-醇	
乙醇-乙醚-乙酸乙酯	石油醚-苯	

使用活性炭可以除去粗制的有机化合物中常含有的有色杂质。在重结晶时，杂质虽可溶于沸腾的溶剂中，但当冷却析出结晶时，部分杂质又会被结晶吸附，使得产物带色。有时在溶液中存在着某些树脂状物质或不溶性杂质的均匀悬浮体，使得溶液有些混浊，常常不能用一般的过滤方法除去。如果在溶液中加入少量的活性炭，并煮沸 5～10min（要注意活性炭不能加到已沸腾的溶液中，以免溶液暴沸而自容器冲出），活性炭可吸附有色杂质、树脂状物质以及均匀分散的物质。趁热

过滤除去活性炭,冷却溶液便能得到较好的结晶。活性炭在水溶液中进行脱色的效果较好,它也可以在任何有机溶剂中使用,但在烃类等非极性溶剂中效果较差。除用活性炭脱色外,也可采用硅藻土或柱色谱来除去杂质。

使用活性炭时,量要适当,避免过量太多,因为它也能吸附一部分被纯化的物质。所以活性炭的用量应视杂质的多少而定,一般为干燥粗产品质量的 1% ~ 5%。假如这些数量的活性炭不能使溶液完全脱色,则可再用 1% ~ 5% 的活性炭重复上述操作。活性炭的用量选定后,最好一次脱色完毕,以减少操作损失。过滤时选用的滤纸质量要紧密,以免活性炭透过滤纸进入溶液中。

实验操作如下:

1) 溶剂的选择

在重结晶时需要知道用哪一种溶剂最合适以及物质在该溶剂中的溶解情况。一般化合物可以查阅手册或辞典中的溶解度一栏或通过实验来决定采用什么溶剂。

选择溶剂时,必须考虑到被溶物质的成分与结构。因为溶质往往易溶于结构与其近似的溶剂中。极性物质较易溶于极性溶剂中,而难溶于非极性溶剂中。例如含羟基的化合物,在大多数情况下或多或少地能溶于水中;碳链增长,如高级醇,在水中的溶解度显著降低,但在碳氢化合物中,其溶解度却会增加。

溶剂的最后选择,只能用实验方法来决定。其方法是取 0.1g 待结晶的固体粉末于一小试管中,用滴管逐滴加入溶剂,并不断振荡。若加入的溶剂量达 1cm³ 仍未见全溶,可小心加热混合物至沸腾(必须严防溶剂着火!)。若此物质在 1cm³ 冷的或温热的溶剂中已全溶,则此溶剂不适用。如果该物质不溶于 1cm³ 沸腾溶剂中,则继续加热,并分批加入溶剂,每次加入 0.5cm³ 并加热使沸腾。若加入溶剂量达到 4cm³,而物质仍然不能全溶,则必须寻求其他溶剂。如果该物质能溶解在 1~4cm³ 的沸腾的溶剂中,则将试管进行冷却,观察结晶析出情况,如果结晶不能自行析出,可用玻璃棒摩擦溶液液面下的试管壁,或再辅以冰水冷却,以使结晶析出。若结晶仍不能析出,则此溶剂也不适用。如果结晶能正常析出,要注意析出的量,在几个溶剂用同法比较后,可以选用结晶收率最好的溶剂来进行重结晶。

2) 溶解及趁热过滤

通常将待结晶物置于锥形瓶中,加入较需要量(根据查得的溶解度数据或溶解度实验方法所得的结果估计)稍少的适宜溶剂,加热到微沸一段时间,直至物质完全溶解(要注意判断是否有不溶性杂质存在,以免误加过多的溶剂)。若未完全溶解,可再次逐渐添加溶剂,每次加入后均需再加热使溶液沸腾,要使重结晶得到的产品纯度和回收率高,溶剂的用量是关键,虽然从减少溶解损失来考虑,溶剂应尽可能避免过量,但这样在热过滤时会引起很大的麻烦和损失,特别是当待结晶物质的溶解度随温度变化很大时更是如此。因为在操作时会因挥发而减少溶剂,或因降低温度而使溶液变为过饱和而析出沉淀。因而要根据这两方面的损失来权衡溶剂的用量,一般可比需要量多加 20%左右的溶剂。

　　为了避免溶剂挥发及可燃溶剂着火或有毒溶剂中毒,应在锥形瓶上装置回流冷凝管,添加溶剂可由冷凝管的上端加入。根据溶剂的沸点和易燃性,选择适当的热浴加热。当溶质全部溶解后,即可趁热过滤(若溶液中含有色杂质,则要加活性炭脱色。这时应移去火源,使溶液稍冷,然后加入活性炭,继续煮沸 5～10min,再趁热过滤)。

　　过滤易燃溶剂的溶液时,必须熄灭附近的火源。为了过滤得较快,可选用颈短而粗的玻璃漏斗,这样可避免晶体在颈部析出而造成堵塞。在过滤前,要把漏斗放在烘箱中预先烘热,待过滤时才将漏斗取出放在铁架上的铁圈中,或放在盛滤液的锥形瓶上,图 5-62 为用水作溶剂的一种过滤装置,盛滤液的锥形瓶用小火加热。产生的热蒸汽可使玻璃漏斗保温。但要注意,在过滤易燃溶剂的溶液时,先把漏斗预热再过滤。过滤时,漏斗上应盖上表皿(凹面向下),减少溶剂的挥发。盛滤液的容器一般用锥形瓶,只有水溶液才可收集在烧杯中,如过滤进行得很顺利,常只有很少的结晶在滤纸

图 5-62　热滤装置

上析出(如果此结晶在热溶剂中溶解度很大,则可用少量热溶剂洗下,否则还是弃之为好,以免得不偿失)。若结晶较多,必须用刮刀刮回到原来的瓶中,再加适量的溶剂溶解并过滤。滤毕后,用洁净的塞子塞住盛溶液的锥形瓶,放置冷却。

　　如果溶液稍经冷却就要析出结晶,或过的溶液较多,则最好用热水漏斗,如图 5-49 所示。热水漏斗要用铁夹固定好并预先烧热,在过滤易燃的有机溶剂时注意一定要熄灭火焰。

　　为了尽可能地利用滤纸的有效面积,加快过滤速度,滤纸应折成菊花状。折叠方法如图 5-63 所示。需要注意的是:折叠时,折叠方向要一致向里。滤纸折线集中的地方为圆心。切勿重压,以免过滤时滤纸破裂。使用时,滤纸要翻转过来,避免弄脏的一面接触滤液。

　　3) 结晶

　　将滤液在冷水浴中迅速冷却并剧烈搅动,可得到颗粒很小的晶体,小晶体包含杂质较少,但其表面积较大,吸附于其表面的杂质较多。希望得到均匀而较大的晶体,可将滤液(如在滤液中已析出结晶,可加热使之溶解)在室温或保温下静置使之缓缓冷却。这样得到的结晶往往比较纯净。

　　有时由于滤液中有焦油状物质或胶状物存在,结晶不易析出,或有时因形成过饱和溶液也不析出结晶,在这种情况下,可用玻璃棒摩擦器壁以形成粗糙面,使溶

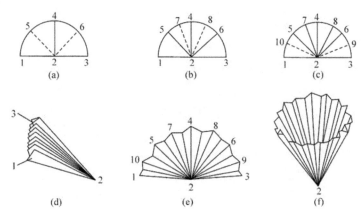

图 5-63　肩形折叠滤纸的折叠顺序

质分子呈定向排列而形成结晶的过程较在平滑面上迅速和容易;或者投入晶种(同一物质的晶体。若无此物质的晶体,可用玻璃棒蘸一些溶液,稍干后即会析出晶体),供给定形晶核,使晶体迅速形成。

　　有时被纯化的物质呈油状析出,油状物质长时间静置或足够冷却后虽也可以固化,但这样的固体往往含有较多杂质(杂质在油状物中溶解度常较在溶剂中的溶解度大;其次,析出的固体中还会包含一部分母液),纯度不高,用溶剂大量稀释,虽可防止油状物生成,但将使产物大量损失。这时可将析出油状物的溶液加热重新溶解,然后慢慢冷却。当油状物析出时便剧烈搅拌混合物,使油状物在均匀分散的状况下固化,这样包含的母液就大大减少。但最好还是重新选择溶剂,使之能得到晶形的产物。

　　4) 减压过滤

　　减压过滤也称抽气过滤。但过滤少量晶体时,可用玻璃钉漏斗,以抽滤管代替抽滤瓶,如图 5-64 所示。玻璃钉漏斗上的圆滤纸应较玻璃钉的直径略大,滤纸以溶剂润湿后进行抽气并用刮刀或玻璃棒挤压,使滤纸的边沿紧贴在漏斗上。抽滤后所得的母液,如还有用处,可移置到其他容器中。较大量的有机溶液一般应用蒸馏法回收。如果母液中溶解的物质不容忽视,可将母液适当浓缩。回收得到一部分纯度较低的晶体,测定它的熔点,以决定是否可供直接使用,或是否需进一步提纯。

　　5) 结晶的干燥

　　抽滤和洗涤后的结晶,表面上还吸附有少量溶剂,因此尚需要适当的方法进行干燥,重结晶后的产物需要通过测定熔点来检验其纯度。在测定熔点前,晶体必须充分干燥。

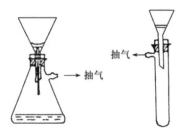

图 5-64　玻璃钉漏斗过滤

否则熔点会下降。固体的干燥方法很多,可根据重结晶所用的溶剂及结晶的性质来选择。常用的方法有如下几种:

(1) 空气晾干。将抽干的固体物质转移到表面皿上,铺成薄薄的一层,再用一张滤纸覆盖以免灰尘沾污,然后在室温下放置,一般要经几天后才能彻底干燥。

(2) 烘干。一些对热稳定的化合物,可以在低于该化合物熔点或接近溶剂沸点的温度下进行干燥。实验室中常用红外线灯或用烘箱、蒸气浴等方式进行干燥。必须注意,由于溶剂的存在,结晶可能在较其熔点低得多的温度下就开始熔融了,因此必须十分注意控制温度并经常翻动晶体。

(3) 吸干。有时晶体吸附的溶剂在过滤时很难抽干,这时可将晶体放在两三层滤纸上,上面再用滤纸挤压以吸出溶剂。此法的缺点是晶体上易沾污一些滤纸纤维。

(4) 晶体置于干燥器中干燥。干燥器下部一般是变色硅胶。

5.8.4　升华

升华是纯化固体有机化合物的一个方法,它所需的温度一般较蒸馏时低,但是只有在其熔点温度以下具有相当高(高于 2.67kPa)蒸气压的固态物质,才可用升华来提纯。利用升华可除去不挥发性杂质,或分离不同挥发度的固体混合物。升华常可得到较高纯度的产物,但操作时间长,损失也较大,在实验室里只用于较少量(1~2g)物质的纯化。

1. 基本原理

严格说来,升华是指物质自固态不经过液态直接转变成蒸气的现象。然而对有机化合物的提纯来说,重要的却是使物质蒸气不经过液态而直接转变成固态,因为这样能得到高纯度的物质。因此,在有机化学实验操作中,不管物质蒸气是由固态直接汽化,还是由液态蒸发而产生,只要是物质从蒸气不经过液态而直接转变成固态的过程都称为升华。一般说来,分子对称性较高的固态物质,具有较高的熔点。且在熔点温度以下具有较高的蒸气压,易于用升华来提纯。

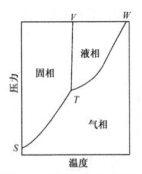

图 5-65　固、液、气的三相图

为了了解和控制升华的条件,就必须研究固、液、气三相平衡,如图 5-65 所示。图中 ST 表示固相与气相平衡时固体的蒸气压曲线,TW 表示液相与气相平衡时液体的蒸气压曲线,TV 曲线表示固、液两相平衡时的温度和压力,它指出了压力对熔点的影响并不太大。ST、TV、TW 相交点为 T 点,在此点,固、液、气三相可同时并存,T 为三相点。

一个物质的正常熔点是固、液两相在大气压下平衡时的温度。在三相点时的压力是固、液、气三相的平衡蒸气压,所以三相点时的温度和正常的熔点有些差别。但在一定压力范围内,在一般的常见体系中,TV 曲线偏离垂直方向很小。在三相点以下,物质只有固、气两相。若降低温度,蒸气就不经过液态而直接变成固态;若升高温度,固态也不经过液态而直接变成蒸气。因此,一般的升华操作皆应在三相点温度以下进行。若某物质在三相点温度以下的蒸气压很高,因而汽化速率很大,就可以容易地从固态直接变为蒸气,且此物质蒸气压随温度降低而下降得非常显著,稍降低温度即能由蒸气直接转变成固态,则此物质可容易地在常压下用升华方法来提纯。例如,六氯乙烷(三相点温度 186℃,压力 104kPa)在 185℃ 时蒸气压已达 0.1MPa,因而在低于 186℃ 时就可完全由固相直接挥发成蒸气。樟脑(三相点温度 179℃,压力 49.3kPa)在 160℃ 时蒸气压为 29.1kPa,未达熔点前,已有相当高的蒸气压,只要缓缓加热,使温度维持在 179℃ 以下,它就可不经熔化而直接蒸发,蒸气遇到冷的表面就凝结成为固体,这样蒸气压可始终维持在 49.3kPa 以下,直至挥发完毕。

例如,樟脑这样的固体物质,它的三相点平衡气压低于 0.1MPa,如果加热很快,使蒸气压超过了三相点平衡的蒸气压,这时固体就会熔化成为液体。如继续加热至蒸气到 0.1MPa 时,液体就开始沸腾。

有些物质在三相点时的平衡蒸气压比较低(为了方便,可以认为三相点时的温度及平衡蒸气压与熔点的温度及蒸气压相差不多),例如苯甲酸熔点 122℃,蒸气压 0.8kPa;萘熔点 80℃,蒸气压为 0.93kPa。这时如果也用上述升华樟脑的办法,就不能得到满意产率的升华产物。例如萘加热到 80℃ 时要熔化,而其相应的蒸气压很低,当蒸气压达到了 0.1MP 时(218℃)开始沸腾。若要使大量的萘全部转变成为气态,就必须保持它在 218℃ 左右,但这时萘的蒸气冷却后要转变为液态。除非达到三相点(此时的蒸气压为 0.93kPa 时),才转变为固态。在三相点温度时,萘的蒸气压很低(萘的分压:空气分压 = 7∶753),因此升华的收率很低。为了提高升华的效率,对于萘及其他类似情况的化合物,除可在减压下进行升华外,也可以采用一个简单有效的方法:将化合物加热至熔点以上,使其具有较高的蒸气压,同时通入空气或惰性气体带出蒸气,促使蒸发速度增快;降低被纯化物质的分压,使蒸气不经过液化阶段而直接凝成为固体。

2. 实验操作

1) 常压升华

最简单的常压升华装置如图 5-66(a)所示。在蒸发皿中放置粗产物,上面覆盖一张刺有许多小孔的滤纸(最好在蒸发皿的边缘上先放置大小合适的用石棉纸做成的窄圈,用以支持此滤纸)。然后将大小合适的玻璃漏斗倒盖在上面,漏斗的颈部塞有玻璃毛或脱脂棉花,以减少蒸气逃逸。在石棉网上渐渐加热蒸发皿(最好能用砂浴或其他热浴),小心调节火焰,控制浴温低于被升华物质的熔点,使其慢慢升华。蒸气通过滤纸小孔上升,冷却后凝结在滤纸上或漏斗壁上。必要时外壁可用湿布冷却。

在空气或惰性气体流中进行升华的装置见图 5-66(b),在锥形瓶上配有二孔塞,一孔插入玻璃管以导入空气或惰性气体;另一孔插入接液管,接液管的另一端伸入圆底烧瓶中,烧瓶口塞一些棉花或玻璃棉。当物质开始升华时,通入空气或惰性气体,带出的升华物质遇到冷水冷却的烧瓶壁就凝结在壁上。

较大量物质升华可在烧杯中进行。烧杯上放置一个通冷水的烧瓶,使蒸气在烧瓶底部凝结成晶体并附着在瓶底上,如图 5-66(c)所示。

2) 减压升华

减压升华装置如图 5-66(d)所示,将固体物质放在吸滤管中,然后将装有"冷凝脂"的橡皮塞紧密塞住管口,利用水泵或油泵减压,接通冷凝水流,将吸滤管浸在水浴或油浴中加热,使之升华。

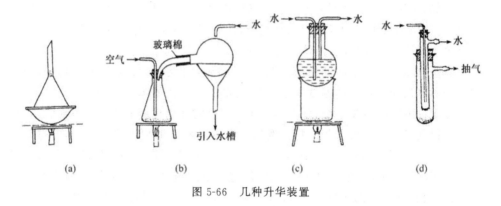

图 5-66　几种升华装置

3. 注意事项

(1) 升华温度一定要控制在固体化合物熔点以下。

(2) 减压升华前,必须把待精制的物质充分干燥。

(3) 滤纸上的孔应尽量大些,以使蒸气上升时顺利通过滤纸,在滤纸的上面和漏斗中结晶,否则将会影响晶体的析出。

(4) 减压升华结束后,停止抽滤前一定要先打开安全瓶上的空气导管。

5.8.5　萃取

萃取是有机化学实验中用来提取或纯化有机化合物的常用操作之一。应用萃取可以从固体或液体混合物中提取出所需要的物质,也可以用来洗去混合物中少量杂质。通常称前者为"抽提"或"萃取";后者为"洗涤"。

萃取是利用有机物在两种不互溶的溶剂中的溶解度或分配比不同而达到分离目的的,可用水与不互溶的有机溶剂在水溶液中的分离说明。

1. 液-液萃取

分液漏斗(图 5-67)是液-液萃取的基本仪器。

在一定温度下,有机物在有机相中和在水相中的浓度比为一常数(在此不考虑分子的解离、缔合和溶剂化等作用),其关系式为

$$\frac{c_A}{c_B} = K \tag{5-1}$$

A、B 为两种不互溶的溶剂,如水和有机溶剂。K 为分配系数,是一常数。利用此关系式,可算出每次萃取后物质的剩余量。

(a) 摇振　　　　　　　　　(b) 放气

图 5-67　分液漏斗振摇

假设:m_0 为被萃取物质的总质量(g),V_0 为原溶液的体积(cm^3),m_1 为第一次萃取后,物质的剩余量,V 为每次所用萃取剂的体积(cm^3)。则将上述物理量代入式(5-1)有

$$K = \frac{\dfrac{m_1}{V_0}}{\dfrac{m_0 - m_1}{V}}$$

即 $m_1 = m_0 \dfrac{KV_0}{KV_0 + V}$ 为第一次萃取后的剩余量。

二次萃取后

$$K = \frac{\dfrac{m_2}{V_0}}{\dfrac{m_1 - m_2}{V}}$$

即

$$m_2 = m_1 \frac{KV_0}{KV_0 + V} = m_0 \left(\frac{KV_0}{KV_0 + V}\right)^2$$

所以经 n 次萃取后

$$m_n = m_0 \left(\frac{KV_0}{KV_0 + V} \right)^n \qquad\qquad (5\text{-}2)$$

由式(5-2)可知，$\frac{KV_0}{KV_0 + V}$ 永远小于 1。n 越大，m_n 越小，说明用一定量的溶剂进行萃取时，分多次萃取效率比一次性萃取效率高。

但是，连续萃取的次数不是无限度的，当溶剂总量保持不变时，萃取次数增加，每次使用的溶剂体积就要减少，$n > 5$ 时，n 与 V 两个因素的影响就几乎相互抵消了，再增加 n 次，则 m_n/m_{n+1} 的变化不大，可忽略。故一般以萃取三次为宜。

另外，选择合适的萃取剂也是提纯物质的有效方法。合适萃取剂的要求有：纯度高，沸点低，毒性小，水溶液中萃取使用的溶剂在水中溶解度要小（难溶或微溶），被萃取物在溶剂中的溶解度要大，溶剂与水和被萃取物都不反应，萃取后溶剂易于蒸馏回收。此外，价格便宜、操作方便、不易着火等也是应考虑的条件。

经常使用的溶剂有乙醚、苯、四氯化碳、氯仿、石油醚、二氯甲烷、正丁醇和乙酸乙酯等。难溶于水的物质用石油醚等萃取；易溶于水的物质用乙酸乙酯或其他类似溶剂萃取；较易溶于水者，用乙醚或苯萃取。但需注意，萃取剂中有许多是易着火的，故在实验室中可少量操作，而工业生产中不宜使用。

2. 液-固萃取

液-固萃取是从固体混合物中萃取所需要的物质，最简单的方法是把固体混合物研细，放在容器里，加入适当溶剂，振荡后，用过滤或倾析的方法把萃取液和残留的固体分开。若被提取的物质特别容易溶解，也可把固体混合物放在有滤纸的玻璃漏斗中，用溶剂洗涤，要萃取的物质就可以溶解在溶剂中，而被滤出。如萃取物的溶解度很小，则此时宜采用索氏(Soxblet)提取器来萃取，如图 5-68(d) 所示，它是利用溶剂对样品中被提取成分和杂质之间溶解度的不同，来达到分离提纯的目的。即利用溶剂回流及虹吸原理，使固体有机物连续多次被纯溶剂萃取，它具有较高的萃取效率（例如，从茶叶中提取咖啡因）。

1) 实验操作

(1) 溶液中物质的萃取

在实验中用得最多的是水溶液中物质的萃取。最常使用的萃取器皿为分液漏斗。操作时应选择容积较液体体积大一倍以上的分液漏斗，把活塞擦干，在离活塞孔稍远处薄薄地涂上一层润滑脂（注意切勿涂得太多或使润滑脂进入活塞孔中，以免沾污萃取液），塞好后再把活塞旋转几圈，使润滑脂均匀分布，看上去透明即可。一般在使用前应于漏斗中放入水摇荡，检查塞子与活塞是否渗漏，确认不漏水时方可使用。然后将漏斗放在固定在铁架上的铁圈中，关好活塞，将要萃取的水溶液和萃取剂（一般为溶液体积的 1/3）依次自上口倒入漏斗中，塞紧塞子（注意塞子不能涂润滑脂)。取下分液漏斗,用右手手掌顶住漏斗顶塞并握住漏斗,左手握住漏斗活塞处,大拇指压紧活塞,把漏斗放平前后摇振,如图 5-67(a)所示。在开始时,摇振要慢,摇振几次后,将漏斗的上口向下倾斜,下部支管指向斜上方(朝向无人处),左手仍握在活塞支管处,用拇指和食指旋开活塞,从指向斜上方的支管口释放出漏斗内的压力,也称"放气",如图 5-67(b)所示。以乙醚萃取水溶液中的物质为例,在振摇后乙醚可产生 $40\sim66.7kPa$ 的蒸气压,加上原来空气压力和水的蒸气压,漏斗中的压力就大大超过了大气压。如果不及时放气,塞子就可能被顶开而出现喷液。待漏斗中过量的气体逸出后,将活塞关闭再行振摇。如此重复至放气时只有很小压力后,再剧烈振摇 $2\sim3min$,然后再将漏斗放回铁圈中静置,待两层液体完全分开后,打开上面的玻塞,再将活塞缓缓旋开,下层液体自活塞放出。分液时一定要尽可能分离干净,有时在两相间可能出现一些絮状物,也应同时放去。然后将上层液体从分液漏斗的上口倒出,切不可也从活塞放出,以免被残留在漏斗颈上的第一种液体所沾污。将水溶液倒回分液漏斗中,再用新的萃取剂萃取。为了弄清哪一层是水溶液,可任取其中一层的小量液体,置于试管中,并滴加少量自来水,若分为两层,说明该液体为有机相。若加水后不分层,则是水溶液。萃取次数取决于分配系数,一般为 $3\sim5$ 次,将所有的萃取液合并,加入适量的干燥剂干燥。然后蒸去溶剂,萃取所得的有机物视其性质可利用蒸馏、重结晶等方法纯化。

在萃取时,可利用"盐析效应",即在水溶液中先加入一定量的电解质(如氯化钠),以降低有机物在水中的溶解度,提高萃取效果。

上述操作中的萃取剂是有机溶剂,它是根据"分配定律"使有机化合物从水溶液中被萃取出来。另外一类萃取原理是利用萃取剂能与被萃取物质起化学反应。这种萃取通常用于从化合物中移去少量杂质或分离混合物,操作方法与上面所述相同,常用的这类萃取剂如 5%氢氧化钠水溶液、5%或 10%的碳酸钠、碳酸氢钠溶液、稀盐酸、稀硫酸及浓硫酸等。碱性的萃取剂可以从有机相中移出有机酸,或从溶于有机溶剂的有机化合物中除去酸性杂质(使酸性杂质形成钠盐溶于水中)。稀盐酸及稀硫酸可从混合物中萃取出碱性有机物质或用于除去碱性杂质。浓硫酸可应用于从饱和烃中除去不饱和烃,从卤代烷中除去醇及醚等。

在萃取时,特别是当溶液呈碱性时,常常会产生乳化现象。有时由于存在少量溶质的沉淀、溶剂互溶、两液相的相对密度相差较小等原因,也可能使两液相不能很清晰地分开,这样很难将它们完全分离。用来破坏乳化的方法有:①较长时间静置;②若因两种溶剂(水与有机溶剂)能部分互溶而发生乳化,可以加入少量电解质(如氯化钠),利用盐析作用加以破坏,在两相相对密度相差很小时,也可以加入食盐,以增加水相的相对密度;③若因溶液碱性而产生乳化,常可加入少量稀硫酸或采用过滤等方法除去。此外根据不同情况,还可以加入其他破坏乳化的物质,如乙醇、磺化蓖麻油等。

　　萃取溶剂的选择要根据被萃取物质在此溶剂中的溶解度而定。同时要易于和溶质分离开。所以最好用低沸点的溶剂。一般水溶性较小的物质可用石油醚萃取;水溶性较大的可用苯或乙醚;水溶性极大的用乙酸乙酯等。第一次萃取时,使用溶剂的量,常要较以后几次多一些,这主要是为了补足由于它稍溶于水而引起的损失。

　　当有机化合物在原溶剂中比在萃取剂中更易溶解时,就必须使用大量溶剂并多次萃取。为了减少萃取溶剂的量,最好采用连续萃取,其装置有两种:一种适用于从相对密度大的溶液中用相对密度小的溶剂进行萃取(如用乙醚萃取水溶液);另一种适用于从相对密度小的溶液中用相对密度大的溶剂进行萃取(如氯仿萃取水溶液)。它们的过程可以明显地从图 5-68(a)、(b)中看出,其中图 5-68(c)是兼具(a)、(b)功能的装置。

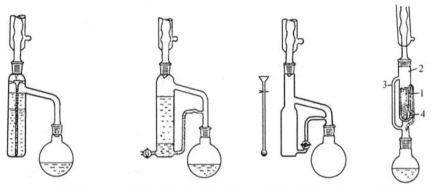

(a)用于相对密度小的溶剂萃取　(b)用于相对密度大的溶剂萃取　(c)兼具(a)和(b)功能　(d)脂肪提取器

图 5-68　连续萃取装置

1. 滤纸套管;2. 抽提筒;3. 蒸气上升管;4. 虹吸管

　　(2) 固体物质的萃取。固体物质的萃取通常用长期浸出法或采用脂肪提取器(索氏提取器)。前者是靠溶剂长期的浸润溶解而将物质中的需要物质浸出来,这种方法虽不需要任何特殊器皿,但效率不高,而且溶剂的需要量较大。

　　脂肪提取器[图 5-68(d)]利用溶剂回流及虹吸原理,使固体物质连续不断地为纯的溶剂所萃取,因而效率较高。萃取前应先将固体物质研细,以增加溶剂浸润的面积,然后将固体物质放在滤纸套管 1 内,置于抽提筒 2 中。抽提筒的下端通过木塞(或磨口)和盛有溶剂的烧瓶连接,上端接冷凝管。当溶剂沸腾时,蒸气通过蒸气上升管 3 上升,被冷凝管冷凝成为液体,滴入提取器中,当溶剂液面超过虹吸管 4 的最高处时,即虹吸流回烧瓶,因而萃取出溶于溶剂的部分物质。就这样利用溶解剂回流和虹吸作用,使固体的可溶物质富集到烧瓶中。然后用其他方法将萃取到的物质从溶液中分离出来。

2) 注意事项

(1) 如果在振荡过程中,液体出现乳化现象,可以通过加入强电解质(如食盐)破乳化。

(2) 分液时,如果一时不知道哪一层是萃取层,则可以通过再加入少量萃取剂来判断。当加入的萃取剂穿过分液漏斗中的上层液溶入下一层液时,下层是萃取相;反之,则上层是萃取相。为避免出现失误,最好将上下两层液体都保留到操作结束。

(3) 以索氏提取器来提取物质,最显著的优点是节省溶剂。不过,由于萃取物要在烧瓶中长时间受热,受热易分解或易变色的物质就不宜采用这种方法。此外,应用索氏提取器来萃取,所使用的溶剂的沸点也不宜过高。

5.8.6　蒸馏

液态物质受热沸腾为蒸气,蒸气经冷凝又转变为液体,这个操作过程就称作蒸馏。蒸馏是纯化和分离液态物质的一种常用方法,通过蒸馏还可以测定纯液态物质的沸点。

将液体加热,它的蒸气压就随着温度升高而增大,从图 5-69 中看出,当液体的蒸气压增大到与外界施于液面的压力(通常大气压力)相等时,就有大量气泡从液体内部逸出,即液体沸腾。这时的温度称为液体的沸点。另外沸点与所受外界压力有关。

纯的液态物质在一定压力下具有确定的沸点,不同的物质具有不同的沸点。蒸馏操作就是利用不同物质的沸点差异对液态混合物进行分离和纯化。当液态混合物受热时,由于低沸点物质易挥发,首先被蒸出,而高沸点物质因不易挥发或挥发出的少量气体易被冷凝而滞留在蒸馏瓶中,从而使混合物得以分离。

不过,只有当组分沸点相差在 30℃ 以上时,蒸馏才有较好的分离效果。如果组分沸点差异不大,就需要采用分馏操作对液态混合物进行分离和纯化。

需要指出的是,具有恒定沸点的液体并非都是纯化合物,因为有些化合物相互之间可以形成二元或三元共沸混合物,而共沸混合物不能通过蒸馏操作进行分离。通常,纯化合物的沸程(沸点范围)较短(0.5～1℃),而混合物的沸程较长。因此,蒸馏操作既可用来定性地鉴定化合物,也可用以判定化合物的纯度。

1. 实验操作

安装好蒸馏烧瓶、冷凝管、接引管和接受瓶,如图 5-70 所示,然后将待蒸馏液体通过漏斗从蒸馏烧瓶颈口加入到瓶中。投入一两粒沸石,再配置温度计。

接通冷凝水,开始加热,使瓶中液体沸腾。调节火焰,控制蒸馏速度,以每秒一两滴为宜。在蒸馏过程中,注意温度计读数的变化,记下第一滴馏出液流出时的温

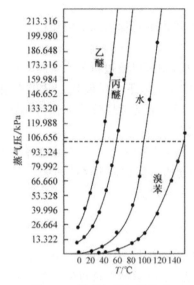

图 5-69　温度与蒸气压关系

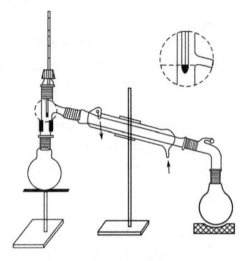

图 5-70　普通蒸馏装置

度。当温度计读数稳定后,另换一个接受瓶收集馏分。如果仍然保持平稳加热,但不再有馏分流出,且温度突然下降,这表明该段馏分已近蒸完,需停止加热,记下该段馏分的沸程和体积(或质量)。馏分的温度范围愈小,其纯度就愈高。

蒸馏完毕,先应灭火,然后停止通水,拆下仪器。拆除仪器的顺序和装配的顺序相反。先取下接受器,然后拆下接液管、冷凝管、蒸馏头和蒸馏瓶等。

2. 注意事项

(1) 蒸馏烧瓶大小的选择依待蒸馏液体的量而定。通常,待蒸馏液体的体积占蒸馏烧瓶体积的 1/3～2/3。

(2) 当待蒸馏液体的沸点在 140℃ 以下时,应选用直形冷凝管;沸点在 140℃以上时,就要选用空气冷凝管,若仍用直形冷凝管则易发生爆裂。

(3) 如果蒸馏装置中所用的接引管无侧管,则接引管和接受瓶之间应留有空隙,以确保蒸馏装置与大气相通。否则,封闭体系受热后会引发事故。

(4) 沸石是一种多孔性的物质,如素瓷片或毛细管。当液体受热沸腾时,沸石内的小气泡就成为汽化中心,使液体保持平稳沸腾。如果蒸馏已经开始,但忘了投沸石,此时千万不要直接投放沸石,以免引发暴沸。正确的做法是,先停止加热,待液体稍冷片刻后再补加沸石。

(5) 蒸馏低沸点易燃液体(如乙醚)时,千万不可用明火加热,此时可用热水浴加热。在蒸馏沸点较高的液体时,可以用明火加热。明火加热时,烧瓶底部一定要置放石棉网,以防因烧瓶受热不匀而炸裂。

（6）无论何时，都不要使蒸馏烧瓶蒸干，以防意外。

5.8.7　减压蒸馏

减压蒸馏是分离和提纯有机化合物的一种重要方法。它特别适用于那些在常压蒸馏时未达沸点即已受热分解、氧化或聚合的物质。

液体的沸点是指它的蒸气压等于外界大气压时的温度。所以液体沸腾的温度是随外界压力的降低而降低的。因而如用真空泵连接盛有液体的容器，使液体表面上的压力降低，即可降低液体的沸点。这种在较低压力下进行蒸馏的操作称为减压蒸馏。减压蒸馏时物质的沸点与压力有关、如前面的温度与蒸气压关系如图 5-71 所示，有时在文献中查不到与减压蒸馏选择的压力相应的沸点，则可根据图 5-71 的一条经验曲线，找出该物质在此压力下的沸点（近似值）（按国家标准，压力的单位应为 kPa，1mmHg＝0.133kPa），如二乙基丙二酸二乙酯常压下沸点为 218～220℃，欲减压至 2.67kPa（20mmHg），它的沸点为多少度？我们可以先在图 5-71 中间的直线上找出相当于 218～220℃ 的点，将此点与右边直线上 2.67kPa（20mmHg）处的点连成一直线，延长此直线与左边的直线相交，交点所示的温度就是 2.67kPa（20mmHg）时二乙基丙二酸二乙酯的沸点，为 105～110℃。

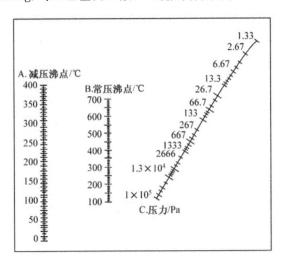

图 5-71　液体有机物的沸点-压力经验计算图

在给定压力下的沸点还可以近似地从下列公式求出：

$$\lg \rho = A + \frac{B}{T}$$

式中：ρ——蒸气压；

$\quad$ T——沸点（热力学温度）；

A、B——常数。

如以 $\lg p$ 为纵坐标、$1/T$ 为横坐标作图,可以近似地得到一直线。因此可从两组已知的压力和温度算出 A 和 B 的数值,再将所选择的压力代入上式算出液体的沸点。表 5-20 列出了一些有机化合物在常压与不同压力下的沸点。从中可以看出,当压力降低到 2.67kPa(20mmHg)时,大多数有机物的沸点比常压 0.1MPa(760mmHg)的沸点低 100～120℃;当减压蒸馏在 1.33～3.33kPa(10～25mmHg)进行时,大体上压力每相差 0.133kPa(1mmHg),沸点约相差 1℃。当要进行减压蒸馏时,预先粗略地估计出相应的沸点,对具体操作和选择合适的温度计与热浴有一定的参考价值。

表 5-20　某种有机化合物在常压和不同压力下的沸点

压力/mmHg	水	氯苯	苯甲醛	水杨酸乙酯	甘油	蒽
760	100	132	179	234	290	354
50	38	54	95	139	204	225
30	30	43	84	127	192	207
25	26	39	79	124	188	201
20	22	34.5	75	119	182	194
15	17.5	29	69	113	175	186
10	11	22	62	105	167	175
5	1	10	50	95	156	159

1. 实验操作

1）减压蒸馏的装置

图 5-72(a)、(b)是常用的减压蒸馏系统。整个系统可分为蒸馏、抽气(减压)以及在它们之间的保护和测压装置三部分组成。

(1) 蒸馏部分是减压蒸馏瓶[又称克氏(Claisen)蒸馏瓶,在磨口仪器中用克氏蒸馏头配圆底烧瓶代替],有两个颈,目的是为了避免减压蒸馏时瓶内液体由于沸腾而冲入冷凝管中。瓶的一个颈中插入温度计,另一个颈中插入一根毛细管。长度恰好使其下端距瓶底 1～2mm。毛细管上端连有一段带螺旋夹的橡皮管。螺旋夹用以调节进入空气的量,使有极少量的空气进入液体,呈微小气泡冒出,作为液体沸腾的汽化中心,使蒸馏平稳进行。接受器可用蒸馏瓶或抽滤瓶充任,切不可用平底烧瓶或锥形瓶,蒸馏时若要收集不同的馏分而又不中断蒸馏,则可用两尾或多尾接液管,多尾接液管的几个分支管用橡皮塞和作为接受器的圆底烧瓶(或厚壁试管)连接起来,转动多尾接液管,可使不同的馏分进入指定的接受器中。

根据蒸出液体的沸点不同,选用合适的热浴和冷凝管。如果蒸馏的液体量不

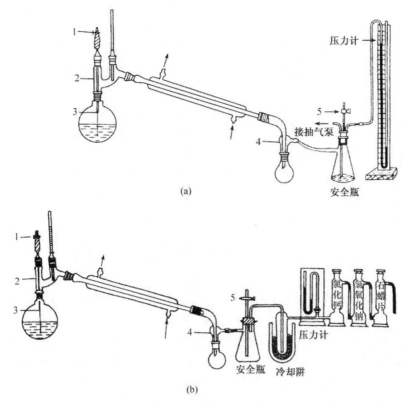

图 5-72　减压蒸馏装置

1. 螺旋夹；2. 克式蒸馏头；3. 毛细管；4. 真空接受管；5. 两通活塞

多而且沸点很高，或是低熔点的固体，也可不用冷凝管，而将克氏瓶的支管通过接液管直接插入接受瓶的球形部分中，如图 5-73 所示。蒸馏沸点较高的物质时，最好用石棉绳或石棉布包裹蒸馏瓶的两颈，以减少散热。控制热浴的温度，使它比液体的沸点高 20～30℃。

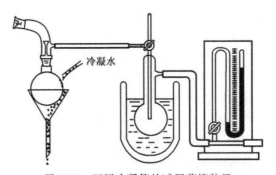

图 5-73　不用冷凝管的减压蒸馏装置

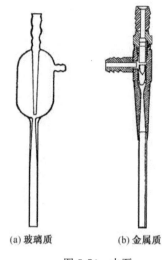

(a)玻璃质　　　(b)金属质

图 5-74　水泵

检查毛细管是否合适,可用小试管盛少许丙酮或乙醚,将毛细管插入其中,吹入空气,若毛细管口连续冒出微小的气泡即为合适。

(2)抽气部分。实验室通常用水泵或油泵进行减压。

水泵:系用玻璃或金属构成,如图 5-74 所示,其效能与其构造、水压及水温有关。水泵所能达到的最低压力为当时室温下的水蒸气压。例如在水温为 6~8℃ 时,水蒸气压为 0.93~1.07kPa;在夏天,若水温为 30℃,则水蒸气压为 4.2kPa 左右。

现在有一种水循环泵代替简单的水泵,它还可提供冷凝水,这对用水不易保证的实验室更为方便、实用。

油泵:油泵的效能取决于油泵的机械结构以及真空泵油的好坏(油的蒸气压必须很低)。好的油泵能抽至真空度为 13.3Pa,油泵结构较精密,工作条件要求较严。蒸馏时,如果有挥发性的有机溶剂、水或酸的蒸气,都会损坏油泵。因为挥发性的有机溶剂蒸气被油吸收后,就会增加油的蒸气压,影响真空效能;而酸性蒸气会腐蚀油泵的机件;水蒸气凝结后与油形成浓稠的乳浊液,破坏了油泵的正常工作,因此使用时必须十分注意油泵的保护。一般使用油泵时,系统的压力常控制在 0.67~1.33kPa,因为在沸腾液体表面上要获得 0.67kPa 以下的压力比较困难。这是由于蒸气从瓶内的蒸发面逸出而经过瓶颈和支管(内径为 4~5mm)时,需要有 0.13~1.07kPa 的压力差,如果要获得较低的压力,可选用短颈和支管粗的克氏蒸馏瓶。

(3)保护及测压装置部分。当用油泵进行减压时,为了防止易挥发的有机溶剂、酸性物质和水汽进入油泵,必须在馏液接受器与油泵之间顺次安装冷却阱和几种吸收塔,以免污染油泵用油,腐蚀机件致使真空度降低。冷却阱的构造如图 5-75所示,将冷却阱置于盛有冷却剂的大烧杯中,冷却剂的选择随需要而定,如可用冰-水、冰-盐、干冰与丙酮等。后者能使温度降至−78℃。若用铝箔将干冰-丙酮的敞口部分包住,能使用较长时间,十分方便。通常装两个吸收塔(又称干燥塔)[图 5-20(d)],前一个盛无水氯化钙(或硅胶),后一个盛粒状氢氧化钠。有时为了吸除烃类气体,可再加一个装石蜡片的吸收塔。

实验室通常采用水银压力计来测量减压系统的压

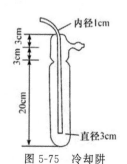

图 5-75　冷却阱

力,图 5-76(a)为开口式水银压力计,两臂汞柱高度之差,即为大气压力与系统中压力之差。因此蒸馏系统内的实际压力(真空度)应是大气压力减去这一压力差。封闭式水银压力计如图 5-76(b)所示,两臂液面高度之差即为蒸馏系统中的真空度。测定压力时,可将管后木座上的滑动标尺的零点调整到右臂的汞柱顶端线上,这时左臂的汞柱顶端线所指示的刻度即为系统的真空度。开口式压力计较笨重,读数方式也较麻烦,但读数比较准确。封闭式的比较轻巧,读数方便,但常常因为有残留空气以致不够准确,需用开口式来校正。使用时应避免水或其他污物进入压力计内,否则将严重影响其准确度。

在泵前还应接上一个安全瓶,瓶上的两通活塞 G 供调节系统压力及放气之用。减压蒸馏的整个系统必须保持密封不漏气,所以选用橡皮塞的大小及钻孔都要十分合适。所有橡皮管最好用真空橡皮管。各磨口玻璃塞部位都应仔细涂好真空脂。

在普通有机化学实验室里,可设计一小推车来安放油泵、保护测压设备,如图 5-77 所示。车中有两层,底层放置泵和马达,上层放置其他设备。这样既能缩小安装面积又便于移动。

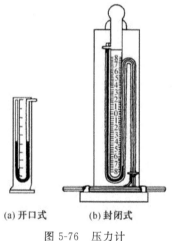

(a) 开口式　　　(b) 封闭式

图 5-76　压力计

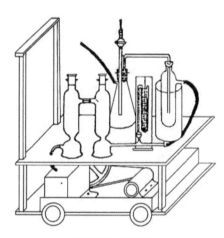

图 5-77　油泵车

2) 减压蒸馏操作

当被蒸馏物中含有低沸点的物质时,应先进行普通蒸馏,然后用水泵减压蒸去低沸点物质,最后再用油泵减压蒸馏。在克氏蒸馏瓶中,放置样品(不超过容积的 1/2)。按图 5-72 装好仪器,旋紧细管上的螺旋夹 1,打开安全瓶上的两通活塞 5,然后开泵抽气(如用水泵,这时应开至最大流量)。逐渐关闭活塞 5,从压力计上观察系统所能达到的真空度。如果是因为漏气(而不是因水泵、油泵本身效率的限制)而不能达到所需的真空度,可检查各部分塞子和橡皮管的连接是否紧密等。必要时可用熔融的固体石蜡密封(密封应在解除真空后进行)。如果超过所需的真空度,可小心地旋转活塞5,慢慢地引进少量空气,以调节至所需的真空度。调节螺旋夹1,使液体中有连续平稳的小气泡通过(如无气泡可能是毛细管已阻塞,应予更换)。开启冷凝水,选用合适的热浴加热蒸馏。加热时,克氏瓶的圆球部位至少应有 2/3 浸入浴液中。在浴液中放一温度计,控制浴温比待蒸馏液体的沸点高20~30℃,使每秒钟馏出一两滴,在整个蒸馏过程中,都要密切注意瓶颈上的温度计和压力的读数。经常注意蒸馏情况和记录压力、沸点等数据。纯物质的沸点范围一般不超过 1℃,假如起始蒸出的馏液比要收集物质的沸点低,则在蒸至接近预期的温度时需要调换接受器。此时先移去热源,取下热浴,稍冷后,渐渐打开二通活塞5,使系统与大气相通(注意:一定要慢慢地旋开活塞,使压力计中的汞柱缓缓地恢复原状。否则,汞柱急速上升,有冲破压力计的危险,为此,可将 5 的上端拉成毛细管,即可避免)。然后松开毛细管上的螺旋夹1(这样可防止液体吸入毛细管),切断油泵电源,卸下接受瓶,装上另一洁净的接受瓶,再重复前述操作:开泵抽气,调节毛细管空气流量,加热蒸馏,收集所需产物。显然,如有多尾接液管,则只要转动其位置即可收集不同馏分,就可免去这些繁杂的操作。

要特别注意真空泵的转动方向。如果真空泵接线位置搞错,会使泵反向转动,导致水银冲出压力计,污染实验室。

蒸馏完毕和蒸馏过程中需要中断时(如调换毛细管、接受瓶),应灭去火源,撤去热浴,待稍冷后缓缓解除真空,使系统内外压力平衡后,方可关闭油泵。否则,由于系统中的压力较低,油泵中的油就有吸入干燥塔的可能。

2. 注意事项

(1) 减压蒸馏的仪器中,不可使用有裂缝或壁薄的玻璃仪器,也不能使用不耐压的平底瓶,因为在减压过程中,装置外部的压力较高,不耐压的部分易内向爆炸。

(2) 为防止液体沸腾冲出冷凝管,蒸馏液的量为容器的 1/3~1/2。

(3) 蒸馏的接受部分,可使用燕尾管,连接多个(两个以上)称好质量的梨形瓶,接受不同馏分时,只转动燕尾管即可。

(4) 蒸馏速度过快,会使测得的压力与蒸馏烧瓶内实际压力相差太大。因减压时冷凝成一滴液体的蒸气体积比常压大得多。若保持常压蒸馏速度,每秒 2~4滴,会使进入冷凝管的蒸气分子的速度大大增加,则此时产生的压力过高。故需缓慢蒸馏。

(5) 在蒸馏之前,应先从手册上查出物质在不同压力下的沸点,供减压蒸馏时参考。表 5-21 给出乙酰乙酸乙酯的沸点与压力的关系。

表 5-21　乙酰乙酸乙酯的沸点与压力的关系

压力/Pa	101 325	10 665.8	7999.3	5332.9	3999.6	2666.4	2399.8	1866.5	1599.9
沸点/℃	181	100	97	92	88	82	78	74	71

5.8.8　水蒸气蒸馏

水蒸气蒸馏也是用来分离和提纯液态有机物的重要方法之一。它常用在与水不相溶的、具有一定挥发性的有机物的分离和提纯上。操作时是将水蒸气通入不溶或难溶于水但有一定挥发性的有机物(约 100℃时其蒸气压至少 1333Pa)中,使该物质在低于 100℃的温度下,随水蒸气一起蒸馏出来。

根据道尔顿气体分压定律,在一定温度时,两种互不相溶的液体(A 和 B)混合物的总蒸气压(p)等于各组分单独在该温度下的分压(p_A 和 p_B)之和,对于其中任意一物质,如 A 物质,则

$$p = p_水 + p_A$$

若此时 $p = p_{大气压}$,混合物将沸腾,混合物的沸点也将低于任意物质的沸点。即有机物可在比其沸点低时先被蒸出来。

此法特别适用于分离那些在其沸点附近易分解的物质;也适用于从不挥发物质或不需要的树脂状物质中分离出所需的组分。蒸馏时混合物的沸点保持不变。直至其中一组分几乎完全移去(因总的蒸气压与混合物中二者间的相对量无关),温度才上升至留在瓶中液体的沸点。我们知道,混合物蒸气中各个气体分压(p_A、p_B)之比等于它们的物质的量之比(n_A、n_B 表示此两物质在一定容积的气相中的物质的量)。即

$$\frac{n_A}{n_B} = \frac{p_A}{p_B}$$

而 $n_A = \frac{m_A}{M_A}$, $n_B = \frac{m_B}{M_B}$,其中 m_A、m_B 分别为各物质在一定容积中蒸气的质量;M_A、M_B 分别为物质 A、B 的相对分子质量。因此

$$\frac{m_A}{m_B} = \frac{M_A n_A}{M_B n_B} = \frac{M_A p_A}{M_B p_B}$$

可见,这两种物质在馏液中的相对质量(就是它们在蒸气中的相对质量)与它们的蒸气压和相对分子质量成正比。

水具有低的相对分子质量和较大的蒸气压。它们的乘积 $M_A p_A$ 小,这样就有可能来分离较高相对分子质量和较低蒸气压的物质。以溴苯为例,它的沸点为 135℃,且和水不相混溶,当和水一起加热至 95.5℃时,水的蒸气压为 86.1kPa,溴苯的蒸气压为 15.2kPa,它们的总压力为 0.1MPa,于是液体就开始沸腾。水和溴

苯的相对分子质量分别为 18 和 157,代入上式,得

$$\frac{m_A}{m_B} = \frac{86.1 \times 18}{15.2 \times 157} = \frac{6.5}{10}$$

即蒸出 6.5g 水能够带出 10g 溴苯。溴苯在溶液中的组分占 61%。上述关系式只适用于与水不相互溶的物质,而实际上很多化合物在水中或多或少有些溶解,因此这样的计算只是近似的,如图 5-78 所示。

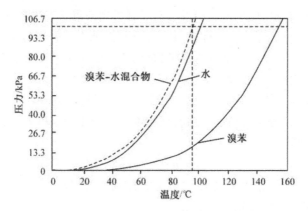

图 5-78　溴苯、水及溴苯-水混合物的蒸气压与温度的关系

从以上例子可以看出,溴苯和水的蒸气压之比约为 1:6,而溴苯的相对分子质量较水的大 9 倍。所以馏液中溴苯的含量较水多,那么是否相对分子质量越大越好呢? 我们知道相对分子质量越大的物质,一般情况下其蒸气压也越低。虽然某些物质的相对分子质量比水的大几十倍,但它们在 100℃ 左右时的蒸气压只有 0.012kPa 或者更低,因而不能用于水蒸气蒸馏。利用水蒸气蒸馏来分离提纯物质时,要求此物质在 100℃ 左右时的蒸气压至少在 1.333kPa 左右。如果蒸气压为 0.13～0.67kPa,则其在馏液中的含量仅占 1%,甚至更低。为了使馏液中的含量增加,就应尽量提高此物质的蒸气压,也就是说要提高温度,使蒸气的温度超过 100℃,即要用过热水蒸气蒸馏。如苯甲醛(沸点 178℃),进行水蒸气蒸馏时,在 97.9℃ 沸腾(这时 $p_A = 93.7\ kPa$, $p_B = 7.5kPa$),馏液中苯甲醛占 32.1%,假如导入 133℃ 过热蒸汽,这时苯甲醛的蒸气压可达 29.3kPa,因而只要有 72kPa 的水蒸气压就可使体系沸腾。因此有

$$\frac{m_A}{m_B} = \frac{72 \times 18}{29.3 \times 106} = \frac{41.7}{100}$$

这样馏液中苯甲醛的含量就提高到 70.6%。

应用过热水蒸气还具有使水蒸气冷凝少的优点,这样可以省去在盛蒸馏物的容器下加热等操作。为了防止过热蒸汽冷凝,可在盛物的瓶下以油浴保持和蒸汽相同的温度。在实验操作中,过热蒸汽可应用于在 100℃ 时具有 0.13～0.67kPa

的物质。例如在分离苯酚的硝化产物中,邻硝基苯酚可用一般的水蒸气蒸馏蒸出。在蒸完邻位异构体后,如果提高蒸汽温度,也可以蒸馏出对位产物。

1. 实验操作

1) 仪器装置

水蒸气蒸馏装置主要由水蒸气发生器和蒸馏装置两部分组成,如图 5-79 所示。

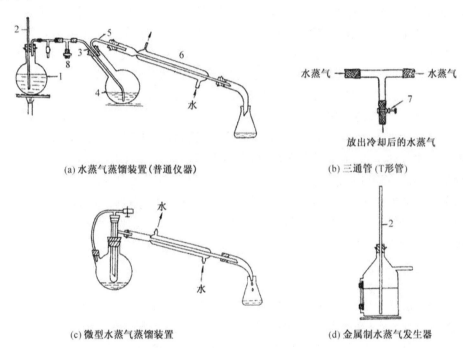

(a) 水蒸气蒸馏装置(普通仪器)　　　　　(b) 三通管 (T形管)

(c) 微型水蒸气蒸馏装置　　　　　(d) 金属制水蒸气发生器

图 5-79　水蒸气蒸馏装置

1. 水蒸气发生器;2. 安全管;3. 水蒸气导管;4. 烧瓶;5. 流出液导管;6. 冷凝管;
7. 螺旋夹(安全阀);8. 三通管

水蒸气发生器通常由金属制成。也可用 1000cm³ 锥形瓶或圆底烧瓶代替。发生器容器中盛水的体积占容器容量的 1/2～2/3,瓶口配一软木塞,一孔插入长约 1m、内径约 5mm 的玻璃安全管,以保证水蒸气畅通,其末端应接近烧瓶底部,以便水蒸气和蒸馏物充分接触并起搅拌作用,从而调节水蒸气发生器内的压力。另一孔插入内径约 8mm 的水蒸气导出管,此导管内径应略粗一些,以便水蒸气能畅通地进入冷凝管中。若内径小,水蒸气的导出要受到一定的阻碍,将增加烧瓶中的压力。

蒸馏部分由圆底烧瓶、二口连接管和蒸馏头组成。圆底烧瓶中待蒸馏物质的加入量不宜超过容积的 1/3,以便被水蒸气加热至沸而汽化。二口连接管主要是用以增长圆底烧瓶口与蒸馏头支管间的距离,以免待蒸馏液溅出混于馏出液中。这两部分要尽可能紧凑,以防水蒸气在通过较长的管道后有部分冷凝成水而影响蒸馏效率。此时为了减少对蒸馏效率的影响,在发生器与水蒸气导管之间连一个三通管(T形管),T形管上连一段短乳胶管,夹好螺旋夹,目的是需要时可在此处除去水蒸气冷凝下来的冷凝水。

在蒸馏的冷凝部分,应控制冷凝水的流量略大些,以保证混合物蒸气在冷凝管中全部冷凝。但若蒸馏物为高熔点有机物,在冷凝过程中析出固体时,应调节冷凝水流速慢一些或暂停通入冷凝水,待设法使固体熔化后,再通冷凝水。

安装水蒸气的蒸馏装置应先从水蒸气发生器一方开始,从下往上,从左到右,先在 1000cm³ 锥形瓶中装入少于 2/3 体积的水,连好安全管和"导管",连好 T 形管,并夹好 T 形管上乳胶管的螺旋夹。此时导管通过二口连接管中磨口插入圆底烧瓶底部,而冷凝部分与接受器部分的安装与蒸馏相同。

2）水蒸气蒸馏操作

首先检查仪器装置的气密性,然后开始蒸馏,打开 T 形管,用火将水蒸气发生器中的水加热至沸,有水蒸气蒸出时,夹紧夹子使水蒸气通入烧瓶,此时瓶中混合物翻腾不息,待有馏出物时,调节火焰,控制馏出液体速度为每秒钟两三滴。操作时随时注意安全管中水柱是否异常以及烧瓶中的液体是否发生倒吸现象。如有故障,需排除后方可继续蒸馏。当馏出液澄清透明不再含有有机物的油滴时,可停止蒸馏。打开夹子,移去火焰。

2. 注意事项

（1）水蒸气发生器中一定要配置安全管,可选用一根长玻璃管作安全管,管子下端接近水蒸气发生器底部。使用时,注入的水不要过多,一般不要超出其容积的 2/3。

（2）蒸馏过程中,若在插入水蒸气发生器中的玻璃管内,水蒸气突然上升至几乎喷出时,说明蒸馏系统内压增高,可能系统内发生堵塞。应立刻打开螺旋夹,移走热源,停止蒸馏,待故障排除后方可继续蒸馏。当蒸馏瓶内的压力大于水蒸气发生器内的压力时,将发生液体倒吸现象,此时,应打开螺旋夹或对蒸馏瓶进行保温,加快蒸馏速度。

（3）停止蒸馏时,一定要先打开 T 形管,然后停止加热。如果先停止加热,水蒸气发生器因冷却而产生负压,会使烧瓶内的混合液发生倒吸。

5.8.9　色谱法

色谱法又称色层法、层析法,是分离、纯化和鉴定有机化合物的有效方法,现已被广泛应用。按色谱法的分离原理来说,大致可以分为吸附色谱和分配色谱两种;根据操作条件的不同,又可分为柱色谱、薄层色谱、纸色谱、气相色谱及液相色谱等。

吸附色谱主要以氧化铝、硅胶等吸附剂将一些物质从溶液中吸附到它的表面。当用溶剂洗脱或展开时,由于吸附剂表面对不同化合物的吸附能力不同,不同化合物在同一种溶剂中的溶解度也不同。因此,吸附能力强,溶解度小的化合物,移动的速率就慢一些;而吸附能力弱,溶解度大的化合物,移动的速率就快一些。吸附色谱正是利用不同化合物在吸附剂溶剂之间的分布情况不同而达到分离的目的。它可采用柱色谱和薄层色谱两种方式。

分配色谱则主要利用不同化合物在两种不相混溶的液体中的分布情况不同而得到分离,相当于一种溶剂连续萃取的方法。这两种液体分为固定相和移动相。固定相需要一种本身不起分离作用的固体吸住它,如纤维素、硅藻土等称为载体。用作洗脱或展开的液体称为移动相。易溶于移动相的化合物,移动速率快一些,而在固定相中溶解度大的化合物,移动的速率就慢一些。分配色谱的分离原理可在柱色谱、薄层色谱以及纸色谱的操作中体现。

色谱法的分离效果远比分馏、重结晶等一般方法好,而且适用于少量(和微量)物质的处理。近年来,这一方法在化学、生物学、医学中得到了普遍应用,它帮助解决了天然色素、蛋白质、氨基酸、生物代谢产物、激素和稀土元素等的分离和分析。

1. 薄层色谱

薄层色谱(thin layer chromatography)常用 TLC 表示,是近年来发展起来的一种微量、快速而简单的色谱法。它兼备了柱色谱和纸色谱的优点。一方面适用于小量样品(小到几十微克,甚至 $0.01\mu g$)的分离;另一方面若在制作薄层板时,把吸附层加厚,将样品点成一条线,则可分离多达 500mg 的样品。因此又可用来精制样品。此法特别适用于挥发性较小或在较高温度易发生变化而不能用气相色谱分析的物质。

常用的薄层色谱有吸附色谱和分配色谱两类。一般能用硅胶或氧化铝薄层色谱分开的物质,也能用硅胶或氧化铝柱色谱分开;凡能用硅藻土和纤维素作支持剂的分配柱色谱能分开的物质,也可分别用硅藻土和纤维素薄层色谱展开,因此薄层色谱常用作柱色谱的先导。

薄层色谱是在洗涤干净的玻璃板(10cm×3cm)上均匀地涂一层吸附剂或支持剂,待干燥、活化后将样品溶液用管口平整的毛细管滴加于离薄层板一端约 1cm 处的起点线上,晾干或吹干后置薄层板于盛有展开剂的展开槽内,浸入深度为 0.5cm。待展开剂前沿离顶端约 1cm 附近时,将色谱板取出,干燥后喷以显色剂,或在紫外灯下显色。

记录原点至主斑点中心及展开剂前沿的距离,计算比移值(R_f):

$$R_f = \frac{\text{溶质的最高浓度中心至原点中心的距离}}{\text{溶剂前沿至原点中心的距离}}$$

1) 实验操作

(1) 薄层色板的制备与活化。将 5g 硅胶在搅拌下慢慢加入到 $12cm^3$ 1％的羧甲基纤维素钠(CMC)水溶液中,调成糊状。然后将糊状浆液倒在洁净的载玻片上,用手轻轻振动,使涂层均匀平整,大约可铺 8cm×3cm 载玻片 6～8 块。室温下晾干,然后在 110℃烘箱内活化 0.5h。

(2) 点样。低沸点溶剂(如乙醚、丙酮或氯仿等)将样品配成 1％左右的溶液,然后用内径小于 1mm 的毛细管点样。点样前,先用铅笔在层析板上距末端 1cm 处轻轻画一横线,然后用毛细管吸取样液在横线上轻轻点样,如果要重新点样,一定要等前一次点样残余的溶剂挥发后再进行,以免点样斑点过大,一般斑点直径不大于 2mm。如果在同一块薄层板上点两个样,两斑点间距保持 1～1.5cm 为宜,干燥后就可以进行层析展开。

(3) 展开。薄层色谱展开剂的选择和柱色谱一样,主要根据样品的极性、溶解度和吸附剂的活性等因素来考虑。溶剂的极性越大,则对一化合物的洗脱力越大,也就是说 R_f 也越大(如果样品在溶剂中有一定溶解度)。薄层色谱用的展开剂绝大多数是有机溶剂,各种溶剂极性大小参见柱色谱部分。薄层色谱的展开需要在密闭容器中进行。为使溶剂蒸气迅速达到平衡,可在展开槽内衬一滤纸,常用的展开槽有长方形盆式和广口瓶式[图 5-80(a)和图 5-80(b)]。展开方式有下列几种:①上升法。用于含黏合剂的色谱板,将色谱板垂直于盛有展开剂的容器中。②倾斜上行法。色谱板倾斜 15°,如图 5-80(a)所示,适用于无黏合剂的软板。含有黏合剂的色谱板可以倾斜 45°～60°角。③下降法。展开剂放在圆底烧瓶中,用滤纸或纱布等将展开剂吸到薄层板的上端,使展开剂沿板下行,这种连续展开的方法适用于 R_f 小的化合物,如图 5-81 所示。④双向色谱法。使用方形玻璃板铺制薄层,

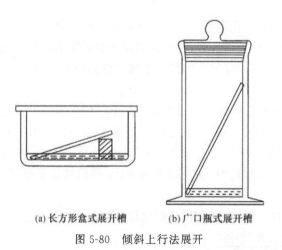

(a) 长方形盒式展开槽　　　(b) 广口瓶式展开槽

图 5-80　倾斜上行法展开

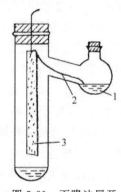

图 5-81　下降法展开

1. 溶剂;2. 滤纸条;3. 薄层板

样品点在角上,先向一个方向展开,然后转动 90° 的位置,再换另一种展开剂展开。这样,成分复杂的混合物可以得到较好的分离效果。

（4）显色。凡可用于纸色谱的显色剂都可用于薄层色谱。薄层色谱还可使用腐蚀性的显色剂,如浓硫酸、浓盐酸和浓磷酸等。含有荧光剂(硫化锌钢、硅酸锌、荧光黄)的薄层板在紫外光下观察,展开后的有机化合物在亮的荧光背景上呈暗色斑点。另外也可用卤素斑点试验法来使薄层色谱斑点显色,这种方法是将几粒碘置于密闭容器中,待容器充满碘的蒸气后,将展开后的色谱板放入,碘与展开后的有机化合物可逆地结合,在几秒钟到数秒钟内化合物斑点的位置呈黄棕色。但是当色谱板上仍含有溶剂时,由于碘蒸气亦能与溶剂结合,致使色谱板显淡棕色,而展开后的有机化合物则呈现较暗的斑点。色谱板自容器内取出后,呈现的斑点一般在 2～3s 内消失。因此必须立即用铅笔标出化合物的位置。

2）注意事项

（1）若要精制较大量样品,可将薄层板加长加宽,薄层加宽增厚,点样量增大,样品还可点成一条线。

（2）薄层吸附色谱用的吸附剂和柱色谱用的一样,有氧化铝和硅胶($SiO_2 \cdot nH_2O$)等。硅胶 G 由硅胶和作为黏合剂的煅石膏组成,使用时直接加蒸馏水调成匀浆即可。

（3）点样用的毛细管须专用,不得弄混,点样时,使毛细管液面刚好接触到薄层即可,切勿点样过重而使薄层破坏。

2. 柱色谱

常用的柱色谱(柱上层析)有吸附柱色谱和分配柱色谱两类。前者常用氧化铝和硅胶作固定相。在分配柱色谱中以硅胶、硅藻上和纤维素作为支持剂,以吸收较大量的液体作固定相,而支持剂本身不起分离作用,图 5-82 为色谱柱。吸附柱色谱通常在玻璃管中填入表面积很大、经过活化的多孔性或粉状固体吸附剂。当待分离的混合物溶液流过吸附柱时,各种成分同时被吸附在柱的上端,当洗脱剂流下时,由于不同化合物吸附能力不同,往下洗脱的速率也不同,于是形成了不同层次,即溶质在柱中自上而下按对吸附剂亲和力大小分别形成若干色带,再用溶剂洗脱时,已经分开的溶质可以从柱上分别洗出收集;或者将柱吸干,挤出后按色带分割开,再用溶剂将各色带中的溶质萃取出来。对于柱上不显色的化合物分离时,可用紫外光照射后所呈现的荧光来检查,或在用溶剂洗脱时,分别收集洗脱液,逐个加以鉴定。

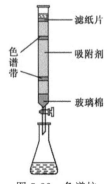

滤纸片

吸附剂

色谱带

玻璃棉

图 5-82　色谱柱

1) 实验操作

(1) 吸附剂。柱色谱常用的吸附剂有氧化铝、硅胶、氧化镁、碳酸钙及活性炭等，一般多用氧化铝，柱色谱专用的氧化铝以通过 100～150 目筛孔的颗粒为宜。颗粒太细，吸附力强，溶液流速太慢；颗粒太粗，溶液流出太快，分离效果不好。使用时可根据实际分离需要选定。

色谱用氧化铝按其水提取液的 pH(取 1g 氧化铝，加 30cm³ 蒸馏水，煮沸10min，冷却，滤去氧化铝，测定滤液的 pH)分为中性氧化铝、碱性氧化铝、酸性氧化铝三种。中性氧化铝(水提取液 pH 为 7.5)应用最广，适用于醛、酮、醌及酯类化合物的分离；碱性氧化铝(水提取液 pH 为 9～10)适用于碳氢化合物、生物碱以及其他碱性化合物的分离；酸性氧化铝(水提取液 pH 为 4～4.5)适用于有机酸的分离。

吸附剂的活性与其含水量有关(表 5-22)，含水量越低，活性越高。根据含水量高低，氧化铝的活性可分五级。将氧化铝放在高温炉中(350～400℃)烘干 3h，得到无水物，加入不同量的水即得活性不同的氧化铝。

表 5-22　吸附剂活性与含水量的关系

活性等级	I	II	III	IV	V
氧化铝加水量/%	0	3	6	10	15
硅胶加水量/%	0	5	15	25	38

活性氧化铝 I 级吸附作用太强，V 级太弱，一般常用的是 II～IV 级。氧化铝的活性可用薄层色谱法测定，具体方法是：将要测定的氧化铝按干法铺层，取偶氮苯30mg，对甲氧基偶氮苯、苏丹黄、苏丹红和对氨基偶氮苯各 20mg，溶于 50cm³ 无水四氯化碳，以毛细管点样，无水四氯化碳为展开剂。算出各偶氮染料的比移值 R_f，参照表 5-23 确定活性。

表 5-23　氧化铝活性与比移值的关系

偶氮染料	活性(以下数字为比移值)			
	II	III	IV	V
偶氮苯	0.57	0.74	0.85	0.95
对甲氧基偶氮苯	0.16	0.49	0.69	0.89
苏丹黄	0.01	0.25	0.57	0.78
苏丹红	0.00	0.10	0.33	0.56
对氨基偶氮苯	0.00	0.03	0.08	0.19

化合物受氧化铝吸附作用的强弱与分子的极性有关，分子极性越强，吸附性越强。氧化铝对各种化合物的吸附性按下列顺序递减：

　酸、碱＞醇、胺、硫醇＞酯、醛、酮＞芳香族化合物＞卤代物、醚＞烯＞饱和烃

　　（2）溶剂。溶剂的选择是重要的一环,通常根据被分离化合物中各种成分的极性、溶解度和吸附剂活性等来考虑:①溶剂要纯,氯仿中含有乙醇、水分及不挥发物质,都会影响样品的吸附和洗脱。②溶剂和氧化铝不能起化学反应。③溶剂的极性应比样品小一些,如果大了,样品不易被氧化铝吸附。④溶剂对样品的溶解度不能太大和太小。太大会影响吸附;太小,溶液的体积增加,易使色谱分散。⑤有时可使用混合溶剂,如有的组分含有较多的极性基团,在极性小的溶剂中溶解度太小,也可先选用极性较大的溶剂溶解,而后加入一定量的非极性溶剂,这样既降低了溶液的极性,又减少了溶液的体积。

　　（3）洗脱剂。样品吸附在氧化铝柱上后,用合适的溶剂进行洗脱,这种溶剂称为洗脱剂。如果原来用于溶解样品的溶剂冲洗柱不能达到分离目的,可改用其他溶剂,一般极性较大的溶剂影响样品和氧化铝之间的吸附,容易将样品洗脱下来,达不到将样品分离的目的。因此常用一系列极性逐渐依次递增的溶剂。为了逐渐提高溶剂的洗脱能力和分离效果,也可用混合溶剂作为过渡。常用洗脱溶剂的极性按以下顺序递增:

　　　　乙烷、石油醚＜环己烷＜四氯化碳＜三氯乙烯＜二硫化碳
　　＜甲苯＜苯＜二氯甲烷＜三氯甲烷＜乙醚＜乙酸乙酯＜丙酮
　　　　　＜丙醇＜乙醇＜甲醇＜水＜吡啶＜乙酸

　　2）注意事项

　　（1）色谱柱的大小取决于被分离物质的量和吸附性。一般的规格是:柱的直径为其长度的 $1/10 \sim 1/4$,实验室中常用的色谱柱,其直径为 $0.5 \sim 10 cm$,当吸附的色带占吸附剂高度的 $1/10 \sim 1/4$ 时,此色谱柱已经可进行色谱分离了。色谱柱或酸式滴定管的活塞不应涂润滑脂。

　　（2）色谱柱填装紧密与否对分离效果有很大影响。若柱中留有气泡或各部分松紧不匀(更不能有断层或暗沟),会影响渗滤速度和显色的均匀,但如果填装时过分敲击,又会因太紧密而流速太慢。

　　（3）为了保持色谱柱的均一性,使整个吸附剂浸泡在溶剂或溶液中是必要的。否则当柱中溶剂或浴液流干时,就会使柱身干裂,影响滤液和显色的均一性。

　　（4）最好用移液管或滴管将分离溶液转移至柱中。

　　（5）如不装配滴液漏斗,也可用每次倒入 $10 cm^3$ 洗脱剂的方法进行洗脱。

　　（6）若流速太慢,可将接受器改成小吸滤瓶,安装合适的塞子,接上水泵,用水泵减压保持适当的流速。也可在柱子上端安一导气管,后者与气袋或双链球相连,中间加一螺旋夹。利用气袋或双链球的气压对柱子施加压力,用螺旋夹调节气流的大小,这样可加快洗脱的速度。

5.8.10　无水无氧操作技术

有些化合物的反应活性很高,在有机合成中有着十分重要的应用,然而它们对空气、水分也非常敏感,这就给制备条件提出了较高的要求,通常需要在无水无氧操作线上进行操作。

1. 实验原理

无水无氧操作线也称史兰克线(Schlenk line),是一套惰性气体的净化及操作系统。通过这套系统,可以将无水无氧惰性气体导入反应系统,从而使反应在无水无氧气氛中顺利进行。无水无氧操作线主要由除氧柱、干燥柱、Na-K 合金管、截油管、双排管、真空计等部分组成,图 5-83 为简易无水无氧操作线。

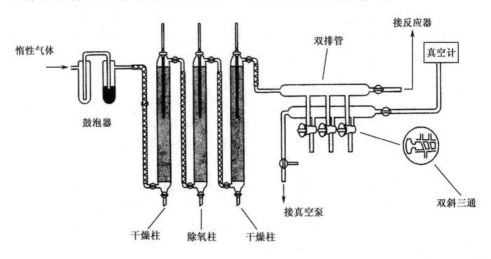

图 5-83　简易无氧无水操作线

惰性气体(如氩气和氮气)在一定压力下由鼓泡器导入安全管经干燥柱初步除水,再进入除氧柱以除氧,然后进入第二根干燥柱以吸收除氧柱中生成的微量水,继而通过 Na-K 合金管以除去残余微量水和氧,最后经过截油管进入双排管(惰性气体分配管)。

在干燥管中,常填充脱水能力强并可再生的干燥剂,如 5Å 分子筛;在除氧柱中则选用除氧效果好并能再生的除氧剂,如银分子筛。经过这样的脱水除氧系统处理后的惰性气体,就可以导入到反应系统或其他操作系统中。

2. 实验方法

在使用无水无氧操作系统之前,要对干燥柱和除氧柱进行活化。

若选用 5Å 分子筛作干燥剂,则在长为 60cm、内径为 3cm 的玻璃柱中,装入 5Å 分子筛。从柱的上端插入量程为 400℃ 的温度计,柱外绕上 300W 的电热丝,其外再罩上长为 60cm、内径为 6cm 的外管。活化时,从柱下端侧管通入氢气,尾气从柱上端侧管通至室外。加热至 90~100℃,活化 10h 左右,活化过程中生成的少量水可以通过柱下端的导管放出。当银分子筛变黑后,停止加热,继续通氢气,自然冷却至室温,关上各旋塞,并接入系统。Na-K 合金管上端长为 50cm、内径为 2cm,下端长为 15cm、内径为 5cm。上端侧管连三通,并分别与真空泵和惰性气体相接。先抽真空并用电吹风或煤气灯烘烤后,自然冷却至室温,再充惰性气体,抽换气三次。在充惰性气体条件下,从上口加入切碎的 Na(15g) 和 K(45g),并用适量的石蜡加以覆盖。然后加热下端,使 Na、K 熔融,冷却后即成 Na-K 合金。插入已抽换气的内管,关上旋塞,并接入系统。

将上述柱子处理后串联起来就能够进行除水除氧操作。将要求除水除氧的仪器通过带旋塞的导管与无水无氧操作线上的双排管相连以便抽换气。在该仪器的支口处要接上液封管以便放空。同时保持仪器内惰性气体为正压,使空气不能入内。关闭支口处的液封管,旋转双排管的双斜旋塞使体系与真空管相连。抽真空,用电吹风或煤气灯烘烤待处理系统各部分,以除去系统内的空气及内壁附着的潮气。烘烤完毕,待仪器冷却后,打开惰性气体阀,旋转双排管上双斜三通,使待处理系统与惰性气体管路相通。如此重复处理 3 次,即抽换气完毕。

3. 注意事项

(1) 如果含氧要求为 $2dm^3 \cdot m^{-3}$,在史兰克操作线上可以不用 Na-K 合金管。

(2) 用 5Å 分子筛来干燥惰性气体(如氩气),容量大,易再生,水平衡蒸汽压小于 0.13kPa。

(3) 用银分子筛除氧容易,容量较大,可再生。一般经银分子筛除氧处理后的惰性气体,其含量可降至 $2dm^3 \cdot m^{-3}$ 以下。

(4) 无水无氧操作线中所用胶管宜采用厚壁橡皮管,以防抽换气时有空气渗入。

(5) 如果在反应过程中要添加药品或调换仪器,需要开启反应瓶时,都应在较大的惰性气流中进行操作。

(6) 反应系统若需搅拌,应使用磁力搅拌。如使用机械搅拌器,应加大惰性气体气流量。

(7) 若要对乙醚、四氢呋喃、甲苯等溶剂做严格无水无氧处理,可按如下步骤进行:将回流装置通过三通管与无水无氧操作线相连,经抽换气后,将经钠丝预处理过的溶剂以及钠块和二苯甲酮(按 1:4 质量比)转入其中。旋转双斜三通活塞,使上下相通保持回流。待溶液由黄色变为深蓝色(当溶剂中的水分和氧气被除尽后,金属钠便将二苯甲酮还原成苯频哪醇钠,故呈深蓝色)后,即可关上双斜三通,使溶剂积聚于储液腔中。取溶剂时可用注射器从上口抽出或旋转双斜三通从下侧管放出。

(8) 无水无氧操作线中,鼓泡器内装有石蜡油和泵。通过鼓泡器,一方面可以方便地观察体系内惰性气体气流的情况;另一方面也可以在体系内部压力或温度稍微变化产生负压时,使内部与外部隔绝,防止空气进入。水银安全管的作用主要是为了防止反应系统内部压力太大而导致将瓶塞冲开。它既可以保持系统一定的压力,又可以在系统压力过大时,让惰性气体从中放空。截油瓶起着捕集鼓泡器中带出的石蜡油的作用。截油管内装有活化的分子筛,以吸收惰性气体流速过快时从 Na-K 合金管中带出少量石蜡油,以免其进入反应器。

(9)在常量反应中,如果对于无水无氧条件要求不是很高,只要采用一根除氧柱和两根干燥柱即可(图 5-83)。

第6章　基本仪器的使用

6.1　分析天平的构造原理和电子天平的使用方法

分析天平是定量分析实验中最重要的仪器之一。分析天平是精密仪器,在化学定量分析实验中经常使用,所以在学习定量分析实验前必须了解它的构造、性能及较熟练地掌握它的使用方法。

6.1.1　分析天平的原理

天平是根据杠杆原理制造的。根据天平结构的特点,可将天平分为等臂和不等臂两类。

设有一杠杆为 abc,c 为支点,a、b 两端所受的力分别为 Q、P,当达到平衡时,支点两边的力矩相等,即

$$Q \times ac = P \times bc$$

如果 c 正好是 abc 的中点,则 $ac = bc$,两臂长度相等。此时若 P 代表物体的质量 m_P,Q 代表砝码的质量 m_Q,当天平达到平衡状态时,$P = Q$,物体的质量等于砝码的质量,即 $m_P = m_Q$。如图 6-1(a)所示。

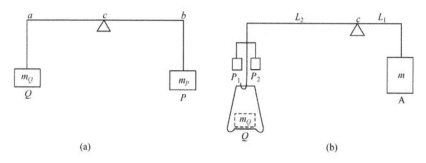

图 6-1　天平原理

对于单盘天平,其原理也是杠杆原理,所不同的是它属于不等臂天平。天平盘上部悬挂天平的最大载重的全部砝码(用 $P_1 + P_2$ 代表),梁的另一端配有重锤 A(质量为 m)与天平盘及砝码平衡。如图 6-1(b)所示,天平处于平衡状态时有

$$mgL_1 = (P_1 + P_2)gL_2$$

$$mL_1 = (P_1 + P_2)L_2 \tag{6-1}$$

若在天平盘放上待称物 Q(质量为 m_Q),减去砝码 P_1 后,天平梁仍维持平衡状态,则同理可得

$$mL_1 = (m_Q + P_2)L_2 \qquad\qquad (6\text{-}2)$$

由式(6-1)和式(6-2)即得

$$P_1 = m_Q$$

即减去的砝码的质量即为待称物的质量。

根据用途或称量范围,天平可分为标准天平、分析天平、微量天平、超微量天平等。在我国,通常以天平的分度值与最大载荷之比划分天平的级别。根据《天平检定规程》(JJG98—72)(试行本)的规定,按天平名义分度值与最大载荷之比,将天平分为十级,参见表 6-1。

表 6-1　天平精度分级表

精密级别	1	2	3	4	5	6	7	8	9	10
名义分度值与最大载荷之比	1×10^{-7}	2×10^{-7}	5×10^{-7}	1×10^{-6}	2×10^{-6}	5×10^{-6}	1×10^{-5}	2×10^{-5}	5×10^{-5}	1×10^{-4}

作为分析化学教学实验室用的天平,其载荷多为 200g,分度值为 0.1mg,故定义分度值与最大载荷之比为

$$0.0001\text{g}/200\text{g} = 5\times10^{-7}$$

查对表 6-1 可知,此类天平的精度分级应为 3 级。

根据分析的要求不同,应选用不同级别的天平。分析天平的质量指标有灵敏度、分度值、示值变动性等,正规鉴定应按计量部门的《天平检定规程》(JJG98—72)标准进行。

6.1.2　双盘等臂电光天平

图 6-2 是半自动电光天平。它的主要部件是天平横梁,此梁由铝合金制成,横梁上装有三个三棱形的玛瑙刀,其中一个装在横梁的中间,刀口向下,称为中刀或支点刀;另两个等距离地分别安装在横梁两端,刀口向上,称为承重刀。三个刀口的棱边完全平行,并处于同一水平面上。

玛瑙刀口的角度和刀锋的完整程度直接影响天平的质量,故在加减砝码和称量过程中应特别注意保护刀口,一定要关上天平,将天平梁托起,绝不允许开动天平时操作。

每台天平都附有一盒配套的砝码。1g 以上的砝码一般用铜合金或不锈钢制成。1g 以下砝码的加减由机械加码装置来完成。机械加码是通过转动指数盘加减圈状砝码(俗称圈码)。大小砝码全部由指数盘操纵自动加减的,称为全自动电光天平。1g 以下的砝码是由指数盘操纵自动加减的,称为半自动电光天平。

电光天平的光学读数装置依据的原理是光源发出的光线经聚光后,照射到天平指针下端的刻度标尺上,再经过放大,由反射镜反射到投影屏上。天平指针的偏移程度被放大在投影屏上,所以能准确读出 10mg 以下的质量。

电光天平一般可以称量至 0.1mg,最大载荷量为 100g 或 200g。

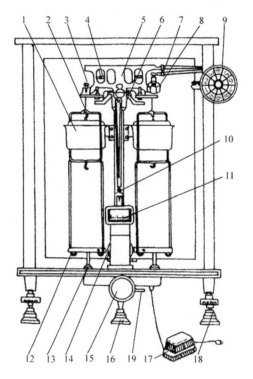

图 6-2　半自动电光天平

1.阻尼器;2.挂钩;3.吊耳;4、6.平衡螺丝;5.天平梁;7.环码钩;8.环码;9.指数盘;10.指针;11.投影屏;12.称盘;13.盘托;14.光源;15.旋钮;16.垫脚;17.变压器;18.螺旋脚;19.拨杆

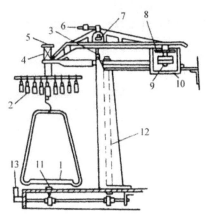

图 6-3　单盘天平结构示意图

1.天平盘;2.可动砝码;3、4.玛瑙刀口;5.吊耳;6.零点调节螺丝;7.调重心螺丝;8.空气阻尼片;9.平衡锤;10.空气阻尼筒;11.盘托;12.升降枢;13.旋钮

6.1.3　单盘不等臂电光天平

单盘电光天平只有一个天平盘,悬挂在天平梁的一臂上,而且所有的砝码都悬挂在天平盘的上部,另一臂上安装有固定质量的平衡锤和阻尼器,使天平保持平衡状态,图 6-3 为单盘电光天平结构示意图。

单盘天平因有阻尼器和电光装置,加减砝码全部用旋钮控制,故称量简便快捷。同时,这种天平由于待称物和砝码都在同一天平盘上,不受臂长不等带来的误差影响,而且总是在天平最大负载下称量,天平的灵敏度基本不变,精密度较高。

6.1.4　电子天平

电子天平是新一代的天平,是基于电磁学原理制造的。有顶部承载式(吊挂单盘)和底部承载式(上皿式)两种结构。一般都装有小电脑,具有数字显示、自动调零、自动校准、扣除皮重、输出打印等功能。电子天平操作简便,称量速度很快。

电子天平的测量原理如图 6-4 所示,将天平传感器的平衡结构简化为一杠杆。杠杆的支点 O 支撑,左边是秤盘,右边连接线圈即零位指示器。零位指示器置于一固定位置,天平空载时,杠杆始终趋于某一位置,即天平的零点。当天平加载物体时,杠杆偏离零点,零点指示器产生偏差信号,通过放大和 PID(比例、积分、微分调节)来控制流入线圈的电流 I,使之增大,位于磁场中的通电线圈将产生电磁力 F,由于通电线圈位于恒定电场中,所以电磁力 F 也相应增大,直到电磁力 F 的大小与加载物体的质量相等,偏差消除,杠杆重新回到天平的零点。即恒定磁场中通过线圈的电流强度 I 与被测物的质量成正比,只要测定流入线圈的电流强度 I,就可知被测物体的质量。

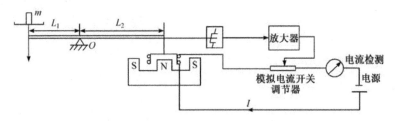

图 6-4　电子天平测量原理示意图

近年来,我国已生产了多种型号的电子天平,如上海天平仪器厂生产的 FA/JA 系列上皿式电子天平就是采用 MCS-51 系列单片微机的多功能电子天平。

电子天平的一般操作程序如下:

检查天平秤盘是否清洁、水平仪是否水平 → 接通电源预热 0.5h → 校准 → 称量 → 记录数据 → 登记仪器使用情况

开启、预热——调整好水平的天平,轻按一下 ON 键,显示器全亮,然后显示天平型号,再显示读数形式(0.0000)。开启显示器,表示接通电源,即开始预热,预热通常需预热 1h。

校准——轻按 CAL 键,进入校准状态,用标准砝码(如 100g)进行。

称量——取下标准砝码,零点显示稳定后即可进行称量。如用小烧杯称取样品,可先将洁净干燥的小烧杯放在秤盘中央,显示数字稳定后按 TARE 清零去皮键,显示即恢复为零,再缓缓加样品至显示出所需样品的质量,停止加样,直接记录样品的质量。

此外,这种电子天平还具有其他功能,如称量范围转换(RNG 键)、量制转换(UNT 键)、灵敏度调整(ASD 键)、输出模式设定(PRT 键)及点数功能(COU 键)。

当天平使用完毕(短时间内又不再使用),应关闭天平,拔去电源线。

图 6-5 为 METTLER TOLEDO 的 AB104-N 型电子天平。天平的最大称量为 101g,可读性 $d=0.1mg$。正确的安装是确保获得精确称量结果的关键,天平应安装在干燥的室内,操作台面稳定无振动,避免阳光直射、强烈的温度变化、空气对流。

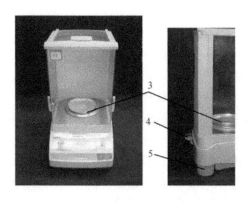
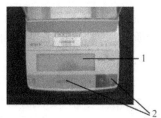

图 6-5　电子天平
1. 显示屏;2. 操作键盘;3. 秤盘;4. 水平泡;5. 水平调节脚

6.1.5　分析天平的使用规则

使用分析天平时应遵守"分析天平的使用规则"。

下面以电子天平为例来说明:

(1) 称量前检查天平是否处于水平位置,框罩内外是否清洁、是否已经预热等;

(2) 天平的上门不得随意打开;

(3) 开关天平动作要轻、缓;

(4) 称量物体的温度必须与天平温度相同,有腐蚀性的物质或吸湿性物体必须放在密闭容器内称量;

(5) 不得称量超出天平称量范围的物品;

(6) 读数时必须关好侧门;

(7) 称量完毕后,应切断电源天平及清洁框罩内外,盖上天平罩,完成使用登记等。

6.1.6　试样的称量方法

用分析天平称量试样,一般采取两次称量法,即试样的质量是由两次称量之差得出。如果分析天平能称准至 0.0001g,两次称量最大可能误差为 0.0002g,若称量物的质量大于 0.2g,则称量的相对误差小于 0.1%。因为两次称量中都可能包含着相同的天平误差(如零点误差)和砝码误差(尽量使用相同的砝码),当两次称量值相减时,误差可以大部分抵消,使称量结果准确可靠。常用的两次称量法有固定质量称量法和差减称量法。

1. 固定质量称量法

固定质量称量法适用于称量在空气中没有吸湿性的试样,如金属、矿石、合金等。先称出器皿(或硫酸纸上)的质量,然后加入固定质量的砝码,用牛角勺将试样慢慢加入器皿中或硫酸纸,使平衡点与称量空器皿时的平衡点一致。当所加试样与指定的质量相差不到 10mg 时,极其小心地将盛有试样的牛角勺伸向器皿中心

图 6-6　试样敲击的方法

上方 2~3cm 处,勺的另一端顶在掌心上,用拇指、中指及掌心拿稳牛角勺,并以食指轻弹(或轻磨)勺柄,将试样慢慢地抖入器皿中,如图 6-6 所示,待数字显示正好到所需要的质量时停止。此步操作必须十分仔细,若不慎多加了试样,只能用牛角勺取出部分试样。注意多出的试样不能返回试剂瓶或称量瓶! 若称多了,只能再重复上述操作直到合乎要求为止。

2. 差减称量法

差减称量法(差值法)不必固定某一质量,只需确定称量范围,常用于称量易吸水、易氧化或易与二氧化碳起反应的物质。称取试样时,先将盛有样品的称量瓶置于天平盘上准确称量,记录数据,然后,用左手以纸条(防止手上的油污粘到称量瓶壁上)套住称量瓶,如图 6-7(b)所示,将它从天平盘上取下,举在要放试样的容器

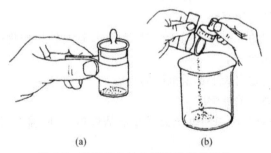

(a)　　　　　　　　　(b)

图 6-7　称量瓶拿法和倾出试样的操作

（烧杯或锥形瓶）上方,右手用小纸片夹住瓶盖柄,打开瓶盖,将称量瓶一边慢慢地向下倾斜,一边用瓶盖轻轻敲击瓶口,使试样落入容器内,注意不要撒在容器外。如图 6-7 所示,当倾出的试样接近所要称的质量时,将称量瓶慢慢竖起,再用称量瓶盖轻轻敲一下瓶口侧面,使黏附在瓶口上的试样落入瓶内,再盖好瓶盖。然后将称量瓶放回天平盘上称量,两次称得质量之差即为试样的质量。按上述方法可连续称取几份试样。

使用电子天平的除皮功能,使差减法称量更加快捷。将称量瓶放在电子天平秤盘上,显示稳定后,按一下"TARE"键使显示为零,然后取出称量瓶向容器中倒出一定量样品,再将称量瓶放在天平上称量,如果所示质量达到要求,即可记录称量结果。如果需要连续称第二份试样,则再按一下"TARE"键使示为零,重复上述操作即可。

3. 直接称量法

天平零点调定后,将被称物直接放在秤盘上,所得读数即被称物的质量。这种称量方法适用于称量洁净干燥的器皿、棒状或块状的金属及其他整块的不易潮解或升华的固体样品。注意不得用手直接取放被称物,而可采用戴棉布手套、垫纸条、用镊子或钳子等适宜的工具。

4. 液体样品的称量

液体样品的准确称量比较麻烦。根据不同的样品的性质有多种称量方法,主要的称量方法有以下三种:

（1）性质较稳定、不易挥发的样品可装在干燥的小滴瓶中用差减称量法称取,应预先粗测每滴样品的大致质量。

（2）较易挥发的样品可用增量法称量,例如称取浓 HCl 试样时,可先在 $100cm^3$ 具塞锥形瓶中加 $20cm^3$ 水,准确称量后,加入适量的试样,立即盖上瓶塞,再进行准确称量,然后即可进行测定（如用 NaOH 标准溶液滴定 HCl）。

（3）易挥发或与水作用强烈的样品采取特殊的方法进行称量,例如冰醋酸样品可用小称量瓶准确称量,然后连瓶一起放入已盛有适量水的具塞锥形瓶,摇开称量瓶盖,样品与水混匀后进行测定。发烟硫酸及浓硝酸样品一般采用直径约 10mm、带毛细管的安瓿球称量。已准确称量的安瓿球经火焰微热后,毛细管尖插入样品,球泡冷却后可吸入 $1\sim2cm^3$ 样品,然后用火焰封住管尖再准确称量。将安瓿球放入盛有适量水的具塞锥形瓶中,摇碎安瓿球,样品与水混合并冷却后即可进行测定。

6.2　pH 计的使用和溶液 pH 的测定

酸度计(又称 pH 计)是一种通过测量电势差的方法来测定溶液 pH 的仪器。除可以测量溶液的 pH 外,还可以测量氧化还原电池的电动势、电对的电极电势值(mV)及配合电磁搅拌进行电位滴定等。pH 计仪器的测量精度及外观和附件改进很快,各种型号的仪器结构虽有不同,但基本原理和组成相同,大致如下:

$$\boxed{电极与被测溶液} \longrightarrow \boxed{信号处理系统} \longrightarrow \boxed{精密电位计}$$

6.2.1　测量原理

不同类型的酸度计都是由测量电极、参比电极和精密电位计三部分组成。两个电极插入待测溶液组成电池,参比电极作为标准电极提供标准电极电势,测量电极(指示电极)的电极电势随 H^+ 的浓度而改变。因此,当溶液中的 H^+ 浓度变化时,电动势就会发生相应变化。

1. 参比电极

最常用的参比电极是甘汞电极,其组成可用下式表示:

$$Hg(l) \mid Hg_2Cl_2(s) \mid Cl^-(c)$$

其电极反应是

$$Hg_2Cl_2(s) + 2e \Longrightarrow 2Hg(l) + 2Cl^-(c)$$

甘汞电极的结构如图 6-8 所示。

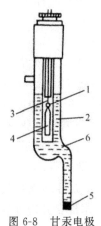

图 6-8　甘汞电极
1. Hg; 2. KCl 溶液; 3. Pt 丝;
4. Hg_2Cl_2; 5. 多孔物质(素瓷芯); 6. 饱和 KCl 溶液

在电极玻璃管内装有一定浓度的 KCl 溶液(如饱和 KCl 溶液),溶液中还装有一作为内部电极的玻璃管,此管内封接一根铂丝插入汞中,汞下面是汞与甘汞混合的糊状物,底端有多孔物质与外部 KCl 溶液相通。甘汞电极下端也是用多孔玻璃砂芯与被测溶液隔开,但能使离子传递。

甘汞电极的电极电势与电极中的 KCl 浓度和温度有关:

$$\varphi(Hg_2Cl_2/Hg) = \varphi^{\ominus}(Hg_2Cl_2/Hg) - \frac{RT}{F}\ln[Cl^-]$$

在 25℃,电极内为饱和 KCl 溶液时(称为饱和甘汞电极),甘汞电极的电极电势值为 0.2415V。当温度为 T℃时,可用下式计算该电极的电极电势:

$$\varphi(Hg_2Cl_2/Hg) = 0.2415 - 7.6\times10^{-4}(T-25)(V)$$

此值不受待测溶液的酸度影响,不管被测溶液的 pH 如何,它均保持恒定值。

2. 玻璃电极

酸度计中的测量电极(或传感电极)一般使用玻璃电极,其结构如图 6-9 所示。玻璃电极的外壳用高阻玻璃制成,其下端是特殊玻璃薄膜制成的玻璃球泡(膜厚约为 0.1mm),称为电极膜,对氢离子有敏感作用,是决定电极性能的最重要组成部分。玻璃球内装有 $0.1mol \cdot dm^{-3}$ HCl 内参比溶液,溶液中插有一支 Ag-AgCl 内参比电极。将玻璃电极插入待测溶液中,便组成下述电极:

$$Ag | AgCl(s) | HCl(0.1mol \cdot dm^{-3}) | 玻璃 | 待测溶液$$

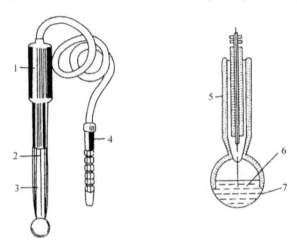

图 6-9　玻璃电极

1. 电极帽;2. 内参比电极;3. 缓冲溶液;4. 电极插头;5. 高阻玻璃;

6. 内参比溶液;7. 玻璃膜

玻璃膜把两个不同 H^+ 浓度的溶液隔开,在玻璃-溶液接触界面之间产生一定电势差。由于玻璃电极中内参比电极的电势是恒定的,所以,在玻璃-溶液接触面之间形成的电势差,就只与待测溶液的 pH 有关。

25℃时

$$\varphi(玻璃) = \varphi^{\ominus}(玻璃) - 0.059pH$$

玻璃电极只有浸泡在水溶液中才能显示测量电极的作用,所以在使用前必须先将玻璃电极在蒸馏水中浸泡 24h 进行活化,测量完毕后仍需浸泡在蒸馏水中。长期不用时,应将玻璃电极放入盒内。

玻璃电极使用方便,可以测定有色、混浊或胶体溶液的 pH。测定时不受溶液中氧化剂或还原剂的影响,所用试剂量少。而且,测定操作并不对试液造成破坏,测定后溶液仍可照常使用。但是,电极头部球泡非常薄,容易破损,使用时要特别小心。如果测强碱性溶液的 pH,测定时要快速操作,用完后立即用水洗涤玻璃球泡,以免玻璃薄膜被强碱腐蚀。玻璃头的玻璃膜长时间存放容易老化出现裂纹,因此需要定时维护。

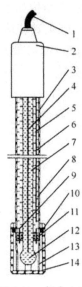

图 6-10　复合电极

1. 电极导线;2. 电极帽;3. 电极外壳;
4. 内参比电极;5. 外参比电极;6. 电极
支持杆;7. 内参比溶剂;8. 外参比溶剂;
9. 液接面;10. 密封圈;11. 硅胶圈;
12. 电极球泡;13. 球泡护;14. 护套

3. 复合电极

由于玻璃电极的易破损性,所以近年来常采用复合电极,它是传感电极和参比电极的复合体,如图 6-10 所示。

这种电极是由玻璃电极和 Ag-AgCl 参比电极合并制成的,电极的球泡由具有氢离子选择性的锂玻璃熔融吹制而成,呈球形,膜厚 0.1mm 左右。电极支持管的膨胀系数与电极球泡玻璃一致,由电绝缘性优良的铝玻璃制成。内参比电极为 Ag-AgCl 电极。内参比溶液是零电位等于 7 的含有 Cl^- 的电解质溶液,这种溶液是中性磷酸盐和氯化钾的混合溶液。外参比电极为 Ag-AgCl 电极。外参比溶液为 $3.3mol \cdot dm^{-3}$ 的 KCl 溶液,经氯化银饱和,加适量琼脂,使溶液呈凝胶状而固定。液接界是沟通外参比溶液和被测溶液的连接部件。其电极导线为聚乙烯金属屏蔽线,内芯与内参比电极连接,屏蔽层与外参比电极连接。复合电极的使用年限为 2 年。

6.2.2　pH 测定基本原理

pH 是氢离子浓度的负对数,用来表示某种溶液酸碱度:

$$pH = -lg[H^+]$$

测定溶液的 pH 是将测量电极(玻璃电极)与参比电极(饱和甘汞电极)同时浸入待测溶液中组成电池,测出电位 E:

$$E = \varphi(正) - \varphi(负) = \varphi(甘汞) - \varphi(玻璃)$$

$$= \varphi(甘汞) - \left\{ \varphi^{\ominus}(玻璃) + \frac{2.303RT}{nF}lg[H^+] \right\}$$

$$= E^{\ominus} - \frac{2.303RT}{nF}lg[H^+] = E^{\ominus} + \frac{2.303RT}{nF}pH$$

式中:R——摩尔气体常量;

　　F——法拉第(Faraday)常量;

T——温度，K；

n——得失电子数。

对 H^+，$n=1$，则

$$E^{\ominus} = \varphi(\text{甘汞}) - \varphi^{\ominus}（\text{玻璃}）= 0.2415 - \varphi^{\ominus}（\text{玻璃}）$$

25℃时

$$pH = \frac{E - E^{\ominus}}{0.059}$$

即 pH 计将测得的微小的电极电势的变化值换算成 pH。酸度计把测得的电动势直接用 pH 刻度表示出来，因此在酸度计上可以直接读出溶液的 pH。

通常的做法是使用一个已知 pH 的标准缓冲溶液，用 pH 计测定的电池电动势 E 代入上式求出常数 $E^{\ominus}$，这一步叫做定位。以后就可以根据测出的未知液的 E 换算溶液的 pH。

温度是 pH 测定时值得考虑的重要因素，所以在测定溶液的 pH 时，必须确定实验温度。

6.2.3　pH 计的使用

下面以实验室用的梅特勒——托利多仪器(上海)有限公司生产的 Mettler Delta 320pH 为例简单介绍其操作方法。

图 6-11 和图 6-12 为 320-S pH 计及其后面板，各个器件的名称如图中所示。

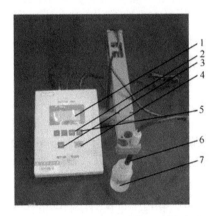

图 6-11　320-SpH 计的显示屏平面

1. 显示屏；2. 模式；3. 标正；4. 读数；

5. 开/关；6. 复合电极；7. 饱和 KCl 溶液

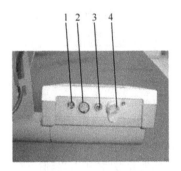

图 6-12　后盖输出连接

1. 变压器插口；2. REC-记录仪输出插口；

3. ATC 接口；4. pH-复合电极插口

1. 显示屏与控制键介绍

模式——选择 pH、mV 或温度方式。

校正——在 pH 方式下启动校准程序;在温度方式下启动温度输入程序。

开/关——接通/关闭显示器,关闭时将 pH 计设置在备用状态。

读数——在 pH 方式和 mV 方式下启动样品测定过程,再按一次该键时锁定当前值。在温度方式下,读数键作为输入温度值时各值间的切换键。

2. 使用方法

1) 温度的测定和设定

在每次测定溶液的 pH 之前测定样品温度,必须使用温度探头或含有 ATC 的电极。

将 ATC 温度探头或含 ATC 的电极放入样品,按"读数",显示屏显示样品温度;要将显示值静止在终点值上,按"读数"。也可以手动温度补偿(MTC),设定温度值:①在测定状态下按"模式"2s,进入 Prog 设定程序。②显示器上显示上次设定的 MTC 温度值,按"⟨∧⟩"、"⟨∨⟩"调节键,可修改温度。长按可快速修改。③按"读数"确认并退回到正常测量状态。

2) pH 测定

第一步,设置校正溶液组。

要获得最精确的 pH,必须周期性地校正电极。有 4 组校正缓冲液供选择(每组有多种不同 pH 的校正液)。组 1($b=1$):pH 4.00 7.00 10.00。组 2($b=2$):pH 4.01 7.00 9.21。组 3($b=3$):pH 4.01 6.86 9.18。组 4($b=4$):pH 1.68 4.00 6.86 9.18 12.46。

按下列步骤选择缓冲液:①在测量状态下,长按"模式",进入 Prog 状态。②按"模式"进入 $b=n$,按"⟨∧⟩"、"⟨∨⟩"调节键调节 b 的数值,可根据需要调 $b=1$、2、3、4,此时 LCD 会显示该缓冲溶液组内的缓冲溶液的 pH。一般学生实验使用 $b=3$ 缓冲溶液组。③按"读数"确认并退回到正常测量状态。

第二步,校正 pH 电极。

一点校正:将电极放入一个缓冲液,按"校正",pH 计在校正时自动判定终点,当到达该终点时会显示相应的校正结果,按"读数"保存一点校正结果并退回到正常的测量状态。

两点校正:在一点校正结束后,不要按"读数",继续第二点校正操作,将电极放入第二种缓冲液并按"校正",当到达终点时显示屏上会显示相应的电极斜率和电极性能状态图标,按"读数"保存二点校正结果并退回到正常的测量状态。以此可进行三点校正。

在样品测定前需进行常规校正,并检查当时温度值,确定是否要输入新的温度值。

第三步,测定某一样品的 pH。

将电极放入样品中并按"读数"键启动测定过程,小数点会闪烁。显示屏会动态显示测量结果。

如果显示器上出现"A"图标,说明使用自动终点判断方式(Autoend),此时自动显示测定结果;如果显示器上没有"A"图标,说明使用手动终点判断方式(Manualend),按"读数",终止测量,测量结束后,小数点停止闪烁。当仪表判断测定结果达到终点后,会有"⌐"显示在显示屏左上角的字母上。启动一个新的测定过程,再按"读数"键。

3. 注意事项

(1) 在使用电极之前,将保湿帽从电极头处拧去并将橡皮帽从填液孔上移走。

(2) 新电极必须在 pH 为 4 或 7 缓冲液中调节并过夜,但不要使用纯水或蒸馏水。

(3) 使用与被测样品接近的缓冲液校正电极。当使用新电极或在保养之后使用电极,我们建议选用与 pH 7 接近的缓冲液校正第一点。第一点校正结束后,可以采用所选的三种缓冲液中的任意一种,以任何顺序进行以后的校正。

(4) 要获得最大的精确度,建议使用 ATC 探头(或含 ATC 的电极)。

(5) 在将电极从一种溶液移入另一溶液之前,请用蒸馏水或下一个被测溶液清洗电极。用纸巾轻轻将电极外的水分吸干。切勿擦拭电极头,因为这样会产生极化和响应迟缓现象。

(6) 小心使用电极,勿将其用作搅拌器。在拿放电极时注意勿接触电极膜。电极膜的损伤会导致精度降低和响应迟缓。

(7) 测定小体积样品时,确保液体连接部能浸没。

(8) 勿使电极填充液干涸,这样可能导致永久的损伤。将灌有正确填充液的电极竖直放置,并周期性地更换全部填充液。

(9) 电极在填充液内只宜短期保存。要长期存放电极,需盖上保湿帽,灌满填充液并盖住填液孔。

(10) 勿使用超过保质期的缓冲溶液,同时勿将用过的溶液倒回瓶中。

(11) 响应时间同电极和溶液有关。有些溶液很快就能达到平衡,而其他溶液,尤其是离解度很低的溶液,可能会要几分钟后才能达到平衡。

(12) 电极的保养十分重要,确保电极始终灌有正确的填充液并竖直放置,使用后要及时清理电极表面,并将电极保存在饱和 KCl 溶液中。

6.3　电导率仪及其操作方法

常见的电导率仪是实验室用来测量液体或溶液电导率的仪器,它的基本组成是仪器和电极。

6.3.1　工作原理

在电解质的溶液中,带电的离子在电场的作用下,产生移动而传递电荷,因此具有导电作用。其导电能力的强弱称为电导率 G,单位是西门子,以符号 S 表示。因为电导是电阻的倒数,因此,测量电导率大小,可用两个电极插入溶液中,测出两极间的电阻 R_x 即可。据欧姆定律,温度一定时,这个电阻值与电极的间距 $L(\mathrm{cm})$ 成正比,与电极的横截面积 $A(\mathrm{cm}^2)$ 成反比。即

$$R = \rho \frac{L}{A} \tag{6-3}$$

对于一个给定的电极而言,电极面积 A 与间距 L 都是固定不变的,故 $\frac{L}{A}$ 是个常数,称电极常数,以 J 表示,故式(6-3)写成

$$G = \frac{1}{R} = \frac{1}{\rho J} \tag{6-4}$$

$\frac{1}{\rho}$ 称电导率,以 κ 表示,由式(6-3)知其单位是 $\mathrm{S \cdot cm^{-1}}$。因此,式(6-4)变为

$$G = \frac{\kappa}{J} \qquad \kappa = GJ \tag{6-5}$$

在工程上因这个单位太大而采用其 10^{-6} 或 10^{-3} 作为单位,即 $\mu\mathrm{S \cdot cm^{-1}}$ 或 $\mathrm{mS \cdot cm^{-1}}$。显然

$$1\mathrm{S \cdot cm^{-1}} = 10^3\,\mathrm{mS \cdot cm^{-1}} = 10^6\,\mu\mathrm{S \cdot cm^{-1}}$$

测量原理如图 6-13 所示,可见

$$E_\mathrm{m} = \frac{ER_\mathrm{m}}{R_\mathrm{m} + R_x} = \frac{ER_\mathrm{m}}{R_\mathrm{m} + J/\kappa} \tag{6-6}$$

式中:R_x——液体电阻;

　　　R_m——分压电阻。

由式(6-6)可见,当 E、R_m 及 J 均为定值时,电导率 κ 的变化必将引起 E_m 相应地变化。所以,通过测量 E_m 的大小就能测得液体的电导率。

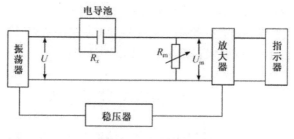

图 6-13　测量原理图

6.3.2　仪器构造及使用方法

下面简单介绍 DDS-11A 型电导率仪的使用方法,其他类型的仪器原理雷同。

仪器的电器元件全部安装在面板上,电路元件集中安装在一块印刷板上,印刷板被

固定在面板的反面。仪器的外观如图 6-14 所示。

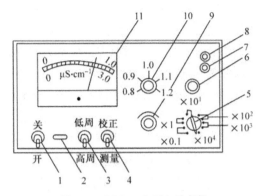

图 6-14　DDS-11A 型电导率仪

1. 电源开关；2. 指示灯；3. 高周、低周开关；4. 校正、测量开关；5. 量程选择开关；
6. 电容补偿调节器；7. 电极插口；8. 10mV 输出端口；9. 校正调节器；
10. 电极常数调节器；11. 表头

测定溶液的电导率使用的电极是 DJS-1 型光亮铂电极和 DJS-1 型铂黑电极。
光亮铂电极适用于低周测量，铂黑电极适用于高周测量。

1. 使用方法

（1）打开电源开关前，观察表针是否指零，如不指零，可调正表头上的螺丝，使表针指零。

（2）将校正、测量开关 4 扳到"校正"位置。

（3）插接电源线，打开电源开关，并预热数分钟（待指针完全稳定下来为止），调节"校正"调节器使电表指示满度。

（4）当使用 1～8 量程来测量电导率低于 $300\mu S \cdot cm^{-1}$ 的液体时，选用"低周"，这时将高周、低周开关 3 扳向低周即可。当使用 9～11 量程来测量电导率为 $300～10^4 \mu S \cdot cm^{-1}$ 的液体时，则将高周、低周开关 3 扳向高周。

（5）将量程选择开关 5 扳到所需要的测量范围，如预先不知被测溶液电导率的大小，应先把其扳到最大电导率测量挡，然后逐挡下降，以防表针打弯。

（6）电极的使用。使用时把电极夹固定在电极杆上，应注意以下几点：①当被测溶液的电导率低于 $0.3\mu S \cdot cm^{-1}$ 时，使用 DJS-1 型光亮电极，这时应把电极常数调节器 10 调节在所配套的电极的电极（或电导池）常数的 10 倍位置上。例如，配套电极常数为 0.09，则应把电极常数调节器 10 调节在 0.90 位置上。②当被测溶液的电导率低于 $10\mu S \cdot cm^{-1}$ 时，使用 DJS-1 型光亮电极。这时应把电极常数调节器 10 调节到与所配套的电极的电极常数相对应的位置上。例如，若配套电极（或电导池）的常数为 0.95，则应把电极常数调节器 10 调节在 0.95 处。又如若配套电极的常数为 1.1，则应把电极常数调节器 10 调节在 1.1 的位置上。③当被测溶液的电导率为 $10\sim10^4\mu S\cdot cm^{-1}$ 时，则使用 DJS 型铂黑电极。应把电极常数调节器 10 调节在与所配套的电极的常数相对应的位置上。④当被测溶液的电导率大于 $10^4\mu S\cdot cm^{-1}$，以至于用 DJS-1 型电极测不出时，则选用 DJS-10 型铂黑电极，这时应把电极常数调节器 10 调节在所配套的电极（或电导池）的常数的 1/10 位置上。例如，若电极（或电导池）常数为 0.98，则应使电极常数调节器（10）指在 0.098 位置上，再将测得的读数乘以 10，即为被测溶液的电导率。

表 6-2 给出各量程范围与配套用的电极的对应关系。

表 6-2　量程范围与配套电极

量　程	电导率/($\mu S\cdot cm^{-1}$)	测量频率	配套电极
1	$0\sim0.1$	低周	DJS-1 型光亮电极
2	$0\sim0.3$	低周	DJS-1 型光亮电极
3	$0\sim1$	低周	DJS-1 型光亮电极
4	$0\sim3$	低周	DJS-1 型光亮电极
5	$0\sim10$	低周	DJS-1 型光亮电极
6	$0\sim30$	低周	DJS-1 型铂黑电极
7	$0\sim10^2$	低周	DJS-1 型铂黑电极
8	$0\sim3\times10^2$	低周	DJS-1 型铂黑电极
9	$0\sim10^3$	高周	DJS-1 型铂黑电极
10	$0\sim3\times10^3$	高周	DJS-1 型铂黑电极
11	$0\sim10^4$	高周	DJS-1 型铂黑电极
12	$0\sim10^5$	高周	DJS-10 型铂黑电极

（7）将电极插头插入电极插口内，旋紧插口上的紧固螺丝，再将电极浸入待测溶液中。

（8）校正。当用 1～8 量程测量时，校正时 3 扳在"低周"。当用 9～11 量程测量时，则校正时 3 扳向"高周"。即将 4 扳在"校正"，调节 10，使指示在满度。注意：为了提高测量精度，当使用"$\times10^3\mu S\cdot cm^{-1}$"、"$\times10^4\mu S\cdot cm^{-1}$"这两挡时，校正必须在电导池接妥（电极插头插入插孔，电极浸入待测溶液中）的情况下进行。

（9）此后，将 4 扳向"测量"挡，这时指示数乘以量程开关 5 的倍率即为被测液的实际电导率。例如，5 扳在 $0\sim0.1\mu S\cdot cm^{-1}$ 一挡，指针指示为 0.6，则被测液的电导率为 $0.06\mu S\cdot cm^{-1}$（$0.6\times0.1\mu S\cdot cm^{-1}=0.06\mu S\cdot cm^{-1}$）。又如，5 扳在 $0\sim10^2\mu S\cdot cm^{-1}$ 一挡，电表指示为 0.9，则被测液的电导率为 $90\mu S\cdot cm^{-1}$（$0.9\times10^2\mu S\cdot cm^{-1}=90\mu S\cdot cm^{-1}$）。其余类推。

（10）当用 $0\sim0.1$ 或 $0\sim0.3\mu S\cdot cm^{-1}$ 这两挡测量高纯水时，先把电极引线插入电极插孔，在电极未浸入溶液之前，调节 6 使电表指示为最小值（此最小值即电极铂片间的漏电阻,由于此漏电阻的存在,调 6 时电表指针不能达到零点)。然后开始测量。

(11) 如果要了解在测量过程中电导率的变化情况,把 10mV 输出端口 8 接至自动记录仪即可。

(12) 当量程开关 5 扳在"×0.1"、3 扳在低周,但电导池插口未插接电极时,电表就有指示,这是正常现象,因电极插口及接线有电容存在。只要调节电容补偿调节器 6 便可将此指示调为零,但不必这样做,只需待电极引线插入插口后,再将指示调为最小值即可。

(13) 当量程选择在黑色各挡时,都看表面上面一条黑色刻度(0~1.0);而量程选择在红色各挡时,都看表面下面一条红色刻度 (0~3)。

2. 注意事项

(1) 电极的引线不能潮湿,否则将测不准。

(2) 高纯水被盛入容器后应迅速测量,否则电导率增加会很快,因为空气中的 CO_2 溶入水中。

(3) 盛被测溶液的容器必须清洁,无离子沾污。

6.3.3　DDSJ-308A 型电导率仪的使用方法

图 6-15 是 DDSJ-308A 型电导率仪。

使用方法如下:

(1) 根据电导率范围选择合适的电极。电导率范围 $0.05\sim20\mu S \cdot cm^{-1}$,电极常数为 $0.01cm^{-1}$;电导率范围 $1\sim200\mu S \cdot cm^{-1}$,电极常数为 $0.01cm^{-1}$;电导率范围 $10\sim$ $10\,000\mu S \cdot cm^{-1}$,电极常数为 $1cm^{-1}$;电导率范围 $100\sim2\times10^5\mu S \cdot cm^{-1}$,电极常数为 $10cm^{-1}$。

(2) 将电导电极和温度电极插入各自的插口后,浸入被测溶液。

(3) 接通电源,稍预热。

(4) 按 "设置",调 E-5。

(5) 按"确认",显示屏上小▲指到"电导常数",显示为 1.00。

图 6-15　DDSJ-308A 型电导率仪

(6) 按"确认",显示屏上小▲指到"常数调节",根据电导电极上标示数据,按面板上的△或▽,调节至某一固定值,再按"贮存"。

(7) 按"确认",显示屏上小▲指到"温度系数"至 0.020,按"贮存",再按"确认"。

(8) 按"取消",显示屏上小▲指到"测量",仪器进入测量状态,稍等即显示溶液的电导率。

6.4　可见分光光度计的构造原理及溶液浓度的测定

分光光度计是利用物质对单色光的选择性吸收来测定物质含量的仪器。实验室常用的国产分光光度计有 72、721、724、722、751 型等,下面主要介绍 722 型分光光度计的使用。

6.4.1　光吸收基本原理

一束单色光通过有色溶液时,溶液中的有色物质吸收了一部分光,吸收程度越大,透过溶液的光越少。如果入射光的强度为 I_0,透过光的强度为 I,则

$$A = \lg \frac{I_0}{I}$$

$$T = \frac{I}{I_0}$$

T 称为透光率,而 $\lg \dfrac{I_0}{I}$ 称为吸光度 A。实验证明,当一束单色光通过一定浓度范围的有色溶液时,溶液对光的吸收程度符合朗伯-比尔定律:

$$A = \varepsilon bc$$

式中:c——溶液的浓度,mol · dm^{-3};

　　　b——溶液的厚度,cm;

　　　ε——摩尔吸光系数,dm^3 · mol^{-1} · cm^{-1}。

当入射光的波长一定时,ε 即为溶液中有色物质的一个特征常数。

由朗伯-比尔定律可见,当液层的厚度一定时,吸光度与溶液的浓度成正比,这就是分光光度法测定物质含量的理论基础。

分光光度计的光源发出白光,通过棱镜分解成不同波长的单色光,单色光经过待测溶液使透过光射在光电池或光电管上变成电信号,在检流计上或读数电表上就直接显示出吸光度。

使不同波长的单色光分别透过某一有色溶液,并测定其不同波长时的吸光度 A,以波长为横坐标、吸光度 A 为纵坐标,即可绘出一条吸收曲线。不同物质的吸收曲线各不相同,用已知纯物质的吸收曲线和样品的吸收曲线相对照,即可推测出样品。

选用吸收曲线中吸收最显著的波长作为测定波长,以此测定一系列不同浓度的某一纯物质溶液的吸光度,并绘出吸光度-浓度的工作曲线。根据朗伯-比尔定律,再测得含有该物质所组成溶液的吸光度后,即可确定其在溶液中的含量。当溶液对光的吸收符合朗伯-比尔定律时,所得出的工作曲线应为一通过原点的直线。

6.4.2　722 型光栅分光光度计的外形构造及光学系统图

722 型分光光度计是以碘钨灯为光源、衍射光栅为色散元件、端窗式光电管为光电转换器的单光束、数显式可见光区分光光度计。可用的波长范围为 330~800nm,波长精度±2nm,光谱带宽 6nm,吸光度 A 的显示范围为 0~1.999,吸光度的精度为±0.004(在 $0.5A$ 处)。试样架可置放 4 个吸收池。附件盒配有 1cm 吸收池 4 只及镨钕滤光片1 块。图 6-16 是 722 型光栅光度计光学系统示意图。

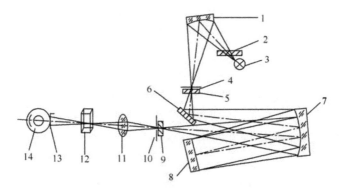

图 6-16　722 型光栅光度计光学系统示意图

1. 聚光镜;2. 滤色片;3. 钨灯;4. 入口狭缝;5,9. 保护玻璃;6. 反射镜;7. 准直镜;
8. 光栅;10. 出口狭缝;11. 聚光透镜;12. 比色皿;13. 光门;14. 光电管

仪器的外形如图 6-17 所示。

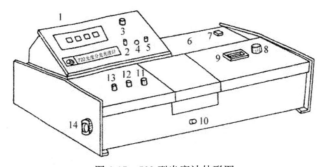

图 6-17　722 型光度计外形图

1. 数显器;2. 吸光度凋零旋钮;3. 选择开关;4. 调斜率电位器;5. 浓度旋钮;6. 光源室;7. 电源开关;
8. 波长手轮;9. 波长刻度窗;10. 试样架拉手;11.100%T 旋钮;12.0%T 旋钮;13. 灵敏度调节;
14. 干燥室

6.4.3　722 型分光光度计的使用方法

(1) 将灵敏度旋钮置于"1"挡(放大倍率最小),选择开关置于"T"挡。

（2）开启电源，指示灯亮并将波长调节至测试所需波长，使仪器预热约 20min，此时打开试样室盖（光门自动关闭）。

（3）调节"0"旋钮，使数字显示为".000"。

（4）将盛参比溶液的吸收池置于试样架第一格内，盛试样的吸收池置于第二格内，盖上试样室盖（此时光门打开，光电管受光）。将参比溶液推入光路，调节 100％T 旋钮，使数字显示为"100.0"。如果显示不到"100.0"，则增大灵敏度挡到 2 或 3，再调节 100％T 旋钮，直到显示为"100.0"。

（5）重复操作步骤（3）和（4），直到仪器显示稳定。

（6）将选择开关置于"A"挡，此时吸光度显示应为".000"，若不是，则调节吸光度调节旋钮使之显示为".000"。然后将试样推入光路，此时显示值即为试样的吸光度。

（7）实验过程中，可随时将参比溶液推入光路以检查其吸光度零点是否有变化。如果不是".000"，即将选择开关置于"A"挡，看是否为".000"，如不是".000"则可调节吸光度调零旋钮。如果大幅度改变测试波长，应稍等片刻（因光能量变化急剧，光电管受光后响应缓慢，需一段时间达到光响应平衡），待稳定后重新调整".000"和"100.0％T"后才可工作。

（8）浓度 c 的测量：选择开关由"A"旋置"c"，将已标定浓度的样品放入光路，调节浓度旋钮，使数字显示为标定值。然后将被测样品推入光路，即可读出被测样品的浓度值。

（9）仪器使用完毕，应关闭电源，取出吸收池，洗净后放回原处。

注意：不测试时，应及时打开样品室盖，断开光路，避免光电管老化。

6.4.4　722-2000 型分光光度计的使用方法

图 6-18 为 722-2000 型分光光度计，使用方法如下：

（1）预热。开机预热 15min（此机无光门，不必打开样品池盖）。

（2）调"0"。将黑体置入光路，按"MODE"、"T"模式红灯亮；按"0"，显示屏自动上出现"0.000"。

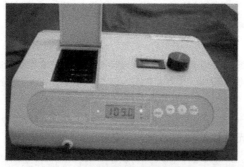

图 6-18　722-2000 型分光光度计

（3）调 $T=100\%$ 或 $A=0$。选择使用的波长，将参比溶液置入光路，调 $T=100\%$，按"MODE"到"A"模式红灯亮，此时 $A=0$；

（4）测定。将待测液置入光路，此时显示屏上显示的数值为 A 的数据，记为"0.000"。

注意事项：每次改变波长要重新调 $T=100\%$ 或 $A=0$。使用该仪器还可以测定 T、c。

6.5　旋光仪的原理及使用方法

6.5.1　基本原理

自然光含有垂直于传播方向的一切方向上振动的电磁波，只在垂直于传播方向的某一方向上振动的光，称为偏振光。一束自然光以一定角度进入尼科尔（Nicol）棱镜（由两块直角棱镜组成）后，将分解成两束振动面相互垂直的平面偏振光（图 6-19）。由于折射率不同，两束光经过第一块棱镜而到达该棱镜与加拿大树胶层的界面时，折射率大的一束光被全反射，并由棱镜框子上的黑色涂层吸收；另一束光可以透过第二块直角棱镜。从而在尼科尔棱镜的出射方向上得到一束单一的平面偏振光。在此，尼科尔棱镜称为起偏振镜。

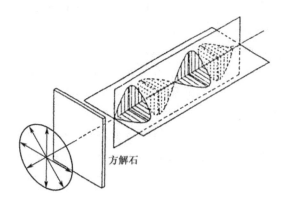

方解石

图 6-19　尼科尔棱镜起偏振原理图

当一束平面偏振光照射到尼科尔棱镜上时，若光的偏振面与棱镜的主截面一致，即可全透过。若二者成垂直，则光被全反射。当二者的夹角为 0～90°时，则透过棱镜的光强度发生衰减，所以，使用尼科尔棱镜又可以测出偏振光的偏振面方向，此时尼科尔棱镜称为检偏振镜。

旋光仪就是利用起偏振镜和检偏振镜来测定旋光度的，其光路如图 6-20 所示。

在不放入样品管的情况下，由钠光灯发出的钠黄光首先经透镜进入固定的起偏振

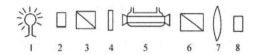

图 6-20　旋光仪光路示意图

1. 钠光灯；2. 透镜；3. 起偏振镜；4. 石英片；5. 样品管；6. 检偏振镜；7. 刻度盘；8. 目镜

镜，从而得到一束单色的偏振光。该偏振光可直接进入可转动的检偏振镜。若将检偏振镜转到其主截面与起偏振镜主截面相垂直的位置，偏振光被全反射，在目镜中观察到的视野是最暗的。此时，若在起偏振镜与检偏振镜之间放入装有蔗糖溶液的样品管，则偏振光经过样品管时偏振面被旋转了一定角度，光的偏振面不再与检偏振镜的主截面垂直。这样就会有部分光透过检偏振镜，其光强度为原偏振光强度在检偏振镜光轴轴向上的分量。此时目镜中观察到的视野不再是最暗的。欲使其恢复最暗，必须将检偏振镜旋转与光偏振面转过同样的角度。这个角度可以在与检偏振镜同轴转动曲刻度盘上读出，这就是溶液的旋光度。

　　如果没有对比，判断视野最暗位置是较困难的，为此旋光仪中设计了一种三分视野，以提高测量的准确度。其原理如下：在起偏振镜后的中部装一具有旋光性的狭长石英片，并使透过石英片的偏振光的偏振面旋转一小角度 $\phi(2°\sim3°)$。这样在视野中看到的是 3 个部分，中间部分的偏振光与两侧的偏振光的偏振面之间相差一个角度。若以 OA 表示起偏振镜射出偏振光的轴向方向，以 OA' 表示通过石英片后偏振光的轴向方向，以 OB 表示检偏振镜允许通过的偏振光的轴向方向。OA 与 OA' 的夹角称为"半暗角"。当 OB 与 OA 方向一致时，从起偏振镜射出的偏振光完全透过检偏振镜，而通过石英片的偏振光则不能完全透过检偏振镜，故在视野中两侧明亮、中间较暗，如图 6-21(a)所示。当 OB 与 OA' 方向一致时，情况相反，视野中两侧较暗中间明亮，如图 6-21(b)所示。如果 OB 与半暗角的角平分线 PP' 方向一致，视野中 3 个部分亮度一致，而且由于 OB 与 OA、OA' 夹角较小，故成为较亮的均匀视野，称等亮面，如图 6-21(c)所示。

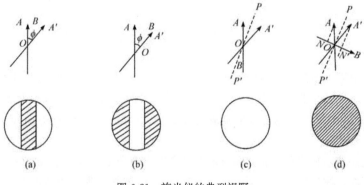

图 6-21　旋光仪的典型视野

当 *OB* 与 *PP'* 方向相垂直时,视野的 3 个部分也具有相同的亮度,但由于此时 *OB* 与 *OA*、*OA'* 夹角接近 90°,故成为较暗的均匀视野,称等暗面,如图 6-21(d)所示。实践证明,调节检偏振镜的角度,在视野中找到等暗面为标准,作为偏振面度数是比较准确的。只要读出放与不放样品管时的角度读数,它们的差值等于样品的旋光度。

旋光度除了主要取决于被测物质分子的立体结构特征外,还受多种实验条件的影响,如浓度、温度、样品管长度、光的波长等。规定以钠灯 D 线作为光源,温度为 20℃时,一根 10cm 长的样品管中,每立方厘米溶液中含有 1g 旋光物质所产生的旋光度为该物质的比旋光度。旋光度受温度影响较大,这是由于旋光物质分子不同构型间的平衡及溶质与溶剂分子间作用随温度改变而改变。一般情况下,温度升高,旋光度降低,而且温度越高,其变化率绝对值越大,因此在精密测量时必须使用装有恒温水夹套的样品管,图 6-22 所示。

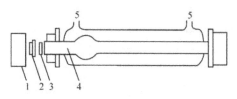

图 6-22　旋光仪样品管
1. 压紧螺帽;2. 橡皮垫圈;3. 玻璃片;
4. 样品管;5. 恒温水出、入口

6.5.2　使用方法

使用旋光仪时,先接通电源,开启开关,约 5min 后,钠灯发光正常后才可开始工作。将样品管充满蒸馏水,盖好玻璃片,旋好压紧螺帽,使样品管不泄漏。也不可旋得过紧,以免引起玻璃片的应力,影响读数准确性。样品管中若有小气泡,应将其赶到样品管的扩大部分。将样品管擦干净,放入旋光仪。根据需要,接通恒温水,循环,恒温。先调目镜焦距,使视野清晰。再调节刻度盘手轮,找到等暗面,读取刻度值,作为仪器零点。在样品管中更换为待测溶液,用上述同样方法,测出其刻度值,将此值减去零点值即得样品溶液在此实验条件下的旋光度。

WZX-1 光学度盘旋光仪的光学系统以倾斜 20° 安装在基座上,光源采用 20W 钠灯(波长 589.3nm)。偏振器为聚乙烯醇人造偏振片。构成三分视野的材质是劳伦特石英片(半波片)。为了提高读数精度,仪器采用光学游标跳线对准的读数装置。左、右有两个读数窗口。读数时先找到游标"0"刻度线对应的刻度盘度数(刻度盘上每格为 0.5°)。再找出游标刻线与刻度盘刻线对齐的位置,读游标度数。此位置为一连在一起的亮线,而其他不对准的位置,则是两段亮线。有时出现两条或三条连在一起的亮线,要读其中最亮的或者读取平均值。游标上每格为 0.02°。左、右两个窗口读数,再取平均值,作为测量结果。

旋光仪连续工作不得超过 4h。

6.6　阿贝折射仪的原理与使用方法

6.6.1　测量原理

当 T 一定时，一束单色光从介质 1 进入介质 2 时，由于光传播速度的改变而发生折射现象。根据光的折射定律，入射角与折射角之间有如下关系：

$$\frac{\sin i}{\sin r}=\frac{u_1}{u_2}=\frac{n_2}{n_1} \tag{6-7}$$

式中：u_1、u_2——光在介质 1、2 中的传播速率；

n_1、n_2——介质 1、2 的折射率。

由式(6-7)可知，如果一束光线由光疏介质 1 进入光密介质 2，即 $n_2>n_1$ 时，如图 6-23 所示，则入射角 i 大于折射角 r，随着入射光束的入射角 i 不断增大，相应的折射角 r 也增大，当入射角 i 为 90°时，折射角亦达最大为 r_c，称临界角，就是说入射角 i 在 90°以内的所有光线都可进入光密介质。如果在临界入射角处装有一观察装置，则可看到在 OY、OA 之间是亮的，有光线通过，而 OA 与 OX 之间无光线通过则为暗区，r_c 正处于明暗分界线的位置。当入射角 $i=90$°时，式(6-7)改写为

$$n_1=n_2\sin r_c$$

由此可知，如将介质 2 固定不变时，则临界角 r_c 的大小只和介质 1 的折射率有简单的函数关系。当介质 1 不同时，临界角 r_c 也不相同，故从临界角的变化就测出 n_1 的变化。

阿贝折射仪就是根据这一原理而设计的，其外形如图 6-24(a)所示(这只是其中的一种)。由图可知，其主要测量部件由两块折射

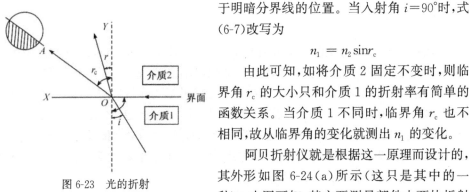

图 6-23　光的折射

率为 1.75 的玻璃直角棱镜构成，它们在其对角线的平面重叠。中间仅留微小缝隙将待测液体放在其中。而且辅助棱镜的斜面(命为 $M'N'$)被制成毛玻璃状，测量棱镜斜面(命为 MN)则为光滑平面。当反射镜[图 6-24(a)中的 9]，反射来的入射光进入辅助棱镜后，入射光在毛玻璃面上发生漫散，并以不同入射角(0～90°)，通过置于 MN 与 $M'N'$ 间的待测液体薄层而达到测量棱镜的 MN 面，根据图 6-23 所示的原理，即光线从光疏介质(待测液体)折射进入光密介质(测量棱镜)时，折射角小于入射角，故各个方向的光均能在 MN 面发生折射而进入测量棱镜。当入射角最大(即 90°)时的折射角也达最大，即临界。可见，对镜面 MN 上的一点而言，当光以 0～90°范围内入射时，只有临界角以内才有折射光，而临界角以外则无折射光，就是说漫射光透过液层在 MN 面折射时，全部进入测量棱镜。光通过测量棱镜再穿过空气后进入透镜聚焦于目镜的视野内，由

于只有临界角内才有光线,故在目镜视野上出现一明区与暗区的界线。为了将测量均取同一基准,可通过转动棱镜组位置以令明暗分界线调至到视野的十字交叉点处,如图 6-25 所示。这时就可以通过镜筒直接读出待测液体的折射率值。由于待测液体的光折射率不同,其产生的临界角不同,于是测定时要使明暗分界线每次均处十字线的交点处,则棱镜组旋转位置不同,从而就能读出不同待测液体折射率数值。

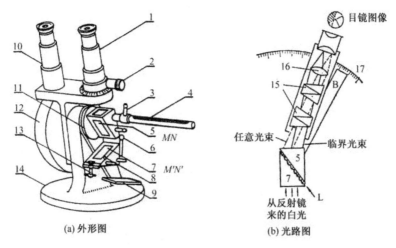

(a) 外形图　　　(b) 光路图

图 6-24　阿贝折射仪外形图和光路图

1. 测量目镜;2. 消色补偿器;3. 循环恒温水接头;4. 温度计;5. 测量棱镜;6. 铰链;7. 辅助棱镜8. 加样品孔;
9. 斗面反光镜;10. 数目镜;11. 转轴;12. 刻度盘罩;13. 折射棱镜锁紧扳手;14. 底座;15. 消色散棱镜;
16. 目镜;17. 刻度盘

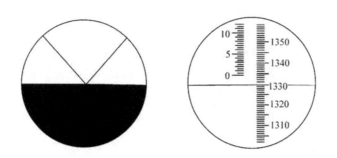

图 6-25　折射仪在临界角时的目镜视野图

由于折射率和温度有关,所以测量时一定要调节到 25℃ 或所需的温度。在棱镜的周围有夹套,可以通入恒温水,并有温度计孔用以测温。通常测定 25℃ 时的数值。

由于折射率和入射光的波长有关,故在查阅、测定折射率时应注明波长。通常采用钠黄光(波长 $\lambda = 589.3nm$,符号 D)为标准,但阿贝折射仪的光源为日光,因可见光部分为 400～700nm 各种波长的混合光,波长不同的光在相同介质的传播速度不同而会产生色散现象,即令界面出现各种颜色。因此,在观测筒下方装有可调的补差棱镜,通过它可以将色散了的光补偿到钠黄光的位置。故虽然使用的是白光,但经补偿后仍得到相当使用钠黄光所得到的结果。折射率的符号为 n ,通常用 n_D^{25} 。

折射率是有机化合物重要的物理常数之一,尤其对液态有机化合物的折射率,一般手册、文献多有记载,折射率的测定常应用于以下几方面:

(1) 判断有机物纯度。作为液态有机物的纯度标准,折射率比沸点更为可靠。

(2) 鉴定未知化合物。如果一个未知化合物是纯的,即可根据所测得的折射率,排除预计中的其他可能性,从而识别这个未知物 。

(3) 确定液体混合物组成馏分时,可配合沸点测定,作为划分馏分的依据。应注意,化合物的折射率除与它本身的结构和光线的波长有关外,还受温度等因素的影响,所以在报告折射率时必须注明所用光线(放在 n 的右下角)与测定时的温度(放在 n 的右上角)。例如,$n_D^{20}=1.4699$ 表示 20℃ 时,某介质对钠光(D 线 589nm)的折射率为 1.4699。粗略地说,温度每升高 1℃ 时,液体有机化合物的折射率减少 4×10^{-4} ,实际工作中往往采用这一温度变化常数,把某一温度下所测的折射率换算成另一温度下的折射率。其换算公式为

$$n_D^{T_0} = n_D^T + 4\times10^{-4}(T-T_0)$$

式中:T_0——规定温度;

T——实验时的温度。

这一粗略计算虽有误差,但有一定的参考价值。

6.6.2 使用方法

(1) 将阿贝折射仪置于明亮之处,但避免阳光直接照射。由超级恒温槽通入所需温度的恒温水于棱镜组夹套之中,检查棱镜上温度计的温度是否达所需温度。

(2) 转动棱镜上的锁紧扳手 13,向下打开棱镜。用擦镜纸将两棱镜(MN 面及 $M'N'$ 面)擦拭干净后,再将棱镜闭合,待用。

(3) 用滴管吸取适量待测液体,加入两棱镜的夹缝中,旋紧锁紧扳手 13(勿拧过紧)。

(4) 调节反光镜 9,使通过观测筒目镜观测时,光的强度适中。调节棱镜注意旋转方向并转动手轮以转动两棱镜,使明暗界线落在十字交点处。

(5) 由于色散,在明暗界线处出现彩色线条,这时调节补偿旋钮使色散消失,而留下明暗鲜明的分界线。

(6) 仔细调节棱镜使明暗界线恰好通过十字线交点。

(7) 记下这时折射率的数值,并重新调节再读一次。两次折射率的数值相差应不大于 0.0002。

　　(8) 打开棱镜,用擦镜纸擦拭两棱镜,并使之干燥,留待下一份样品的测定。

　　(9) 如果需要校正阿贝折射仪,应当使用已经准确知道其折射率值的样品,将折射率的刻度对准,旋转位于观测筒中部的调节螺丝,使明暗界线对准"十"字交点即校准完毕。简单易得的标准液体是蒸馏水,它在各温度下的折射率列于表 6-3。

表 6-3　水在不同温度下的折射率

温度/℃	14	15	16	18	20	22	24	26
折射率	1.333 48	1.333 41	1.333 33	1.333 17	1.332 99	1.332 81	1.332 262	1.332 41
温度/℃	28	30	32	34	36	38	40	
折射率	1.332 19	1.331 92	1.331 64	1.331 36	1.331 07	1.330 79	1.330 51	

　　另外,折射仪常附有注明折射率的标准晶片,也可用其进行校正。方法是用 α-溴萘将标准晶片粘在棱镜组的上棱镜上(使标准晶片的小抛光面一端向上,以接受光线),不要合上下棱镜,打开棱镜背面小窗使光线由此射入,调节刻度盘读数,使之等于标准晶片上所刻的数值,观察望远镜内明暗分界线是否通过"十"字交叉点,若有偏差,按以上方法调节即可。

　　阿贝折射仪是精密、贵重的光学仪器,使用时应注意:

　　(1) 开闭棱镜要小心,特别注意要保护棱镜镜面。尤其在加试液时滴管不能触及棱镜,更不能有硬物落在棱镜镜面上。

　　(2) 不得测量酸性、碱性、腐蚀性的液体。

6.7　恒温槽的原理及使用

　　恒温槽是实验工作中常用的一种以液体为介质的恒温装置。用液体作介质的优点是热容量大、导热性好、温度控制稳定性和灵敏度较高。根据控温范围的不同,可采用不同的液体介质(表 6-4)。

表 6-4　不同温度范围可使用的液体介质

温度/℃	液体介质	温度/℃	液体介质
-60～30	乙醇或乙醇水溶液	80～160	甘油或甘油水溶液
0～90	水	70～200	液体石蜡,汽缸润滑油,硅油

6.7.1　恒温槽的组成

　　恒温槽包括以下几个主要部分:槽体、加热器及冷却器、温度指示器、搅拌器、温度控制器等。有的恒温槽有循环泵,可向槽体外供给恒温液体,这种恒温槽称为超级恒温槽。一般恒温装置如图 6-26 所示。

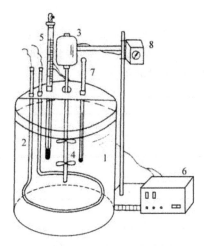

图 6-26　恒温装置

1. 浴槽；2. 电热棒；3. 马达；4. 搅拌器；5. 电
接点水银温度计；6. 晶体管或电子管继电器；
7. 精密温度计；8. 调速变压器

1. 槽体

如果控制温度偏离室温不远，或需观察浸入恒温槽中的器皿，可用敞口大玻璃缸。对于适于控制温度范围较宽的恒温槽则需要用有保温的金属槽体，并在上面加盖。超级恒温槽一般都用金属槽体。

2. 加热器及冷却器

它们多采用电加热器及冷却盘管。在大多数情况下恒温槽所控制的温度高于室温，需要加热器供热补偿槽内介质向环境所散的热量。通常采用电加热器间歇加热以实现恒温控制。对加热器的要求是热容量小，导热性好，功率适当。加热器功率大，调节温度快，但恒温控制时温度波动大。一般功率小些，只要能补偿介质散热，温度波动会较小，控温质量提高。在超级恒温槽中一般装有两组加热器。当需要使槽内介质升温时，扳动开关，使两组加热器同时工作，达到要求温度后，再扳动开关，停止一组加热器工作，只用一组加热器控制槽内介质恒温。对于有保温层的超级恒温槽，在控制温度与室温相差不大的条件下，散热很少，加热器功率往往超过需要，不能达到良好的控温效果。为此槽内的冷却盘管中应通入温度低于室温的自来水，加速散热，以达较好的控温效果。

当恒温槽控制温度低于室温时，需要用适当的冷冻剂(冰水、食盐加冰水、干冰加甲醇等)。通常是将冷冻剂装入蓄冷桶，如图 6-27 所示，配合超级恒温槽使用。由超级恒温槽的循环泵送来的恒温槽内液体介质在夹层中被冷却后，再返回恒温槽进行温度的精密调节。所取冷量大小，可由蓄冷桶并联旁路中液体介质的流量调节。如果实验室有合适的制冷设备，也可将其冷冻剂通过恒温槽的冷却盘管来达到控制低温的效果。为了节省冷量，在此情况下调节取热量，使加热与停止加热时间为(1:10)～(1:20)。

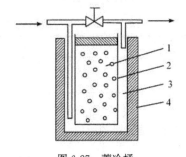

图 6-27　蓄冷桶

1. 冷冻剂；2. 铜桶；3. 液体介质；
4. 保温层

3. 温度指示器

用分度为 $1/10$℃的精密温度计测量槽内液体介质的温度，并用此读数作为控制调节温度的依据。

但是测定恒温的精确度,则需要贝克曼温度计或 1/100℃温度计。

4. 搅拌器

加强液体介质的运动,对保证恒温槽内温度均匀起着重要作用。搅拌器的功率、安装位置和桨叶形状对搅拌效果有很大影响。恒温槽体越大,搅拌功率应越大。搅拌器都带有调速器,调节其转速至适当挡位。搅拌桨叶有螺旋桨式或涡杆式,应具有适当的叶片数及长度,使液体在槽体内充分运动,不造成运动死角。搅拌桨叶的位置应在加热器附近,使加热器附近的介质流动较快,减少传热的滞后。

5. 温度控制器

温度控制器是恒温槽的感觉中枢,是决定恒温程度的关键。温度控制器的种类很多,例如,可以利用热电偶的热电势、两种不同金属的膨胀系数,物质受热体积膨胀等不同性质来控制温度。温度控制器包括感温元件及控制器两部分。主要作用是将槽内介质温度是否达到或超过要求温度(即给定值)的信息转化为电信号。

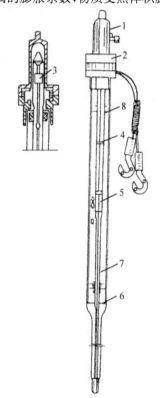

一般恒温装置中常使用的是电接点水银温度计,又称导电表或温度控制器。接触点温度计的结构如图 6-28 所示,结构类似于一般水银温度计,它相当于一个自动开关,用于控制浴槽所要求的温度。控制精度一般在 ±0.1℃。它的下半部与普通水银温度计相仿,有一根铂丝(下铂丝)与毛细管中的水银相接触;上半部在毛细管中有一根铂丝(上铂丝),借助顶部磁钢旋转可控制其高低位置。定温指示杆配合上部温度板,用于粗略调节所要求控制的温度值。当浴槽温度低于指定温度时,上铂丝与汞柱(下铂丝)不接触;当浴槽温度高于指定温度时,上铂丝与汞柱接通;依靠这种“断”与“通”,就可以直接用于控制电热器的加热与否。但由于电接点水银温度计只允许约 1mA 电流通过,而通过电热棒的电流却较大,所以两者之间应

图 6-28　接触点温度计

1. 调节帽;2. 磁钢;3. 调温转动铁芯;4. 定温指示标杆;5. 上铂丝引出线;6. 下铂丝引出线;7. 下部温度刻度板;8. 上部温度刻度板

配以继电器使用。当温度控制器接通时,继电器线圈通入电流,继电器工作,加热回路断开,停止加热。当温度降低,下部水银收缩,水银与金属丝断开,继电器线圈电流断开,继电器上弹簧片弹回,加热回路开始工作。

6.7.2　使用方法

利用上述设备装置恒温槽时,先将温度控制器浸入水中再将两端导线和继电器的两端连接,并将搅拌器、温度计等装好,装置时还应注意各个设备的布局。因为恒温槽恒温的精确度要看调节器的灵敏度、搅拌器的性能、加热器的加热情况、继电器的优劣、水槽散热的快慢以及恒温槽中各个设备的布局妥善与否等因素而定,如果各零件都很灵敏,但没有很好的布局,仍不能达到很好的恒温目的。在恒温槽中,加热器和搅拌器应放得较近,这样一有热量放出立刻能传到恒温槽的各部。调节器要放在它们附近,不能放远,因为这一区域温度变化幅度最大。若放远处则幅度小,会减弱调节器的作用。至少测量系统不宜放在边缘。

为了对一个恒温槽的精确度有所了解,在使用前应先测其灵敏度曲线(即温度随时间变化的曲线)。t 为要控制的温度,振幅的大小表示恒温槽的灵敏度良好与否和加热功率是否合适。图 6-29(a)为恒温槽所应有的灵敏度曲线;(b)表示灵敏度稍差需要更换较灵敏的温度控制器;(c)表示加热器的功率太大,需换用较小功率的加热器;(d)表示加热器功率太小或浴槽散热太快。

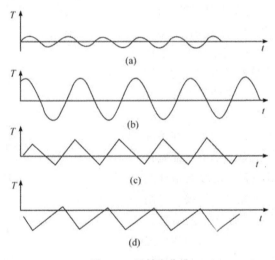

图 6-29　灵敏度曲线

装好恒温槽后,测出温度随时间变化的曲线,从曲线中选出最合适的温度控制器和加热器。

6.7.3　超级恒温槽简介

超级恒温槽的基本结构与工作原理和一般的恒温槽相同,如图 6-30 所示。其特点如下:

(1) 在热槽中有两组不同功率的加热元件(16)。升温时,应使加热开关处在"通"的位置,此时两组加热元件一起工作,使恒温槽较快达到恒温温度。如在恒温控制时为避免温度波动太大,应将加热开关关掉。此时只有一组较小功率的加热元件工作。外有保温层(19),内有恒温筒(4),筒内可作液体恒温或空气恒温之用。筒内恒温效果比筒外好。

(2) 恒温槽内设有水泵,可将浴槽的恒温水对外输出,通过水泵进出口 8、9 可进行循环。

(3) 要控制低于室温的浴槽,可在冷凝管(6)中通以冷水或冰水,使水浴冷却。例如,将恒温水送入阿贝折光仪棱镜的夹层水套内,使样品恒温,而不必将整个仪器浸入浴槽。

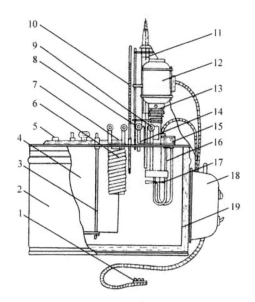

图 6-30　超级恒温水浴

1. 电源插头;2. 外壳;3. 恒温筒支架;4. 恒温筒;5. 恒温筒加水口;6. 冷凝管;7. 恒温筒盖子;8. 水泵进水口;9. 水泵出水口;10. 温度计;11. 电接点温度计;12. 电动机;13. 水泵;14. 加水口;15. 加热元件接线盒;16. 两组加热元件;17. 搅拌叶;18. 电子继电器;19. 保温层

6.8　红外、紫外分光光度计的结构和使用

6.8.1　紫外–可见分光光度计的原理及结构

紫外–可见分光光度计是用于测量和记录待测物质对紫外光、可见光的吸光度及紫外–可见吸收光谱,进行定性、定量以及结构分析的仪器。其基本结构主要有五个部分:光源、单色器、吸收池、检测器和信号指示系统,如图 6-31 所示。

图 6-31　紫外–可见分光光度计组件结构示意图

(1) 光源。是提供入射光的装置。要求在所需的光谱范围内,发射连续的具有足够强度和稳定的紫外光或可见光,并且辐射强度随波长的变化尽可能小,使用寿命长。在可见光区常用的光源为钨灯,可用的波长范围为 350～1000nm。在紫外光区常用的光源为氢灯或氙灯,它们发射的连续波长范围为 180～360nm。其中氙灯的辐射强度大,稳定性好,寿命也长。

(2) 单色器。是将光源辐射的复合光分成单色光的光学装置。单色器一般由狭缝、色散元件及透镜系统组成。最常用的色散元件是棱镜和光栅。

(3) 吸收池。用于盛装试液的装置。吸收池材料必须能够透过所测光谱范围的光,一般可见光区使用玻璃吸收池,紫外光区使用石英吸收池。

(4) 检测器。是将光信号转变成电信号的装置。要求灵敏度高、响应时间短、噪声水平低且有良好的稳定性。常用的检测器有硒光电池、光电管、光电倍增管和光电二极管阵列检测器。硒光电池构造简单,价格便宜,但长期曝光易"疲劳",灵敏度也不高;光电管灵敏度比硒光电池高,它能将所产生的光电流放大,可用来测量很弱的光;光电倍增管比普通光电管更灵敏,是目前高中档分光光度计中常用的一种检测器;而光电二极管阵列检测器是紫外–可见光度检测器的一个重要进展。这类检测器用光电二极管阵列作检测元件,阵列由数百个光电二极管组成,各自测量一窄段即几十微米的光谱。通过单色器的光含有全部的吸收信息,在阵列上同时被检测,并用电子学方法及计算机技术对二极管阵列快速扫描采集数据,由于扫描速率非常快,可以得到三维(A,λ,t)光谱图。

(5) 显示器。是将检测器输出的信号放大并显示出来的装置。常用的装置有表头指示、数字指示和计算机指示等。

紫外–可见分光光度计主要有单光束分光光度计、双光束分光光度计、双波长分光光度计及光电二极管阵列分光光度计。

6.8.2　TU-1901 紫外–可见分光光度计的使用方法

（1）开机。打开计算机的电源开关，进入 Windows 操作环境。确认样品室中无挡光物，打开主机电源开关，用单击"开始"选择"程序-UVWin 紫外窗口软件–紫外窗口 TU-1901"进入控制程序，出现初始化工作界面，计算机将对仪器进行自检并初始化，每项测试后，在相应的项后显示 OK，整个过程需要 4min，通常仪器还需 15～30min 的预热稳定再开始测量。

（2）为保证仪器在整个波段范围内基线的平直度及测光准确性，每次测量前需进行基线校正或自动校零。

（3）当样品池插入黑体时，透过率应为 0，如有误差需进行暗电流校正。选择扫描参数的波长范围为所选用波长（通常可取 190～900nm），插入黑体后进行暗电流校正并存储数据。

（4）测量工作结束后，选择"文件"菜单的"退出"项退出系统（或单击紫外窗口左上角［×］按钮），以保存必要的操作数据。关电源时，应先关闭仪器主机的电源，然后正确退出 Windows 并关闭计算机电源，最后关闭其他设备的电源。

6.8.3　傅里叶变换红外光谱仪原理及结构

傅里叶（Fourier）变换红外光谱仪（FT-IR）是 20 世纪 70 年代出现的、基于干涉调频分光的新一代红外光谱测量的仪器。这种仪器不用狭缝，因而消除了狭缝对于光能的限制，可以同时获得光谱所有频率的信息。

仪器主要由光源（硅碳棒、高压汞灯）、迈克耳孙（Michelson）干涉仪、检测器、计算机和记录仪组成。核心部分为迈克耳孙干涉仪，它将光源来的信号以干涉图的形式送往计算机进行傅里叶变换的数学处理，最后将干涉图还原成光谱图。图 6-32 为傅里叶变换红外光谱仪工作原理示意图。

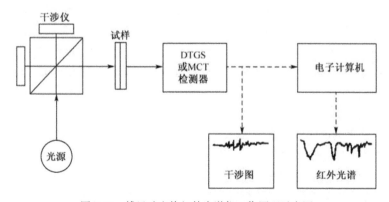

图 6-32　傅里叶变换红外光谱仪工作原理示意图

仪器中的迈克耳孙干涉仪的作用是将光源发出的光分成两光束后,再以不同的光程差重新组合,发生干涉现象。当两束光的光程差为 $\lambda/2$ 的偶数倍时,则落在检测器上的相干光相互叠加,产生明线,其相干光强度有极大值;相反,当两束光的光程差为 $\lambda/2$ 的奇数倍时,则落在检测器上的相干光相互抵消,产生暗线,相干光强度有极小值。由于多色光的干涉图等于所有各单色光干涉图的加和,故得到的是具有中心极大,并向两边迅速衰减的对称干涉图。

干涉图包含光源的全部频率和与该频率相对应的强度信息。所以,如有一个有红外吸收的样品放在干涉仪的光路中,由于样品能吸收特征波数的能量,结果所得到的干涉图强度曲线就会相应地产生一些变化。包括每个频率强度信息的干涉图,可借数学上的傅里叶变换技术对每个频率的光强进行计算,从而得到吸收强度或透过率和波数变化的普通光谱图。

傅里叶变换红外光谱具有扫描速度快、分辨率高、灵敏度高的特点。除此之外,还有光谱范围宽($10\sim1000\mathrm{cm}^{-1}$);测量精度高,重复性可达 0.1%;杂散光干扰小;样品不受因红外聚焦而产生的热效应的影响。

6.8.4　Avatar 360 傅里叶变换红外光谱仪使用方法

(1) 打开计算机,点击程序"EZ OMNIC";

(2) 点击程序中的快捷键"Col Smp"(Collect Sample),再根据对话框提示分别扫描"Background"(背景)和"Sample"样品,再放入样品,即进行红外光谱测定;

(3) 结束后取出样品,关闭打印机和计算机。

注意:光谱仪为常开状态,请勿擅自关闭光谱仪开关和电源总开关。

6.8.5　紫外-可见与红外光谱分析方法简介

1. 分子吸收光谱的形成

分子中的电子总是处在某一种运动状态中,每一种状态都具有一定的能量,属于一定的能级。当外来辐射的能量与某两个能级能量差 ΔE 相同时,在低能级上的电子就可以吸收这部分能量,从能量较低的能级跃迁到一个能量较高的能级,如图 6-33 所示。

如果辐射是光的形式,由光的波长和辐射能量之间的关系 $\Delta E=h/\lambda$ 可知,电子吸收的光的波长应该为 $\lambda=h/\Delta E$。

在分子内部,除了电子运动外,还有核间的相对运动,即核的振动和分子绕着重心的转动,产生振动能和转动能,所以分子内部运动所牵涉到的能级变化比较复杂,分子吸收光谱也就比较复杂,如图 6-33 所示。吸收光波长的分布与分子的结构是有对应关系的,所以,我们可以根据吸收光谱来推论分子的结构。

一个分子吸收了外来辐射之后,它的能量变化 ΔE 为其振动能变化 ΔE_v、转动能变化 ΔE_r 以及电子运动能量变化 ΔE_e 之总和,即

$$\Delta E = \Delta E_v + \Delta E_r + \Delta E_e$$

上式中 ΔE_e 最大,一般为 $1\sim20\text{eV}$。由于电子能级的跃迁而产生的吸收光谱位于紫外到可见光区。

分子的振动能级间隔 ΔE_v 大约比 ΔE_e 小 10 倍,一般为 $0.05\sim1.0\text{eV}$。纯振动能级跃迁产生的吸收光谱位于近红外到中红外区。在发生电子能级跃迁的同时,必然也要发生振动能级之间的跃迁,故得到的是一系列的振动能级谱线。

分子的转动能级间隔 ΔE_r 大约比 ΔE_v 小 10 倍或 100 倍,一般小于 0.05eV。纯转动能级跃迁产生的吸收光谱位于远红外到微波区。当发生电子能级和振动能级之间的跃迁时,必然也要发生转动能级之间的跃

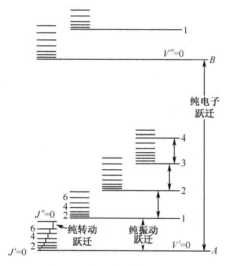

图 6-33 振动能、转动能及
电子运动能能级示意图

迁。由于得到的谱线彼此间的波长间隔比较小而使它们连在一起,呈现带状,称为带状光谱。

如果改变通过某一吸光物质的入射光波长,并记录该物质在每一波长处的吸收光的强度,然后以波长为横坐标、吸收光的强度为纵坐标作图,就得到该物质的吸收光谱或称吸收曲线。某物质的吸收光谱反映了它在不同的光谱区域内吸收能力的分布情况,这可从波形、波峰强度、位置及其数目看出来。物质对不同波长光线的选择性吸收与分子的能级千差万别有关,分子的能级又与各种物质分子内部结构的不同相对应,从而吸收光谱为研究物质的内部结构提供了重要的信息。

另外,我们还可以根据对某波长光的吸收强度来推断某种物质的浓度。这种定量分析方法的使用也很普遍。

2. 分子吸收光谱的应用

1) 分子光谱在定量分析中的应用

物质对紫外或可见光的吸收遵循朗伯-比尔定律,参考 6.4.1 基本原理。紫外-可见分光光度法是利用物质对紫外或可见光的吸收强度对物质进行定量分析的。

对于单一组分的定量分析,常用的方法有标准曲线法和标准对比法。对于多组分的定量分析,根据吸光度具有加和性的特点,可以采用解联立方程的方法,在同一试样中同时测定两个以上的组分;也可采用双波长分光光度法或导数分光光度法进行测定。

根据吸收定律建立起来的各种分光光度分析方法广泛用于痕量组分、超痕量组分、常量组分的测定以及混合物中多组分的同时测定。随着有机试剂的开发,只要经过适

当的化学处理,绝大多数元素都可用分光光度法进行定量测定。

2) 分子光谱在定性分析中的应用

(1) 紫外–可见光谱。由于不同物质其结构不同,分子能级的能量(各种能级能量总和)或能量间隔不同,因此不同物质将选择性地吸收外来辐射,反映在吸收曲线上就是在不同的位置有特征吸收峰的存在,而这些吸收峰又与分子的结构有关,因此根据吸收曲线的特性(峰强度、位置及数目等)可以进行定性分析。

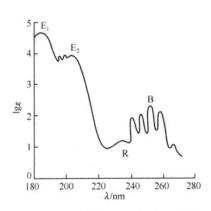

图 6-34　苯的紫外吸收光谱(在乙醇中)

例如,芳香族化合物的特征吸收是由苯环结构中三个乙烯的环状共轭体系跃迁而产生的两个强吸收带,分别位于 185nm 和 204nm,称为 E_1 和 E_2 吸收带。在 230~270nm 处有一系列的较弱吸收带,称为精细结构吸收带,也称为 B 带,这是由于 $\pi \rightarrow \pi^*$ 跃迁和苯环振动的重叠而引起的,其精细结构常用来辨认芳香族化合物,如图 6-34 所示。但当苯环上有取代基时,复杂的 B 吸收带会简单化。

应该注意,有些溶剂(特别是极性溶剂)会和溶质发生相互作用,因此会对吸收带的波长、强度和形状产生影响。

紫外–可见光谱还可以应用于结构分析。在结构分析方面,主要是用于确定一些化合物的构型和构象,如可根据顺反异构体或互变异构体分子结构上的不同,通过紫外–可见光谱上吸收峰位置和强度的变化来进行判别。

紫外–可见分光光度法应用于无机元素的定性分析较少,而在有机化合物的定性鉴定和结构分析中,由于紫外–可见光谱较简单,特征性不强,该法的应用也有一定的局限性。但是它适用于不饱和有机化合物,尤其是共轭体系的鉴定,以此推断未知物的骨架结构。此外,可配合红外光谱、核磁共振波谱法和质谱法进行定性鉴定和结构分析,因此它仍不失为是一种有用的辅助方法。

(2) 红外光谱。红外吸收光谱也是一种分子光谱,是由分子振动能级的跃迁同时伴随有转动能级跃迁而产生的,因此红外光谱的吸收峰是有一定宽度的吸收带。物质分子吸收红外辐射应满足两个条件:①某红外光具有刚好能满足物质振动能级跃迁时所需要的能量;②红外光与物质之间有偶合作用。

因此,当样品受到频率连续变化的红外光照射时,如果分子中某个基团的振动频率与其一致,两者就会产生共振,此时光的能量通过分子偶极矩的变化而传递给分子,这个基团就吸收一定频率的红外光,产生振动跃迁,这时物质的分子就产生红外吸收,使相应于这些吸收区域的透射光强度减弱。记录红外光的百分透射比与波数或波长关系曲线,就得到红外光谱图。

　　红外吸收光谱一般纵坐标为百分透射比 $T\%$，因而吸收峰向下，向上则为谷；横坐标是波数 $\tilde{\nu}$（波数，cm^{-1}，$\tilde{\nu}=1/\lambda$）。中红外区的波数范围是 $400\sim4000cm^{-1}$。除了对称分子外，几乎所有的有机化合物和许多无机化合物都有相应的红外吸收光谱，而且其特征性很强，所以具有不同结构的化合物有不同的红外光谱。红外吸收带的波数位置、波峰的数目以及吸收谱带的强度反映了分子结构上的特点，谱图中的吸收峰与分子中各基团的振动形式相对应，可以用来鉴定未知物的结构组成或确定其化学基团；而吸收谱带的吸收强度与分子组成或化学基团的含量有关，可用以进行定量分析和纯度鉴定。

　　例如，在有机化合物分子中，组成分子的各种基团（官能团），如 O—H、N—H、C—H、C═C、C═O 等都有自己特定的红外吸收区域。通常把能代表某基团存在并有较高强度的吸收峰的位置，称为该基团（官能团）的特征频率（简称基团频率），对应的吸收峰则称为特征吸收峰。基团的特征吸收峰可用于鉴定官能团（表 6-5）。

表 6-5　一些基团的特征吸收频率

基　团	频率/cm^{-1}	强　度
A. 烷基		
C—H(伸缩)	$2853\sim2962$	（中、强）
B. 烯烃基		
C—H(伸缩)	$3010\sim3095$	（中）
C═C(伸缩)	$1620\sim1680$	（不定）
C. 炔烃基		
≡C—H(伸缩)	~3300	（强）
≡C—C(伸缩)	$2100\sim2260$	（不定）
D. 芳基		
Ar—H(伸缩)	~3030	（不定）
Ar 中 C—C(伸缩)	$\sim1500,\sim1600$	（强）
Ar—H(弯曲)		
一取代	$\sim700,\sim750$	（强）
邻二取代	$\sim750,$	（强）
间二取代	$\sim700,\sim780,\sim910$	（强），（中）
对二取代	~810	（强）
E. 羟基(O—H,伸缩)		
O—H(醇酚)	$3200\sim3600$	（宽），（强）
O—H(羧酸)	$2500\sim3600$	（宽），（强）
F. 羰基(醛、酮、酯、羧酸等)		
C═O(伸缩)	$1650\sim1750$	（强）
G. 氨基		
N—H(伸缩)	$3300\sim3500$	（中）
H. 氰基		
C—N(伸缩)	$2200\sim2600$	（中）

　　由于同一类型化学键的基团在不同化合物的红外光谱中吸收峰位置是大致相同的,这一特性提供了鉴定各种基团(官能团)是否存在的判断依据,从而成为红外光谱定性分析的基础。

　　红外光谱法主要研究在振动中伴随有偶极矩变化的化合物(没有偶极矩变化的振动在拉曼光谱中出现)。因此,除了单原子和同核分子如 Ne、He、O_2、H_2 等之外,几乎所有的有机化合物在红外光谱区均有吸收。

　　由于红外光谱分析特征性强,气体、液体、固体样品都可测定,并具有用量少、分析速度快和不破坏样品的特点。因此,红外光谱法不仅能进行定性和定量分析,而且是鉴定化合物和测定分子结构的有效方法之一。

　　甲苯及正己烷的红外光谱如图 6-35 所示。由甲苯和正己烷的红外光谱可以清楚地看到芳香族化合物和脂肪族化合物各有的特征频率。

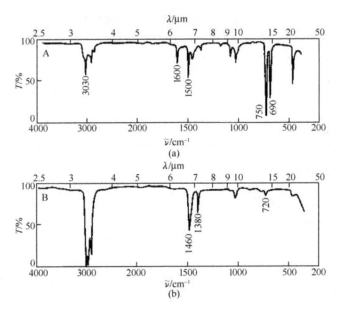

图 6-35　甲苯(a)和正己烷(b)的红外光谱

　　图 6-35(a)中从芳烃的 C—H 伸缩振动频率 $3030cm^{-1}$ 谱带和芳烃的 C=C 骨架振动频率 $1600cm^{-1}$ 和 $1500cm^{-1}$ 谱带的同时存在,可以确定芳环的存在,还可以从芳环的 C—H 面外变形振动 $650\sim900cm^{-1}$ 的吸收带来鉴定芳环上取代基的位置。图 6-35(a)中在 $750cm^{-1}$、$690cm^{-1}$ 有两个峰,这是芳环单取代的特征。

　　图 6-35(b)中没有 $3030cm^{-1}$,也没有 $1600cm^{-1}$、$1500cm^{-1}$ 的谱带,说明此化合物不是芳香族化合物。

　　饱和烃的 C—H 伸缩振动吸收带,在区别饱和与不饱和时特别有用。只要在 $3000cm^{-1}$ 以下,即在 $2900cm^{-1}$ 和 $2800cm^{-1}$ 附近有强吸收峰,就可以断定是饱和 C—H 的峰[图 6-35(b)中在 2930cm^{-1} 和 2860cm^{-1} 有强峰]。如果是烯烃($=CH_2$),则其吸收峰谱带在 3100cm^{-1} 附近,比芳烃的 C—H 伸缩振动频率高。若是炔烃(—C≡CH),则其吸收谱带频率更高,在 3300cm^{-1} 附近。

　　此外,图 6-35(b)中在 1460cm^{-1}、1380cm^{-1} 处有—CH_2—、—CH_3 的变形振动吸收带存在,也表明是脂肪族化合物。是否有长碳链存在,还可由 720cm^{-1} 谱带来判断 [720cm^{-1} 谱带是—$(CH_2)_{\overline{n}}$,$n \geqslant 4$ 时的面内摇摆振动]。因此,图 6-35(b)所示化合物至少是含有 6 个碳的饱和化合物。

第7章 化学实验室常见的测量计及其使用方法

7.1 温 度 计

7.1.1 简介

温度计是测量物体温度及化合物熔点、沸点的常用仪器。化学实验常用玻璃棒温度计,分水银温度计和酒精温度计两种。它们有不同量程,最高温度为600℃,最低温度为−30℃。化学实验常用的有0~100℃、0~150℃和0~200℃。

水银温度剂按精度等级可分为一等标准温度计、二等标准温度计和实验温度计。

实验温度计分度有1℃、1/5℃、1/10℃等几种。按温度计在分度时的条件不同,可分为全浸式与局浸式两种。全浸式温度计使用时必须将温度计上的示值部分全浸入测温系统(为了读数方便起见,水银柱的顶端部分可不浸入,但不超过1cm);而局浸式温度计使用时只需浸到温度计下端某一规定位置。一般来说,分度为1/10℃精密温度计都是全浸式温度计。酒精温度计测温液体使用乙醇,其优点是膨胀系数大,所以在温度变化相同时,液柱的高度更显著。乙醇凝固点低,利于测定低温,但是乙醇的体积随温度变化的线性关系较差,温度计的示值的等刻度误差较大。通常由于乙醇平均比热容比水银的比热容几乎大20倍,所以酒精温度计的热惰性大,控温灵敏度差。乙醇的传热系数小,温度计测定的滞后现象较为明显。

为了测量精确,温度计在使用前应加以校正。

7.1.2 水银温度计的读数校正

水银温度计的读数误差来源于玻璃毛细管内径不均匀;温度计的感温泡受热后体积发生变化;全浸式温度计局浸使用。

基于上述原因,测温时对温度计的读数要进行相应的校正,方法如下:

1. 示值校正

由于毛细管直径不均匀和水银不纯会引起温度计的示值偏差。此偏差可用比较法校正。即将标准温度计与待校的温度计一同置于恒温槽中,比较两者的示值以求出校对值。

实验装置如图7-1所示。对用于示值校正的恒温槽,要求其控温精度较高,控温精度应小于±0.03℃。恒温浴的介质如表7-1所示。

表 7-1　恒温浴介质

温度范围	−30℃～室温	室温～80℃	80～300℃
介　质	乙醇	水	变压器油或菜油

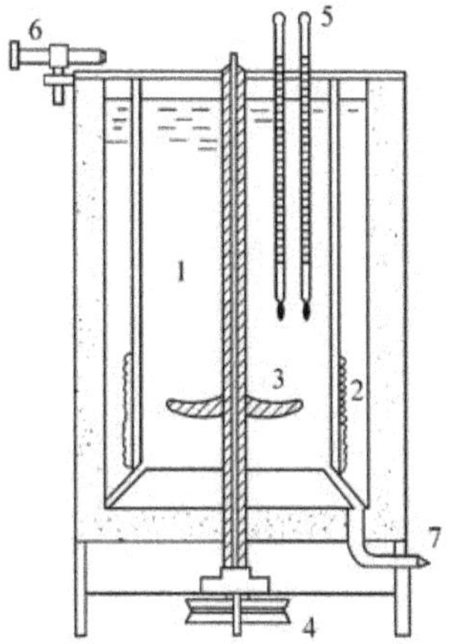

例如,对某一 $\frac{1}{10}$ ℃ 的水银温度计进行示值校正。当温度计指示为 42.00℃ 时,在待校的温度计上读得 42.05℃,则示值校正值为

$$\Delta T_示 = 标准值 - 测定值$$
$$\Delta T_示 = 42.00 - 42.05 = -0.05(℃)$$

图 7-1　水银温度计的示值校正

1. 浴槽;2. 电热丝;3. 搅拌器;4. 接电动机转轮;5. 标准温度计和待校温度计;6. 放大镜;7. 出液口

2. 零位校正

因为玻璃属于过冷物质,当温度计在高温使用时,体积膨胀,但冷却后玻璃结构仍冻结在高温状态,感温泡体积不会立即复原,导致零点下降。

在示值校正中作为基准的温度计虽每年经计量局检定,但如该温度计经常在高温条件下使用,有可能从上次检定以来感温泡体积已发生了变化。因此,当再要对待校温度计进行示值校正时,应将它插入冰点器中,对其零点进行检查,如图 7-2 所示。方法如下:

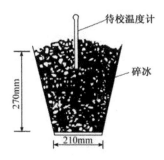

图 7-2　简便的冰点器(零位校正)

将标准温度计处在其示值最高温度下维持半小时,取出并冷却到室温后马上浸入冰点器中,测定其零位值与原检测数据的零位值之差。一般认为,零位位置的改变使温度计上所有示值产生相同的改变。如其标准温度计检定单上的检定值高 −0.02℃,现测得为 0.03℃,即升高 0.05℃,因此该温度计所有示值均应比检定单上的检定值高 0.05℃。零位校正值 $\Delta T_零$ 不仅与温度计的玻璃成分有关,而且与其冷热变化的使用经历有关。所以,标准温度计应定期检定零位值。

3. 露茎校正

全浸式温度计使用时往往受到测温系统的各种限制,只能局浸使用。这时露在环境中的那部分毛细管和汞柱未处在待测的溶液,而是在环境温度之中,因此需进行露茎校正。设 n 为露出的汞柱高度(以℃表示),$T_观$ 是观察到的温度值,$T_环$ 是用辅助温度计测得露在环境中那部分汞柱(露茎)的温度值。如图 7-3 所示,则露茎校正值 $\Delta T_露$ 表

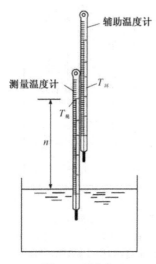

辅助温度计

测量温度计　　$T_{环}$

$T_{观}$

n

图 7-3　露茎校正

示为

$$\Delta T_{露} = 0.000\,16n(T_{观} - T_{环})$$

【例 7-1】　将一支 1/10℃ 的全浸式温度计局浸使用,在液面处待校温度计刻度为 60.50℃,在温度计上观察到 $T_{观}$ 为 80.35℃,则露出汞柱高度为

$$n = 80.35 - 60.50 = 19.85(℃)$$

辅助温度计测得露茎环境温度 $T_{环}$ 为 30.10℃,可求得露茎校正值:

$$\Delta T_{露} = 0.000\,16 \times 19.85 \times (80.35 - 30.10) = 0.16(℃)$$

综上所示,标准温度计局浸使用时读得的温度值 $T_{观}$ 应进行如下校正,即实际温度值:

$$T = T_{观} + \Delta T_{示} + \Delta T_{露}$$

而全浸式温度计局浸使用时读得的温度计 $T_{观}$ 应进行如下校正,即

$$T = T_{观} + \Delta T_{示} + \Delta T_{露}$$

如果没有标准温度计,可用测定纯物质的熔点或沸点的方法来校正。因为纯化合物(又称标准物质)的熔点、沸点、结晶点都已准确地测定过。因此将被校正温度计置于纯物质中观察其熔点(或沸点、结晶点)的温度,即可对温度计进行校正。某些常用纯物质及其熔点、沸点、结晶点如表 7-2 所示。

表 7-2　某些常用纯物质的熔点、沸点、结晶点[1]

物　质	相变点	温度/℃	物　质	相变点	温度/℃
四氯化碳	结晶点	−22.9	铟	熔点	156.61
苯	结晶点	5.5	硝基苯酚	沸点	210.9
二溴乙烯	结晶点	9.9	锡	结晶点	231.91
对甲苯胺	熔点	43.7	二甲苯	沸点	302.0
三氯甲烷	沸点	61.3	铅	结晶点	327.3
萘	熔点	80.3	汞	沸点	356.58
乙酰苯胺	熔点	116.0	重铬酸钾	熔点	397.5
苯甲酸	熔点	122.6			

1) 在 101.3kPa 大气压下测量的数据。

使用温度计时,常遇到汞柱断线现象,这时可采用下述方法加以修复:将水银温度计插入冷冻剂中(如干冰,升华温度为 −78℃),而后从冷冻剂中取出,使其升温膨胀。这样反复几次后,汞柱断线现象即可消除。

7.2　气　压　计

7.2.1　构造

　　测量大气压力的仪器称为气压计,气压计种类很多,实验室常用的是福廷式(Fortin)气压计,如图 7-4 所示。

　　它的主要部件是一支倒置于汞槽中的盛有汞的玻璃管,玻璃管顶为真空,槽中的汞面经槽盖缝隙与大气相通,管内汞柱高度表示了大气压力。汞槽底为一个皮囊,下方被一个螺丝顶着,旋转螺丝可调节槽内液面的高度。盛汞的玻璃管外部套一黄铜管,在黄铜管上部一侧刻有表明汞柱高度的标线,在标线区域,前后对应地开两个长方形窗,借以观察玻璃管中汞柱的顶端高度。黄铜管的刻度标尺为主尺2,而在槽缝中镶嵌着一个活动的与主尺严密接触的游标尺称为副尺1,水银槽顶有一倒置的象牙针,其针尖是黄铜管上标尺刻度的零点。

　　气压计必须垂直安装。

7.2.2　使用方法

　　(1)记下附于气压计上的温度计读数。

　　(2)旋动气压计下方的调节汞面螺丝,使槽内汞面恰好与象牙针尖端相接触。黄铜管上的刻度读数就是以象牙针尖端作为零点开始读数。

　　(3)转动旋转钮 4,使游标尺上升到略高于玻璃管内汞柱顶端,然后再反向缓缓转动旋钮,使游标尺下降到观察者视线,游标尺下沿(即"0"度标线),汞柱顶端凸面的最高点和游标尺背后沿处于同一水平线上,此时即可读数。

　　(4)读数方法:按游标尺零点所对黄铜标尺刻度读出大气压的毫米整数部分,小数部分用游标尺来决

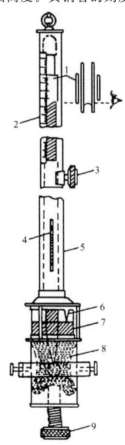

图 7-4　福廷氏气压计

1. 游标尺;2. 黄铜管标尺;3. 游标尺调节螺旋;4. 温度计;
5. 黄铜管;6. 象牙针;7. 水银槽;8. 羚羊皮囊;9. 调节螺旋

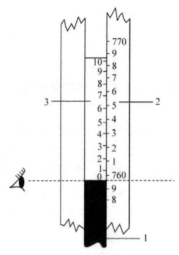

图 7-5　读数方法

1. 汞柱；2. 主尺；3. 游标

定,即从游标尺上找一根正好与黄铜尺上某一刻度相吻合的刻度线的数值就是毫米后小数部分读数。如图 7-5 所示,应该读为 763.4mmHg。有些气压计的单位为 hPa(百帕),请注意!

按以上操作调节游标尺位置,再次读数,进行核对。

7.2.3　读数的校正

由于黄铜标尺的长度与汞的相对密度都随温度而变,且重力加速度与地球纬度有关,所以由气压计直接读出的以 mm 表示的汞柱高度常不等于定义的气压 p。因此,必须进行温度和重力加速度的校正。此外,还需对气压计本身的误差进行校正。

1. 温度校正

若 p_T 是在温度为 T 时于黄铜尺上读得的气压读数,已知汞的体膨胀系数 β,黄铜标尺的线膨胀系数为 α,有

$$p = p_T\left(1 - \frac{\beta - \alpha}{1 + \beta T}T\right)$$

令 Δ_T 为温度校正项,显然

$$\Delta_T = \frac{(\beta - \alpha)T}{1 + \beta T}p_T$$

所以

$$p = p_T - \Delta_T$$

已知汞的平均体膨胀系数 $\beta = 0.000\,181\,5/℃$,黄铜标尺的线膨胀系数 $\alpha = 0.000\,018\,4/℃$,则 Δ_T 可简化为

$$\Delta_T = \frac{0.000\,163\,1T}{1 + 0.000\,181\,5T}p_T$$

【例 7-2】　在 15.7℃下从气压计上测得气压读数 $p_T = 100.43\text{kPa}$,求经温度校正后的气压值。

$$\Delta_T = \frac{0.000\,163\,1 \times 15.7}{1 + 0.000\,181\,5 \times 15.7} \times 100.43 = 0.26(\text{kPa})$$

所以

$$p = p_T - \Delta_T = 100.43 - 0.26 = 100.17(\text{kPa})$$

2. 重力加速度校正

已知在纬度为 θ、海拔高度为 H 处的重力加速度 g 和标准重力加速度 g_0 的关系式是

$$g = (1 - 0.002\ 6\cos2\theta - 3.14 \times 10 - 7H)g_0$$

可见，对在某一地点使用的气压计而言，θ、H 均为定值，所以，此项校对值为一常数。

3. 仪器误差校正

仪器误差为气压计固有的一项误差值，是由气压计与标准气压计的测量值相比而得。对一指定的气压计，此校正值为常数。

在实验室中将重力加速度和仪器误差这两项校正值合并，设其为 Δ，则大气压力 p 应为

$$p_{大气} = p_T - \Delta_T - \Delta$$

由例 7-2，已求得 $\Delta_T = 0.26\text{kPa}$。

若 $\Delta = 0.12\text{kPa}$，则

$$p_{大气} = 100.43 - 0.26 - 0.12 = 100.05(\text{kPa})$$

7.3　密　度　计

密度计是用来测定液体或溶液相对密度的仪器，又称为相对密度计，如图 7-6 所示。密度计由玻璃制成，上端细管上有直读式刻度，下端粗管内装有金属球。

密度计根据浮力原理工作。当密度计放入被测液体中时，因其下端较重，故能自行保持垂直。密度计放入溶液中时，本身的重力与液体浮力平衡，即密度计总质量等于它排开液体的质量。因密度计的质量为定值，所以被测液体的相对密度越大，密度计浸入液体中的体积就越小。所以按照密度计浮在液体中的高低，可得到液体相对密度的数值。

工业上常用密度计测定液体相对密度。密度计是在一定的温度下标定的，通常由几支组成一套，有不同的可测相对密度范围。使用时，由于液体的相对密度不同，可先用密度计盒中的试测计测出其大致的相对密度，再据此选用不同量程的密度计测出其准确的相对密度。

测定液体相对密度时，先将被测溶液倒入较高的玻璃容器（如大量筒）中，倒入的量以能使密度计浮起为宜。用手拿住密度计的上端，将其慢慢插入液体中，直至轻轻接触容器底部再松手（切忌直接将密度计投入溶液中，以免向下冲力过大而碰撞器壁，打碎密度计）。待密度计完全浮稳后，根据密度计悬浮位置，使视线水平与

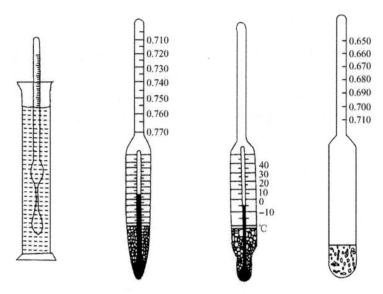

图 7-6　密度计

液体弯月面相切,读出密度计读数。

　　对于透明的液体,按弯月面下缘读数;对于不透明的液体,按弯月面上缘读数。同时,用温度计测量液体温度,并校正为 293K 时的读数。

第二部分
实　　验

第8章　基本操作实验

实验一　煤气灯的使用和玻璃工操作

实验目的

1. 了解煤气灯的构造,学会正确使用煤气灯;
2. 练习玻璃棒和玻璃管的截断、弯曲、拉细;
3. 学习标准滴管的制作。

实验预习

1. "加热设备及控制反应温度的方法"中的"煤气灯"(5.7.1);
2. 玻璃工的操作和塞子钻孔(5.1)。

实验内容

1. 煤气灯的使用

(1) 拆装煤气灯以弄清其构造。

(2) 观察各种火焰的形成。关闭空气入口,稍打开煤气针形阀开关,擦燃火柴,将燃着的火柴放在灯管口,同时打开煤气龙头,将煤气点燃。调节煤气开关和灯座下(或侧面)的螺旋针阀,使火焰保持适当高度,此时火焰呈黄色。用一个内盛少量水的蒸发皿放在黄色火焰上,观察皿底的颜色。

旋转灯管,逐渐加大空气进入量,黄色火焰逐渐变蓝,并出现三层正常火焰。观察各层火焰的颜色。

(3) 关闭煤气灯。关闭煤气龙头,使煤气灯熄灭,旋转灯管,完全关闭空气入口,拧紧螺旋针阀。

2. 玻璃棒和玻璃管的截断

(先用一些废玻璃管、棒反复练习)

制作 20cm、13cm 的玻璃棒各一根,并将断口烧熔。

3. 玻璃棒和玻璃管的拉细

(1) 练习拉细玻璃棒和玻璃管的基本操作。

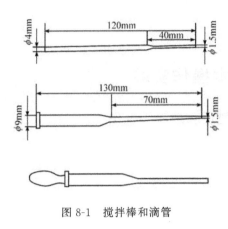

图 8-1　搅拌棒和滴管

（2）制作规格如图 8-1 所示的搅拌棒和滴管各一根。

注意：搅拌棒细端一头要烧熔成小球。滴管小口要烧光滑，要注意不能长时间地置于火焰上，否则管口要收缩甚至封死。滴管大口烧熔时要完全烧软，然后在石棉网上垂直加压翻口，冷却后套上乳胶滴头。

（3）标准滴管的制作。用制作好的小滴管，吸取水在小量筒中试验是否 20 滴恰好为 $1cm^3$。如果 $1cm^3$ 水在 20 滴以下，可再次小心烧熔滴管小口，使之再收缩一些，再行试验。如果 $1cm^3$ 水在 20 滴以上，则要重新制作滴管，直至做成一支 20 滴水为 $1cm^3$ 的标准滴管。要求误差为 1 滴。

4. 玻璃管的弯曲

练习玻璃管的弯曲，弯成 120°、90°等角度，注意拉制过程中玻璃管的水平和防止扭曲，超过 90°的要分步完成。

5. 搅拌棒的制作

搅拌棒如图 8-2 所示，用于电动搅拌机，长约 30cm。任选一种练习制作。

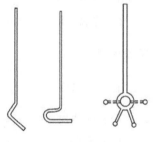

图 8-2　几种搅拌棒

6. 打孔器打孔

练习用打孔器打孔，然后与弯的管配套组装在一起。

实验指导

[1] 如果实验室没有煤气管道，可用酒精喷灯代替煤气灯，温度仍能满足要求。

[2] 在制作玻璃弯管和拉制滴管或毛细管时，玻璃管的温度是不同的，实验过程中可以从玻璃管的颜色上看出。

思考题

1. 正常的煤气灯火焰，各焰层的大概温度为多少？被加热的物体应放在哪一层？

2. 使用煤气灯时，什么情况下会出现临空火焰和侵入火焰？出现这种情况如何处理？

3. 选择瓶塞有什么要求？试比较玻璃磨口塞、橡皮塞和软木塞各有哪些优缺点。

4. 将玻璃管插入塞孔时,应如何操作？

5. 如何确定火焰的不完全燃烧(可借助于仪器或物品)？

6. 加工玻璃管时,应如何使玻璃管受热均匀？

7. 实验室使用的塞子一般有玻璃塞、橡胶塞、软木塞,分析各种塞子有什么优缺点。

实验二　滴定分析基本操作练习

实验目的

1. 滴定操作练习,初步练习并逐渐掌握准确确定终点的方法,初步掌握酸碱指示剂的选择方法;

2. 练习酸、碱溶液的配制;

3. 容量分析滴定操作技能的训练。

实验预习

1.《无机与分析化学》、《分析化学》中的一元酸、碱的滴定、酸碱指示剂和选择指示剂的原则;

2. 玻璃仪器的洗涤和干燥(5.2);

3. 溶液的配制(5.3.2);

4. 容量分析基本操作(5.6);

5. 化学实验中的误差分析和数据处理(第 3 章)。

实验原理

滴定分析是将一种已知准确浓度的标准溶液滴加到被测试样的溶液中,直到化学反应完全为止,然后,根据标准溶液的浓度和体积以及相应的化学反应的计量关系求得被测试样中的组分含量,是化学分析的重要内容。熟练地掌握滴定操作的要点和技能,对于今后在化学分析中准确地滴定操作非常必要。同时,滴定操作技能的熟练掌握,还可以培养做实验时认真、仔细、规范、缜密的态度和良好的习惯,形成良好的科研素养。

在进行滴定分析时,一方面要会配制滴定剂溶液并能准确测定其浓度;另一方面要准确测量滴定过程中所消耗滴定剂的体积。为此,安排此基本操作练习实验,内容为 NaOH 溶液与 HCl 溶液互滴。强酸 HCl 与强碱 NaOH 溶液的滴定反应,用酸碱指示剂来指示终点。为了严格训练学生的滴定分析基本操作,选用甲基橙、酚酞两种指示剂,通过盐酸与氢氧化钠溶液体积比的测定,学会配制酸碱滴定剂溶液的方法和检测滴定终点的方法。

实验步骤

1. 酸、碱溶液的配制

(1) 用 1∶1 盐酸配制 0.1mol·dm^{-3}盐酸溶液。
(2) 称取固体 NaOH 配制 0.1mol·dm^{-3}NaOH 溶液。

2. 酸碱溶液的相互滴定

(1) 用 0.1mol·dm^{-3}NaOH 溶液润洗洗净了的碱式滴定管两三次,每次用碱 5~10cm^3。然后将滴定剂倒入碱式滴定管中,液面调节至 0.00 刻度。

(2) 用 0.1mol·dm^{-3}盐酸溶液润洗洗净了的酸式滴定管两三次,然后将盐酸溶液倒入滴定管中,调节液面到 0.00 刻度。

(3) 由碱式滴定管向 250cm^{3}锥形瓶中以每分钟约 10cm^{3}的速率放入约 20cm^3 NaOH 溶液,即每秒滴入三四滴溶液,加 2 滴甲基橙指示剂,用酸管中的 HCl 溶液进行滴定操作练习。可以反复练习以熟练滴定操作技能。

(4) 由碱管中同上速度一样放出 NaOH 溶液 20~25cm^{3}于锥形瓶中,加入 2 滴甲基橙指示剂,用 0.1mol·dm^{-3}HCl 溶液滴定至黄色转变为橙色,记下读数。平行滴定三份。计算体积比 V_{HCl}/V_{NaOH},要求相对偏差在±0.3% 以内,若达不到请反复练习。

(5) 用移液管吸取 25.00cm^3 0.1mol·dm^{-3}HCl 溶液于 250cm^{3}锥形瓶中,加一两滴酚酞指示剂,用 0.1mol·dm^{-3}NaOH 溶液滴定至溶液呈微红色,此红色保持 30s 不褪色即为终点。平行测定 3 份,要求 3 次之间所消耗 NaOH 溶液体积的最大差值不超过±0.04cm^3。

实验指导

[1] NaOH 溶液滴定盐酸溶液和盐酸溶液滴定 NaOH 溶液的突跃范围 pH 均为 4~10,在这一范围内可选用甲基橙(变色范围 pH=3.1~4.4)、甲基红(变色范围 pH=4.4~6.2)、酚酞(变色范围 pH=8.0~10.0)、百里酚蓝-甲酚红钠盐水溶液(变色点 pH=8.3)等指示剂;

[2] 在滴定终点前应尽可能少用蒸馏水吹洗杯壁,因为过度稀释将使指示剂的变色不敏锐。

思考题

1. 1∶1 盐酸的浓度是多少? 配制 0.1mol·dm^{-3}盐酸时用什么量器量取盐酸和水?

2. NaOH 固体有什么性质? 根据这些性质称量 NaOH 固体时应该用什么仪器?

3. 在滴定分析实验中,滴定管、移液管为何需要用滴定剂或要移取的溶液润洗几次? 滴定中使用的锥形瓶是否也要用滴定剂润洗? 为什么?

4. HCl 溶液与 NaOH 溶液定量反应完全后,生成 NaCl 和水,为什么用 HCl 滴定 NaOH 时采用甲基橙作为指示剂,而用 NaOH 滴定 HCl 溶液时却使用酚酞?

5. 滴定管、移液管、容量瓶是滴定分析中量取溶液体积的三种准确量器,记录时应记准几位有效数字?

6. 滴定管读数的起点为何每次最好调到 0.00 刻度处,其道理何在?

7. 用移液管移取溶液后放入盛接容器时,为什么移液管要垂直,并停顿、旋转?

8. 滴定结束前,要用去离子水冲洗锥形瓶的内壁,为什么? 滴定接近终点时,滴定剂要缓慢加入,有时还要半滴半滴地滴加,为什么?

9. 根据实验分析,滴定实验中可能带来误差的操作有哪些?

拓展实验:食醋中总酸量测定

实验三　氯化钠的提纯

实验目的

1. 学习提纯食盐的原理和方法及有关离子的鉴定方法;

2. 掌握溶解、过滤、蒸发、浓缩、结晶、干燥等基本无机实验操作。

实验预习

1.《无机化学》、《无机与分析化学》沉淀溶解平衡及其影响因素;

2. 试剂的干燥、取用和溶液的配制(5.3);

3. 沉淀(晶体)的形成条件,分离与洗涤的方法(5.7.2);

4. 无机制备实验基本操作(5.7.3);

5. 试纸的使用(5.4);

6. 查阅 Ca^{2+}、Mg^{2+}、SO_4^{2-} 的检验方法。

实验原理

粗盐中含有不溶性杂质(如泥沙等)和可溶性杂质。不溶性杂质可通过溶解过滤的方法除去。可溶性杂质主要是 Ca^{2+}、Mg^{2+}、K^+ 和 SO_4^{2-} 等离子,可以通过两种方法除去:其一是选择适当的试剂使它们生成难溶化合物的沉淀,然后过滤除去,如食盐中的 Ca^{2+}、Mg^{2+}、SO_4^{2-};其二可以利用不同温度、不同量的情况下溶解度的不同而予以去除,如食盐中的 K^+。

本实验提纯氯化钠粗盐。首先,可在粗盐溶液中加入稍微过量的 $BaCl_2$ 溶液,先除去 SO_4^{2-}:

$$Ba^{2+} + SO_4^{2-} \Longrightarrow BaSO_4 \downarrow$$

将溶液过滤,除去 $BaSO_4$ 沉淀,再向所得滤液中加入 NaOH 和 Na_2CO_3,以除去 Ca^{2+}、Mg^{2+} 和过量的 Ba^{2+}:

$$Mg^{2+} + 2OH^- \rule[0.5ex]{1.5em}{0.4pt} Mg(OH)_2 \downarrow$$

$$Ca^{2+} + CO_3^{2-} \rule[0.5ex]{1.5em}{0.4pt} CaCO_3 \downarrow$$

$$Ba^{2+} + CO_3^{2-} \rule[0.5ex]{1.5em}{0.4pt} BaCO_3 \downarrow$$

将所得沉淀过滤除去，滤液中过量的 NaOH 和 Na_2CO_3，可以用盐酸中和除去。

粗盐中的 K^+ 和上述的沉淀剂都不起反应，但由于 KCl 的含量较少，而且与 NaCl 溶解度的性质有差异，因此在蒸发浓缩溶液的过程中，NaCl 先结晶出来，而 KCl 则留在母液中而得以分离。

本实验涉及溶度积规则和分步沉淀方法的应用，涉及多项无机化学实验的基本操作。

实验步骤

1. 粗食盐的提纯

在托盘天平上称取 8.0g 粗食盐，放在 $100cm^3$ 烧杯中，加水约 $30cm^3$，用玻璃棒搅拌，使其溶解。加热溶液至沸腾，边搅拌边逐滴加入 $1mol \cdot dm^{-3} BaCl_2$ 溶液，至沉淀完全（约需 $2cm^3$），继续小火加热 5min，使 $BaSO_4$ 的颗粒长大而易于沉降和过滤。为了检验沉淀是否完全，可将烧杯从石棉网上取下，待沉淀下降后，用滴管吸取少量上层清液，放在试管中，滴加几滴 $6mol \cdot dm^{-3}$ HCl 溶液，再加几滴 $1\ mol \cdot dm^{-3} BaCl_2$ 溶液。如果出现混浊，表示 SO_4^{2-} 尚未除尽，需要再加 $BaCl_2$ 溶液；如果不出现混浊，表示 SO_4^{2-} 已除尽，用普通漏斗进行过滤。

向上述所得滤液中加入 $1cm^3\ 6mol \cdot dm^{-3}$ NaOH 溶液和 $2cm^3$ 饱和 Na_2CO_3 溶液，加热至沸，同上述方法检查沉淀是否完全。如果不再产生沉淀，用普通漏斗将溶液过滤。

在第二次得到的滤液中逐滴加入 $6mol \cdot dm^{-3}$ HCl 溶液，并用玻璃棒蘸取液滴在 pH 试纸上试验，直至溶液呈微酸性为止（pH≈5）。将溶液倒入蒸发皿中，用小火加热蒸发，浓缩至稀浆状的稠液为止（切不可将溶液蒸干！）。冷却后，用布氏漏斗过滤，尽量将晶体中水分抽干。将晶体转移回蒸发皿中，在石棉网上用小火加热烘干，直至不冒水汽为止。将所得精食盐冷至室温，称量、比较产品外观、检验产品质量。最后把精食盐放入干燥器中以备下次实验测定 Cl^- 含量使用。

产率可按下式计算：

$$精盐的产率 = \frac{精盐的质量}{粗盐的质量} \times 100\%$$

2. 产品纯度的检验

取精、粗盐各 1g，分别溶于 $5cm^3$ 蒸馏水中（如果粗盐过于混浊，可将溶液过滤）。再将两种澄清溶液分别盛于三支小试管中，组成三组，对照检验它们的纯度。

1）SO_4^{2-} 的检验

在第一组溶液中分别加入 2 滴 $6mol \cdot dm^{-3}$ HCl 溶液，使溶液呈酸性，再加入 $3\sim5$ 滴 $1mol \cdot dm^{-3}$ $BaCl_2$ 溶液。如有白色沉淀，证明有 SO_4^{2-} 存在。

2）Ca^{2+} 的检验

在第二组溶液中分别加入 2 滴 $6mol \cdot dm^{-3}$ HAc 溶液，使溶液呈酸性，再加入 $3\sim5$ 滴饱和的 $(NH_4)_2C_2O_4$ 溶液。如有白色 CaC_2O_4 沉淀生成，证明有 Ca^{2+} 存在。

3）Mg^{2+} 的检验

在第三组溶液中分别加入 $3\sim5$ 滴 $6\ mol \cdot dm^{-3}$ NaOH 溶液，使溶液呈碱性，再加入 1 滴镁试剂 I，若有天蓝色沉淀生成证明有 Mg^{2+} 存在。

将以上实验现象列表比较并讨论。

实验指导

[1] $BaCl_2$ 毒性很大，使用时必须小心！使用过程中既要注意不能入口，又要注意不能污染水体。

[2] Ca^{2+} 与 $C_2O_4^{2-}$ 反应，生成白色沉淀乙二酸钙，乙二酸钙为一种弱酸盐，这种沉淀难溶于乙酸，易溶于盐酸：

$$Ca^{2+} + C_2O_4^{2-} \Longrightarrow CaC_2O_4 \downarrow$$

[3] 镁试剂 I 为对硝基苯偶氮间苯二酚，在酸性溶液中为黄色，在碱性溶液中呈红色或紫色。Mg^{2+} 与镁试剂 I 在碱性介质中反应生成蓝色螯合物沉淀。由镁试剂检验 Mg^{2+} 极为灵敏，最低检出浓度为十万分之一。

[4] 溶液中溶解 CO_2 达到饱和时，$[H_2CO_3]=0.04mol \cdot dm^{-3}$，一般 CO_2 除尽的标准是 $[HCO_3^-]=2.0\times10^{-3}mol \cdot dm^{-3}$，可以通过计算得到除去 CO_3^{2-} 的合适的 pH。

[5] 检验沉淀是否完全，称为中间控制检验，在化学实验中十分重要。

思考题

1. 溶解 8.0g 食盐加水 $30cm^3$ 的依据是什么？加水过多或过少对实验有什么影响？

2. 为什么要在加热时逐滴加入沉淀剂 $BaCl_2$ 溶液？$BaSO_4$ 沉淀生成后，继续加热 5min，目的是什么？

3. 在沉淀 Ca^{2+}、Mg^{2+} 时为何要加 NaOH 和 Na_2CO_3 两种溶液，单独加 Na_2CO_3 可以吗？为什么？加入 NaOH 和 Na_2CO_3 后为何要加热至沸再过滤？

4. 实验中怎样除去过量的沉淀剂 $BaCl_2$ 溶液、NaOH 溶液和 Na_2CO_3 溶液？

5. 提纯后的食盐溶液浓缩时为什么不能蒸干？

6. 在检验 SO_4^{2-} 时，为什么要加入盐酸溶液？

7. 检验 Ca^{2+} 时，加 $(NH_4)_2C_2O_4$ 溶液生成 CaC_2O_4 白色沉淀，为何同时要加入 HAc？加 HCl 可以吗？

8. 若食盐中 K^+ 的量较大，该如何分离 Na^+ 和 K^+？

9. 用普通漏斗过滤的注意事项有哪些？减压过滤的操作要点是什么？请根据实验分析普通过滤和减压过滤的优缺点。

10. 在实验过程中调节溶液的 pH 用的是浓度较大的 $6mol \cdot dm^{-3}$ HCl，你认为操作过程中应该注意什么？

11. 溶液的 pH 为什么要调节到 5？使用 pH 试纸有哪些注意事项？

12. 在除杂质的过程中，如果加热时间过长，液面上会有细小的晶体出现，这是什么物质？此时能否过滤除去杂质？若不能，该怎么办？

实验四　氯化物中氯含量的测定

实验目的

1. 学习 $AgNO_3$ 标准溶液的配制和标定方法；

2. 掌握沉淀滴定法中莫尔法测定 Cl^- 含量的原理和方法要点及了解方法的适用性；

3. 进一步练习滴定分析基本操作。

实验预习

1.《无机化学》、《无极与分析化学》中沉淀滴定法的莫尔法；

2. 电子天平（6.1.4）、分析天平的使用规则（6.1.5）、试样的称取方法（6.1.6）；

3. 容量分析基本操作（5.6）。

实验原理

某些可溶性氯化物中氯含量的测定常采用莫尔法。此方法是在中性或弱碱性介质中，以 K_2CrO_4 为指示剂，用 $AgNO_3$ 标准溶液进行滴定。根据分步沉淀的原理，在体系测定条件下，AgCl 沉淀先于 Ag_2CrO_4 达到 K_{sp}，因此，溶液中首先析出 AgCl 沉淀，当 AgCl 定量沉淀完全后，过量的 Ag^+ 即与 CrO_4^{2-} 生成砖红色的 Ag_2CrO_4 沉淀，指示终点的到达。测定过程中的主要反应如下：

$$Ag^+ + Cl^- = AgCl(s)(白色), \quad K_{sp} = 1.8 \times 10^{-10}$$

$$2Ag^+ + CrO_4^{2-} = Ag_2CrO_4(s)(砖红色), \quad K_{sp} = 2.0 \times 10^{-12}$$

滴定必须在中性或弱碱性溶液中进行，最适宜 pH 范围为 $6.5 \sim 10.5$，否则会有弱酸的酸效应或者氧化银沉淀的生成。如果有铵盐存在，溶液的 pH 需控制为 $6.5 \sim 7.2$。

由于要产生 Ag_2CrO_4 沉淀来指示终点，所以，指示剂 K_2CrO_4 的用量对滴定有影响。一般 K_2CrO_4 以 $5 \times 10^{-3} mol \cdot dm^{-3}$ 为宜。凡是能与 Ag^+ 生成难溶性化合物或配合物的阴离子都干扰测定，如 PO_4^{3-}、AsO_4^{3-}、SO_3^{2-}、S^{2-}、CO_3^{2-}、$C_2O_4^{2-}$ 等。

其中 S^{2-} 可以 H_2S 的形式加热煮沸除去,将 SO_3^{2-} 氧化成 SO_4^{2-} 后不再干扰测定。大量 Cu^{2+}、Ni^{2+}、Co^{2+} 等有色离子将影响终点观察。能与 CrO_4^{2-} 指示剂生成难溶化合物的阳离子,如 Ba^{2+}、Pb^{2+},因为能与 CrO_4^{2-} 分别生成 $BaCrO_4$ 和 $PbCrO_4$ 沉淀也干扰测定。Ba^{2+} 的干扰可加入过量的 Na_2SO_4 消除。

Al^{3+}、Fe^{3+}、Bi^{3+}、Sn^{4+} 等高价金属离子在中性或弱碱性溶液中易水解产生沉淀,会干扰测定。

实验步骤

1．$AgNO_3$ 溶液的标定

准确称取 $1.3\sim1.7g$ 基准物 NaCl 于小烧杯中,用蒸馏水溶解后,转入 $250cm^3$ 容量瓶中,稀释至刻度,摇匀。

用移液管移取 $25.00cm^3$ NaCl 溶液注入 $250cm^3$ 锥形瓶中,加入 $25cm^3$ 水,用吸量管加入 $1cm^3$ 5％K_2CrO_4 溶液,在不断摇动下,用待标定的 $AgNO_3$ 溶液滴定至呈现砖红色,即为终点。平行标定三份。根据所消耗 $AgNO_3$ 的体积和 NaCl 的质量,计算 $AgNO_3$ 的浓度。

2．试样分析

准确称取自制的 $1.5\sim1.8g$ NaCl 置于烧杯中,加水溶解,转入 $250cm^3$ 容量瓶中,用水稀释至刻度,摇匀。

用移液管移取 $25.00cm^3$ 试液于 $250cm^3$ 锥形瓶中,加 $25cm^3$ 水,用吸量管加入 $1cm^3$ 5％K_2CrO_4 溶液,在不断摇动下,用 $AgNO_3$ 标液滴定至溶液出现砖红色,即为终点。平行测定三份,计算试样中氯的含量。

实验指导

［1］NaCl 基准试剂:在 $500\sim600℃$ 高温炉中灼烧半小时后,放置在干燥器中冷却。也可将 NaCl 置于带盖的瓷坩埚中,加热,并不断搅拌,待爆炸声停止后,继续加热 15min,将坩埚放入干燥器中冷却后使用。

［2］$0.1mol\cdot dm^{-3}$ $AgNO_3$ 溶液配制:称取 $8.5g$ $AgNO_3$ 溶解于 $500cm^3$ 不含 Cl^- 的蒸馏水中,将溶液转入棕色试剂瓶中,置暗处保存,以防光照分解。

［3］Ag 为贵金属,实验中应回收废液,处理再利用。

［4］Cr(Ⅵ)的化合物有毒,使用时,要小心,滴定结束后,要回收处理。

思考题

1. 莫尔法测氯时,为什么介质的 pH 须控制为 $6.5\sim10.5$?

2. 以 K_2CrO_4 作指示剂时,指示剂浓度过大或过小对测定有何影响?

3. 用莫尔法测定"酸性光亮镀铜液"(主要成分为 $CuSO_4$ 和 H_2SO_4)中的氯含量时,试液应做哪些预处理?

4. 若试样中有较多的杂质离子,加入沉淀剂可以形成沉淀,对于测定结果将会有什么影响?讨论莫尔法测氯的适用性。

5. 滴定接近终点时,加水冲洗锥形瓶壁对滴定结果有影响吗?

6. 为何要控制滴定速率?与酸碱滴定比较,控制速率的意义有何不同?

7. 使用 $AgNO_3$ 溶液有哪些注意事项?洗涤装过 $AgNO_3$ 标准溶液的滴定管,用自来水冲洗会有什么现象?应该怎样清洗?

实验五　混合碱的测定(双指示剂法)

实验目的

1. 了解双指示剂法测定碱液中 NaOH 和 Na_2CO_3 含量的原理;

2. 了解双指示剂的优点和使用方法;

3. 初步了解多元酸(碱)滴定及混合酸(碱)滴定的方法要点;

4. 学会一种测定 NaOH、Na_2CO_3 和 $NaHCO_3$ 混合碱的组成的测定方法。

实验预习

1.《无机与分析化学》、《分析化学》中酸碱滴定的原理及多元酸(碱)、混合酸滴定;

2. 电子天平(6.1.4)、分析天平的使用规则(6.1.5)、试样的称取方法(6.1.6);

3. 容量分析基本操作(5.6);

4. 溶液的配制(5.3.3)。

实验原理

混合碱是 Na_2CO_3 与 NaOH 或 $NaHCO_3$ 与 Na_2CO_3 的混合物。欲测定同一份试样中各组分的含量,可用 HCl 标准溶液滴定。滴定过程中的两个化学计量点,用理论计算可分别得到其 pH。然后,选用两种不同指示范围的指示剂分别指示第一、第二化学计量点的到达,即常称为"双指示剂法"。此法具有简便、快速的特点,在生产实际中应用广泛。

在混合碱试液中加入酚酞指示剂,变色 pH 范围是 $8.0\sim10.0$,溶液会呈现红色。用盐酸标准溶液进行滴定,溶液由红色刚好变为无色时,试液中所含 NaOH 完全被中和,而所含 Na_2CO_3 则被中和到 $NaHCO_3$,反应式如下:

$$NaOH + HCl \xrightarrow{酚酞} NaCl + H_2O$$

$$Na_2CO_3 + HCl \xrightarrow{酚酞} NaCl + NaHCO_3$$

设所消耗 HCl 溶液的体积为 $V_1(cm^3)$。再加入甲基橙指示剂,变色 pH 范围为 3.1～4.4,此时溶液为黄色,继续用盐酸标准溶液滴定,使溶液由黄色转变为橙色即为终点。反应式为

$$NaHCO_3 + HCl \xrightarrow{甲基橙} NaCl + CO_2 \uparrow + H_2O$$

设所消耗盐酸溶液的体积为 $V_2(cm^3)$。根据 V_1、V_2 数值的大小,可以分析混合碱的成分和计算相应的含量。

当 $V_1 > V_2$ 时,试样为 Na_2CO_3 与 NaOH 的混合物。中和 Na_2CO_3 所需 HCl 是由两次滴定加入的,两次用量应该相等。而中和 NaOH 时所消耗的 HCl 量应为 $V_1 - V_2$,故计算 NaOH 和 Na_2CO_3 组分的含量应为

$$w_{NaOH} = \frac{(V_1 - V_2) \times c_{HCl} \times M_{NaOH}}{m_s}$$

$$w_{Na_2CO_3} = \frac{V_2 \times c_{HCl} \times M_{Na_2CO_3}}{m_s}$$

将 w 乘以 100% 即为质量分数。

当 $V_1 < V_2$ 时,试样为 Na_2CO_3 与 $NaHCO_3$ 的混合物,此时 V_1 为中和 Na_2CO_3 至 $NaHCO_3$ 时所消耗的 HCl 溶液体积,故 Na_2CO_3 所消耗 HCl 溶液体积为 $2V_1$,中和 $NaHCO_3$ 所用 HCl 的量应为 $V_2 - V_1$,计算式为

$$w_{NaHCO_3} = \frac{(V_2 - V_1) \times c_{HCl} \times M_{NaHCO_3}}{m_s}$$

$$w_{Na_2CO_3} = \frac{\frac{1}{2} \times 2V_1 \times c_{HCl} \times M_{Na_2CO_3}}{m_s}$$

将 w 值乘 100%,即为质量分数。

双指示剂法中,传统的方法是先用酚酞,后用甲基橙指示剂,用 HCl 标液滴定。由于酚酞是单色指示剂,变色不是很敏锐,人眼观察这种颜色变化的灵敏性稍差些,因此也常选用甲酚红-百里酚蓝混合指示剂。酸色为黄色,碱色为紫色,变色点 pH 为 8.3。pH 为 8.2 时为玫瑰色,pH 为 8.4 时为清晰的紫色,此混合指示剂变色敏锐,用盐酸滴定剂滴定溶液由紫色变为粉红色,即为终点。

实验内容

1. $0.1mol \cdot dm^{-3}$ HCl 溶液的配制和标定

用 1∶1 HCl 配制 $300cm^3$ $0.1mol \cdot dm^{-3}$ HCl 备用。

用称量瓶分别向 $250cm^3$ 锥形瓶中加入准确称取的 0.15～0.20g 无水 Na_2CO_3 3 份,加入 20～$30cm^3$ 水使之溶解,滴加 0.2% 甲基橙指示剂一两滴,用待标定的

HCl 滴定溶液由黄色恰变为橙色,即为终点。

2. 混合碱的分析

准确称取试样 2.0～2.5g 于 100cm³ 烧杯中,加水使之溶解,定量转入到 100cm³ 容量瓶中,用水稀释至刻度,充分摇匀。

平行移取 25.00cm³ 试液 3 份于 250cm³ 锥形瓶中,加酚酞或混合指示剂两三滴,用盐酸溶液滴定至溶液恰好由红色褪至无色,记下所消耗 HCl 标液的体积 V_1,再加入甲基橙指示剂一两滴,继续用盐酸溶液滴定溶液由黄色恰变为橙色,消耗 HCl 的体积记为 V_2。然后按原理部分所述公式计算混合碱中各组分的浓度 (mol·dm⁻³)和含量。

实验指导

[1] Na_2CO_3 基准物用称量瓶称样时一定要带盖,以免吸湿。

[2] 加酚酞指示剂用 HCl 溶液滴定后再加甲基橙指示剂,滴定时滴定管中的 HCl 要加满并重新调零后再滴。

思考题

1. 欲测定混合碱中总碱度,应选用何种指示剂?为什么?

2. 采用双指示剂法测定混合碱,在同一份溶液中测定,试判断下列五种情况下,混合碱中存在的成分是什么?

(1) $V_1=0$;(2) $V_2=0$;(3) $V_1>V_2$;(4) $V_1<V_2$;(5) $V_1=V_2$

3. 无水 Na_2CO_3 保存不当,吸水 1%,用此基准物质标定盐酸溶液浓度时,其结果有何影响?用此浓度测定试样,其影响如何?

4. 测定混合碱时,到达第一化学计量点前,由于滴定速度太快,摇动锥形瓶不均匀,致使滴入的 HCl 局部过浓,使 $NaHCO_3$ 迅速转变为 H_2CO_3 继而分解为 CO_2 而损失,此时采用酚酞为指示剂,记录 V_1,如此操作对测定结果有何影响?

5. 评价一下双指示剂法的准确性和误差来源,整个过程中只用一种 HCl 溶液而不标定其浓度可以吗?

6. HCl 溶液为什么用 Na_2CO_3 标定?为什么用甲基橙指示剂?写出此滴定反应的方程式。

7. 有人在实验过程中称取 Na_2CO_3 固体 0.1534g,用待标定的浓度约 0.1mol·dm⁻³ HCl 滴定,甲基橙为指示剂,滴加已超过 45cm³ 也不变色,请你分析其中的原因。

8. 一般的实验室为同学们准备实验时,都是把混合碱配成溶液提供给同学们,请分析一下原因。

9. 减量法使用哪些仪器?称量的关键是什么?

10. 取两份相同的混合碱溶液,一份以酚酞作指示剂,另一份用甲酚红-百里酚蓝为指示剂滴定到终点,哪一份消耗的 HCl 体积多?为什么?

实验六　$BaCl_2 \cdot 2H_2O$ 中 Ba 含量的测定

实验目的

1. 了解溶度积原理在沉淀的形成、完全沉淀中的作用,理解其对沉淀条件选择的指导作用；

 2. 了解动力学因素对沉淀晶形和颗粒度的影响；

 3. 练习重量分析法中沉淀的过滤、洗涤、灼烧、称量操作技术；

 4. 学习 Ba^{2+}、SO_4^{2-} 的测定方法。

实验预习

 1.《无机与分析化学》、《分析化学》沉淀平衡和重量分析法；

 2. 重量分析基本操作(5.7.4)；

 3. 试剂的干燥(5.3.1)；

 4. 沉淀的分离和洗涤(5.7.2)；

 5. 电加热设备及控制反应温度的方法(5.7.1)。

实验原理

 $BaSO_4$ 重量法既可用于测定 Ba^{2+}，也可用于测定 SO_4^{2-} 的含量。

 一定量的 $BaCl_2 \cdot 2H_2O$ 用水溶解后，在酸性、加热的条件下与稀、热的 H_2SO_4 反应，可形成 $BaSO_4$ 晶形沉淀。沉淀经陈化、过滤、洗涤、烘干、炭化、灰化和灼烧后，以 $BaSO_4$ 形式称量，即可求出 $BaCl_2$ 中 Ba 的含量。

 $BaSO_4$ 重量法的关键是 Ba^{2+} 要保证沉淀完全，并且在沉淀的过滤、洗涤、灰化、灼烧的步骤中不损失，直至准确地称量。为了达到这个目的，要注意以下几点：

 (1) 除 $BaCl_2$ 外，钡盐基本上均为难溶盐，Ba^{2+} 可生成一系列微溶化合物，如 $BaCO_3$、BaC_2O_4、$BaCrO_4$、$BaHPO_4$、$BaSO_4$ 等，其中以 $BaSO_4$ 溶解度最小，$100cm^3$ 溶液中，$100℃$ 时溶解 $0.4mg$，$25℃$ 时仅溶解 $0.25mg$，当过量沉淀剂存在时，其溶解的量一般可以忽略不计。

 为了防止产生 $BaCO_3$、$BaHPO_4$、$BaHAsO_4$ 沉淀以及防止生成 $Ba(OH)_2$ 共沉淀，硫酸钡重量法一般在 $0.05mol \cdot dm^{-3}$ 左右的盐酸介质中进行。同时，适当提高酸度，增加 $BaSO_4$ 在沉淀过程中的溶解度，以降低其相对过饱和度，有利于沉淀获得较好的晶形。用 $BaSO_4$ 重量法测定 Ba^{2+} 时，一般用稀 H_2SO_4 作沉淀剂，为了使 $BaSO_4$ 沉淀完全，H_2SO_4 必须过量。由于 H_2SO_4 在高温下可挥发除去，故沉淀带下的 H_2SO_4 不致引起误差，因此沉淀剂可过量 $50\%\sim100\%$。如果用 $BaSO_4$ 重量法测定 SO_4^{2-} 时，沉淀剂 $BaCl_2$ 过量只允许 $20\%\sim30\%$，因为 $BaCl_2$ 灼烧时不易挥发除去。

 $PbSO_4$、$SrSO_4$ 的溶解度均较小，Pb^{2+}、Sr^{2+} 对钡的测定有干扰。NO_3^-、ClO_3^-、Cl^- 等阴离子和 K^+、Na^+、Ca^{2+}、Fe^{3+} 等阳离子均可以引起共沉淀的现象，故应严格掌握沉淀条件，减少共沉淀，以获得纯净的 $BaSO_4$ 晶形沉淀。

 (2) 采取含相同离子的水洗涤沉淀，定量滤纸，防止纸灰飘走等措施来减少、力求防止沉淀在洗涤、灰化和灼烧过程中的损失。

实验步骤

1. 称样及沉淀的制备

准确称取 $0.4 \sim 0.6$ g 干燥的 $BaCl_2 \cdot 2H_2O$ 试样,置于 $250cm^3$ 烧杯中,加入 $100cm^3$ 去离子水和 $3cm^3$ $2mol \cdot dm^{-3}$ HCl 搅拌溶解,加热至近沸。

另取 $4cm^3$ $1mol \cdot dm^{-3}$ H_2SO_4 放入 $100cm^3$ 烧杯中,加水 $30cm^3$。加热至近沸,趁热将 H_2SO_4 溶液用小滴管逐滴地加入到热的钡盐溶液中,并不断搅拌,直至 H_2SO_4 溶液加完为止。待 $BaSO_4$ 沉淀下沉后,于上层清液中滴加一两滴 $0.1mol \cdot dm^{-3}$ H_2SO_4 溶液,仔细观察沉淀是否完全。确定沉淀完全后,盖上表面皿(且勿将玻璃棒拿出杯外),放置过夜或水浴加热(水沸腾后计时,调小火保持微沸)40min 陈化[1]。

2. 空坩埚的恒量[2]

将坩埚置于马弗炉中 800℃ 高温灼烧,放在干燥器中冷却称量至恒量。

3. 沉淀的过滤和洗涤

用慢速或中速滤纸,采用倾析法过滤上述得到的 $BaSO_4$ 沉淀。用稀 H_2SO_4(用 $1cm^3$ $1mol \cdot dm^{-3}$ H_2SO_4 加 $100cm^3$ 水配成)洗涤沉淀[4]三四次,每次约 $10cm^3$。然后,将沉淀定量转移到滤纸上。用折叠滤纸时撕下的小片滤纸擦拭杯壁,将此小片滤纸放入漏斗中,再用稀 H_2SO_4 洗涤 $4 \sim 6$ 次,直至洗涤液中不含 Cl^- 为止(检查方法:用试管收集滤液,加 1 滴 $2mol \cdot dm^{-3}$ HNO_3 酸化,再加入 2 滴 $AgNO_3$,若无白色混浊产生,表示 Cl^- 已洗净)。

4. 沉淀的灼烧和恒量[3]

将折叠好的沉淀滤纸包置于已恒量[2]的瓷坩埚中,经烘干、炭化、灰化[5]后,在马弗炉中于 800℃ 灼烧至恒量。计算 $BaCl_2 \cdot 2H_2O$ 中 Ba 的含量。

实验指导

[1] 也可以在水浴中加热 40min 进行陈化。

[2] 恒量坩埚的方法是放在马弗炉中 800℃ 恒温 $30 \sim 40$min,放入干燥器中完全冷却后称量;也可以将两个洁净的瓷坩埚放在($800 + 20$)℃ 的煤气灯上灼烧至恒量。第一次灼烧 40min,以后每次只灼烧 20min。

[3] 一般情况下,恒量称量需要冷却 30min。可以用实验验证是否恒量,具体

做法是冷却 10min 后进行第一次称量,记录数据,10min 后进行第二次称量,当两次称量的差值小于 0.0002g 时,即符合要求。

　　[4] 洗涤沉淀时,应注意:①滴入洗涤液要轻,防止沉淀溅出,尤其是烧杯尖嘴部应该特别注意小心操作;②洗涤应少量多次;③尽可能使所有的洗涤液流完后再加下次洗涤液。

　　[5] 在炭化和灰化的过程中,火焰不要太大,应该不包围坩埚,因为燃烧过程中产生的炭可以把硫酸钡还原,$BaSO_4 + 4C \!=\!=\! 4CO + BaS$,使沉淀变黄,造成分析结果偏低。

思考题

　　1. 为什么要在稀 HCl 介质中沉淀 $BaSO_4$? HCl 加入太多有何影响?

　　2. 用沉淀理论来解释本实验的沉淀条件。

　　3. 实验中沉淀的生成是在热溶液中进行,而过滤又要在冷却后进行,为什么? 晶形沉淀为何要陈化?

　　4. 为什么要用倾析法过滤?

　　5. 灰化的过程中滤纸着火了,应该如何处理? 着火会对实验结果产生什么影响?

　　6. 在炭化、灰化的过程中要注意什么?

　　7. 为净化 $BaSO_4$ 沉淀和使之容易过滤,我们在实验中采取了哪些措施?

　　8. 选择沉淀洗涤剂的原则是什么?

　　9. 设计一个适合于恒量记录的实验报告格式。

　　10. 坩埚的准备工作该进行哪些操作?

　　11. 为什么称量 0.4~0.6g $BaCl_2 \cdot 2H_2O$?

拓展实验:重量法测定可溶硫酸盐中 SO_4^{2-} 的含量

实验七　纯水的制备与检验及水的总硬度测定

实验目的

　　1. 了解自来水中主要溶有哪些无机杂质离子及其定性鉴定方法;

　　2. 了解用蒸馏法制备纯水的原理和要点;

　　3. 熟悉电导率仪的构造和使用方法;

　　4. 了解水的总硬度的测定意义和常用的硬度表示方法;

　　5. 掌握 EDTA 法测定水的总硬度的原理和方法;

　　6. 了解配位滴定法的基本原理和铬黑 T 指示剂的应用。

实验预习

　　1. 水硬度的表示方法,我国的生活饮用水规定,总硬度以碳酸钙计,不得超过 $450mg \cdot dm^{-3}$;

　　2.《无机与分析化学》、《分析化学》中的配位滴定法;

3.《无机与分析化学》、《无机化学》酸碱平衡中的缓冲溶液的配制和使用；

4. 蒸馏(5.8.6)；

5. 容量分析基本操作(5.6)；

6. 电导率仪及其基本操作(6.3)。

实验原理

1. 纯水的制备与检测

工业生产、科学研究和日常生活对所用水的水质各有一定的要求。电子工业、化工生产等对水质的纯度要求更高。所以，根据实验的要求，需要对自来水采用不同的方法进行不同目的的纯化制备。

水中常溶有 Na^+、Ca^{2+}、Mg^{2+} 和 HCO_3^-、CO_3^{2-}、SO_4^{2-}、$S_2O_3^{2-}$、Cl^- 等离子以及某些气体和有机物等杂质。在制得的自来水中仍然有这些离子的存在，还需采用一些方法进行净化。主要的净化方法有蒸馏法、离子交换法、电渗析法、反渗透法等。这些方法主要是针对去除离子而言的。

在生产和科学实验中，表示水的纯度的主要指标是水中含盐量(即水中各种盐类的阳、阴离子的数量)的大小，而水中含盐量的测定较为复杂，所以通常用水的电阻率或电导率来间接表示：

$$\rho = \frac{1}{K}$$

式中：ρ——电阻率，$\Omega \cdot cm$；

K——电导率，$\Omega^{-1} \cdot cm^{-1}$。

根据对水纯度的要求不同，通常可将水分为软化水、脱盐水、纯水及高纯水四种：

(1) 软化水。一般是指将水中的硬度(暂时硬度及永久硬度)降低或去除至一定程度的水。

(2) 脱盐水。一般是指将水中易去除的强电解质去除或减少至一定程度。脱盐水中的剩余含盐量一般应为 $1\sim5mg \cdot dm^{-3}$。25℃时水的电阻率应为 $0.1\sim1.0 \times 10^6 \Omega \cdot cm$(电导率 $10\sim1.0\times10^{-6}\Omega^{-1} \cdot cm^{-1}$)。

(3) 纯水，又称去离子水，或深度脱盐水。一般是指既将水中易去除的强电解质去除，又将水中难以去除的硅酸及二氧化硅等弱电解质去除至一定程度的水。纯水中的剩余含盐量一般应在 $1.0mg \cdot dm^{-3}$ 以下。25℃时水的电阻率应为 $0.1\sim1.0\times10^6\Omega \cdot cm$(电导率 $10\sim1.0\times10^{-6}\Omega^{-1} \cdot cm^{-1}$)。

(4) 高纯水，又称超纯水。一般是指既将水中的电解质几乎完全去除，又将水中不离解的胶状物质、气体及有机物去除至很低程度，高纯水中的剩余含盐量应在

0.1mg·dm^{-3}以下。25℃时,水的电阻率应为 0.1～1.0×10^{6}Ω·cm(电导率 10～1.0×10^{-6}Ω^{-1}·cm^{-1})以上。

水中所含的主要阳、阴离子可做定性鉴定,常用下列方法:

(1) 用镁试剂检验 Mg^{2+}。镁试剂(对硝基苯偶氮间苯二酚)是一种有机染料,在酸性溶液中呈黄色,在碱性溶液中呈紫色,当它被 Mg(OH)$_2$ 沉淀吸附后呈天蓝色,反应必须在碱性溶液中进行。

(2) 用钙指示剂检验 Ca^{2+}。游离的钙指示剂呈蓝色,在 pH＞12 的碱性溶液中,它能与 Ca^{2+} 结合显红色。在此 pH 时,Mg^{2+} 不干扰 Ca^{2+} 的检验,因为 pH＞12时,Mg^{2+} 已生成 Mg(OH)$_2$ 沉淀。

(3) 用 AgNO$_3$ 溶液检验 Cl$^-$。

(4) 用 BaCl$_2$ 溶液检验 SO$_4^{2-}$。

蒸馏法制备纯水:

蒸馏法的基本原理是通过加热使含盐的水蒸发。然后将蒸汽冷凝而成蒸馏水,或称脱盐水,溶解在水中的盐类则残留在蒸馏器中。如对水的纯度要求很高,可经过多次蒸馏,从而取得纯水或高纯水。根据实验,在石英器皿中经过 28 次蒸馏出的水,在 18℃时测得电阻率为 23×10^{6}Ω·cm;在 25℃时测得电阻率为 16×10^{6}Ω·cm。市售蒸馏水的电阻率一般约为 10×10^{4}Ω·cm。用石英容器制得的三级蒸馏水,电阻率一般可达 2×10^{6}Ω·cm。

用蒸馏法制取脱盐水及纯水过去一直占主要地位。但是这种方法比较陈旧,且存在以下缺点:①成本较高;②在蒸发过程中,易带出挥发性的杂质(如氨),在冷却过程中,易带入二氧化碳,虽经多次蒸馏亦不易完全去除剩留在水中的杂质;③蒸发进行得很慢,使用中必须储存,因而容易从空气中吸收二氧化碳和受其他物质的污染,影响水的纯度。由于存在这些缺点,此法已逐渐被离子交换和电渗析等方法所替代。

2. 水硬度测定

水的硬度是指水对肥皂的沉淀程度,肥皂沉淀的主要原因是因为水中含金属离子。清洁的地下水、河、湖水中,钙、镁的含量远比其他金属离子多,所以通常所说的硬度就是指水中钙镁的含量。

水硬度的计算单位很多,各国采用的单位的大小也不一致,最常用的表示水硬度的单位有:

(1) 以度表示,1°＝10mg·dm^{-3}CaO,相当于 10 万份水中含 1 份 CaO。

(2) 以水中 CaCO$_3$ 的浓度(mg·dm^{-3})计,即相当于每升水中含有多少毫克 CaCO$_3$。我国生活饮用水卫生标准规定以 CaCO$_3$ 计的硬度不得超过 450mg·dm^{-3}。本实验用第二种方法表示水的总硬度。即

$$水总硬度 = \dfrac{c_{\text{EDTA}}V_{\text{EDTA}} \times \dfrac{M_{\text{CaCO}_3} \times 1000}{1000}}{水样(\text{cm}^3)} \times 1000$$

本实验用 EDTA 滴定 Ca^{2+}、Mg^{2+} 总量,根据 Ca^{2+}、Mg^{2+} 和 EDTA 形成配合物的性质和酸效应的影响,滴定应在 pH 为 10 的氨缓冲溶液中进行,用铬黑 T 作指示剂。铬黑 T 与 Ca^{2+}、Mg^{2+} 形成紫红色配合物,在 pH 为 10 时,铬黑 T 为纯蓝色,因此,终点时溶液颜色由紫红变为纯蓝色。

理论的计算和实践都表明,以铬黑 T 为指示剂,用 EDTA 滴定 Mg^{2+} 较滴定 Ca^{2+} 时,终点更敏锐。因此,当水样中含 Mg^{2+} 量较少时,用 EDTA 测定水硬度,终点不敏锐。为此,在配制 EDTA 溶液时,加入适量的 Mg^{2+},在滴定过程中,Ca^{2+} 把 Mg^{2+} 从 Mg-EDTA 中置换出来,Mg^{2+} 与铬黑 T 形成紫红色配合物,终点时,颜色由紫红色变成纯蓝色,变色比较敏锐。

在滴定过程中,Fe^{3+}、Al^{3+} 的干扰用三乙醇胺掩蔽,Cu^{2+}、Pb^{2+}、Zn^{2+} 等金属离子用 KCN、Na_2S 掩蔽。

实验步骤

1. 制备蒸馏水

(1) 按图 8-3 搭好蒸馏装置,注意装置的稳定性与平衡。
(2) 取 350cm^3 自来水放入 500cm^3 蒸馏烧瓶中,并滴入 4 滴 $0.1\text{mol} \cdot \text{dm}^{-3}\text{KMnO}_4$ 溶液,投入几粒沸石(防止过热或迸沸),插入温度计,再装好冷凝管,通入冷水,将各连接处的塞子塞紧,然后进行加热,调节火焰以使水蒸气较缓慢地从支管逸出,控制每秒钟出水约 2 滴。当锥形瓶中蒸馏出的纯水约 100cm^3 时,停止加热。

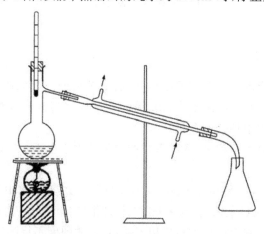

图 8-3　蒸馏装置

2. 水的检验

1) 离子检验

分别用试管取自来水和蒸馏水,进行下列离子检验:

(1) 用镁试剂检验 Mg^{2+}。在 $3cm^3$ 水样中,加入 2 滴 $6mol \cdot dm^{-3}NaOH$,再加镁试剂 2 滴,观察颜色,判断有无 Mg^{2+}。

(2) 用钙指示剂检验 Ca^{2+}。在 $1cm^3$ 水样中,加入 2 滴 $2mol \cdot dm^{-3}NaOH$,再加入少许钙指示剂,观察颜色,判断有无 Ca^{2+}。

(3) 用 $AgNO_3$ 溶液检验 Cl^-。在 $1cm^3$ 水样中,加入 2 滴 $2mol \cdot dm^{-3}HNO_3$ 酸化,再加入 2 滴 $0.1mol \cdot dm^{-3}AgNO_3$ 溶液,观察有无白色沉淀产生。

(4) 用 $BaCl_2$ 溶液检验 SO_4^{2-}。在 $1cm^3$ 水样中,加入 2 滴 $2mol \cdot dm^{-3}HCl$,再加入 2 滴 $1mol \cdot dm^{-3}BaCl_2$ 溶液,观察有无沉淀产生。

2) 电导率的检验

用电导率仪测定烧瓶中的残留水、自来水、蒸馏水和去离子水的电导率,并将实验结果记录在表 8-1 中,根据实验结果得出结论。

表 8-1　实验记录

样品名称	检测项目				
	电导率/$(\mu \cdot cm^{-1})$	Mg^{2+}	Ca^{2+}	Cl^-	SO_4^{2-}
原水(自来水)					
蒸馏水					
去离子水					
蒸馏残余水					

3. 残余水和自来水硬度测定

1) EDTA 溶液的标定[1]

准确称取 $CaCO_3$($0.23 \sim 0.28g$)1 份[2],置于烧杯中,用少量蒸馏水润湿,盖上表面皿,缓慢加 1:1HCl 溶液 $10 \sim 20cm^3$,加热溶解后,定量地转移入 $250cm^3$ 容量瓶,定容,摇匀。吸取 $25.00cm^3$ 溶液,注入锥形瓶中,加 $20cm^3$ NH_3-NH_4Cl 缓冲溶液[3]、两三滴铬黑 T 指示剂[4],用欲标定的 EDTA 溶液滴定到锥形瓶中液体颜色由紫红色变为纯蓝色即为终点。平行滴定 3 份,计算 EDTA 溶液的准确浓度。

2) 水样测定

取适当体积的冷却后的蒸馏后的残余水样[5] $250cm^3$ 注入锥形瓶中,加入 $5cm^3$ 三乙醇胺溶液、$5cm^3$ NH_3-NH_4Cl 缓冲溶液、$1cm^3$ Na_2S、三四滴铬黑 T 指示剂,用

EDTA 标准溶液滴定至溶液由紫红色变为纯蓝色为终点。至少平行滴定 3 次。

以含 $CaCO_3$ 的浓度$(mg \cdot dm^{-3})$表示硬度。

3) 另取一定体积的自来水样[6]，同上述条件平行测定 3 份，计算自来水的硬度。

实验指导

[1] $0.01mol \cdot dm^{-3}$ 的 EDTA 溶液:称取 4g 乙二胺四乙酸二钠盐$(Na_2H_2Y \cdot 2H_2O)$于 $250cm^3$ 烧杯中,加水溶解,再加约 $0.1g$ 的 $MgCl_2 \cdot 6H_2O$ 溶解后,稀释至 $1000cm^3$。

[2] $CaCO_3$ 固体 A. R. 基准物,在 $105 \sim 110℃$ 下干燥 $2 \sim 3h$,放在干燥器中备用。

[3] NH_3-NH_4Cl 缓冲溶液:称取 $20gNH_4Cl$ 溶于少量水中,加 $150cm^3$ 浓氨水,用水稀释至 $1dm^3$。

[4] 0.5% 铬黑 T 指示剂:称取 $0.5g$ 铬黑 T,加 $20cm^3$ 三乙醇胺,加无水乙醇 $100cm^3$。

[5] 如果是其他水样,加一两滴 1:1HCl 酸化水样。煮沸数分钟,除去 CO_2 (残余水不必煮沸),冷却后测定。

[6] 注意取水样的方法和体积,视水的硬度而定,一般为 $50 \sim 100cm^3$。

思考题

1. 自来水中的主要无机杂质是什么? 为何蒸馏法和离子交换法能去除水中的无机杂质? 新制的蒸馏水和敞口久放的蒸馏水有何差异?

2. 蒸馏装置的搭建的原则是什么? 一定是"从左到右"吗?

3. 为什么加入沸石? 如果没有沸石用其他东西可以代替吗?

4. 为什么要去掉最初的 $10cm^3$ 的馏分?

5. 加入高锰酸钾的目的是什么?

6. 根据蒸馏原理,试回答怎样制取无氨蒸馏水和不含有机物的蒸馏水。

7. 测定水的总硬度时,EDTA 的标定可采用两种方法:①用纯金属锌为基准物质,在 pH 为 5 时,以二甲酚橙为指示剂进行标定;②用 $CaCO_3$ 作基准物质,以铬黑 T 为指示剂,在 pH 为 10 时进行标定。请问本实验用哪种标定方法更合理? 为什么?

8. 用含 $CaCO_3$ 的浓度表示水的总硬度,"该数值表明水中 $CaCO_3$ 的真实含量"这种说法对吗?

9. 取自来水样和蒸馏后残余水样时要注意什么? 为什么?

10. 叙述在 EDTA 标准溶液中加入少量 Mg^{2+} 的作用,是否会影响实验结果?

11. Ca^{2+} 的检验在此实验中和在氯化钠提纯中的方法是不同的,根据实验,比较两种方法。

12. 水硬度的测定实验中,为什么使用的水样为 $100cm^3$?

13. 测定残余水样的电导率是否需要冷却? 实验中测定四种水样的电导率,最后测定的是残余水,因为先前使用的仪器有其他同学在用,所以使用了另外一台仪器测定,这是不妥当的,为什么?

14. 用 $CaCO_3$ 标定 EDTA 溶液时,为什么要用容量瓶配成溶液? 可否直接称量至锥形瓶中进行溶解滴定?

　　15. 实验结束后,烧瓶壁上有固体出现,分析可能是什么物质? 如何清洗干净?

实验八　邻二氮菲吸光光度法测定铁含量

实验目的

　　1. 了解 722 型分光光度计的构造和使用方法;

　　2. 通过本实验,掌握分光光度法测定铁的条件及方案的选择和拟定;

　　3. 熟悉标准曲线法(工作曲线法)的原理及应用;

　　4. 了解科学研究的基本思路。

实验预习

　　1.《无机与分析化学》、《仪器分析》中吸光光度法及其应用;

　　2. 容量瓶的使用(5.6.6)、吸量管的使用(5.6.3);

　　3. 化学实验中的误差分析和数据处理(第 3 章);

　　4. 分光光度计的构造原理及溶液浓度的测定(6.4)。

实验原理

　　基于物质对光的选择性吸收而建立的分析方法称为吸光光度法,包括比色法、可见分光光度法及紫外分光光度法等。

　　许多物质是有颜色的,如高锰酸钾在水溶液中呈深紫色、Cu^{2+} 在水溶液中呈蓝色。还有许多过渡金属离子与配合物也会形成各种各样的有色配合物。这些有色溶液颜色的深浅与这些物质的浓度有关。分光光度法就是建立在这一现象基础上的。该法具有灵敏(所测试液的浓度下限达 $10^{-6} \sim 10^{-5}\,mol \cdot dm^{-3}$)、准确、快速及选择性好等特点,因而它具有较高的灵敏度,适用于微量组分的测定。

　　在可见光区,不同波长的光呈现不同的颜色,溶液的颜色由透射光的波长所决定。因为透射光和吸收光组成白光,故称这两种光互为补色光,两种颜色互为补色。如硫酸铜溶液因吸收白光中的黄色光而呈现蓝色,黄色与蓝色即互为补色。

　　将不同波长的光透过某一固定浓度和厚度的有色溶液,测量每一波长下有色溶液对光的吸收程度(即吸光度),然后以波长为横坐标,以吸光度为纵坐标作图,即可得一曲线。这种曲线描述了物质对不同波长光的吸收能力,称为吸收光谱,如图 8-4 所示。不同物质其吸收曲线的形状和最大吸收波长各不相同,根据这个特性可做物质的初步定性分析。不同浓度的同一物质,在吸收峰附近吸光度随浓度增大而增大,但最大吸收波长不变。若在最大吸收波长处测定吸光度,则灵敏度最高。因此,吸收曲线是吸光光度法中选择测定波长的重要依据。

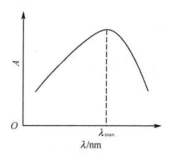

图 8-4　吸收曲线示意图

分光光度法的定量依据是朗伯-比尔定律,这个定律是由实验观察得到的。当一束平行单色光透过液层厚度为 b 的有色溶液时,溶质吸收了光能,光的强度就要减弱。溶液的浓度越大,通过的液层厚度越大,入射光越强,则光被吸收得越多,光强度的减弱也越显著。描述它们之间定量关系的定律称为朗伯-比尔定律。

朗伯-比尔定律的表达式为

$$A = \lg \frac{I_0}{I} = abc$$

式中:A——吸光度;

　　I_0——入射光强度;

　　I——透射光强度;

　　b——液层厚度(光程长度);

　　c——有色溶液的浓度;

　　a——比例常数称为吸光系数。

A 为无量纲量,通常 b 以 cm 为单位,如果 c 以 $g \cdot dm^{-3}$ 为单位,则 a 的单位为 $dm^3 \cdot g^{-1} \cdot cm^{-1}$。如 c 以 $mol \cdot dm^{-3}$ 为单位,则此时的吸光系数称为摩尔吸光系数,用符号 ε 表示,单位为 $dm^3 \cdot mol^{-1} \cdot cm^{-1}$。即

$$A = \varepsilon bc$$

ε 是吸光物质在特定波长和溶剂的情况下的一个特征常数,数值上等于 $1mol \cdot dm^{-3}$ 吸光物质在 1cm 光程中的吸光度,是吸光物质吸光能力的量度。它可作为定性鉴定的参数,也可用以估量定量方法的灵敏度:ε 值越大,方法的灵敏度越高。

铁的吸光光度法所用的显色剂较多,有邻二氮菲(又称邻菲啰啉、菲绕啉)及其衍生物、磺基水杨酸、硫氰酸盐、5-Br-PADAP 等。其中邻二氮菲分光光度法的灵敏度高,稳定性好,干扰容易消除,因而是目前普遍采用的一种方法。

在 pH 为 2～9 的溶液中,Fe^{2+} 与邻二氮菲(Phen)生成稳定的橘红色配合物 $[Fe(Phen)_3]^{2+}$:

其 $lg\beta = 21.3$，摩尔吸光系数 $\varepsilon_{508} = 1.1 \times 10^4 dm^3 \cdot mol^{-1} \cdot cm^{-1}$。当铁为三价状态时，可用盐酸羟胺还原：

$$2Fe^{3+} + 2NH_2OH \cdot HCl \Longrightarrow 2Fe^{2+} + N_2 \uparrow + 4H^+ + 2H_2O + 2Cl^-$$

Cu^{2+}、Co^{2+}、Ni^{2+}、Cd^{2+}、Hg^{2+}、Mn^{2+}、Zn^{2+} 等离子也能与 Phen 生成稳定配合物，但在少量情况下，不影响 Fe^{2+} 的测量，量大时可用 EDTA 掩蔽或预先分离。

本实验通过固定其他条件而改变某一个条件的方法，用吸光光度法对本体系的实验条件，如测量波长、溶液酸度、显色剂用量、显色时间、温度、溶剂以及共存离子干扰及其消除等，都进行了优选。这是一种在科学研究中常用的方法，对确定一个完整的实验方案和得到准确的实验结果具有非常重要的作用。另外，工作曲线法也是在今后的工作和研究中经常用到的一种由已知求未知的实验手段。

实验步骤

1. 条件试验

1) 吸收曲线的制作和测量波长的选择

用吸量管吸取 $0.0cm^3$、$1.0cm^3$ 铁标准溶液（A）[1] 分别注入两个 $50cm^3$ 容量瓶（或比色管）中，各加入 $1cm^3$ 盐酸羟胺溶液[2]（稍加摇动）、$5cm^3$ NaAc，$2cm^3$ 0.15% Phen，用水稀释至刻度，摇匀。放置 10min 后，用 1cm 比色皿，以试剂空白（即 $0.0cm^3$ 铁标液）为参比溶液，吸收波长为 $440 \sim 560nm$，每隔 10nm 测一次吸光度，在最大吸收峰附近，每隔 5nm 测定一次吸光度。在坐标纸上，以波长为横坐标、吸光度 A 为纵坐标，绘制 A 与 λ 关系的吸收曲线。从吸收曲线上选择测定铁的适宜波长，一般选用最大吸收波长 λ_{max}。

2) 显色剂用量的选择

取 7 个 $50cm^3$ 容量瓶（或比色管），各加入 $1cm^3$ 铁标准溶液（A）、$1cm^3$ 盐酸羟胺、$5cm^3$ NaAc 溶液，摇匀。再分别加入 $0.10cm^3$、$0.30cm^3$、$0.50cm^3$、$0.80cm^3$、$1.0cm^3$、$2.0cm^3$、$4.0cm^3$ 0.15% 的 Phen，以水稀释至刻度，摇匀。放置 10min。用 1cm 比色皿，以蒸馏水为参比溶液，在 λ_{max} 下测定各溶液的吸光度。以所取 Phen 溶液体积 V 为横坐标、吸光度 A 为纵坐标，绘制 A 与 V 关系的显色剂用量影响曲线，得出测定铁时显色剂的最适宜用量。

3) 显色时间的选择

在一个 $50cm^3$ 容量瓶（或比色管）中，加入 $1cm^3$ 铁标准溶液（A）、$1cm^3$ 盐酸羟胺溶液、$5cm^3$ NaAc，摇匀。再加入 $2cm^3$ 0.15% Phen，以水稀释至刻度，摇匀。立刻用 1cm 比色皿，以蒸馏水为参比，在 λ_{max} 下测量吸光度。然后依次测量放置 5min、10min、15min、20min、30min 后的吸光度。以时间 t 为横坐标，吸光度 A 为纵坐标，绘制 A 与 t 的显色时间影响曲线，得出铁与邻二氮菲显色反应完全所需要的适宜时间。

2. 铁含量的测定

1）标准曲线的制作

用移液管吸取 $100\mu g \cdot cm^{-3}$ 铁标液（A）$10cm^3$ 于 $100cm^3$ 容量瓶中，加入 $2cm^3$ HCl，用水稀释至刻度，摇匀。此液为 $1cm^3$ 含 Fe^{3+} $20\mu g$（一般由实验室提供）。

在 6 个 $50cm^3$ 容量瓶（或比色管）中，用吸量管分别加入 $0.0cm^3$、$1.0cm^3$、$2.0cm^3$、$3.0cm^3$、$4.0cm^3$、$5.0cm^3$ $20\mu g \cdot cm^{-3}$ 铁标准溶液，分别加入 $1cm^3$ 盐酸羟胺、$5cm^3$ NaAc 溶液、$2cm^3$ 0.15% Phen，摇匀。然后用水稀释至刻度，摇匀后放置 10min。用 1cm 比色皿，以试剂为空白（即 $0.0cm^3$ 铁标液），在所选择的波长下，测量各溶液的吸光度。以含铁量为横坐标、吸光度 A 为纵坐标，绘制标准曲线。

由绘制的标准曲线，重新查出相应铁浓度的吸光度，计算 Fe^{2+}-Phen 配合物的摩尔吸光系数 ε。

2）试样中铁含量的测定

准确吸取 $5cm^3$ 未知试液于 $50cm^3$ 容量瓶（或比色管）中，按标准曲线的制作步骤，加入各种试剂，测量吸光度。从标准曲线上查出和计算试液中铁的含量（$\mu g \cdot cm^{-3}$）。

3. 配位化合物组成的测定——摩尔比法

吸光光度法也是测定配合物组成的常用方法，有摩尔比法、等摩尔连续变化法、平衡移动法和斜率比法等。本实验学习用摩尔比法测定 Fe^{2+}-Phen 配合物的组成。即配制一系列的溶液，使 Fe^{2+} 的浓度 $c_{Fe^{2+}}$ 固定，而 c_{Phen} 的浓度改变（或两者相反），然后在选定的波长下，测定系列溶液的吸光度 A（Fe^{2+} 及 Phen 在选定波长下各自均无吸收）。

将实验结果以 A 对 $\dfrac{c_{Phen}}{c_{Fe^{2+}}}$ 作图。图形如图 8-5 所示。两条直线段的延长线交点，所对应的 $\dfrac{c_{Phen}}{c_{Fe^{2+}}}$ 即为配合物的配位比。

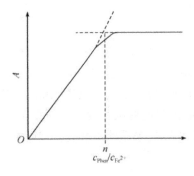

图 8-5 摩尔比法测定配合物的组成

取 8 个 $50cm^3$ 容量瓶，分别加入 $1.00cm^3$ 1.00×10^{-3} mol $\cdot$ dm^{-3} 的铁标准溶液（B）[3] 及 $1cm^3$ 盐酸羟胺，各加入 $5cm^3$ NaAc 溶液，再依次加入 1.00×10^{-3} mol $\cdot$ dm^{-3} 的 Phen 溶液 $1.00cm^3$、$1.50cm^3$、$2.00cm^3$、$2.50cm^3$、$3.00cm^3$、$3.50cm^3$、$4.00cm^3$、$4.50cm^3$，用水稀释至刻度，摇匀。

以蒸馏水为参比溶液，按照上述的方法测定各溶液的吸光度，以吸光度 A 对 $\dfrac{c_{Phen}}{c_{Fe^{2+}}}$

作图,根据曲线上前后两直线段延长线的交点位置,确定 Fe^{2+}-Phen 配合物的配合比。

实验指导

[1] 铁标准溶液(A)$100\mu g \cdot cm^{-3}$:准确称取 0.8634g A. R. 级 $NH_4Fe(SO_4)_2 \cdot 12H_2O$ 于 $200cm^3$ 烧杯中,加入 $20cm^3$ $6mol \cdot dm^{-3}$ HCl 和少量水,溶解后转移至 $1dm^3$ 容量瓶中,稀释至刻度,摇匀。

[2] 10% 盐酸羟胺水溶液,用时配制。

[3] 铁标准溶液(B)$1.00 \times 10^{-3} mol \cdot dm^{-3}$:准确称取 0.4822g 基准试剂 $NH_4Fe(SO_4)_2 \cdot 12H_2O$ 于烧杯中,按上法配制成 $1dm^3$ 溶液。

[4] $1.00 \times 10^{-3} mol \cdot dm^{-3}$ 邻二氮菲:准确称取 0.1982g 邻二氮菲于烧杯中,加水溶解,转移到 $1dm^3$ 容量瓶中,稀释至刻度,摇匀。

[5] pH 为 2~9 时,Fe^{2+} 和邻二氮菲生成稳定的橘红色配合物,实验中用 NaAc 溶液调节溶液的 pH,溶液中的缓冲对为 HAc-NaAc。

思考题

1. 本实验量取各种试剂时分别采用何种量器量取较为合适?为什么?使用量器量取液体时应注意什么?

2. 盐酸羟胺的作用是什么?若不加入盐酸羟胺,对测定结果有何影响?

3. 使用比色皿的过程中应该注意什么?

4. 实验数据的处理主要是作图法,如何根据实验数据得到曲线?另外如何根据所得到的曲线确定最佳实验条件?

5. 试对所做条件实验进行讨论并选择适宜的测量条件。

6. 怎样用吸光光度法测定水样中的全铁(总铁)和亚铁的含量?试拟出一简单步骤。

7. 制作标准曲线和进行其他条件试时,加入试剂的顺序能否任意改变?为什么?

8. 吸光度测定时参比溶液的选择依据的原则是什么?为什么?

9. 总结本实验过程,简述一下实验条件选择的方法,同时讨论对于一个未知的含铁样品,如果用本实验方法来测定含量,需要如何设计实验方案。

10. 查阅资料,评价本实验所列举的几种配合物组成的测定方法。

实验九 铜合金中铜含量的测定

实验目的

1. 掌握碘量法测定铜的原理和方法;

2. 掌握 $Na_2S_2O_3$ 溶液的配制方法和保存条件;

3. 了解氧化还原滴定法的特点和影响因素。

实验预习

1. 《无机化学》有关铜的性质；
2. 《分析化学》氧化还原滴定法中的间接碘量法；
3. 滴定分析中的基本操作、碘量瓶的使用(5.6)；
4. 数据处理(3.2.3)；
5. 称量方法(6.1.6)和武汉大学编《分析化学实验》中"重铬酸钾法测定铁矿石中铁的含量"指定质量称量法称量 $K_2Cr_2O_7$。

实验原理

铜合金种类较多，主要有黄铜和青铜等。铜合金中铜的测定一般采用碘量法。在弱酸溶液中，Cu^{2+} 与过量的 KI 作用，生成 CuI 沉淀，同时析出 I_2：

$$2Cu^{2+} + 4I^- \Longrightarrow 2CuI(s) + I_2$$

或

$$2Cu^{2+} + 5I^- \Longrightarrow 2CuI(s) + I_3^-$$

析出的 I_2 以淀粉为指示剂，用 $Na_2S_2O_3$ 标准溶液滴定：

$$I_2 + 2S_2O_3^{2-} \Longrightarrow 2I^- + S_4O_6^{2-}$$

Cu^{2+} 与 I^- 之间的反应是可逆的，任何引起 Cu^{2+} 浓度减小（如形成配合物等）或引起 CuI 溶解度增加的因素均使反应不完全。加入过量 KI，可使 Cu^{2+} 的还原趋于完全。但是，CuI 沉淀强烈地吸附 I_2，会使结果偏低。通常的办法是加入硫氰酸盐，将 CuI（$K_{sp}=1.1\times10^{-12}$）转化为溶解度更小的 CuSCN 沉淀（$K_{sp}=4.8\times10^{-15}$），把吸附的碘释放出来，使反应更趋于完全。但 SCN^- 只能在临近终点时加入，否则有可能直接将 Cu^{2+} 还原为 Cu^+，致使计量关系发生变化：

$$2CuI_2(s) + 2SCN^- \Longrightarrow 2CuSCN(s) + I_2 + 2I^-$$

$$6Cu^{2+} + 7SCN^- + 4H_2O \Longrightarrow 6CuSCN(s) + SO_4^{2-} + CN^- + 8H^+$$

溶液的 pH 一般应控制为 3.0～4.0。酸度过低，Cu^{2+} 易水解，使反应不完全，结果偏低，而且反应速率慢，终点拖长；酸度过高，则 I^- 被空气中的氧氧化为 I_2（Cu^{2+} 催化此反应），使结果偏高。

Fe^{3+} 能氧化 I^-，对测定有干扰，可加入 NH_4HF_2 掩蔽。NH_4HF_2（$NH_4F \cdot HF$）是一种很好的缓冲溶液，因 HF 的 $K_a=6.6\times10^{-4}$（$pK_a=3.18$），故能使溶液的 pH 控制为 3.0～4.0。

实验步骤

1. $Na_2S_2O_3$ 溶液的标定[1]

准确移取 $25.00cm^3$ $K_2Cr_2O_7$ 标准溶液[2]（$0.1mol \cdot dm^{-3}$）于 $250cm^3$ 锥形瓶

中,加入 $5cm^3 6mol \cdot dm^{-3} HCl$ 溶液、$5cm^3 20\% KI$ 溶液,摇匀放在暗处 5min,待反应完全后,加入 $100cm^3$ 蒸馏水,用待标定的 $Na_2S_2O_3$ 溶液滴定至淡黄色(或浅黄色),然后加入 $2cm^3 0.5\%$ 淀粉指示剂,继续滴定至溶液呈现亮绿色为终点。记下 $V_{Na_2S_2O_3}$,计算 $c_{Na_2S_2O_3}$。

2. 铜合金中铜含量的测定

准确称取黄铜试样(含 $80\%\sim90\%$ 的铜)$0.10\sim0.15g$,置于 $250cm^3$ 锥形瓶中,加入 $10cm^3 HCl(1:1)$,滴加约 $2cm^3 30\% H_2O_2$,加热使试样溶解完全后,再加热使 H_2O_2 分解赶尽,继续煮沸 $1\sim2min$,但不要使溶液蒸干。冷却后,加约 $60cm^3$ 水,滴加氨水(1:1)直到溶液中刚刚有稳定的沉淀发生,然后加入 $8cm^3 HAc(1:1)$、$10cm^3 20\% NH_4HF_2$ 缓冲溶液、$10cm^3 20\% KI$ 溶液,然后用 $Na_2S_2O_3$ 溶液滴定至浅黄色。加入 $3cm^3 0.5\%$ 淀粉指示剂,继续滴定溶液至浅灰色(或浅蓝色),加入 $10cm^3 10\% NH_4SCN$ 溶液,继续滴定至溶液的蓝色消失;此时因有白色沉淀物存在,终点颜色呈现灰白色(或浅肉色)。

实验指导

[1] $Na_2S_2O_3$ 溶液($0.1mol \cdot dm^{-3}$)的配制:称取 $25g Na_2S_2O_3 \cdot 5H_2O$ 于烧杯中,加入 $300\sim500cm^3$ 新煮沸经冷却的蒸馏水,溶解后,加入约 $0.1g Na_2CO_3$ 溶液,用新煮沸且冷却的蒸馏水稀释至 $1dm^3$,储存于棕色试剂瓶中,在暗处放置 $3\sim5$ 天后标定。

[2] $K_2Cr_2O_7$ 标准溶液($0.1mol \cdot dm^{-3}$)的配制:将 $K_2Cr_2O_7$ 在 $150\sim180℃$ 干燥 2h,放入干燥器中冷却至室温。采用固定称量法准确称取 $1.2258g$ $K_2Cr_2O_7$ 于小烧杯中,加水溶解,$250cm^3$ 容量瓶定容,充分摇匀。

思考题

1. 碘量法测定铜时,为什么常要加入 NH_4HF_2?为什么临近终点时加入 NH_4SCN(或 KSCN)?如何估算两者的量或浓度?

2. 铜合金试样能否用 HNO_3 分解?本实验采用 HCl 和 H_2O_2 分解试样,试写出反应式。

3. 碘量法测定铜为什么要在弱酸性介质中进行?用 $K_2Cr_2O_7$ 标定 $S_2O_3^{2-}$ 溶液时,先加入 $5cm^3$ $6mol \cdot dm^{-3} HCl$,用 $Na_2S_2O_3$ 溶液滴定时却要加入 $100cm^3$ 蒸馏水稀释,为什么?

4. 用纯铜标定 $Na_2S_2O_3$ 溶液时,如用 $HCl+H_2O_2$ 分解铜,最后 H_2O_2 未分解尽,问对标定 $Na_2S_2O_3$ 的浓度会有什么影响?

5. 滴定过程中加入 NH_4HF_2 缓冲溶液和 $10cm^3 10\% NH_4SCN$ 溶液的目的是什么?

6. 如何配制硫代硫酸钠标准溶液?硫代硫酸钠标准溶液浓度的标定可以采用 $K_2Cr_2O_7$ 标准溶液滴定法、纯铜滴定法、KIO_3 基准物质滴定法,在此实验中你认为哪一种更好?

7. $K_2Cr_2O_7$ 是基准物,配制 $0.1000mol \cdot dm^3$ 标准溶液时,采用固定质量称量法,请叙述其原理。

8. 根据你所做的实验体会,谈谈使用碘量瓶滴定要注意什么。

拓展实验:维生素 C 药片中维生素 C 含量测定(设计实验)

实验十　重结晶及过滤

实验目的

　　1. 了解重结晶法提纯固体有机物的原理和意义;
　　2. 掌握重结晶及过滤的操作方法;
　　3. 掌握根据不同的提纯物质选择不同的溶剂。

实验预习

　　1. 重结晶及过滤(5.8.3);
　　2. 回流冷凝管的正确装置,减压过滤;
　　3. 溶剂的选择和正确用量。

实验原理

　　重结晶是提纯固体有机化合物的常用方法之一,其原理是利用被提纯物质与杂质在某溶剂中溶解度的不同将它们分离,从而达到纯化的目的。重结晶的关键是选择合适的溶剂。

Ⅰ　萘的重结晶

实验步骤

　　在装有回流冷凝管的 $100cm^3$ 圆底烧瓶或锥形瓶中,放入 2g 粗萘,加入 $15cm^3$ 70%乙醇和一两粒沸石。接通冷凝水后,在水浴上加热至沸[1],并不时振摇瓶中物,以加速溶解。若所加的乙醇不能使粗萘完全溶解,则应从冷凝管上端继续加入少量 70%乙醇(注意添加易燃溶剂时应先灭去火源),每次加入乙醇后应略为振摇并继续加热,观察是否可完全溶解。待完全溶解后,再多加一些,然后熄灭火源。移开水浴,稍冷后加入少许活性炭[2],并稍加摇动。再重新在水浴上加热煮沸数分钟。趁热用预热好的无颈漏斗和折叠滤纸过滤,用少量热的 70%乙醇润湿折叠滤纸后,将上述萘的热溶液滤入干燥的 $100cm^3$ 锥形瓶中(注意这时附近不应有明火),滤完后用少量热的 70%乙醇洗涤容器和滤纸,盛滤液的锥形瓶用软木塞塞好,任其冷却,最后再用冰水冷却。用布氏漏斗抽滤(滤纸应先用 70%乙醇润湿,吸紧),用少量 70%乙醇洗涤,抽干后将结晶移至表面皿上,放在空气中晾干或放在干燥器中,待干燥后测熔点,称量并计算回收率。

Ⅱ 单一溶剂重结晶苯甲酸

实验步骤

(1)制热饱和溶液。称取 1g 粗苯甲酸,放在 100cm³ 烧杯中,加入 40cm³ 水(溶剂),加热至微沸,用玻璃棒搅拌使其完全溶解(杂质除外)。此时若尚有未完全溶解的固体,可继续加入少量的热水[3]。

(2)脱色。稍冷却,加入少量(一般为固体的 1%～5%)活性炭,继续搅拌加热沸腾。

(3)热过滤。事先加热,使热水漏斗中的水达到沸腾,放好菊花形滤纸,用少量溶剂润湿。然后将上面制得的热溶液趁热过滤(此时应保持热水漏斗中水微沸、饱和溶液微沸)。滤毕,用少量(1～2cm³)热水洗涤滤渣、滤纸各一次。

(4)所得滤液自然冷却析出结晶(此时最好不在冷水中速冷,否则晶体太细,易吸附杂质)。此时如不析出结晶,可用玻璃棒摩擦容器壁引发结晶。如只有油状物而无结晶,则需重新加热、待澄清后再结晶。

(5)抽滤、干燥。在已准备好的抽滤装置上用布氏漏斗抽滤。并用少量(1～2cm³)冷水洗涤结晶,以除去附着在结晶表面的母液。洗涤时应先停止抽滤,然后加水洗涤,再抽滤至干。可重复洗涤两次。然后放在表面皿上,于 100℃ 以下的温度在烘箱中烘干。称量计算产率。取出一部分留作测熔点用。

实验指导

[1] 萘的熔点较 70% 乙醇的沸点为低,因而加入不足量的 70% 乙醇加热至沸后,萘呈熔融状态而非溶解,这时应继续加溶剂直至完全溶解。

[2] 活性炭绝对不可加到正在沸腾的溶液中,否则将造成暴沸现象! 加入活性炭的量相当于样品量的 1%～5%。

[3] 本实验制得的是热不饱和溶液,目的是为了防止热过滤时苯甲酸结晶提前析出。

思考题

1. 简述有机化合物重结晶的步骤和各步的目的。

2. 某一有机化合物进行重结晶时,最适合的溶剂应该具有哪些性质?

3. 加热溶解重结晶粗产物时,为何先加入比计算量(根据溶解度数据)略少的溶剂,然后渐渐添加至恰好溶解,最后再多加少量溶剂?

4. 为什么活性炭要在固体物质完全溶解后加入? 又为什么不能在溶液沸腾时加入?

5. 将溶液进行热过滤时,为什么要尽可能减少溶剂的挥发? 如何减少其挥发?

6. 用抽气过滤收集固体时,为什么在关闭水泵前,先要拆开水泵和抽滤瓶之间的连接或先打开安全瓶通大气的活塞？

　　7. 在布氏漏斗中用溶剂洗涤固体时应注意些什么？

　　8. 用有机溶剂重结晶时,在哪些操作上容易着火？应如何防范？

实验十一　层析分离

实验目的

　　1. 掌握薄层板的制备；

　　2. 了解薄层吸附色谱展开剂的选择；

　　3. 熟悉柱色谱中溶剂、洗脱剂的选择；

　　4. 学习用色谱法分离和鉴定化合物的操作技术。

实验预习

　　1. 色谱法(5.8.9)；

　　2. 偶氮苯和苏丹(Ⅲ)的结构、极性及对层析展开剂的影响；

　　3. 甲基橙与次甲基蓝的极性大小对洗脱剂的要求。

实验原理

　　混合物的各组分随着流动的液体或气体(称流动相)通过另一种固定不动的固体或液体(称固定相),利用各组分在两相中分配(选择性溶解)、吸附或其他亲和性能的差别,达到分离的目的。

　　由于偶氮苯和苏丹Ⅲ二者极性不同,利用薄层色谱(TLC)可以将二者分离。

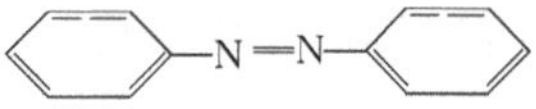

偶氮苯 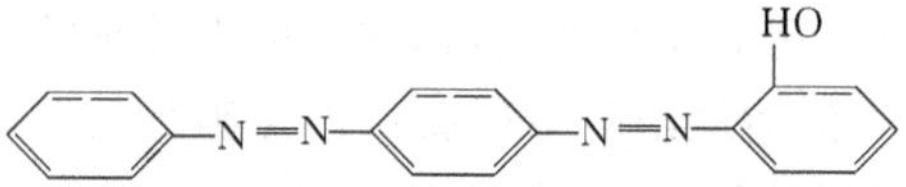　　　　　　　　　　　　　　　　　苏丹Ⅲ

Ⅰ　偶氮苯和苏丹Ⅲ的分离

实验步骤

　　1. 薄层板的制备

　　取 7.5cm×2.5cm 左右的载玻片 5 片,洗净晾干。

　　在 50cm³ 烧杯中,放置 3g 硅胶 G,逐渐加入 0.5%羧甲基纤维素钠(CMC)水溶液 8cm³,调成均匀的糊状,用滴管吸取此糊状物,涂于上述洁净的载玻片上,用手将带浆的玻片在玻璃板或水平的桌面上做上下轻微的颠动,并不时转动方向,制成薄厚均匀、表面光洁平整的薄层板,涂好硅胶 G 的薄层板置于水平的玻璃板上干燥,在室温放置使硅胶干燥后,放入烘箱中,缓慢升温至 110℃,恒温 0.5h,取出,稍冷后置于干燥器中备用。

2. 点样

取 2 块用上述方法制好的薄层板[1],分别在距一端 1cm 处用铅笔轻轻划一横线作为起始线。取管口平整的毛细管插入样品溶液中,在一块板的起点线上点 1% 偶氮苯的苯溶液和混合液两个样点。在第二块板的起点线上点 1% 苏丹Ⅲ的苯溶液和混合液两个样点,样点间相距 1~1.5cm。如果样点的颜色较浅,可重复点样,重复点样前必须待前次样点干燥后进行。样点直径不应超过 2mm。

3. 展开

用 9:1 的无水苯-乙酸乙酯为展开剂,待样点干燥后,小心放入已加入展开剂的 250cm³ 广口瓶中进行展开。瓶的内壁贴一张高 5cm、环绕周长约 4/5 的滤纸,下面浸入展开剂中,以使容器内被展开剂蒸气饱和。点样一端应浸入展开剂 0.5cm。盖好瓶塞,观察展开剂前沿上升至离板的上端 1cm 处取出,尽快用铅笔在展开剂上升的前沿处划一记号,晾干后观察分离的情况,比较二者 R_f 值的大小。

Ⅱ 柱层析分离甲基橙与次甲基蓝染料

实验步骤

1. 将内径约 1.5cm 的色谱柱洗净后在底部放入一小团脱脂棉花[1]。

2. 在锥形瓶中称量 7g 中性 Al_2O_3,并用 10cm³ 95% 乙醇调匀,另外加入 5cm³ 95% 乙醇于色谱柱中。

3. 打开色谱柱活塞,控制乙醇流速为 1 滴·s⁻¹,将 Al_2O_3 从柱顶一次加入,并用装有橡皮塞玻璃棒轻轻敲击管外壁,使其填装均匀[2]。

4. 待 Al_2O_3 全部下沉,通过转动轻敲使 Al_2O_3 柱顶成均匀平面,然后在表面轻轻地覆盖一张圆形滤纸。

5. 当乙醇液面降至滤纸表面时,关闭活塞,用滴管沿管壁加入 1cm³ 次甲基蓝与甲基橙(1:1)的乙醇混合液[3]。

6. 打开活塞,仍控制流速为 1 滴·s⁻¹,当混合液降至滤纸面时再关闭活塞,用滴管沿管壁滴入 1~2cm³ 95% 乙醇,洗去黏附在柱壁上的液滴。打开活塞,让洗涤液降至滤纸面时,再加 3cm³ 95% 乙醇[2]。

7. 在色谱柱顶上装上滴液漏斗,用 95% 乙醇淋洗,洗脱速率 1 滴·s⁻¹,观察色层带的形成和分离[3]。

8. 当蓝色次甲基蓝色带到达柱底时,更换接受器,收集全部此色带,然后改用水为洗脱剂,同时更换接受器。

9. 当黄色甲基橙色带到达柱底时,再更换接受器,收集全部色层带。

10. 色谱分离结束后,拉开活塞将柱内氧化铝倒入废物桶内,切勿倒入水槽。

11. 回收次甲基蓝乙醇溶液和甲基橙水溶液。

实验指导

〔1〕要得到黏结较牢的薄层板,玻片一定要洗干净,一般先用洗涤液洗净,再用自来水、蒸馏水冲洗,必要时用乙醇擦洗,洗净后只能拿玻片的切面。

〔2〕最好用移液管或滴管将分离溶液转移至柱中。

〔3〕如不装置滴液漏斗,也可用每次倒入 $10cm^3$ 洗脱剂的方法进行洗脱。

思考题

1. 柱中若留有空气或填装不匀,对分离效果有何影响? 如何避免?

2. 样品斑点过大有什么坏处? 若将点样处浸入展开剂液面以下会有什么结果?

3. 层析分离时,加圆形滤纸的目的是什么?

4. 为什么吸附剂(Al_2O_3)要浸泡在溶剂或溶液中?

实验十二　天然有机化合物的提取

实验目的

1. 掌握从固体物质中提取样品的方法和原理;

2. 熟悉索氏脂肪提取器的操作;

3. 学习一种天然有机物提取的方法。

实验预习

1. 固体物质的提取(5.8.5);

2. 在碱性条件下提取芦丁的原理及方法;

3. 有机溶剂提取油脂的原理方法。

实验原理

人类对自然界存在的天然有机物的利用具有悠久的历史。日常生活中用这些天然有机化合物的性质来治疗疾病,以及提供衣着、染料、调味等。在化学领域,天然有机化学发展也很迅速。

分离并提取纯品是天然有机化学的重要课题。因为任何天然物质都是由很多复杂的有机物组成的,从这一复杂的混合物中得到我们所要求的纯品,自然需要化学工作者进行很多的研究。分离天然有机物的方法一般是将植物切碎研磨成均匀的细颗粒,然后用溶剂或混合溶剂萃取,所用溶剂应该能够溶解所需的物质。如挥发性天然有机物,可用气相层析进行鉴定及分离。然而大多数天然有机物是难挥发的,常采用溶剂萃取,除去溶剂,进一步处理以使混合物分离成各种纯的组分。有些天然有机物的纯品为结晶形化合物,除去部分溶剂后,结晶即从溶剂中析出,但这种情况较少。

通常在萃取天然有机物时,除去溶剂后的残留液往往是油状或胶状物,可用酸或碱处理,使酸性或碱性组分从中性物质中分离出来。稍能挥发的化合物,则可将残液用水蒸气蒸馏使其与非挥发性物质分开。

纯化天然有机物目前较为有效的方法之一是各种层析法。纸层析与柱层析对天然有机物具有很重要的作用。近来薄层层析、液-液层析以及气液层析等技术已越来越多地用来纯化天然有机物。研究天然有机物的下一步工作,就是如何测定所分离出纯品的结构。经典的方法仍具有一定重要性,如对各种官能团的定性实验,以及将此未知物化合降解成已知物质。近年来,质谱、红外、核磁共振、紫外光谱等方法已使结构的测定大为方便。

分离、纯化天然有机物的方法,根据对象的不同有不同选择。下面介绍的几种,只是做些基本的训练。

Ⅰ 从槐花米中提取芦丁[1]

实验步骤

称取 10g 槐花米,在研钵中研成粗粉状,置于 $250cm^3$ 烧杯中,加入饱和石灰水溶液[2],加热至沸腾,并不断搅拌,煮沸 15min,然后抽滤。滤渣中加入 $70cm^3$ 饱和石灰水溶液,煮沸 10min,再抽滤,合并两次滤液,然后用 15% 盐酸中和(约需 $5cm^3$),调节 pH 至 3~4[3],放置 1~2h,使沉淀完全。抽滤,沉淀用水洗涤两三次,得芦丁粗产品。

将制得的芦丁粗产品,置于 $250cm^3$ 烧杯中,加水 $100cm^3$,加热至沸腾,在不断搅拌下,慢慢加入饱和石灰水溶液,调节溶液的 pH 至 8~9,待沉淀溶解后,趁热过滤。滤液置于 $250cm^3$ 烧杯中,用 15% 的盐酸调节 pH 至 4~5,静置半小时芦丁以浅黄色结晶析出。抽滤,产品用水洗涤一两次,烘干,称量。产品约 1g。

实验指导

[1] 芦丁(rutin)又称云香苷(rutioside),有调节毛细管壁的渗透性作用,临床上用作毛细血管止血药,作为高血压症的辅助治疗药物。

芦丁存在于槐花米和荞麦叶中,槐花米是槐系豆科槐属植物的花蕾,含芦丁量高达 12%～16%,荞麦叶中含 8%,芦丁是黄酮类植物的一种成分,黄酮类植物成分原来是指一类存在于植物界并具有以下基本结构的一类黄色色素而言,它们的分子中都有一个酮式羰基,又显黄色,所以称为黄酮。

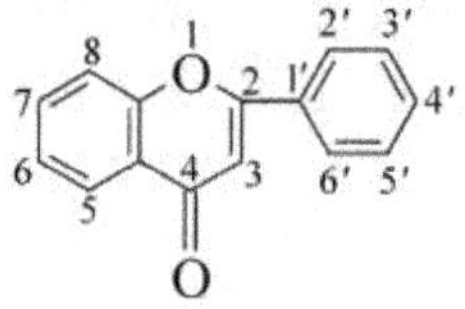

黄酮的中草药成分几乎都带有一个以上羟基,还可能有甲氧基、烃基、烃氧基等其他取代基,3、5、7、3′、4′几个位置上有羟基或甲氧基的机会最多,6、8、1′、2′等位置上有取代基的成分比较少见。由于黄酮类化合物结构中的羟基较多,大多数情况下是一元苷,也有二苷,芦丁是黄酮苷,其结果如下:

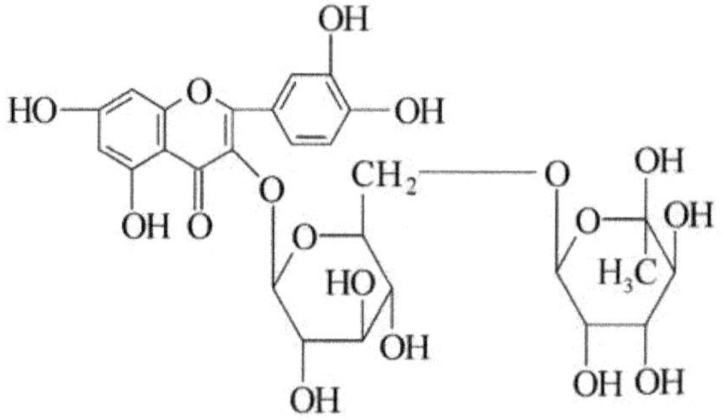

槲皮素-3-O-葡萄糖-O-鼠李糖

芦丁(槲皮素-3-O-葡萄糖-O-鼠李糖)为淡黄色小针状结晶,含有三分子结晶水,熔点为 174～178℃,不含结晶水的熔点为 188℃。芦丁在热水中的溶解度为 1:200;冷水中为 1:8000;热乙醇中为 1:60,冷乙醇中为 1:650;可溶于吡啶及碱性水溶液,呈黄色,加水稀释复析出,可溶于浓硫酸和浓盐酸呈棕黄色,加水稀释复析出,不溶于乙醇、氯仿、石油醚、乙酸乙酯、丙酮等溶剂。

本实验是利用芦丁易溶于碱性水溶液,溶液经酸化后芦丁又可析出的性质进行提取和纯化的。

[2]槐花米中含有大量多糖、黏液质等水溶性杂质,用饱和石灰水溶液去溶解芦丁时,上述含羧基杂质可生成钙盐沉淀,不致溶出。

[3]pH 过低会使芦丁形成𨦖盐而增加水溶性,降低效率。

思考题

1. 提高产量,应注意哪些问题?
2. 停止抽滤时,如不拔下连接吸滤瓶的橡皮管就关水阀,会产生什么问题?

Ⅱ 油脂的提取[1]

实验步骤

先将黄豆[2]放在 100~120℃烘箱中脱水 3~4h,冷却至室温进行粉碎(颗粒应小于 50 目。颗粒过大不易萃取)。准确称取 8g,置于烘干的滤纸筒内,上面盖一层滤纸,以防样品溢出。

将洗净的索氏提取器的烧瓶烘干[3],冷却后,加入石油醚达其容积的 1/2~2/3处,把盛有样品的滤纸筒放在抽出筒内(注意滤纸筒的上缘必须略高于抽出筒的虹吸管)。安装好提取器后,在水浴上加热回流 2~2.5h(不能直接用明火加热!)。

提取完毕,撤去水浴。待石油醚冷却后,卸下抽出筒,改装成蒸馏装置,在水浴上加热回收石油醚。待温度计读数下降,即停止蒸馏,烧瓶中所剩浓缩物便是粗油脂。把粗油脂倒入已称量过的干燥的蒸发皿中,在 110℃左右的空气浴中除去余下的石油醚,称量,计算样品中油脂的含量。

实验指导

[1] 油脂是动植物的三大营养物质之一。油料作物品质的好坏取决于油脂含量的多少。油脂种类繁多,是高级脂肪酸甘油酯的混合物,均可溶于石油醚、乙醚、汽油、苯、二硫化碳等有机溶液。本实验以石油醚为溶剂,利用索氏提取器进行油脂的提取。在提取过程中,一些色素、游离脂肪酸、磷脂、固醇及蜡也和油脂一并被浸提出来。所以提取物为粗油脂。

[2] 也可用猪油、菜油、棉籽油代替。

[3] 所用的仪器必须洗净、烘干。

第9章 基本原理实验

实验十三 酸碱平衡和沉淀平衡

实验目的

1. 加深对弱电解质的电离平衡、同离子效应等概念的理解;
2. 了解缓冲溶液的缓冲原理及缓冲溶液的配制;
3. 掌握难溶电解质的多相离子平衡及沉淀的生成和溶解的条件;
4. 熟悉并掌握电动离心机、pH 计(酸度计)的使用方法。

实验预习

1. 《无机化学》、《无机与分析化学》中的酸碱平衡、沉淀平衡;
2. 试剂的干燥、药品的取用、溶液的配制(5.3),试纸的使用(5.4);
3. 沉淀的分离和洗涤(5.7.2)。

实验原理

溶液中的离子平衡包括弱电解质的电离平衡和难溶电解质的沉淀溶解平衡及配合物的配位平衡等。

$$A_m B_n \rightleftharpoons m A^{n+} + n B^{m-}$$

在弱电解质的电离平衡或难溶电解质的沉淀溶解平衡体系中,加入具有 A^{n+} 或 B^{m-} 的易溶强电解质,则平衡向左移动,产生使弱电解质的电离度或难溶电解质的溶解度降低的效应,即同离子效应。同离子效应可以发生在不同的平衡体系之中:

1) 酸、碱平衡体系

等物质的量的弱酸(或弱碱)及其盐等共轭酸碱对所组成的溶液(如 HAc-NaAc、NH_3-NH_4Cl、$H_2PO_4^-$-HPO_4^{2-} 等),其 pH 不会因加入少量酸、碱或少量水稀释而发生显著变化,具有这种性质的溶液称为缓冲溶液。在实验过程中,为了保持实验体系的酸度维持一特定的值,经常使用不同组成的缓冲溶液。

2) 沉淀平衡体系

根据溶度积规则可以判断沉淀的生成或溶解。当体系中离子浓度的幂的乘积大于溶度积常数,即 $Q > K_{sp}^{\ominus}$ 时,有沉淀生成;$Q < K_{sp}^{\ominus}$ 时,无沉淀生成或沉淀溶解;$Q = K_{sp}^{\ominus}$ 时,则为饱和溶液。

在一个实验所涉及的溶液中,可能同时存在着几种平衡体系,它们各自满足自身的平衡移动原理,因此,设法降低难溶电解质溶液中某一相关离子的浓度,使沉淀溶解平衡发生移动,可以将沉淀溶解。溶解沉淀的常见方法有酸、碱溶解法,氧化还原溶解法,配位溶解法,沉淀转化溶解法和多元溶解法。

实验内容

1. 同离子效应的设计性实验

从 HAc($0.1mol \cdot dm^{-3}$)、$NH_3 \cdot H_2O$($0.1mol \cdot dm^{-3}$)、NaAc(固)、酚酞、甲基橙、甲基红中选择适当试剂,设计两组实验,验证同离子效应能够使弱电解质(弱酸、弱碱)电离平衡发生移动,电离度降低。设计方案要求写出选择的试剂(包括浓度、用量)及操作步骤,并进行实验。下面给出一组实验案例,另一组由学生自己设计。

1) HAc 的同离子效应

在试管中加入 $0.1mol \cdot dm^{-3}$ HAc2cm³,再加入甲基橙指示剂一两滴,摇匀,观察溶液的颜色,然后分盛两支试管,向其中一支加入少量 NH_4Ac(固),摇动试管,观察溶液颜色的变化。

2) 氨水的同离子效应

学生自行设计。实验后,对以上两组实验现象进行解释。

2. 缓冲溶液及其性质

在试管中加入 $0.1mol \cdot dm^{-3}$ HAc 和 $0.1mol \cdot dm^{-3}$ NaAc 各 5cm³,配制成 HAc-NaAc 缓冲溶液。加入百里酚蓝指示剂[1]数滴,混合后观察溶液的颜色。然后,把溶液平均分装在四支试管中,向其中三支分别加入 $0.1mol \cdot dm^{-3}$ HCl、$0.1mol \cdot dm^{-3}$ NaOH 和 H_2O 各 3 滴,与原配制的缓冲溶液的颜色比较,观察溶液的颜色。再在已加入 HCl、NaOH 的试管中,分别继续加入过量的 $0.1mol \cdot dm^{-3}$ HCl、$0.1mol \cdot dm^{-3}$ NaOH,观察溶液的颜色变化。根据实验现象对缓冲溶液的缓冲能力做出结论。

3. 弱电解质及其共轭酸(碱)的电离平衡及其移动

1) 溶液的 pH

用 pH 试纸分别检验 $0.1mol \cdot dm^{-3}$ Na_2CO_3、$Al_2(SO_4)_3$、NaCl 溶液的 pH,并以水作空白实验。写出电离反应的离子方程式。

2) 浓度、温度、酸度对电离平衡的影响

(1) 在试管中加入少量 $Fe(NO_3)_3$ 晶体,用水溶解后,观察溶液的颜色。然后将其分别装在三支试管中,第一支留作比较,向第二支滴加数滴 $2mol \cdot dm^{-3}$ HNO_3 并摇匀,第三支用小火加热。分别观察溶液颜色的变化并与第一支试管进行比较,解释实验现象。

(2) 在试管中加入 1 滴 $0.1mol \cdot dm^{-3}BiCl_3$,用滴管边加水稀释边振荡,观察白色沉淀的产生。再逐滴加入 $2mol \cdot dm^{-3}HCl$ 至沉淀刚刚消失为止,再加水稀释,观察现象。解释原因并写出离子反应方程式,说明其实际应用。

3) 多种共轭酸碱体系的相互作用

(1) 在试管中加入 5 滴 10‰ Na_2SiO_3,再加入 $1cm^3 0.5mol \cdot dm^{-3}NH_4Cl$,摇匀后观察现象。解释原因并写出反应的离子方程式。

(2) 用 $Al_2(SO_4)_3$($0.1mol \cdot dm^{-3}$)、$NaHCO_3$($0.5mol \cdot dm^{-3}$)设计一个实验,证明能够相互促进反应的盐类,可促进相关离子的电离进行完全。

4. 沉淀的生成、溶解和转化

(1) 在两支试管中各加入 5 滴 $0.1mol \cdot dm^{-3}Pb(NO_3)_2$,然后向其中一支加入 5 滴 $1mol \cdot dm^{-3}KCl$,另一支加入 5 滴 $0.01 mol \cdot dm^{-3}KCl$,观察有无白色沉淀生成(不产生沉淀的留做下一实验使用)。将生成沉淀的那一支试管小火加热,观察现象并解释。

(2) 在上面实验未产生沉淀的试管中加入 $0.01mol \cdot dm^{-3}KI$,观察现象。对以上实验现象进行解释,并写出离子反应方程式。

(3) 设计一组实验,制备 $Mg(OH)_2$ 并证明它能溶于非氧化性稀酸和铵盐,并进行解释。

(4) 用下列试剂,设计一组实验验证沉淀转化的规律:K_2CrO_4($0.1mol \cdot dm^{-3}$)、$AgNO_3$($0.1mol \cdot dm^{-3}$)、$NaCl$($0.1mol \cdot dm^{-3}$)、Na_2S($0.1mol \cdot dm^{-3}$)。

5. 选做实验

(1) 利用本实验提供的试剂设计一个实验,验证分步沉淀的规律。

(2) 利用本实验提供的试剂,设计 pH 近似于 7 的缓冲溶液(要求对酸、碱的缓冲能力,相差不太多),并进行验证。

实验指导

[1] 百里酚蓝指示剂的变色范围如下:

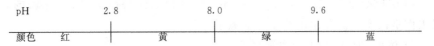

pH	2.8	8.0	9.6
颜色 红	黄	绿	蓝

选用其他指示剂可查阅书后附录 3"常用酸碱指示剂"。

〔2〕缓冲溶液的缓冲能力即缓冲容量是有限的,所以在实验过程中一定要注意加入的酸碱的量或酸碱的浓度。

〔3〕铅和铬的化合物有毒,注意回收废液。

思考题

1. 同离子效应的设计实验中,测定溶液酸度的变化,使用的是酸碱指示剂,对于 HAc 和 $NH_3 \cdot H_2O$ 的同离子效应的实验,查阅理论教材,还有哪些指示剂可以用来实验?

2. Na_2HPO_4 和 NaH_2PO_4 均属酸式盐,为什么后者的水溶液呈弱酸性,而前者却呈弱碱性?

3. 如何配制 $Bi(NO_3)_3$、$SbCl_3$、Na_2S 溶液?

4. 如何通过计算选择实验 1 中的指示剂?

5. 将 HAc 同离子效应实验中的指示剂甲基橙与缓冲溶液实验中 HAc 与 NaAc 缓冲溶液的指示剂百里酚蓝对换行吗? 为什么?

实验十四　配合物的生成和性质

实验目的

1. 加深对配合物特征的理解;

2. 了解配位平衡和沉淀反应、氧化还原反应、溶液酸度的关系及互相影响导致的配位平衡的移动;

3. 比较不同配合物的相对稳定性。

实验预习

1.《无机化学》、《无机与分析化学》配位化合物的组成、稳定性、生成配位化合物时性质的改变;

2. 试剂的干燥、药品的取用、溶液的配制(5.3),试纸的使用(5.4);

3.《无机化学》、《无机与分析化学》中 Ag、Fe、Cu 的性质。

实验原理

配合物一般包括内界和外界两部分。中心离子和配位体组成配合物的内界;配合物中内界以外的部分为外界。当简单离子(或化合物)形成配离子(或配合物)后,某些性质会发生改变,如颜色、溶解度、氧化还原性质等。例如,Fe^{3+} 能使 I^- 氧化为 I_2,但当形成配离子(如$[FeF_6]^{4-}$)后,却能把 I_2 还原为 I^-:

$$2Fe^{3+} + 2I^- \longrightarrow 2Fe^{2+} + I_2$$

$$2[FeF_6]^{4-} + I_2 \longrightarrow 2I^- + 2[FeF_6]^{3-}$$

配离子在溶液中同时存在着配合过程和解离过程,即存在着配位平衡,如

$$Ag^+ + 2NH_3 \Longrightarrow [Ag(NH_3)_2]^+$$

$$K_{稳} = \frac{\left[Ag(NH_3)_2{}^+\right]}{\left[Ag^+\right]\left[NH_3\right]^2}$$

$K_{稳}$称为稳定常数,不同的配离子具有不同的稳定常数,对于同类型的配离子,$K_{稳}$值越大,表示配离子越稳定。

根据平衡移动原理,改变中心离子或配位体的浓度会使配位平衡发生移动,配位平衡的移动同溶液的 pH、是否生成沉淀、是否发生氧化还原反应以及溶剂的量等都有密切相关。

由配离子组成的盐类,称为配盐,配盐与复盐不同,配盐电离出来的配离子一般较稳定,在水溶液中仅有极小部分电离成为简单离子;而复盐则全部电离为简单离子。例如:

配盐　　　　　$K_4[Fe(CN)_6] \Longrightarrow 4K^+ + [Fe(CN)_6]^{4-}$

　　　　　　　$[Fe(CN)_6]^{4-} \Longrightarrow Fe^{2+} + 6CN^-$

复盐　　　$KAl(SO_4)_2 \cdot 12H_2O \Longrightarrow K^+ + Al^{3+} + 2SO_4^{2-} + 12H_2O$

由中心离子和多基配位体配位而成的具有环状结构的配合物叫做螯合物。螯合物的稳定性高,是目前应用最广泛的一类配合物。螯合物的环上有几个原子就称为几元环,一般五元环或六元环的螯合物是比较稳定的。

实验内容

1. 配离子的生成和组成

(1) 在试管中加入三四滴 $0.1mol \cdot dm^{-3} HgCl_2$ 溶液(注意有毒!)。逐滴加入 $0.1mol \cdot dm^{-3} KI$,观察红色 HgI_2 沉淀的生成,再继续加入过量 KI 溶液,观察由于生成无色 $HgI_4{}^{2-}$ 配离子而使沉淀溶解[1]。写出反应方程式。

(2) 取一支试管,加入 $0.1mol \cdot dm^{-3} CuSO_4$ 溶液 $1cm^3$,逐滴加入 $6mol \cdot dm^{-3} NH_3 \cdot H_2O$,边加边振荡,观察生成物的颜色,继续加入氨水,试管中的沉淀又溶解而生成深蓝色的$[Cu(NH_3)_4]^{2+}$溶液。写出反应方程式。

上述反应的试管中再稍加一些氨水,将此溶液分成 3 份:第 1 份加入 $0.1mol \cdot dm^{-3} BaCl_2$;第 2 份加入 $0.1mol \cdot dm^{-3} NaOH$ 溶液,观察沉淀情况;第 3 份加少许无水乙醇,可看到蓝色硫酸四氨合铜的晶体生成。

取三支试管,加入少量 $0.1mol \cdot dm^{-3} CuSO_4$ 溶液,第一支试管加入 $0.1mol \cdot dm^{-3} BaCl_2$;第二支试管加入 $0.1mol \cdot dm^{-3} NaOH$ 溶液,观察沉淀情况;第三支试管加少许无水乙醇,观察现象。写出反应式。

根据上面的实验结果,说明此配合物$[Cu(NH_3)_4]SO_4$内界和外界的组成。

2. 简单离子和配离子的区别

(1) 在试管中加入少量 $0.1mol \cdot dm^{-3} FeCl_3$ 溶液,然后逐滴加入少量

$2mol \cdot dm^{-3} NaOH$ 溶液,观察现象,写出反应式。

以 $0.1mol \cdot dm^{-3} K_3[Fe(CN)_6]$(铁氰化钾)溶液代替 $FeCl_3$ 做同样的试验,观察现象有何不同,并解释。

(2) 在试管中加入少量 $0.1mol \cdot dm^{-3} FeCl_3$ 溶液,加 2 滴 $0.1mol \cdot dm^{-3} KI$ 溶液,然后加入五六滴 CCl_4,振荡后观察 CCl_4 层的颜色,写出反应式。

以 $K_3[Fe(CN)_6]$ 溶液代替 $FeCl_3$ 溶液,做同样的试验,观察现象,比较二者有何不同,并解释。

(3) 在试管中加入少量 I_2 水,观察颜色,然后滴加少量 $0.1mol \cdot dm^{-3} FeSO_4$ 溶液,观察有何现象。

以 $0.1mol \cdot dm^{-3} K_4[Fe(CN)_6]$(亚铁氰化钾)溶液代替 $FeSO_4$ 溶液,做同样的试验。观察现象,比较二者有何不同并解释。

3. 配离子稳定性的比较

(1) 在试管中加入少量 $0.1mol \cdot dm^{-3} FeCl_3$ 溶液,加几滴 $0.1mol \cdot dm^{-3}$ KSCN 溶液,观察现象,然后再加入少量 $1mol \cdot dm^{-3} NH_4F$ 溶液至溶液由红色变为无色,解释现象。

(2) 在试管中加入少量 $0.1mol \cdot dm^{-3} AgNO_3$ 溶液,滴加少量 $0.1mol \cdot dm^{-3}$ KBr 溶液,观察浅黄色 AgBr 沉淀的生成,然后将沉淀分成两份,分别加入少量 $0.1mol \cdot dm^{-3} Na_2S_2O_3$ 溶液和 $2mol \cdot dm^{-3}$ 氨水,观察沉淀是否溶解。

根据以上实验结果分别比较 $[Fe(NCS)_6]^{3-}$ 和 $[FeF_6]^{3-}$、$[Ag(NH_3)_2]^+$ 和 $[Ag(S_2O_3)_2]^{3-}$ 配离子的稳定性大小。

4. 配位平衡的移动

(1) 在一支 $25cm^3$ 试管中加入 3 滴 $0.1mol \cdot dm^{-3} FeCl_3$ 溶液,然后加入 3 滴 $0.1mol \cdot dm^{-3} NH_4SCN$ 溶液,加水 $10cm^3$ 稀释后,将溶液分成 3 份:第 1 份加入 $0.1mol \cdot dm^{-3} FeCl_3$ 溶液 5 滴;第 2 份加入 $0.1mol \cdot dm^{-3} NH_4SCN$ 溶液 5 滴;第 3 份留作比较,观察现象。比较实验结果并解释。

(2) 在一试管中加入 $0.5mol \cdot dm^{-3} CoCl_2$ 溶液,滴加少量 $0.1mol \cdot dm^{-3}$ NH_4SCN 溶液,观察溶液颜色有何变化,然后再加入少量 $25\% NH_4SCN$ 溶液或固体 NH_4SCN,观察溶液的颜色。将此溶液分为两份:一份加入五六滴丙酮,振荡,观察颜色变化;另一份只取少量,加水稀释,观察颜色又有何变化。解释以上实验现象[3]。

(3) 在试管中加入少量 $0.1mol \cdot dm^{-3} CuSO_4$ 溶液,滴加 $6mol \cdot dm^{-3}$ 氨水至生成的沉淀恰好溶解为止。观察溶液颜色。然后将此溶液加水稀释,观察沉淀又复生成,解释以上现象。

(4) 在试管中按上面实验制取含[$Cu(NH_3)_4$]$^{2+}$配离子的溶液。逐滴加入 $2mol \cdot dm^{-3} H_2SO_4$,观察现象并解释。

5. 螯合物的生成

分别取 $5cm^3$ 几乎无色的 $0.01mol \cdot dm^{-3}$ $FeCl_3$ 溶液（1 滴 $0.1mol \cdot dm^{-3}$ $FeCl_3$＋9 滴 H_2O)两份,一份加入 2 滴 $0.03mol \cdot dm^{-3}$ 磺基水杨酸溶液,观察溶液的颜色。然后再加入 2 滴 $0.1mol \cdot dm^{-3}$ EDTA 溶液,观察溶液的颜色[4]。另一份逐滴加入稀盐酸至 pH 为 2,观察颜色的变化。然后,再逐滴加入稀 NaOH 溶液,观察颜色变化并解释。

实验指导

[1] 反应式为
$$HgCl_2 + 2I^- \Longrightarrow HgI_2 \downarrow + 2Cl^-$$
$$HgI_2 + 2I^- \Longrightarrow HgI_4^{2-}$$

[2] 氨水过量是为了保证配位数为 4。

[3] 反应式为
$$Co^{2+} + 4SCN^- \Longrightarrow [Co(SCN)_4]^{2-}（蓝色）$$
$K_f = 1.0 \times 10^3$,[$Co(SCN)_4$]$^{2-}$ 在丙酮和乙醚中比在水中稳定。

[4] 在酸性条件下,Fe^{3+} 与磺基水杨酸、EDTA 都能形成稳定的螯合离子。在一般情况下,EDTA-Fe 配离子较磺基水杨酸 Fe 配离子更为稳定。$lgK_f(FeSal^+) = 14.4$,$lgK_f(FeY^-) = 25.0$:
$$Fe^{3+} + H_2Sal \Longrightarrow FeSal^+ + 2H^+$$
$$（磺基水杨酸）\qquad （红褐色）$$
$$Fe^{3+} + H_2Y^{2-} \Longrightarrow FeY^- + 2H^+$$
$$（EDTA）\qquad （黄色）$$

[5] $CuSO_4$ 溶液中加氨水生成的沉淀是 $Cu_2(OH)_2SO_4$ 蓝色沉淀。

思考题

1. 如何设计实验区分硫酸铁铵和铁氰化钾这两种物质?

2. 在有过量氨存在的[$Cu(NH_3)_4$]$^{2+}$溶液中,加入 Na_2S、NaOH、HCl,分别对配合物有何影响?

3. 写出磺基水杨酸和 EDTA 的结构,标明配原子的位置。

4. 从实验设计的角度考虑,平衡移动的实验设计要注意什么才能使实验现象明显? 举例说明(用本实验中的内容说明)。

5. Fe^{3+} 与 $C_2O_4^{2-}$ 生成黄色的配合物,在此配合物中加入 1 滴 $0.1mol \cdot dm^{-3} NH_4SCN$ 溶液,溶液的颜色无明显变化,但向溶液中逐滴加入 $6mol \cdot dm^{-3} HCl$ 溶液后,颜色变红,解释原因。

6. 设计实验证明[$Ag(NH_3)_2$]$^+$ 配离子的溶液中有 Ag^+。

7. 如何检验牛奶中有 Ca^{2+}？

拓展实验:验证[Cu(NH₃)₄]SO₄ 的离解平衡

制备$[Cu(NH_3)_4]SO_4$，设计两个实验使$[Cu(NH_3)_4]^{2+}$离解平衡发生移动。写出详细步骤和反应式。

实验十五　氧化还原反应与电化学

实验目的

1. 掌握电极电势与原电池和氧化还原反应的关系；
2. 了解原电池的构造，掌握浓度、酸度对电极电势的影响；
3. 熟悉浓度、酸度、沉淀及配合物的形成对氧化还原反应的影响；
4. 了解金属的电化学腐蚀和电解反应。

实验预习

1.《无机化学》、《无机与分析化学》中氧化还原平衡、电极电势、电极电势的影响因素及电极电势的应用，原电池及其组成，金属的腐蚀；

2.《无机化学》、《无机与分析化学》卤素、Mn、Fe 的性质；

3. 试剂的干燥、药品的取用、溶液的配制(5.3)。

实验原理

一个氧化还原反应所包含的两个氧化还原电对的电极电势的相对大小可决定氧化还原反应的方向，当氧化剂电对的电极电势大于还原剂电对的电极电势时，反应即能正向进行，而且两者的差值越大，反应的自发趋势越大。

由能斯特(Nernst)方程可知浓度(或分压)对电对的电极电势有直接影响。溶液的酸度对含氧化合物(包括氧化物、含氧酸及其盐)电对的电极电势有很大的影响，如电极反应

$$MnO_4^- + 8H^+ + 5e \rightleftharpoons Mn^{2+} + 4H_2O$$

在 298.15K 时，其电极电势的能斯特方程如下：

$$\varphi(MnO_4^-/Mn^{2+}) = \varphi^{\ominus}(MnO_4^-/Mn^{2+}) + \frac{0.059}{5}\lg\frac{[MnO_4^-][H^+]^8}{[Mn^{2+}]}$$

原电池是利用氧化还原反应产生电流的装置。原电池的电动势 E 为正、负极电极电势之差。在原电池的负极发生氧化反应，给出电子，正极发生还原反应，得到电子。

金属与电解质溶液接触时，由于电化学作用而引起的腐蚀称为电化学腐蚀。

由于溶解于电解质溶液中的氧分子得电子而引起的腐蚀称为吸氧腐蚀。由于金属表面水膜中各部位溶解氧分布不均匀而引起的金属腐蚀称为差异充气腐蚀(即氧浓差腐蚀)。

电流通过电解质溶液时,在电极上引起的化学变化称为电解。电解时电极电势的高低、离子浓度的大小、电极材料等因素都可以影响两极上的电解产物。

实验内容

1. 常见氧化剂和还原剂的反应

在两支试管中分别加入 2 滴 $0.1\ mol \cdot dm^{-3}$ KI 和 $0.01\ mol \cdot dm^{-3}$ KMnO$_4$ 溶液,用 5 滴 $2mol \cdot dm^{-3}$ H$_2$SO$_4$ 溶液酸化,再滴加数滴 $0.1mol \cdot dm^{-3}$ NaNO$_2$ 溶液,振荡,观察现象并写出反应式。

2. 影响氧化还原反应的因素

1) 浓度对氧化还原反应的影响

(1) 向两支各盛有一粒锌粒的试管中,分别滴加等量的 $0.5cm^3$ 浓 HNO$_3$ 和 $1mol \cdot dm^{-3}$ HNO$_3$ 溶液,观察发生的现象有何不同,解释现象并写出反应式。

(2) 在两只 $50cm^3$ 烧杯中,分别加 $20cm^3$ $0.1\ mol \cdot dm^{-3}$ ZnSO$_4$ 和 $0.1\ mol \cdot dm^{-3}$ CuSO$_4$ 溶液。在 ZnSO$_4$、CuSO$_4$ 溶液中分别插入锌片和铜片作电极,用盐桥将它们连接起来[1],通过导线将铜极接入伏特计的正极,把锌极接入伏特计的负极,记录原电池电动势,观察伏特计上电流的方向,并用电池符号表示该原电池[2]。

(3) 在上述原电池 ZnSO$_4$ 溶液的烧杯中逐滴加入 $6\ mol \cdot dm^{-3}$ 氨水,直至生成的白色沉淀完全溶解,测量电动势有何变化? 写出原电池符号并解释。
装置用作电解实验的电源。

2) 介质酸度对氧化还原反应的影响

(1) 在三支试管中各加入 2 滴 $0.01\ mol \cdot dm^{-3}$ KMnO$_4$ 溶液,然后分别加 4 滴 $3\ mol \cdot dm^{-3}$ H$_2$SO$_4$ 溶液、4 滴蒸馏水和 4 滴 40% NaOH 溶液,再各加数滴 $0.1\ mol \cdot dm^{-3}$ Na$_2$SO$_3$ 溶液,振荡,观察各试管中的现象,写出反应式。

(2) 在两支试管中各加入 2 滴 $0.1\ mol \cdot dm^{-3}$ KBr 溶液,分别加入 5 滴 $3mol \cdot dm^{-3}$ H$_2$SO$_4$ 和 $6\ mol \cdot dm^{-3}$ HAc 溶液,再各加 1 滴 $0.01\ mol \cdot dm^{-3}$ KMnO$_4$ 溶液,振荡并观察现象。

3) 沉淀的生成对氧化还原反应的影响

(1) 利用下列试剂:FeCl$_3$($0.1\ mol \cdot dm^{-3}$)、KBr($0.1\ mol \cdot dm^{-3}$)、KI($0.1\ mol \cdot dm^{-3}$)、CCl$_4$、(NH$_4$)$_2$Fe(SO$_4$)$_2$($0.2\ mol \cdot dm^{-3}$)、碘水、溴水。设计一实验,证明 $\varphi^{\ominus}$(Fe^{3+}/Fe^{2+})、$\varphi^{\ominus}$(Br$_2$/Br$^-$)、$\varphi^{\ominus}$(I$_2$/I$^-$)的高低顺序。

（2）在试管中加入 3 滴 0.2 mol·dm^{-3}(NH$_4$)$_2$Fe(SO$_4$)$_2$溶液和 2 滴碘水，振荡，有何现象？再滴加 0.1 mol·dm^{-3}AgNO$_3$溶液（注意边加边振荡），直至溶液黄棕色刚好消失为止，离心沉降，检验上层清液中是否存在 I$_2$ 及 Fe^{3+}，试解释现象。

3. 电解

将实验内容 2(3)中的原电池两端铜线用砂纸抛光，插入盛有少量 0.5mol·dm^{-3}Na$_2$SO$_4$溶液的小烧杯中（图 9-1），再加入 1 滴酚酞，摇匀，静置数分钟，观察现象并加以解释。

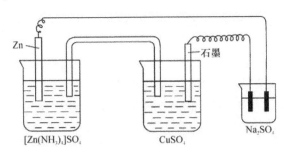

图 9-1　利用原电池进行电解

实验指导

［1］盐桥是由琼脂和饱和 KCl 溶液灌制而成的，不用时要保存在饱和 KCl 溶液中。做法如下：称取 1g 琼脂，放在 100cm^3 饱和的 KCl 溶液中浸泡一会，加热煮成糊状，趁热倒入 U 形玻璃管中（注意里面不能留有气泡），冷却后即成。盐桥不用时应浸泡在饱和 KCl 溶液中。

［2］金属与电解质溶液接触时，会形成原电池，这是一种电化学作用，会引起腐蚀，称为电化学腐蚀。由溶解于电解质溶液中的氧分子得电子而引起的腐蚀称为吸氧腐蚀。由于金属表面水膜中各部位溶解氧分布不均匀而引起的金属腐蚀称为差异充气腐蚀（即氧浓差腐蚀）。

差异充气腐蚀实验：将一铁片用砂纸抛光，冲洗后用滤纸吸干。然后向铁片光亮处滴加 1 滴腐蚀液，静置 3min 后，观察现象。

腐蚀液是由 NaCl、K$_3$[Fe(CN)$_6$]、酚酞按一定比例配制而成的，其中 NaCl 起电解质的导电作用、K$_3$[Fe(CN)$_6$]用来检验 Fe^{2+} 的生成、酚酞用来检验 OH$^-$ 的生成。

思考题

1. 通过计算说明，在实验内容 2 中(3)中反应 I$_2$ + 2Ag$^+$ + 2Fe^{2+} ——→2AgI + 2Fe^{3+}能朝正向进行。

2. 在 Cu-Zn 原电池实验中,如果向 $CuSO_4$ 溶液中加入过量氨水,电动势应如何变化? 写出原电池符号并解释原因。

3. 设计一个原电池的装置验证酸度对电极电势的影响。

4. 根据实验,请比较下列电对的电极电势的大小:

$$I_2/I^-,IO_3^-/I^-,MnO_4^-/Mn^{2+},Br_2/Br^-,Fe^{3+}/Fe^{2+},Fe^{2+}/Fe,O_2/OH^-$$

5. 根据实验,请比较下列电对的 $\varphi^\ominus$ 电极电势的大小,并据此总结生成沉淀和配合物对电极电势或物质的氧化还原性有什么影响:

$$I_2/AgI \text{ 和 } I_2/I^-,[Zn(NH_3)_4]^{2+}/Zn \text{ 和 } Zn^{2+}/Zn$$

6. 利用实验中所给的试剂和仪器,设计一个改变氧化剂或还原剂的浓度、介质酸性对电对电极电势产生影响的实验,并验证。

实验十六　乙酸电离常数和电离度的测定

实验目的

1. 了解测定乙酸电离常数的一般原理和方法;

2. 进一步加深有关电离平衡基本概念的认识和理解;

3. 了解 pH 计的使用方法,学习用 pH 计测定溶液的 pH。

实验预习

1.《无机化学》一元弱酸的电离平衡和电离常数;

2. pH 计的使用和溶液 pH 的测定(6.2.2);

3. 滴定管(5.6.5)、容量瓶(5.6.6)、移液管、吸量管的使用(5.6.2);

4. 实验数据的处理方法(3.4);

5. 分析天平的使用规则(6.1.5)。

实验原理

乙酸是弱电解质,在溶液中存在下列电离平衡:

$$HAc \Longrightarrow H^+ + Ac^-$$

在不考虑水的自身电离对酸度的贡献的情况以及各物种浓度相对较大的情况下,其电离常数的表达式为

$$K_{HAc} = \frac{[H^+][Ac^-]}{[HAc]}$$

考虑到弱酸的电离程度较小,一般情况下,可以认为$[HAc] \approx c$,所以

$$K_{HAc} = \frac{[H^+][Ac^-]}{[HAc]} \approx \frac{[H^+]^2}{c} \tag{9-1}$$

式中:$[H^+]$、$[Ac^-]$和$[HAc]$——H^+、Ac^-和 HAc 在平衡时的浓度;

$\quad K_{HAc}$——电离常数;

　　c——HAc 的起始浓度。

而电离度 $\alpha = \dfrac{[\text{H}^+]}{c}$，因此只要求得 $[\text{H}^+]$，即可以求得电离度。

　　因此，通过对已知浓度的乙酸溶液的 pH 测定，即可求出电离平衡常数和电离度。为了减少实验误差，还可采用作图法进行精确计算。将式(9-1)两边取对数：

$$\lg K_{\text{HAc}} = 2\lg[\text{H}^+] - \lg c$$

又由于

$$\text{pH} = -\lg[\text{H}^+]$$

所以

$$\lg K_{\text{HAc}} = -2\text{pH} - \lg c$$

或

$$2\text{pH} = -\lg K_{\text{HAc}} - \lg c \qquad\qquad (9\text{-}2)$$

根据式(9-2)绘制 $2\text{pH-}\lg c$ 图，图上各点应位于斜率为 -1 的直线上。当 $\lg c$ 等于 0 时，该直线与 2pH 坐标在 $-\lg K_{\text{HAc}}$ 处相交。从图中可得到 $-\lg K_{\text{HAc}}$，进而求出电离常数 K_{HAc}。

实验步骤

　　1. 0.2mol·dm^{-3} NaOH 溶液的配制和标定

　　配制 0.2mol·dm^{-3} NaOH 溶液 300cm^3。标定采用的基准物质是邻苯二甲酸氢钾($\text{KHC}_8\text{H}_4\text{O}_4$)。

　　在分析天平上采用减量法准确称取 0.4～0.6g 邻苯二甲酸氢钾，放入 250cm^3 锥形瓶中，加入 30～40cm^3 蒸馏水溶解后，再加入 1～2 滴酚酞指示剂，用待标定的 NaOH 溶液滴定到呈现微红色且保持半分钟不褪色即为终点，记录使用的 NaOH 溶液的体积，平行测定 3 次，计算 NaOH 溶液的浓度。

　　2. 乙酸溶液浓度的测定

　　用移液管平行吸取 3 份 25cm^3 0.2mol·dm^{-3} HAc 溶液，分别置于 3 个 250cm^3 锥形瓶中，各加两三滴酚酞指示剂。分别用以上标定好的标准 NaOH 溶液滴定至溶液呈现微红色且半分钟内不褪色为止。记下所用 NaOH 溶液的体积，计算 HAc 溶液的精确浓度。

　　3. 配制不同浓度的乙酸溶液

　　用移液管和吸量管分别移取 50cm^3、25cm^3、10cm^3 和 5cm^3 已标定过的 HAc 溶液于 4 个已编号的 100cm^3 容量瓶中，用蒸馏水稀释至刻度，摇匀，即配制得不同浓度的系列 HAc 溶液。

　　4. 乙酸溶液 pH 的测定

　　用 5 只干燥的 $50cm^3$ 烧杯,分别取上述 4 种浓度及未稀释的 HAc 溶液各 $40\sim$ $50cm^3$,由稀到浓分别用 pH 计测定它们的 pH,并记录实验时的室温。

实验结果及数据处理要求

　　(1) HAc 溶液浓度的标定及计算。

　　(2) 数据记录在表 9-1 中。

表 9-1　HAc 溶液电离常数和电离度的测定数据(室温:　　　℃)

编　号	HAc 溶液 (已标定)体积/cm^3	稀释后体积 /cm^3	c	$\lg c$	pH	2pH	$[H^+]$	K_{HAc}	α
1	5	100							
2	10	100							
3	25	100							
4	50	100							
5	100	100 (未稀释)							

　　(3) 作图法求算 K_{HAc}。以 $\lg c$ 为横坐标、2pH 为纵坐标,按表内数据作图,将直线延长至 $\lg c=0$,求出 2pH,即为 $-\lg K_{HAc}$,进而算出 K_{HAc}。

实验指导

　　[1] 基准物邻苯二甲酸氢钾($KHC_8H_4O_4$),在 $100\sim125℃$ 条件下干燥 1h 后,放入干燥器中备用。

　　[2] 配制系列溶液时,容量瓶中的溶液是否混匀对实验的影响很大,所以必须充分混合。

　　[3] 实验报告中应该体现分析实验数据得出的结论。

思考题

　　1. 用 pH 计测定溶液的 pH 时,为何要定位? 定位时,为何一般都采用缓冲溶液? 如何选取定位用的缓冲溶液的种类?

　　2. 连续测定不同浓度 HAc 溶液的 pH 时,为何要从稀到浓?

　　3. 如果改变所测 HAc 溶液的温度,则电离度和电离常数有无变化? 怎样变?

　　4. 用吸量管移取溶液时要怎样使用才能使误差最小?

5. $K^\ominus$ 可以通过做图法和计算法得到,试比较两种方法得到的 $K^\ominus$。和资料中查到的数据进行比较,此实验中有哪些操作可以提高实验的准确度?

6. 若所用的 HAc 浓度极稀,是否还能用 $K_a^\ominus = \dfrac{[\mathrm{H}^+]^2}{c}$ 计算 $K_a^\ominus$? 为什么?

7. 实验中 Ac^- 和 HAc 的浓度是怎样计算的?

8. 实验过程中测定 pH 时所用的烧杯是否必须烘干? 还可以做怎样的处理?

拓展实验:测定未知酸的 K_a 值

利用缓冲溶液的原理,设计实验测定未知酸的 K_a 值。

实验十七　化学反应速率及活化能测定

实验目的

1. 通过对过二硫酸铵氧化碘化钾的反应速率的测定,了解并掌握一种测定反应速率,求算反应速率常数、反应级数和活化能的方法;

2. 了解浓度、温度和催化剂对化学反应速率的影响;

3. 练习在水浴中保持恒温的操作。

实验预习

1.《无机化学》、《无机与分析化学》有关化学反应速率及其影响因素、质量作用定律、阿伦尼乌斯公式;

2. 实验数据的处理方法(3.4);

3. 加热设备及控制反应温度的方法(5.7.1);

4. 量筒的使用(5.6.1),试剂的取用(5.4.1)。

实验原理

根据阿伦尼乌斯反应速率碰撞理论,在均相体系中,体现反应速率与反应物的浓度、反应速率常数之间的关系式反应速率方程为(对于反应 $\mathrm{A} + \mathrm{B} \longrightarrow \mathrm{C}$)

$$v = k[\mathrm{A}]^m[\mathrm{B}]^n$$

式中:v——瞬时速率 $\left(= \dfrac{\mathrm{d}c}{\mathrm{d}t}\right)$;

k——浓度随时间的变化率,是温度的函数;

$m + n$——反应的级数。

反应速率常数的求算方法就是根据反应的特点,设计一合理的实验方法,求得比较容易得到的那个反应物的浓度的变量(即 $\mathrm{d}c$ 或 Δc),再根据测定的时间(即 $\mathrm{d}t$ 或 Δt)来求得反应速率。

(1) 本实验体系是在水溶液中过二硫酸铵与碘化钾发生以下反应：

$$S_2O_8^{2-} + 3I^- = 2SO_4^{2-} + I_3^- \qquad (9\text{-}3)$$

这个反应的反应速率方程可用下式表示：

$$v = -\frac{\Delta[S_2O_8^{2-}]}{\Delta t} = k[S_2O_8^{2-}]^m[I^-]^n$$

v 为此条件下的瞬时速率，式中 $\Delta[S_2O_8^{2-}]$ 为 Δt 时间内 $S_2O_8^{2-}$ 减少的浓度，$[S_2O_8^{2-}]$ 和 $[I^-]$ 分别为 $S_2O_8^{2-}$ 与 I^- 的起始浓度，m、n 为反应级数。

实验能测定的速率是一段时间(t)内反应的平均速率，如果在 Δt 时间内 $S_2O_8^{2-}$ 浓度的改变为 $\Delta[S_2O_8^{2-}]$，则平均速率为

$$\overline{v} = \frac{-\Delta[S_2O_8^{2-}]}{\Delta t}$$

近似地用平均速率代替瞬时速率：

$$v = \frac{-\Delta[S_2O_8^{2-}]}{\Delta t} = k[S_2O_8^{2-}]^m[I^-]^n$$

为了测出在一定时间 Δt 内 $S_2O_8^{2-}$ 浓度的变化，在混合$(NH_4)_2S_2O_8$ 溶液和 KI 溶液时，同时加入一定体积的已知浓度的 $Na_2S_2O_3$ 溶液和作为指示剂的淀粉溶液。这样，在反应(9-3)进行的同时，还进行以下反应：

$$2S_2O_3^{2-} + I_3^- = S_4O_6^{2-} + 3I^- \qquad (9\text{-}4)$$

反应(9-4)进行得非常快，几乎瞬间即可完成，而反应(9-3)比反应(9-4)慢得多，所以由反应(9-3)生成的碘立即与 $S_2O_3^{2-}$ 作用，生成了无色的 $S_4O_6^{2-}$ 和 I^-。因此，在反应的开始阶段，看不到碘与淀粉作用而显示出来的特有的蓝色。但是，一旦 $Na_2S_2O_3$ 耗尽，反应(9-3)生成的微量碘就立即与淀粉作用，使溶液显出蓝色。

从反应(9-3)和反应(9-4)的计量关系可以看出，$S_2O_8^{2-}$ 减少的量为 $S_2O_3^{2-}$ 减少量的一半，即

$$\Delta[S_2O_8^{2-}] = \frac{\Delta[S_2O_3^{2-}]}{2}$$

由于在 Δt 时间内 $S_2O_3^{2-}$ 全部耗尽，浓度变为零，所以 $\Delta[S_2O_3^{2-}]$ 实际上就是反应开始时 $Na_2S_2O_3$ 的浓度。在本实验中，每份混合溶液中 $Na_2S_2O_3$ 的起始浓度都是相同的，因而 $\Delta[S_2O_8^{2-}]$ 也是不变的，这样，只要记下从反应开始到溶液出现蓝色所需要的时间(Δt)，就可以由对应关系求得 $\Delta[S_2O_8^{2-}]$ 的量而求算反应速率 $\dfrac{\Delta[S_2O_8^{2-}]}{\Delta t}$。

另外，由反应速率方程可知：

$$v = -\frac{\Delta[S_2O_8^{2-}]}{\Delta t} = k[S_2O_8^{2-}]^m[I^-]^n \qquad (9\text{-}5)$$

当固定$[I^-]$的浓度时，不同的 $\Delta[S_2O_8^{2-}]$ 得到不同的反应速率 v_1、v_2，且

$$\frac{v_1}{v_2}=\frac{k\left[S_2O_8^{2-}\right]_1^m\left[I^-\right]_1^n}{k\left[S_2O_8^{2-}\right]_2^m\left[I^-\right]_2^n}$$

由于

$$\left[I^-\right]_1=\left[I^-\right]_2$$

所以

$$\frac{v_1}{v_2}=\frac{\left[S_2O_8^{2-}\right]_1^m}{\left[S_2O_8^{2-}\right]_2^m}$$

由上面得到的 v_1、v_2 及 $\left[S_2O_8^{2-}\right]_1$ 和 $\left[S_2O_8^{2-}\right]_2$ 可求出反应级数 m。

同理,固定 $\Delta\left[S_2O_8^{2-}\right]$ 的浓度,可求出反应级数 n。

求出 m 和 n 以后,就可由反应速率方程(9-5)求出反应速率常数 k 值。

$$k=\frac{-\Delta\left[S_2O_8^{2-}\right]}{\Delta t\left[S_2O_8^{2-}\right]^m\left[I\right]^n}$$

(2) 根据阿伦尼乌斯方程式,反应速率常数 k 与反应温度 T 有如下关系:

$$\lg k=\frac{-E_a}{2.303RT}+C$$

式中:E_a——反应的活化能;

R——摩尔气体常量($8.314J \cdot mol^{-1} \cdot K^{-1}$)。

测出不同温度时的 k 值,以 $\lg k$ 对 $\frac{1}{T}$ 作图,可得一直线,直线的斜率为

$$斜率=\frac{-E_a}{2.303R}$$

由此式可求得活化能 E_a。

实验步骤

1. 浓度对反应速率的影响

在室温下,用量筒参照表 9-2 的数据,准确量取 $20cm^3$ $0.20mol \cdot dm^{-3}$ KI、$8cm^3$ $0.01mol \cdot dm^{-3}$ $Na_2S_2O_3$ 和 $4cm^3$ 0.2% 的淀粉溶液,在 $250cm^3$ 锥形瓶中混合,摇匀。然后用量筒准确量取 $20cm^3$ $0.20mol \cdot dm^{-3}$ $(NH_4)_2S_2O_8$ 溶液,迅速加到锥形瓶中,同时按动秒表,并不断振荡溶液,当溶液刚出现蓝色时,迅速停止计时,将反应时间记入表 9-2 中,并记录室温。

用同样的方法按照表 9-2 中用量进行另外四次实验,记下反应时间,算出反应速率。

计算 m 和 n,并算出反应速率常数 k。

表 9-2　　$(NH_4)_2S_2O_8$ 与 KI 的浓度对反应速率的影响（室温：　　℃）

	试验编号	1	2	3	4	5
试剂用量 /cm³	$0.20mol \cdot dm^{-3}(NH_4)_2S_2O_8$	20	10	5	20	20
	$0.20mol \cdot dm^{-3}KI$	20	20	20	10	5
	$0.01mol \cdot dm^{-3}Na_2S_2O_3$	8	8	8	8	8
	0.2%淀粉	4	4	4	4	4
	$0.2mol \cdot dm^{-3}KNO_3$[1]	0	0	0	10	15
	$0.2mol \cdot dm^{-3}(NH_4)_2SO_4$[1]	0	10	15	0	0
$\Delta t/s$						

2. 温度对反应速率的影响

按表 9-2 中试验编号 4 中的用量，把 KI、$Na_2S_2O_3$、KNO_3 和淀粉溶液加到 250cm³ 锥形瓶中，摇匀；把 $(NH_4)_2S_2O_8$ 溶液加在大试管中，并把它们同时放在冰水浴中冷却。待两种试液均冷到 0℃时，把 $(NH_4)_2S_2O_8$ 溶液迅速倒入锥形瓶中，并立即记录时间，不断振荡溶液。当溶液刚出现蓝色时，再记下时间。

在比室温高 10℃ 和 20℃ 的条件下，重复以上的实验，这样就可以得到四种温度[0℃，室温 T℃，$(T+10)$℃，$(T+20)$℃]下的反应时间，将它们记录下来，并算出它们的反应速率，求出反应的活化能。

3. 催化剂对反应速率的影响

Cu^{2+} 可以加速 $(NH_4)_2S_2O_8$ 氧化 KI 的反应速率，而且 Cu^{2+} 的用量不同，加快的速率也不同。

在 250cm³ 锥形瓶中按表 9-2 实验编号 4 中的用量将试剂加入到锥形瓶中，再加入 1 滴 $0.02mol \cdot dm^{-3}Cu(NO_3)_2$ 溶液，摇匀。然后迅速加入 $0.20mol \cdot dm^{-3}$ $(NH_4)_2S_2O_8$ 溶液，振荡，计时。

将 1 滴 $0.02mol \cdot dm^{-3}Cu(NO_3)_2$ 改成 2 滴和 3 滴，分别重复上述试验。

将以上各试验的反应时间记录下来，并进行比较。

实验指导

[1] 为了使每次实验中溶液的离子强度和总体积保持不变，所减少的 KI 或 $(NH_4)_2S_2O_8$ 溶液的用量可分别用 $0.2mol \cdot dm^{-3}KNO_3$ 和 $0.2mol \cdot dm^{-3}(NH_4)_2SO_4$ 溶液来补充。

[2] 本实验对试剂有一定的要求。KI 溶液为无色透明，不易使用有 I_2 析出的浅黄色溶液。过二硫酸铵溶液要新配制的，因为过二硫酸铵易分解。如所配制的

过二硫酸铵溶液的 pH＜3,过二硫酸铵已有分解,不适合本实验使用;

　　［3］所用试剂中如混有少量的 Cu^{2+}、Fe^{3+} 等杂质,对反应会有催化作用,必要时滴加几滴 $0.1mol \cdot dm^{-3}$ EDTA 溶液。

　　［4］做温度对反应速度影响的实验时,如室温低于 10℃,可将温度条件改为室温、高于室温 10℃、高于室温 20℃、高于室温 30℃ 四种情况。

　　［5］根据制作曲线的基本原则,一条曲线至少要有五个点,所以实验中应该尽量在高于室温 15℃ 时完成一个实验数据。

结果处理要求

　　1. 根据实验结果计算反应级数 m 及 n(取整数值)。

　　2. 求出反应速率常数 k(注意每组实验都要求求出 k)。

　　3. 计算活化能。利用实验结果,以 $\lg k$ 为纵坐标、$\dfrac{1}{T}$ 为横坐标作图,得一直线,此直线的斜率为 $\dfrac{-E_a}{2.303R}$,由此求出反应的活化能 E_a。

　　4. 就各种影响因素,对实验结果进行讨论。

思考题

　　1. 在向 KI 淀粉和 $Na_2S_2O_3$ 混合液中加 $(NH_4)_2S_2O_8$ 时,为什么必须快?

　　2. 在加入 $(NH_4)_2S_2O_8$ 时,先记时后振荡或先振荡后记时,对实验结果各有什么影响? 若把 $(NH_4)_2S_2O_8$ 与 KI 的加入顺序对调,对实验结果会有影响吗?

　　3. 为什么溶液出现蓝色的时间与加入的 $Na_2S_2O_3$ 溶液的量有直接关系? 如果加入的 $Na_2S_2O_3$ 溶液的量过少或过多,对实验结果有何影响? 本实验中,催化剂对反应速率的影响是怎样的?

　　4. 下列操作对实验结果会有什么影响?

　　(1) 取用试剂的量筒没有分开专用;

　　(2) 先加过二硫酸铵溶液,最后加 KI 溶液。

　　5. 用阿伦尼乌斯公式计算反应的活化能,并与作图法得到的数值以及手册中查到的数据进行比较。

　　6. 通过计算法和作图法得到的活化能 E_a 的数据相同吗? 你认为哪一个更合理一些? 通过实验总结影响化学反应速率的因素。

　　7. 数据处理在此实验中十分重要,请问在此实验中用了几种方法? 各有哪些优缺点?

实验十八　磺基水杨酸合铜配合物的组成及稳定常数的测定

实验目的

　　1. 了解光度法测定溶液中配合物的组成和稳定常数的原理和方法;

　　2. 学习分光光度计的使用;

　　3. 进一步理解空白测定对消除系统误差的作用。

实验预习

1.《无机与分析化学》、《仪器分析》中吸光光度法及其应用；

2.《无机与分析化学》、《无机化学》配位化合物的离解平衡、稳定常数；

3. 容量瓶的使用、吸量管的使用，溶液的配制；

4. 化学实验中的误差分析和数据处理(第3章)；

5. 分光光度计的构造原理及溶液浓度的测定(6.4)；

6.pH计的使用和溶液pH的测定(6.2.2)。

实验原理

研究测定配离子的组成时，分光光度法是一种十分有效的方法。用分光光度法测定配离子组成时，常用的方法有两种：一种是等摩尔数连续变化法(也叫浓比递变法)；另一种是摩尔比法。

所谓等摩尔数连续变化法就是在保持溶液的金属离子的浓度与配位体的浓度之和不变(即总物质的量数不变)的前提下，改变c_M和c_R的相对量，配制一系列的溶液。显然，在这一系列的溶液中，有一些溶液中的金属离子是过量的或者是配体的浓度是过量的，而这两种溶液中，配离子的浓度都不能达到最大值，只有当溶液中金属离子与配位体的物质的量之比与配离子的组成一致时，配离子的浓度才最大。

具体操作时，取用物质的量相等的金属离子溶液和配位体溶液，按照不同的体积比(即物质的量比)配成一系列溶液，测定其吸光度。以吸光度(A)为纵坐标，以体积分数(f)$\left(\dfrac{V_M}{V_M+V_R}\text{或}\dfrac{V_R}{V_M+V_R}\text{，即摩尔分数}\right)$为横坐标作图，得出曲线(图9-2)，将曲线两边的直线部分延长相交于B，B点的吸光度A'最大。由B点的横坐标值F可计算配离子中金属离子与配位体的物质的量比，即可求出配离子MR_n中配位体的数目n。

例如，若$f=0.5$，则

$$\frac{V_M}{V_M+V_R}=0.5$$

即

$$\frac{n_M}{n_M+n_R}=0.5$$

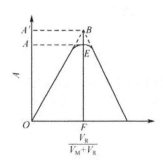

图9-2　等摩尔数连续变化法

整理可得$\dfrac{n_R}{n_M}=1$，即金属离子与配位体的比是1∶1。

由图9-2可以看出，最大吸光度应在B点，其值为A'，一般认为此时M和R

全部配合。但由于配离子有一部分解离，其浓度要稍小一些，所以，实验测得的最大吸光度在 E 点，其值为 A，所以配离子的离解度 $\alpha = \dfrac{A'-A}{A'}$。

配离子的表观不稳定常数 K 可由以下平衡关系导出：

$$MR_n \rightleftharpoons M + nR$$

$$c(1-\alpha) \qquad c\alpha \qquad c\alpha$$

$$K = \frac{c(1-\alpha)}{c\alpha(nc\alpha)^n} = \frac{1-\alpha}{(nc)^n\alpha^{n+1}}$$

式中：c——B 点相对应的 M 离子总浓度；

　　α——离解度。

本实验是测定 Cu^{2+} 和磺基水杨酸（以 H_3R 表示）形成的 1∶1 配合物，溶液呈亮绿色；pH 在 8.5 以上形成 1∶2 配合物，溶液呈深绿色。我们选用波长为 440nm 的单色光进行测定。在此条件下，磺基水杨酸和 Cu^{2+} 对光几乎没有吸收，形成的配合物则有一定的吸收。

实验内容

（1）等摩尔系列法。用 $0.05mol \cdot dm^{-3}$ 硝酸铜溶液和 $0.05mol \cdot dm^{-3}$ 磺基水杨酸溶液，在 13 个 $50\ cm^3$ 烧杯中依下表所列体积比配制混合溶液（用吸量管量取溶液）。

溶液编号	1	2	3	4	5	6	7	8	9	10	11	12	13
磺基水杨酸溶液的体积 V_R/cm^3	0	2	4	6	8	10	12	14	16	18	20	22	24
硝酸铜溶液的体积 V_M/cm^3	24	22	20	18	16	14	12	10	8	6	4	2	0
$T_L\left(=\dfrac{V_R}{V_M+V_R}\right)$													
溶液 A													

（2）在搅拌下用 $1mol \cdot dm^{-3}$ NaOH 溶液调节 pH 至 4 左右（用酸度计测定），然后改用 $0.05mol \cdot dm^{-3}$ NaOH 溶液调节 pH 至 4.0～4.5（此时溶液为黄绿色，不应有沉淀产生，如有沉淀产生，说明 pH 过高，Cu^{2+} 离子已水解）。若 pH 大于 4.5，则可用 $0.01mol \cdot dm^{-3}$ HNO_3 溶液调回。注意，各瓶溶液的 pH 应该是一个值，溶液的总体积不得超过 $50cm^3$。

将调节好 pH 的溶液分别转移到容量瓶中，用 pH 为 5 的 $0.1mol \cdot dm^{-3}$ KNO_3 溶液稀释至标线，摇匀。

（3）在波长为 440nm 条件下，用分光光度计分别测定每个混合溶液的吸光度，记录数据。

（4）记录与结果。以吸光度 A 为纵坐标、配位体摩尔分数 T_L 为横坐标，作 A-

T_L图,求 CuR_n 的配位体数目 n 和配合物的稳定常数 $K_稳$。

实验指导

　　[1] 硝酸铜和磺基水杨酸溶液用 $0.1mol \cdot dm^{-3} KNO_3$ 溶液配制,事先进行标定。

　　[2] Cu^{2+} 和磺基水杨酸可以形成二元配合物,稳定常数的对数值分别为 8.91 和 15.86,在 pH 为 4.0~4.5 时主要是以 1∶1 配位。

　　[3] 注意选择合适的参比溶液。

思考题

　　1. 如果溶液中同时有几种不同组成的配合物存在,能否用本实验的方法测定它们的组成和稳定常数?

　　2. 使用分光光度计应注意哪些事项?

　　3. 实验过程中用什么溶液作为参比溶液?

　　4. 本实验的数据处理中,为什么可以用 $\dfrac{n_M}{n_M + n_R}$?

　　5. 写出 Cu^{2+} 和磺基水杨酸形成的 1∶1 和 1∶2 的配合物的结构。

实验十九　铅铋合金中 Pb^{2+}、Bi^{3+} 含量的连续测定

实验目的

　　1. 掌握用控制溶液酸度的方法来进行多种金属离子连续滴定的配位滴定方法的原理和操作要点;

　　2. 了解金属指示剂的特点及应用二甲酚橙指示剂对终点的判定方法。

实验预习

　　1.《分析化学》、《无机与分析化学》中配位滴定法、混合离子的分别滴定、酸效应曲线,金属指示剂;

　　2.《无机化学》、《元素化学》中 Pb、Bi 的性质;

　　3. 六次甲基四胺结构、性质、缓冲原理;

　　4. 滴定管(5.6.5)、容量瓶(5.6.6)、移液管的使用(5.6.2);

　　5. 实验数据的处理方法(3.4);

　　6. 分析天平的使用规则(6.1.5)、试样的称量方法(6.1.6);

　　7. 溶液的配制(5.3.3)。

实验原理

　　配位滴定中混合离子的滴定常采用控制酸度法、掩蔽法进行,可根据副反应系

数原理进行计算,论证它们连续滴定的可能性。

Pb^{2+}、Bi^{3+} 均能与 EDTA 形成稳定的 1:1 配合物,理论上,$\lg K$ 值分别为 18.04 和 27.94。由于两者的 $\Delta \lg K > 10^5$,故可利用酸效应控制不同的酸度进行分别滴定。根据计算,通常在 $pH \approx 1$ 时滴定 Bi^{3+},在 $pH \approx 5 \sim 6$ 时滴定 Pb^{2+}。

在 Pb^{2+}-Bi^{3+} 混合溶液中,首先调节溶液的 $pH \approx 1$,以二甲酚橙为指示剂,用 EDTA 标液滴定 Bi^{3+}。此时,Bi^{3+} 与指示剂形成紫红色配合物(Pb^{2+} 在此条件下不形成紫红色配合物),然后用 EDTA 标液滴定 Bi^{3+},至溶液由紫红色变为亮黄色,即为滴定 Bi^{3+} 的终点。

溶液滴定 Bi^{3+} 时,加入了较大量的酸,在滴定 Pb^{2+} 时要加入过量六次甲基四胺溶液,此时形成了缓冲体系[1],溶液 pH 为 $5 \sim 6$,Pb^{2+} 与二甲酚橙在此酸度下可形成紫红色配合物。然后用 EDTA 标液继续滴定,至溶液由紫红色变为亮黄色时,即为滴定 Pb^{2+} 的终点。

实验步骤

1. EDTA 溶液的标定[2]

准确称取约 0.15g 金属 Zn,置于 $100cm^3$ 烧杯中,加入 $10~cm^3$ 1:1HCl 溶液,盖上表面皿,待完全溶解后,用水吹洗表面皿和烧杯壁,将溶液转入 $250~cm^3$ 容量瓶中,用水稀释至刻度,摇匀。

用移液管移取 $25.00cm^3$ Zn^{2+} 标准溶液于 $250cm^3$ 锥形瓶中,加入一两滴二甲酚橙指示剂[3],滴加 20% 六次甲基四胺溶液至溶液呈现稳定的紫红色后,再过量加入 $5cm^3$,用事先配制好的 EDTA 溶液滴定至溶液由紫红色变为亮黄色,即为终点。根据滴定时用去的 EDTA 体积和金属锌的质量,计算 EDTA 溶液的准确浓度。

2. Pb^{2+}、Bi^{3+} 混合液的测定[4]

移取 $25.00cm^3$ Pb^{2+}、Bi^{3+} 混合溶液入 $250cm^3$ 锥形瓶中,然后加入 $10cm^3$ $0.1mol \cdot dm^{-3}$ HNO_3、一两滴 0.2% 二甲酚橙指示剂,用 EDTA 标液滴定至溶液由紫红色变为亮黄色,即为滴定 Bi^{3+} 的终点。根据消耗的 EDTA 体积,计算混合液中 Bi^{3+} 的含量($g \cdot dm^{-3}$)[5]。

在上述滴定 Bi^{3+} 后的溶液中,滴加 20% 六次甲基四胺溶液,至呈现稳定的紫红色后,再加入 $5cm^3$,此时溶液的 pH 约为 $5 \sim 6$,再用 EDTA 标准溶液滴定至溶液由紫红色变为亮黄色,即为滴定 Pb^{2+} 的终点。根据滴定结果,计算混合液中 Pb^{2+} 的含量($g \cdot dm^{-3}$)。

实验指导

[1] 六次甲基四胺溶液及其酸的缓冲对$(CH_2)_6N_4H^+$-$(CH_2)_6N_4$,可以通过不同原料的配比,调节 pH 至 $4.15\sim6.15$。

[2] EDTA 溶液可和大多数金属离子配合,所以应尽可能不存放在玻璃瓶中。

[3] 二甲酚橙(简称 XO)为紫色晶体,易溶于水,它有六级酸式解离,其中 H_6In 至 H_2In^{4-} 都是黄色,HIn^{5-} 至 In^{6-} 是红色。在 pH $5\sim6$ 时,二甲酚橙主要以 H_2In^{4-} 形式存在。

$$H_2In^{4-} \xrightarrow{pK_a=6.3} H^+ + HIn^{5-}$$
$$\text{黄} \qquad\qquad\qquad \text{红}$$

由此可知,pH>6.3 时,呈现红色;pH<6.3 时,呈现黄色。二甲酚橙与金属离子形成的配合物都是红紫色,因此它适用于在 pH<6 的酸性溶液中。

[4] Pb^{2+}-Bi^{3+} 混合液:含 Pb^{2+}、Bi^{3+} 各约为 0.01 mol·dm^{-3}。

如果试样为 Pb-Bi 合金时,溶样方法如下:称 $0.5\sim0.6$g 合金试样于小烧杯中。加入 1:2 的 HNO_3 7cm^3,盖上表面皿,微沸溶解,然后用洗瓶吹洗表面皿与杯壁,将溶液转入 100 cm^3 容量瓶中,用 0.1 mol·dm^{-3} HNO_3 稀释至刻度,摇匀。

[5] Bi^{3+} 与 EDTA 反应的速率较慢,滴定 Bi^{3+} 时速度不宜过快,且要剧烈摇动。

思考题

1. 用纯锌标定 EDTA 时,为什么要加入六次甲基四胺溶液? 为何还要过量?

2. 本实验中,能否先在 pH$\approx5\sim6$ 的溶液中测定 Pb^{2+} 和 Bi^{3+} 的含量,然后再调整 pH≈1 时测定 Bi^{3+} 的含量?

3. 试分析本实验中,金属指示剂由滴定 Bi^{3+} 到调节 pH$\approx5\sim6$、又到滴定 Pb^{2+} 后变色的过程和原因。

4. 能否直接准确称取 EDTA 二钠盐配制 EDTA 标液?

5. 本实验为什么不用氨或碱调节 pH 至 $5\sim6$,而用六次甲基四胺来调节溶液 pH 呢? 用 HAc 缓冲溶液代替六次甲基四胺溶液可以吗?

6. 查阅资料,总结标定 EDTA 溶液有几种方法,本实验中采用的方法有什么优点?

实验二十　水中化学需氧量的测定

实验目的

1. 掌握用高锰酸钾法测定水中化学需氧量的原理和方法;

2. 进一步了解氧化还原滴定法的原理和步骤,熟悉返滴定法的操作要点;

3. 进一步巩固滴定分析基本操作;

4. 学习一种测定水质化学需氧量指标的方法。

实验预习

1. 水质指标,查阅 GB;
2. 《分析化学》、《无机与分析化学》中氧化还原滴定法中的 KMnO₄ 滴定法;
3. 移液管(5.6.2)、吸量管(5.6.3)、滴定管(5.6.5);
4. 温度计(7.1);
5. 加热设备及控制反应温度的方法(5.7.1)。

实验原理

　　水的需氧量大小是水质污染程度的重要指标之一。它分为化学需氧量(COD)和生物需氧量(BOD)两种。

　　BOD 是指水中有机物在好氧微生物作用下,进行好氧分解过程所消耗水中溶解氧的量;COD 是指在特定条件下,采用一定的强氧化剂处理水样时,消耗氧化剂所相当的氧量,以 $mg \cdot dm^{-3} O_2$ 表示。水被有机物污染是很普遍的,水中还原性物质包括有机物、亚硝酸盐、亚铁盐、硫化物等。化学需氧量反映了水体受还原性物质污染的程度,因此 COD 也作为有机物相对含量的指标之一。

　　水样 COD 的测定,会因加入氧化剂的种类和浓度、反应溶液的温度、酸度和时间,以及催化剂存在与否而得到不同的结果。因此,COD 是一个条件性的指标,必须严格按操作步骤进行。COD 的测定有几种方法,一般水样可以用高锰酸钾法。对于污染较严重的水样或工业废水,则用重铬酸钾法或库仑法。

　　由于高锰酸钾法是在规定的条件下进行的反应,所以,水中有机物只能部分被氧化,并不是理论上的全部需氧量,也不反映水体中总有机物含量。因此,常用高锰酸盐指数这一术语作为水质的一项指标,以有别于重铬酸钾法测得的化学需氧量。

　　高锰酸钾法分为酸性法和碱性法两种。本实验以酸性法测定水样的化学需氧量高锰酸盐指数。

　　水样加入硫酸酸化后,加入过量的 KMnO₄ 溶液,并在沸水浴中加热反应一定时间。然后加入过量的 Na₂C₂O₄ 标准溶液,使之与剩余的 KMnO₄ 充分作用。再用 KMnO₄ 溶液回滴过量的 Na₂C₂O₄,通过计算求得高锰酸盐指数值。有关的反应式如下:

$$4MnO_4^- + 5C + 12H^+ \stackrel{}{=\!=\!=} 4Mn^{2+} + 5CO_2(g) + 6H_2O$$

$$2MnO_4^- + 5C_2O_4^{2-} + 16H^+ \stackrel{}{=\!=\!=} 2Mn^{2+} + 10CO_2(g) + 8H_2O$$

其中 C(碳)代表水中能和 KMnO₄ 反应的还原性物质。

　　根据以上两个反应式,高锰酸盐指数(O_2,$mg \cdot dm^{-3}$)为

$$= \frac{[5c_{KMnO_4}(V_1+V_2)_{KMnO_4} - 2(cV)_{Na_2C_2O_4}] \times \dfrac{M_{O_2}}{4} \times 1000}{V_{水样}}$$

式中：V_1 和 V_2——KMnO$_4$ 开始加入的体积和回滴过量 Na$_2$C$_2$O$_4$ 的体积；

　　　　c_{KMnO_4} 和 $c_{Na_2C_2O_4}$——以 KMnO$_4$ 和 Na$_2$C$_2$O$_4$ 为基本单元的物质的量浓度。

实验步骤

(1) 移取 100cm^3 水样(自来水样)于锥形瓶中，加 5cm^3 6mol·dm^{-3} H$_2$SO$_4$，摇匀，再加入 10.00cm^3 KMnO$_4$ 溶液，摇匀，立即放入沸水浴中加热 30min(从水浴重新沸腾起计时，沸水浴液面要高于反应溶液的液面)。趁热加入 10.00cm^3 Na$_2$C$_2$O$_4$ 标准溶液，摇匀，立即用 KMnO$_4$ 溶液滴定至溶液呈微红色。至少滴定 3 次。

(2) 如上方法，做一组湖水或河水的 COD 数据，但取样要 50cm^3。

(3) KMnO$_4$ 溶液的标定。将上述步骤(1)中已滴定完毕的溶液加热至 65~85℃，准确加入 10.00cm^3 Na$_2$C$_2$O$_4$ 标准溶液，再用 KMnO$_4$ 溶液滴定至溶液呈微红色，计算 KMnO$_4$ 溶液的准确浓度。

实验指导

[1] 自来水样的采集方法：取一干净的大烧杯，打开自来水管，流出一定量的水后一次性取足水样。

[2] COD 是条件指数，所以必须严格保证实验条件的一致性。本实验在加热氧化有机污水时，完全敞开。如果水样中易挥发性化合物含量较高，应使用回流冷凝装置加热，否则结果偏低。此外，水样中 Cl$^-$ 在酸性高锰酸钾中能被氧化，会使结果偏高。

[3] 在常温下高锰酸钾和乙二酸钠之间的反应速率缓慢，因此滴定的速度不宜过快。若滴定过快，部分高锰酸钾将来不及跟乙二酸钠反应，从而在酸性溶液中分解：

$$4MnO_4^- + 4H^+ = 4MnO_2(s) + 3O_2 + 2H_2O$$

为加快反应，可加热溶液(但温度不宜过高，温度过高易引起乙二酸钠的分解)。此外，Mn^{2+} 对高锰酸钾和乙二酸钠的反应有促进作用，所以反应速率逐渐加快。

[4] 高锰酸钾的颜色较深，液面的弯月面下面不易看出，滴定管读数时应以液面的上沿最高线为准。

[5] 重铬酸钾法测 COD 一般步骤是取 20.00cm^3 混合均匀的水样(或取适量水样稀释至 20.00cm^3)置于 250cm^3 磨口锥形瓶中，准确加入 10.00cm^3 0.2500mol·dm^{-3} K$_2$Cr$_2$O$_7$ 标准溶液及几粒小玻璃珠或沸石，将此锥形瓶连接到磨口回流冷凝管，从冷凝管上口慢慢加入 30cm^3 硫酸-硫酸银溶液，轻轻摇动锥形瓶使溶液混匀，加热回流 2h(从开始沸腾时计时)。

如果样品为化学需氧量高的废水样,可先取上述操作所需体积 1/10 的废水样和试剂,置于硬质玻璃试管中,摇匀并加热后观察是否变成绿色。如果溶液显绿色,再适当减少废水取样量,直至溶液不变绿色为止,以此确定废水样的取样体积。稀释时,所取废水样量不得少于 5cm^3,如果化学需氧量很高,则废水样应进行多次稀释。

对于化学需氧量小于 50mg·dm^{-3} 的水样,应改用 0.025 00mol·dm^{-3} K$_2$Cr$_2$O$_7$ 标准溶液,回滴时用 0.01 mol·dm^{-3}(NH$_4$)$_2$Fe(SO$_4$)$_2$ 标准溶液。

〔6〕废水中 Cl$^-$ 含量超过 30mg·dm^{-3} 时,需先将 0.4gHgSO$_4$(HgSO$_4$ 为掩蔽剂)加入磨口锥形瓶中,然后再加入废水样和其他试剂,摇匀后进行加热回流。

〔7〕水样的采集一般用水样瓶,如图 9-3 所示,有 250cm^3、500cm^3、1000cm^3 等多种规格,瓶塞带尖,瓶口具水封杯,这是为了在测定气体溶解度时,便于排出水样液面上的气泡(瓶中水样装满后,用带尖的瓶塞把多余的水连同气泡一起挤出去);瓶口的水封能阻止空气的渗入。

图 9-3　水样瓶

〔8〕COD 与 BOD 比较,COD 的测定不受水质条件限制,测定时间短,而 BOD 时间长,对毒性大的废水因微生物活动受到限制而难以测定。但 COD 不能表示微生物所能生化氧化的有机物量,而且化学氧化剂不能氧化全部有机物,反而把某些还原性无机物也氧化了。所以采用 BOD$_5$ 作为有机污染程度的指标较为合适,在水质条件限制不能做 BOD 测定时,可用 COD 代替。在水质相对稳定的条件下,COD 与 BOD 之间有一定关系:COD$_{Cr}$＞BOD$_{20}$＞BOD$_5$＞COD$_{Mn}$。

思考题

1. 根据滴定反应的特点,在滴定过程中,应该如何掌握高锰酸钾标准溶液的滴定速度?
2. 实验中"向被测水溶液中加入 5cm^3 1∶3 的 H$_2$SO$_4$ 溶液,再加入 10.00cm^3 KMnO$_4$ 高锰酸钾溶液,沸水浴中加热",使水中还原物质反应掉,请问此时加入的 10.00 cm^3 KMnO$_4$ 高锰酸钾溶液选用什么仪器合适?为什么?
3. 有的同学在加热沸腾时,忘记了加入 H$_2$SO$_4$,对测定结果有什么影响?为什么?
4. 本实验标定 KMnO$_4$ 溶液的方法与通常的方法有何不同?有什么优点?
5. 本实验的测定方法属于何种滴定方式?为何要采取这种方式?为何要加热?
6. 水样中 Cl$^-$ 含量高时为什么对测定有干扰?如有干扰应如何消除?
7. 测定水中的 COD 有何意义?有哪些测定方法?
8. 从实验步骤及实验指导总结出实际样品分析的前处理要点。

实验二十一　硫酸铵中氮含量的测定

实验目的

1. 酸碱滴定法的应用,掌握甲醛法测定铵盐中氮含量的原理和方法;

2. 熟悉容量瓶、移液管的使用方法。

实验预习

　　1.《分析化学》、《无机与分析化学》中酸碱平衡、酸碱滴定及其应用；

　　2. 滴定管(5.6.5)、容量瓶(5.6.6)、移液管(5.6.2)、吸量管(5.6.2)；

　　3. 标准溶液的配制和标定(5.6.9)；

　　4. 实验数据的处理方法(3.3.4)；

　　5. 分析天平的使用规则(6.1.5)。

实验原理

　　氮在无机和有机化合物中的存在形式比较复杂。测定物质中氮含量时,常以总氮、铵态氮、硝酸态氮、酰胺态氮等含量表示。氮含量的测定方法主要有两种：

　　(1) 蒸馏法,称为凯氏定氮法,适于无机、有机物质中氮含量的测定,准确度较高；

　　(2) 甲醛法,适于铵盐中铵态氮的测定,方法简便,生产中实际应用较广。

　　硫酸铵是常用的氮肥之一。由于铵盐中作为质子酸的 NH_4^+ 的酸性太弱($K_a = 5.6 \times 10^{-10}$),不符合弱酸准确滴定的条件,故无法用 NaOH 标准溶液直接滴定。但可将硫酸铵与甲醛作用,定量生成六次甲基四胺盐和 H^+,反应式如下：

$$4NH_4^+ + 6HCHO =\!=\!= (CH_2)_6N_4H^+ + 6H_2O + 3H^+$$

所生成的六次甲基四胺盐($K_a = 7.1 \times 10^{-6}$)和 H^+,可以以酚酞为指示剂,用 NaOH 标准溶液滴定至溶液呈现微红色即为终点。

　　由上式可知,1mol NH_4^+ 相当于 1molH^+,故氮与 NaOH 的化学计量比为1：1,可用以计算 N 的含量。

　　如试样中含有游离酸,加甲醛之前应事先以甲基红为指示剂用 NaOH 标准溶液中和,以免影响测定的结果。

实验内容

　　1. NaOH 溶液的配制和标定

　　本实验使用 0.1mol·dm^{-3}NaOH 标准溶液,根据实验情况自己预测应配制NaOH 溶液的体积。

　　2. 甲醛溶液的处理

　　甲醛中常含有微量酸,应事先中和。其方法如下：取原瓶装甲醛上层清液于烧杯中,加水稀释 1 倍,加入两三滴 0.2%酚酞指示剂,用 0.1mol·dm^{-3}NaOH 标准溶液[1]滴定至溶液呈微红色,并持续 30s 不褪色,即为终点。

3. $(NH_4)_2SO_4$ 试样中氮含量的测定[2]

准确称取$(NH_4)_2SO_4$试样 1.5～2g 于小烧杯中,加入少量水溶解,然后把溶液定量转移至 $250cm^3$ 容量瓶中,再用水稀释至刻度,摇匀。

用 $25cm^3$ 移液管移取上液于 $250cm^3$ 锥形瓶中,加入 $10cm^3$ 1：1 甲醛溶液,再加一两滴酚酞指示剂,充分摇匀,放置 1min 后,如上法用 $0.1mol \cdot dm^{-3}$ NaOH 标准溶液[1]滴定至终点。计算试样中氮的含量。

实验指导

[1] NaOH 标准溶液的配制和标定,参见前面的乙酸电离度和电离常数测定的有关内容。

[2] 如试样中含有游离酸,则应在滴定之前在试液中加入一两滴甲基红指示剂,用 NaOH 标准溶液滴定溶液由红色到黄色;在同一份溶液中,加入酚酞指示剂两三滴,用 NaOH 标准溶液继续滴定,致使溶液呈现微红色为终点。因有两种指示剂混合,终点不很敏锐,有点拖尾现象。如试样中含游离酸不多,则不必事先以甲基红为指示剂滴定。也可采用另取一份试液(如从 $250cm^3$ 容量瓶中移取 $25.00cm^3$ 试液)加入甲基红,用 NaOH 标准溶液滴定到微红色,事先测定比值为多少? 然后加酚酞作为指示剂,测定需用多少(单位：cm^3)NaOH,从中扣除测游离酸时所消耗的 NaOH 的体积。

[3] 尿素 $CO(NH_2)_2$ 中含氮量的测定：先加 H_2SO_4 加热硝化,全部变为 $(NH_4)_2SO_4$ 后,按甲醛法同样测定。

思考题

1. 分析本实验可能的影响因素?
2. NH_4NO_3、NH_4Cl 或 NH_4HCO_3 中的含氮量能否用甲醛法分别测定?
3. $(NH_4)_2SO_4$ 试液中含有 PO_4^{3-}、Fe^{3+}、Al^{3+} 等离子,对测定结果有何影响?
4. 中和甲醛及 $(NH_4)_2SO_4$ 试样中的游离酸时,为什么要采用不同的指示剂?
5. 若试样为 NH_4NO_3,用本方法(甲醛法)测定氮含量时,其结果如何表示? 此含氮量中是否包括 NO_3^- 中的氮?
6. 讨论实验指导[2]中两种甲醛中游离酸的影响的校正方法的利弊。
7. 设计一个实验过程,证明本实验中甲醛中游离酸对实验结果的影响是可以忽略不计的。
8. 实验中为什么选择酚酞指示剂?

拓展实验：测定 HCl 和 NH_4Cl 混合溶液中各组分浓度(设计实验)

实验提示

1. 实验室主要提供酸碱滴定法所需的仪器和药品。

2. 根据题目要求,写出详细的实验方案,其中应该包括实验目的、实验原理、仪器和药品、实验步骤、记录表格、各组分含量的计算公式、实验中可能遇到的问题。

3. 实验室提供的指示剂有甲基橙(3.1~4.4)、甲基红(4.4~6.2)、溴甲酚绿(4.0~5.6)、酚酞(8.0~10.0)。

实验二十二　　非水滴定法测定硫酸铵的含量

实验目的

1. 通过实验进一步理解物质的酸碱性和溶剂的辩证关系;

2. 进一步熟悉酸碱滴定法的应用,掌握甲醛法测定铵盐中氮含量的原理和方法;

3. 进一步熟悉容量瓶、移液管的使用方法,巩固滴定的基本操作。

实验预习

1.《分析化学》、《无机与分析化学》中酸碱平衡、酸碱滴定及其应用;

2. 分析天平的使用规则(6.1.5);

3. 滴定管(5.6.5)、容量瓶(5.6.6)、移液管、吸量管的使用(5.6.2),溶液的配制(5.4)。

实验原理

在水溶液中氨水的离解常数为 $K_b=1.8\times10^{-5}$,它的共轭酸(NH_4^+)的 $K_a=5.6\times10^{-10}$,不能满足经典的酸碱滴定中 $cK_a\geqslant10^{-8}$ 的要求,不能在水溶液中用标准氢氧化钠溶液准确滴定。通常采用蒸馏法和甲醛法(GB535—1995)进行测定。

根据酸碱质子理论,物质的酸碱性除和物质的本质有关外,还和溶剂的性质有关系。选择合适的溶剂代替水可使弱酸或弱碱的强度有所增强。由于醇类接受质子的能力大于水,NH_4^+ 系弱酸在醇类溶剂中表现出较强的酸性,所以本实验选用乙二醇-异丙醇为介质,用 NaOH 的乙二醇-异丙醇溶液进行直接滴定硫酸铵中的 NH_4^+ 的含量。

实验步骤

1. NaOH/乙二醇-异丙醇标准溶液的配制和标定(0.1mol·dm^{-3})

称取 1.0gNaOH 固体,溶于 3 cm³ 无二氧化碳蒸馏水中,加入乙二醇-异丙醇(1∶1,130 cm³ 乙二醇＋130 cm³ 异丙醇)进行稀释,转移至 250 cm³ 容量瓶中,并用乙二醇-异丙醇混和液润洗烧杯,将润洗液一起转移至容量瓶,定容,摇匀。放置 24h,用邻苯二甲酸氢钾标定准确浓度。

2. 硫酸铵含量测定

用电子天平准确称取 1.3g 左右硫酸铵固体,溶于约 20cm³ 水中,转移至 250cm³ 容量瓶,用水定容,备用。

用 25cm³ 移液管准确移取 25cm³ 硫酸铵标准溶液于 250cm³ 锥形瓶中。加入 5cm³ 氯化钠饱和溶液、30cm³ 乙二醇-异丙醇溶液、3 滴百里酚蓝指示剂,摇匀。用 NaOH/乙醇-异丙醇标准溶液进行滴定,滴定颜色由淡黄色变为亮蓝色即为终点。颜色变化十分明显。平行滴定 3 次。

实验指导

[1] 无 CO_2 的水:事先煮沸约 20min 以除去二氧化碳,冷却后使用。

[2] 乙二醇和异丙醇黏度较大,所以操作过程中应尽量等待的时间略长些。

[3] 饱和 NaCl 溶液为支持电解质,可以使终点变色突出。

[4] 碱标准溶液容易吸收水和二氧化碳,要妥善保存,最好是配完后及时使用。

[5] 百里酚蓝指示剂:称取约 0.1g 百里酚蓝,溶解于 100cm³ 95％乙醇溶液 (5cm³ 水和 95cm³ 乙醇)中,溶液为橙红色。

思考题

1. 简述非水滴定的原理和适用对象。常见的非水滴定体系有哪些? 并解释这些体系的工作机理及其优缺点。

2. 根据本实验中的现象和遇到的问题讨论选择非水滴定体系应考虑哪些因素?

3. 根据非水滴定的原理预测本实验中的滴定体系还可能用于哪些物质的测定?

参考文献

陈虹锦 . 2002. 无机与分析化学 . 北京:科学出版社

武汉大学 . 1994. 分析化学实验 . 第三版 . 北京:高等教育出版社

武汉大学 . 1998. 分析化学 . 第四版 . 北京:高等教育出版社

赵振宇 . 2003. 非水滴定法测定硫酸铵 . 四川化工与腐蚀控制,6(6):10～11

实验二十三　沉淀滴定法测定调味品中氯化钠的含量

实验目的

1. 掌握佛尔哈德返滴定法的操作和基本原理;

2. 学习实际样品的处理方法和含量测定方法。

实验预习

1.《分析化学》、《无机与分析化学》中沉淀滴定法、佛尔哈德法；

2. 分析天平的使用规则(6.1.5)；

3. 滴定管(5.6.5)，容量瓶(5.6.6)，移液管、吸量管的使用(5.6.2)，溶液的配制(5.4)；

4. $(NH_4)Fe(SO_4)_2$ 室温的溶解度；

5.《无机化学》中 Ag 的性质。

实验原理

沉淀滴定法是基于沉淀反应的滴定分析法。目前,沉淀滴定法较有实际意义的是生成银盐的沉淀反应,例如：

$$Ag^+ + Cl^- \!\!=\!\!=\!\! AgCl(s)$$
$$Ag^+ + SCN^- \!\!=\!\!=\!\! AgSCN(s)$$

以这类反应为基础的沉淀滴定方法称为银量法。用铁铵矾作指示剂的银量法称为佛尔哈德法。佛尔哈德法又分为直接滴定法和返滴定法。

直接滴定法以 NH_4SCN 作标准溶液滴定 Ag^+,反应为

$$Ag^+ + SCN^- \!\!=\!\!=\!\! AgSCN(s)$$

当 Ag^+ 定量沉淀后,过量的 NH_4SCN 溶液与 Fe^{3+} 生成红色配合物,指示终点到达。反应为

$$Fe^{3+} + SCN^- \!\!=\!\!=\!\! FeNCS^{2+}(红色)$$

返滴定法是以两个标准溶液($AgNO_3$ 和 NH_4SCN)测定卤化物的含量。例如,测定氯化物时,在含氯化物的酸性溶液中,加入一定量 $AgNO_3$ 标准溶液,然后以铁铵矾作指示剂,用 NH_4SCN 标准溶液返滴定过量的 Ag^+,反应如下：

$$Ag^+ + Cl^- \!\!=\!\!=\!\! AgCl(s)$$
$$Ag^+ + SCN^- \!\!=\!\!=\!\! AgSCN(s)$$
$$Fe^{3+} + SCN^- \!\!=\!\!=\!\! FeNCS^{2+}(红色)$$

生成红色的 $FeSCN^{2+}$ 配离子,指示到达终点。但是由于 AgSCN 溶解度小于 AgCl 的溶解度,所以过量的 SCN^- 将与 AgCl 发生反应,使 AgCl 沉淀转化为溶解度更小的 AgSCN：

$$AgCl(s) + SCN^- \!\!=\!\!=\!\! AgSCN(s) + Cl^-$$

这样在溶液出现红色之后,随着不断地摇动溶液,红色逐渐消失,得不到正确的终点。为了避免这种现象,可以采取两种措施：

(1) 加入过量的 $AgNO_3$ 标准溶液后,将溶液煮沸,使 AgCl 沉聚,过滤除去

AgCl 沉淀,然后用 NH_4SCN 标准溶液滴定滤液中过量的 Ag^+;

（2）加入过量的 $AgNO_3$ 标准溶液后,加一定的有机试剂（如硝基苯）,剧烈地摇动,使 AgCl 沉淀上覆盖一层有机溶剂,防止 AgCl 转化。

实验步骤

1. 溶液配制

1) NaCl 标准溶液($0.05mol \cdot dm^{-3}$)的配制

准确称取 0.7g 左右 NaCl 基准试剂[1] 于小烧杯中,加水完全溶解后,定量转移到 $250.00cm^3$ 容量瓶中,稀释至刻度。计算它的准确浓度。

2) $AgNO_3$、NH_4SCN 溶液($0.05mol \cdot dm^{-3}$)的配制

配制 $400cm^3$ NH_4SCN 溶液放入试剂瓶中。

配制 $400cm^3$ $AgNO_3$ 溶液放入棕色试剂瓶中。

2. 溶液标定

1) NH_4SCN 溶液和 $AgNO_3$ 溶液体积比测定

由滴定管放出 $20.00cm^3$ $AgNO_3$ 溶液[2] 于 $250cm^3$ 锥形瓶中,加入 $5cm^3$ $4mol \cdot dm^{-3}$ HNO_3 溶液和 $1cm^3$ 铁铵矾指示剂。在剧烈摇动下用 NH_4SCN 溶液滴定,直至出现淡红色而且继续振荡颜色不再消失,即为终点。计算 $1cm^3$ NH_4SCN 溶液相当于多少(单位:cm^3)$AgNO_3$ 溶液。

2) 用标准 NaCl 溶液标定 NH_4SCN 和 $AgNO_3$ 溶液

移取 $25.00cm^3$ NaCl 标准溶液于 $250cm^3$ 锥形瓶中;加入 $5cm^3$ $4mol \cdot dm^{-3}$ HNO_3,用滴定管准确加入 $45.00cm^3$ $AgNO_3$ 溶液,将溶液煮沸,过滤沉淀。洗涤沉淀与滤纸,洗涤液与滤液混合后加入 $1cm^3$ 铁铵矾指示剂,用 NH_4SCN 溶液滴定。记录所消耗的 NH_4SCN 溶液的体积,计算 NH_4SCN 溶液和 $AgNO_3$ 溶液的浓度。

3. 样品中 NaCl 含量的测定

1) 酱油中 NaCl 含量的测定

移取酱油 $10.00cm^3$ 至 $250.00cm^3$ 容量瓶中,稀释至刻度。取该溶液 $5.00cm^3$ 至 $250cm^3$ 锥形瓶中,加入 $0.05mol \cdot dm^{-3}$ $AgNO_3$ 溶液 $25.00cm^3$,再加入 $5cm^3$ $4mol \cdot dm^{-3}$ HNO_3 和 $10cm^3$ H_2O。加热煮沸后逐滴加入 5% $1cm^3$ $KMnO_4$ 溶液。此时溶液近无色。冷却后,将溶液中 AgCl 沉淀过滤,洗涤沉淀和滤纸,洗涤液与滤液混合于 $250cm^3$ 锥形瓶中,加入铁铵矾指示剂 $1cm^3$。用 NH_4SCN 标准液滴定,记录达到终点时消耗的 NH_4SCN 标准溶液的体积。

从回滴用去的 NH_4SCN 标准溶液的量求出所消耗的 $AgNO_3$ 标准溶液的体

积，由此计算样品中的 NaCl 含量。

2）市售味精中 NaCl 含量的测定

自己计算所需称取的样品（即味精）的量，然后准确称取放入小烧杯中[3]，完全溶解后定量转移到 250.00cm³ 容量瓶中，稀释至刻度。取该溶液 5.00cm³ 至 250cm³ 锥形瓶中，加入 25.00cm³（0.05mol・dm⁻³）AgNO₃ 溶液，再加入 5cm³ 4mol・dm⁻³ HNO₃ 和 4cm³ H₂O 加热煮沸，冷却后，将溶液中 AgCl 沉淀过滤，洗涤沉淀和滤纸，洗涤液与滤液混合于 250cm³ 锥形瓶中，加入铁铵矾指示剂 1cm³。用 NH₄SCN 标准溶液滴定，记录达到终点时消耗的 NH₄SCN 标准溶液的体积。

从返滴用去的 NH₄SCN 标准溶液的量求出所消耗的 AgNO₃ 标准溶液的体积，由此计算样品中的 NaCl 含量。

实验指导

[1] 将 NaCl 基准试剂放在干燥的坩埚中，用煤气灯小火加热，并用玻璃棒不断搅拌，待加热到不再有盐的爆裂声为止，放在干燥器内冷却，或马弗炉中 500～600℃ 干燥 40～45min。

[2] AgNO₃ 溶液需要棕色滴定管盛装。

[3] 样品的称量范围由滴定所消耗的滴定剂的体积在 20～25cm³ 为目标推断、设定。样品的处理包括硝化、脱色等环节，目的在于要使样品中的待测成分转化为适宜于所选择的实验测定方法。

[4] 铁铵矾指示剂的配制方法为：采用 ACS 级（符合美国化学会提出的纯度标准）、低氯化物的盐。取 175g 溶于 100cm³ 6mol・dm⁻³ HNO₃，该 HNO₃ 已预先缓缓煮沸 10min 除去氮氧化物。用 500cm³ 水稀释。

思考题

1. 配制 NaCl 标准溶液所用的 NaCl 固体，为什么要经过烘炒？若用加水处理的 NaCl 来标定 AgNO₃ 溶液，对 AgNO₃ 溶液浓度有什么影响？

2. 为什么一定要加入 AgNO₃ 溶液后，再加 HNO₃ 和 KMnO₄ 溶液对样品进行处理？

3. 应用佛尔哈德滴定法为什么一般应在酸性条件下进行？

4. 酱油样处理环节中，加高锰酸钾的目的是什么？

5. 用佛尔哈德法测定 Br⁻ 和 I⁻ 时，需要用分离沉淀或加有机溶剂的手段吗？为什么？

6. 实验结束后，应如何洗涤盛装 AgNO₃ 溶液的滴定管？原因是什么？

7. 滴定过程中都采取了过滤的办法进行分离，对实验结果会有什么影响？什么办法更好些？

实验二十四　　胃舒平药片中铝、镁的测定

实验目的

1. 学习药片剂测定的前处理方法；

2. 掌握沉淀分离的操作方法；

3. 学习实际样品的处理、检测的一般程序和如何提供检测报告。

实验预习

1.《分析化学》、《无机与分析化学》,试样的采取和制备、配位滴定法；

2. 分析天平的使用规则(6.1.5)；

3. 滴定管(5.6.5),容量瓶(5.6.6),移液管、吸量管的使用(5.6.2),溶液的配制(5.4)。

实验原理

胃病患者常服用的胃舒平药片成分为氢氧化铝、硅酸镁及少量中药颠茄流浸膏,在制成片剂时还要加大量的糊精等赋形。药品中 Al^{3+} 和 Mg^{2+} 的含量可用 EDTA 配位滴定法测定。为此先溶解样品过滤分离除去水不溶物,然后取一定体积的试液,向其中加入过量的 EDTA 溶液,调节 pH 至 4 左右,煮沸,使 EDTA 与 Al(Ⅲ)配位完全,再以 PAN(或二甲酚橙)为指示剂,用 Zn^{2+}(或 Cu^{2+})标准溶液返滴过量的 EDTA,测出 Al^{3+} 的含量。

另取试液,加入六次甲基四胺缓冲溶液使溶液中的 Al^{3+} 生成 $Al(OH)_3$ 沉淀,过滤,将沉淀分离后,在 pH 为 10 的条件下以铬黑 T(EBT)作指示剂,用 EDTA 标准溶液来滴定滤液中的 Mg^{2+}。

实验步骤

1. EDTA 的配制和标定

1) EDTA 的配制

称取 1.9gEDTA,配制成 $250dm^3$ 溶液,充分混匀,待标定。

2) Zn 标准溶液的配制

准确称取金属 Zn 粉 $0.3 \sim 0.4g$,置于 $250cm^3$ 烧杯中,盖好表面皿,逐滴加入 $10cm^3$ HCl 溶液(1:1),必要时可微热使之溶解完全。冷却后,定量转移至 $250cm^3$ 容量瓶中,加水稀释至刻度,摇匀。计算 Zn^{2+} 的准确浓度。

3) EDTA 的标定

移取 $25.00cm^3$ Zn^{2+} 标准溶液,置于 $250cm^3$ 锥形瓶中,加水约 $30cm^3$、二甲酚橙指示剂一两滴,滴加 $NH_3 \cdot H_2O$ 溶液(1:1)至溶液由黄色刚变橙色,然后加 $5cm^3$ 六次甲基四胺溶液,用 EDTA 溶液滴定至溶液由紫红色恰好变为亮黄色,即为终点。根据滴定消耗的 EDTA 溶液的体积和 Zn^{2+} 标准溶液的物质的量,计算 EDTA 溶液的准确浓度。做平行实验至少 3 次。

2. 样品测定

1）样品处理

取胃舒平药片 10 片,在研钵中研细后,从中称取 2.0g 左右,加入 $20cm^3$ 1∶1 的 HCl 溶液,加蒸馏水 $100cm^3$,煮沸,冷却后过滤,并以水洗涤沉淀,滤液及洗涤液一并收入 $250cm^3$ 容量瓶中,定容,备用。

2）铝的测定

准确吸取上述试液 $5cm^3$,加水 $20cm^3$ 左右。滴加 1∶1 氨水,至刚出现混浊,再加入 1∶1 HCl 溶液至沉淀恰好溶解。准确加入 EDTA 标准溶液 $25.00cm^3$,再加入 20％六次甲基四胺溶液 $10cm^3$,煮沸 10min 冷却至室温后,加入二甲酚橙指示剂两三滴,以 Zn^{2+} 标准溶液滴定至溶液由黄色转变为红色,即为终点。根据 EDTA 加入量与 Zn^{2+} 标准溶液的体积,计算每片药片中 $Al(OH)_3$ 的质量分数。

3）镁的测定

吸取试液 $25.00cm^3$,滴加 1∶1 氨水至刚好出现沉淀,再加入 1∶1 HCl 溶液至沉淀恰好溶解。加入固体 NH_4Cl 2g,滴加 20％六次甲基四胺溶液至沉淀出现并过量 $15cm^3$。加热至 80℃,维持 10～15min。冷却后过滤,以少量蒸馏水洗涤沉淀数次,收集滤液与洗涤液于 $250cm^3$ 锥形瓶中,加入 1∶2 三乙醇胺溶液 $10cm^3$、NH_3-NH_4Cl 缓冲溶液 $10cm^3$ 及甲基红指示剂 1 滴、铬黑 T 指示剂少许,用 EDTA 标准溶液滴定至试液由暗红色转变为蓝绿色,即为终点。计算每片药品中 Mg 的含量[以 $Mg(OH)_2$ 表示]。

实验指导

[1] 胃舒平药片中各组分含量可能不均匀,为使测定结果具有代表性,本实验取较多样品,研细混合后再取部分进行分析。

[2] 六次甲基四胺溶液调节 pH 以分离 $Al(OH)_3$,其结果比用氨水好,因为这样可以减少 $Al(OH)_3$ 沉淀对 Mg^{2+} 的吸附。

[3] 测定镁时,加入甲基红 1 滴,会使终点更为敏捷。

[4] EDTA 溶液的标定可以用 $CaCO_3$ 基准物,也可以用 Zn^{2+} 标准溶液进行标定。用 Zn^{2+} 标定 EDTA 溶液时,控制溶液 $pH \leqslant 6.3$,否则变色不灵敏,甚至不变色。

[5] pH 为 10 的 NH_3-NH_4Cl 缓冲溶液的配制:取氯化铵固体 5.4g,加水 $20cm^3$ 溶解后加氨水 $35cm^3$,再加水稀释至 $100cm^3$ 即可。

思考题

1. 实验中为什么要称取大量样品溶解后再分取部分试样进行实验?

2. 在分离 Al^{3+} 后的滤液中测定 Mg^{2+}，为什么还要加入三乙醇胺溶液？

3. 测定 Mg^{2+} 时可否不用分离 Al^{3+}，而是采取掩蔽的方法直接测定 Mg^{2+}？根据 Al^{3+} 的性质选择什么物质掩蔽比较好？设计实验方案。

4. 能否通过改进实验条件用 EDTA 标准溶液直接滴定 Al^{3+}？

5. 在滴定 Al^{3+} 和 Mg^{2+} 之前，为什么要加入氨水产生沉淀，并用盐酸将沉淀溶解？解释这一步骤的目的和机理。

6. 在滴定 Al^{3+} 和 Mg^{2+} 时选用不同的 pH，解释选择的依据。

7. 该实验中对 Al^{3+} 和 Mg^{2+} 的测定可否会受到其他离子如 Ca^{2+}、Zn^{2+}、Mn^{2+}、Fe^{3+} 的干扰？

拓展实验：Al_2O_3 催化剂载体中 Al 含量的测定

第 10 章　有机合成实验

实验二十五　卤代烃的制备

实验目的

1. 学习从醇制备卤代烃的原理和实验方法；
2. 掌握蒸馏操作和有毒气体的处理；
3. 掌握分液漏斗的正确使用。

实验预习

1. 《有机化学》醇的卤代反应；
2. 蒸馏(5.8.6)；
3. H_2SO_4 的性质及使用方法；
4. 醇在酸性条件下制取卤代烃的方法及原理。

实验原理

　　卤代烃是一类重要的有机合成中间体。通过卤代烷的亲核取代反应,能制备多种有用的化合物,如腈、胺、醚等。在无水乙醚中,卤代烃与金属镁作用制备的格氏(Grignard)试剂,可以和醛、酮、酯等羰基化合物及二氧化碳反应,用来制备不同结构的醇和羧酸。多卤代物是实验室常用的有机溶剂。

　　卤代烷可通过多种方法和试剂进行制备。烷烃的自由基卤化和烯烃与氢卤酸的亲电加成反应,因产生异构体的混合物而难以分离。实验室制备卤代烷最常用的方法是将结构对应的醇通过亲核取代反应转变为卤代物,常用的试剂有氢卤酸、三卤化磷和氯化亚砜。例如：

$$n\text{-}C_4H_9OH + HBr \xrightarrow[95\%]{H_2SO_4} n\text{-}C_4H_9Br + H_2O$$

$$t\text{-}C_4H_9OH + HCl \xrightarrow[85\%]{25℃} t\text{-}C_4H_9Cl + H_2O$$

$$3n\text{-}C_2H_5OH + PI_3 \xrightarrow{90\%} 3n\text{-}C_2H_5I + H_3PO_3$$

$$n\text{-}C_2H_5OH + SOCl_2 \xrightarrow[80\%]{吡啶} n\text{-}C_2H_5Cl + SO_2 + HCl$$

　　醇与氢卤酸的反应是制备卤代烷最简单的方法,根据醇的结构不同,反应存在着两种不同的机理,叔醇按 S_N1 机理,伯醇则主要按 S_N2 机理进行。

$$(CH_3)_3COH + HCl \rightleftharpoons (CH_3)_3C\overset{+}{-}\overset{+}{O}H_2 + Cl^-$$

$$(CH_3)_3C\overset{|}{-}O^+\overset{}{-}H \longrightarrow (CH_3)_3C^+ + H_2O$$
$$\underset{H}{}$$

$$(CH_3)_3C^+ + Cl^- \longrightarrow (CH_3)_3CCl \quad (S_N1)$$

$$RCH_2OH + H_2SO_4 \rightleftharpoons RCH_2\overset{|}{O}^+\overset{}{-}H + HSO_4^-$$
$$\underset{H}{}$$

$$\underset{R}{\overset{|}{Br^- + CH_2}}\overset{+}{-}OH_2 \longrightarrow RCH_2Br + H_2O \quad (S_N2)$$

酸的作用主要是促使醇首先质子化,将较难离去的基团 OH^- 转变成较易离去的基团 H_2O,加快反应速率。

需要指出,消去反应与取代反应是同时存在的竞争反应,对于仲醇,还可能存在着分子重排反应。因此,针对不同的反应对象,可能存在着醚、烯烃或重排的副产物。

醇与氢卤酸反应的难易随所用醇的结构与氢卤酸不同而有所不同。反应的活性次序为叔醇>仲醇>伯醇,HI>HBr>HCl。

叔醇在无催化剂存在下,室温即可与氢卤酸进行反应;仲醇需温热及酸催化以加速反应;伯醇则需要更剧烈的反应条件及更有效的催化剂。

醇转变为溴化物也可用溴化钠及过量的浓硫酸代替氢溴酸:

$$n\text{-}C_2H_5OH + NaBr + H_2SO_4 \xrightarrow{\triangle} n\text{-}C_2H_5Br + NaHSO_4 + H_2O$$

但这种方法不适于制备相对分子质量较大的溴化物,因高浓度的盐降低了醇在反应介质中的溶解度。相对分子质量较大的溴化物可通过醇与干燥的溴化氢气体在无溶剂条件下加热制备,通过三溴化磷与醇作用也是一种有效的方法。

氯化物常用溶有二氯化锌的浓盐酸与伯醇和仲醇作用来制备,伯醇则需与用二氯化锌饱和的浓盐酸一起加热。氯化亚砜也是实验室制备氯化物的良好试剂,它具有无副反应、产率及纯度高和便于提纯等优点。

碘化物很容易由醇与氢碘酸反应来制备,更经济的方法是用碘和磷(三碘化磷)与醇作用,也可以用相应的氯化物或溴化物与碘化钠在丙酮溶液中发生卤素交换反应。由于有更便宜和易得的氯化物和溴化物,一般在合成中很少用到碘化物,然而液态的碘甲烷因其操作方便却是相应的氯甲烷和溴甲烷很难代替的。卤甲烷的沸点是:氯甲烷 $-24℃$,溴甲烷 $5℃$,碘甲烷 $43℃$。

Ⅰ 溴乙烷的制备

反应式

　1. 主反应

$$NaBr + H_2SO_4 \longrightarrow HBr + NaHSO_4$$

$$CH_3CH_2OH + HBr \xrightarrow{H_2SO_4} CH_3CH_2Br + H_2O$$

　2. 副反应

$$2CH_3CH_2OH \xrightarrow{H_2SO_4} CH_3CH_2OCH_2CH_3 + H_2O$$

$$CH_3CH_2OH \xrightarrow{H_2SO_4} CH_2{=}CH_2 + H_2O$$

$$2HBr + H_2SO_4(浓) \longrightarrow Br_2 + SO_2 + H_2O$$

实验步骤

　　在 $100cm^3$ 圆底烧瓶中,放入 $10cm^3$ 95%乙醇及 $9cm^3$ 水[1]。在不断旋摇和冷水冷却下,慢慢加入 $19cm^3$ 浓硫酸。冷至室温后,加入 15g 研细的溴化钠[2]及几粒沸石,装上蒸馏头、冷凝管和温度计作蒸馏装置[3]。接受器内放入少量冷水并浸入冷水浴中,接引管末端则浸没在接受器的冷水中[4]。在石棉网上用小火[5]加热烧瓶,约 30min 后慢慢加大火焰,直至无油状物馏出为止[6]。

　　将馏出物倒入分液漏斗中,分出有机层[7](哪一层?),置于 $50cm^3$ 干燥的锥形瓶里。将锥形瓶浸于冰水浴,在旋摇下用滴管慢慢滴加约 $5cm^3$ 浓硫酸[8]。用干燥的分液漏斗分去硫酸液,将溴乙烷倒入(如何倒法?)$25cm^3$ 蒸馏瓶中,加入几粒沸石,用水浴加热进行蒸馏。将已称量的干燥锥形瓶作接受器,并浸入冰水浴中冷却。收集 34~40℃的馏分[9],产量约 11g。

　　溴乙烷的沸点为 38.40℃,折光率 $n_D^{20} = 1.4239$。

实验指导

　　[1] 加少量水可防止反应进行时发生大量泡沫,减少副产物乙醚的生成和避免氢溴酸的挥发,降低浓硫酸的氧化性。

　　[2] 溴化钠先研细后称量。

　　[3] 安装有毒气体的吸收装置。

　　[4] 溴乙烷在水中的溶解度很小(1:100),在低温时又不与水作用。为了减少其挥发,常在接受器内预盛冷水,并使接液管的末端稍微浸入水中。

[5] 蒸馏速率宜慢,否则蒸气来不及冷却而逸失;而且在开始加热时,常有很多泡沫发生,若加热太猛烈,会使反应物冲出。

[6] 馏出液由混浊变澄清时,表示已经蒸完。拆除热源前,应先将接受器与接液管离开,以防倒吸。稍冷后,将瓶内物趁热倒出,以免硫酸氢钠等冷后结块,不易倒出。

[7] 尽可能将水分倒净,否则用浓硫酸洗涤时会产生热量而使产物挥发损失。

[8] 粗制品中含少量未反应的乙醇,副产物乙醚、乙烯等杂质,它们都溶于浓硫酸中。

[9] 当洗涤不够时,馏分中仍可能含极少量水及乙醇,它们与溴乙烷分别形成共沸物(溴乙烷-水,沸点 37℃,含水约 1%;溴乙烷-乙醇,沸点 37℃,含醇 8%)。

思考题

1. 在本实验中,哪一种原料是过量的? 为什么反应物间的配比不是 1∶1? 在计算产率时,选用何种原料作为根据?

2. 浓硫酸洗涤的目的何在?

3. 为了减少溴乙烷的挥发损失,本实验中采取了哪些措施?

4. 反应过程中要加入水的目的是什么?

5. 为什么用 H_2SO_4 洗涤时要在冰水浴中慢慢滴加浓 H_2SO_4?

Ⅱ　叔丁基氯的制备

反应式

1. 主反应

$$(CH_3)_3COH + HCl \longrightarrow (CH_2)_3CCl + H_2O$$

2. 副反应

$$(CH_3)_3COH \longrightarrow (CH_3)_2C{=}CH_2 + H_2O$$

实验步骤

在 $125cm^3$ 分液漏斗中加入 5.0g 叔丁醇(约 $6.2cm^3$,0.075mol)和 $16cm^3$ 浓盐酸(约 0.2mol 氯化氢)。混合后,勿将盖子盖住,缓缓旋动分液漏斗内的混合物。约 1min 后,盖紧塞子,将分液漏斗倒置,然后小心打开活塞放气[1]。振摇分液漏斗数分钟,中间不断放气。混合后静置,直至分为澄清的两层。分出有机层,依次用 $6cm^3$ H_2O、$7cm^3$ 饱和碳酸氢钠溶液洗涤[2],再用 $6cm^3$ 水洗涤。仔细分去水层。

将粗产物放在锥形瓶内用无水氯化钙干燥。待产物澄清后,倒入 $50cm^3$ 圆底烧瓶内蒸馏，收集 $49\sim52℃$ 的馏分（接受瓶用冰水浴冷却）。产物约 5g（产率 70%）。产品留作下次实验用原料。

叔丁基氯的沸点为 $51\sim52℃$，折光率 $n_D^{20}=1.386\ 86$。

实验指导

[1] 在完成此操作前，切记不可振摇分液漏斗，否则会因压力过大，将反应物冲出。

[2] 当加入饱和碳酸氢钠溶液时有大量气体产生，必须缓慢加入并慢慢地旋动开口的漏斗塞直至气体逸出基本停止，再将分液漏斗塞紧，缓缓倒置后，立即放气。

思考题

1. 写出丁醇的结构异构体的构造式，并按其对浓盐酸反应活性的递增顺序排列。在实验条件下，哪些异构体可得到理想产率的相应烷基氯？

2. 在制备叔丁基氯的操作中选用碳酸氢钠溶液洗涤有机层，是否可用稀氢氧化钠溶液代替碳酸氢钠溶液？说明原因。

实验二十六　醇的制备反应

实验目的

1. 了解格氏反应原理；
2. 掌握格氏试剂的制备及操作技术；
3. 掌握磁力搅拌器的使用及水蒸气蒸馏操作。

实验预习

1. 参看《有机化学》卤代烃与 Mg 的反应及格氏试剂与羰基化合物的反应；
2. 制备有机镁化合物的要求和原理；
3. 试剂干燥及无水操作的装置。

实验原理

醇是有机合成中应用极广的一类化合物，它来源方便，不但用作溶剂，而且易转变成卤代烷、烯、醚、醛、酮、羧酸和羧酸酯等多种化合物，是一类重要的化工原料。

醇的制法很多，简单和常用的醇在工业上利用水煤气合成、淀粉发酵、烯烃水合及易得的卤代烃的水解等反应来制备。实验室醇的制备，除了羰基还原（醛、酮、羧酸和羧酸酯）和烯烃的硼氢化-氧化等方法外，利用格氏反应是合成各种结构复杂的醇的主要方法。

　　卤代烷和溴代芳烃与金属镁在无水乙醚中反应生成烃基卤化镁,又称格氏试剂。芳香烃和乙烯型氯化物,则需用四氢呋喃(沸点 60℃)为溶剂,才能发生反应:

$$R{-}X + Mg \xrightarrow{\text{无水乙醚}} R{-}MgX$$

　　乙醚在格氏试剂的制备中有重要作用,醚分子中氧上的非键电子可以和试剂中带部分正电荷的镁作用,生成配合物:

$$\begin{array}{c} R \quad R \\ \backslash / \\ O \\ | \\ R{-}Mg{-}X \\ | \\ O \\ / \backslash \\ R \quad R \end{array}$$

　　乙醚的溶剂化作用使有机镁化合物更稳定,并能溶解于乙醚。此外,乙醚价格低廉,沸点低,反应结束后容易除去。

　　卤代烷生成格氏试剂的活性次序为:RI>RBr>RCl。实验室通常使用活性居中的溴化物,氯化物反应较难开始,碘化物价格较贵,且容易在金属表面发生偶合,产生副产物烃(R—R)。

　　格氏试剂中,碳-金属键是极化的,带部分负电荷的碳具有显著的亲核性质,在增长碳链的方法中有重要用途,其最重要的性质是与醛、酮、羧酸衍生物,环氧化合物,二氧化碳及腈等发生反应,生成相应的醇、羧酸和酮等化合物。

$$\begin{array}{l}
\text{C=O} \xrightarrow{RMgX} R{-}C{-}OMgX \xrightarrow{H_3O^+} R{-}C{-}OH \\
\\
R'{-}C(=O){-}OCH_3 \xrightarrow{2RMgX} R'{-}C(R)(R){-}OMgX \xrightarrow{H_3O^+} R'{-}C(R)(R){-}OH \\
\\
CH_2{-}CH_2\ (O) \xrightarrow{RMgX} RCH_2CH_2OMgX \xrightarrow{H_3O^+} RCH_2CH_2OH \\
\\
CO_2 \xrightarrow{RMgX} R{-}C(=O){-}OMgX \xrightarrow{H_3O^+} R{-}C(=O){-}OH \\
\\
R'{-}C{\equiv}N \xrightarrow{RMgX} R{-}C(R'){=}NMgX \xrightarrow{H_3O^+} R{-}C(R'){=}O
\end{array}$$

　　反应所产生的卤化镁配合物,通常由冷的无机酸水解,即可使有机化合物游离出来。对强酸敏感的醇类化合物可用氯化铵溶液进行水解。

　　格氏试剂的制备必须在无水条件下进行,所用仪器和试剂均需干燥,因为微量水分的存在抑制反应的引发，而且会分解形成的格氏试剂而影响产率：

$$RMgX + H_2O \longrightarrow RH + Mg(OH)X$$

此外，格氏试剂还能与氧、二氧化碳作用及发生偶合反应：

$$2RMgX + O_2 \longrightarrow 2ROMgX$$

$$RMgX + RX \longrightarrow R-R + MgX_2$$

故格氏试剂不宜较长时间保存。研究工作中，有时需在惰性气体（氮、氦气）保护下进行反应。用乙醚作溶剂时，由于醚的蒸气压可以排除反应器中大部分空气。用活泼的卤代烃和碘化物制备格氏试剂时，偶合反应是主要的副反应，可以采取搅拌、控制卤代烃的滴加速度和降低溶液浓度等措施减少副反应的发生。

格氏反应是一个放热反应，所以卤代烃的滴加速度不宜过快，必要时可用冷水冷却。当反应开始后，应调节滴加速度，使反应物保持微沸为宜。对活性较差的卤化物或反应不易发生时，可采用加入少许碘粒引发反应发生。

Ⅰ 2-甲基-2-丁醇的制备

反应式

$$C_2H_5Br + Mg \xrightarrow{\text{无水乙醚}} C_2H_5MgBr$$

$$C_2H_5MgBr + H_3C\overset{O}{\overset{\|}{-C}}-CH_3 \xrightarrow{\text{无水乙醚}} \underset{\underset{OMgBr}{|}}{C_2H_5C(CH_3)_2}$$

$$\underset{\underset{OMgBr}{|}}{C_2H_5C(CH_3)_2} + HOH \xrightarrow{H^+} \underset{\underset{OH}{|}}{C_2H_5-C(CH_3)_2} + Mg(OH)Br$$

实验步骤

1. 乙基溴化镁的制备

在 250cm³ 三颈瓶[1]上分别装置搅拌器、冷凝管和滴液漏斗，在冷凝管和滴液漏斗的上口分别装上氯化钙干燥管。瓶内放置 3.1g 镁带[2]（约 0.13mol）和 15cm³ 无水乙醚[3]。在滴液漏斗中加入 17.7g(12cm³ 0.16mol) 溴己烷和 15cm³ 无水乙醚，混合均匀。先往三颈瓶中滴加 3～4cm³ 混合液，数分钟反应开始，溶液呈微沸状态。若不见反应开始，可用温水浴温热[4]。反应开始时比较激烈，待缓和后，自冷凝管上端加入 25cm³ 无水乙醚，启动搅拌，滴其余的溴乙烷和乙醚的混合液，控制滴加速度，使瓶内溶液呈微沸状态。加完后，温水浴加热回流 15min，此时镁带已作用完[5]。

2. 2-甲基-2-丁醇的制备

将上面制好的格氏试剂在冷水浴冷却和搅拌下由滴液漏斗滴入 10cm³ 丙酮和 15cm³ 无水乙醚的混合液,控制滴加速度,勿使反应过于猛烈。加完后,在室温下继续搅拌 15min,溶液中可能有白色黏稠状固体析出。

三颈瓶在冷水浴中冷却和搅拌下,自滴液漏斗慢慢加入 100cm³ 10% 硫酸溶液[6](开始宜慢,随后可逐渐加快),分解产物。待分解完全后,将溶液倒入分液漏斗中,分出醚层,水层每次用 25cm³ 乙醚萃取两次,合并乙醚溶液,用 30cm³ 5% 碳酸钠溶液洗涤一次后,用无水碳酸钾干燥[7]。

将干燥后的粗产物乙醚溶液滤入干燥的 125cm³ 蒸馏瓶中,用水浴加热蒸去乙醚,残液倒入 30cm³ 蒸馏瓶中,再在石棉网上加热蒸馏,收集 95~105℃ 的馏分,产量约 5g(产率 53%)。

2-甲基-2-丁醇的沸点文献值为 102℃,折光率 $n_D^{20}=1.4052$。

实验指导

[1] 所有的反应仪器及试剂必须充分干燥。溴乙烷事先用无水氯化钙干燥并蒸馏进行纯化。丙酮用无水碳酸钾干燥同时需经蒸馏纯化。所用仪器在烘箱中烘干,让其稍冷后,取出放在干燥器中冷却待用(也可以放在烘箱中冷却)。

[2] 镁带应用砂纸擦去氧化层,再用剪刀剪成约 0.5cm 的小段,放入干燥器中待用。或用 5% 盐酸溶液与之作用数分钟,抽滤除去酸液,依次用水、乙醚洗涤,干燥待用。

[3] 乙醚应用金属钠干燥,保证绝对无水。

[4] 开始为了使溴乙烷局部浓度较大,易于发生反应和便于观察反应是否开始,搅拌应在反应开始后进行。若 5min 后仍不反应,可用温水浴加热,或在加热前加入一小粒碘以催化反应。反应开始后,碘的颜色立即褪去。

[5] 如仍有少量残留的镁,并不影响下面的反应。

[6] 硫酸溶液应事先配好,放在冰水中冷却待用,也可用氯化铵的水溶液水解。

[7] 为了提高干燥剂的效率,可事先将干燥剂放在瓷坩埚中焙烧一段时间,冷却后待用。

思考题

1. 本实验水解前的各步中,所用的仪器药品为什么要进行干燥?

2. 本实验有哪些可能产生的副反应?如何避免?

3. 本实验用乙醚作为溶剂,可否用环己烷?

4. 本实验的干燥剂是否可用 $CaCl_2$,为什么?

Ⅱ 三苯甲醇的制备

反应式

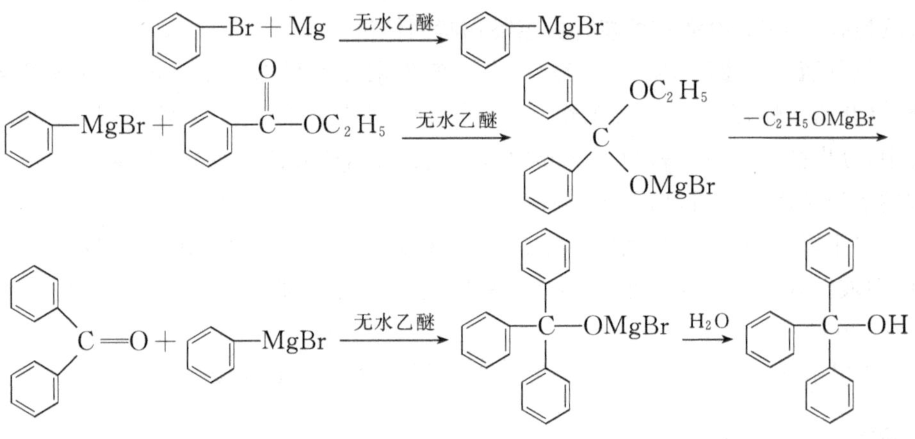

实验步骤

1. 苯基溴化镁的制备

在 250cm³ 三颈瓶上分别装置搅拌器、冷凝管及滴液漏斗，在冷凝管及滴液漏斗的上口装置氯化钙干燥管，瓶内放置 1.5g 镁屑及一小粒碘片[1]，在滴液漏斗中混合 10g 溴苯及 25cm³ 无水乙醚，先将 1/3 的混合液滴入烧瓶中，数分钟后即见镁屑表面有气泡产生，溶液轻微混浊，碘的颜色开始消失。若不发生反应，可用水浴或手掌温热。反应开始后开动搅拌装置，缓缓滴入其余的溴苯醚溶液，滴加速度保持溶液呈微沸状态。加毕后，水浴继续回流 0.5h，使镁屑作用完全。

2. 三苯甲醇的制备

将已制好的苯基溴化镁试剂置于冷水浴中，在搅拌下由滴液漏斗滴加 3.8cm³ 苯甲酸乙酯和 10cm³ 无水乙醚的混合液，控制滴加速度保持反应平稳地进行。滴加完毕后，将反应混合物在水浴回流 0.5h，使反应进行完全，这时可以观察到反应物明显地分为两层。将反应物改为冰水浴冷却，在搅拌下由滴液漏斗慢慢滴加由 7.5g 氯化铵配成的饱和水溶液（约需 28cm³ 水），分解加成产物[2]。

将反应装置改为蒸馏装置，在水浴上蒸去乙醚，再将残余物进行水蒸气蒸馏，以除去未反应的溴苯及联苯等副产物。瓶中剩余物冷却后凝为固体，抽滤收集。粗产物用 80% 的乙醇进行重结晶，干燥后产量为 4.5～5g，熔点为 161～162℃[3]。

三苯甲醇为无色棱状晶体，熔点为 162.5℃。

实验指导

[1] 格氏反应的仪器用前应尽可能进行干燥,有时作为补救和进一步措施为清除仪器所形成的水化膜,可将已加入镁屑和碘粒的三颈瓶在石棉网上用小火小心加热几分钟,使之彻底干燥,烧瓶冷却时可通过氯化钙干燥管吸入干燥的空气。在加入溴苯乙醚溶液前,需将烧瓶冷至室温,熄灭周围所有的火源。

[2] 如反应中絮状的氢氧化镁未全溶时,可加入几毫升稀盐酸促使其全部溶解。

[3] 本实验可用薄层色谱鉴定反应的产物和副产物。用滴管吸取少许水解后的醚溶液于一干燥锥形瓶中,在硅胶 G 层析板上点样,用 1:1 的苯-石油醚作展开剂,在紫外灯下观察,用铅笔在荧光点的位置做出记号。从上到下四个点分别代表联苯、苯甲酸乙酯、二苯酮和三苯甲醇,计算它们的 R_f 值。可能的话,用标准样品进行比较。

思考题

1. 本实验中溴苯加入太快或一次加入,有什么不好?

2. 如苯甲酸乙酯和乙醚中含有乙醇,对反应有何影响?

3. 写出苯基溴化镁试剂与下列化合物作用的反应式(包括用稀酸水解反应混合物):
①二氧化碳;②乙醇;③氧;④对甲基苯甲腈;⑤甲酸乙酯;⑥苯甲醛

4. 用混合溶剂进行重结晶时,何时加入活性炭脱色? 能否加入大量的不良溶剂,使产物全部析出? 抽滤后的结晶应该用什么溶剂洗涤?

实验二十七　弗瑞德-克来福特反应

实验目的

1. 学习弗瑞德-克来福特(Fridel-Crafts)反应的实验方法;

2. 掌握萃取、蒸馏、重结晶及无水操作技术;

3. 掌握弗瑞德-克来福特反应中催化剂的用量。

实验预习

1.《有机化学》芳香烃的有关化学反应;

2. 无水操作反应的步骤;

3. 废气接受器的装置、分液漏斗的使用;

4. 重结晶的操作(5.8.3);

5. 熔点的测定(5.8.1)。

实验原理

弗瑞德–克来福特反应是向芳环上引入烷基和酰基最重要的方法,在合成上具有很大的实用价值。

弗瑞德–克来福特烃基化指芳香烃在路易斯酸催化下的烃化反应:

$$ArH + RX \xrightarrow[\text{无水}]{AlCl_3} ArR + HX$$

一般用无水三氯化铝作催化剂,其他催化剂($ZnCl_2$、$FeCl_3$、BF_3 及质子酸 HF 和 H_2SO_4 等)针对不同的反应对象也有类似的催化活性。除卤代烷(包括芳烷基卤,如 $ArCH_2Cl$、$ArCHCl_2$)外,其他能产生碳正离子的化合物(如烯、醇等)也可作为烷基化试剂。使用多卤代烷,可得到二芳基和多芳基烷烃,烷基化反应是典型的芳环亲电取代反应,但芳环上有强吸电子基($-NO_2$、$-SO_3H$ 等)时反应不能发生。卤代芳烃也很难发生烃基化反应。催化剂的作用是协助产生亲电试剂——碳正离子。

烃化反应有其局限性:一是由于生成的烷基苯比苯更活泼,更容易发生烷基化反应,产生多元取代生成二烷基和多烷基苯,但这可通过加入大大过量的芳烃和控制反应温度来加以抑制;二是发生重排反应,由于反应是通过碳正离子机理来进行的,可以预料,当使用伯卤代烷和某些仲卤代烷时,主要得到烷基结构改变的重排产物。例如:

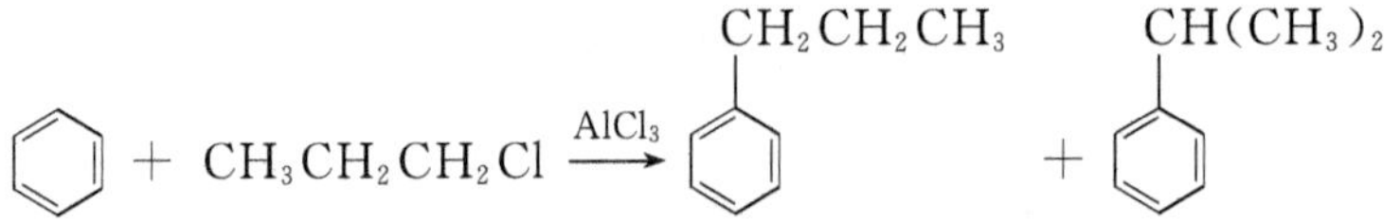

$$\text{(苯)} + CH_3CH_2CH_2Cl \xrightarrow{AlCl_3}$$

31%～35% 　　　　　65%～69%

显然这是由于生成的伯碳正离子不稳定,容易重排成更稳定的仲或叔碳正离子:

重排的程度取决于试剂的性质、温度、溶剂及催化剂等因素,因此,烃化反应不能用来制备侧链上含三个碳原子以上的直链烷基苯。

工业上通常用烯烃作烃化试剂,使用三氯化铝–氯化氢–烃的液态配合物、磷酸、无水氟化氢及浓硫酸等作催化剂。

烃化反应是放热反应,但它有一个诱导期,所以操作时要注意温度的变化。

由于三氯化铝遇水或潮气会分解失效,故反应时所用仪器和试剂都应是干燥和无水的。

弗瑞德–克来福特酰基化是制备芳香酮的主要方法。在无水三氯化铝存在下,

第 10 章 有机合成实验 ・ 267 ・

酰氯或酸酐与活泼的芳香化合物反应,得到高产率的烷基芳基酮或二芳基酮:

$$RCOCl + ArH \xrightarrow{AlCl_3} RCOAr + HCl$$

$$ArCOCl + ArH \xrightarrow{AlCl_3} ArCOAr + HCl$$

$$(RCO)_2O + ArH \xrightarrow{AlCl_3} RCOAr + HCl$$

反应历程如下:

$$RCOCl + AlCl_3 \rightleftharpoons [RCO]^+[AlCl_4]^-$$

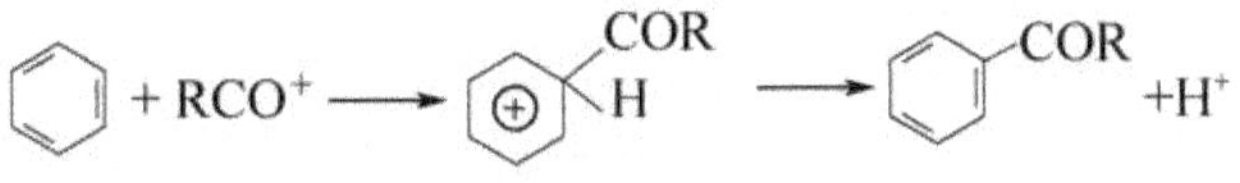

三氯化铝的作用是产生亲电试剂酰基阳离子。酰基化反应与烷基化反应不同,烷基化反应所用三氯化铝是催化量的(0.1mol),而在酰基化反应中,当用酰氯作酰基化试剂时,三氯化铝的用量约为 1.1mol,因三氯化铝与反应中产生的芳香酮形成配合物 $[ArCOR]^+ + [AlCl_4]^-$,当使用酸酐时,则需使用 2.1mol,因反应中产生的有机酸也会与三氯化铝反应。制备反应中,常用酸酐代替酰氯作酰化试剂。

$$(RCO)_2O + 2AlCl_3 \longrightarrow [RCO]^+[AlCl_4]^- + RCO_2AlCl_2$$

这是由于与酰氯相比,酸酐原料易得、纯度高、操作方便、无明显的副反应或有害气体放出、反应平稳且产率高、产生的芳酮容易提纯。一些二元酸酐,如马来酸酐及邻苯二甲酸酐通过酰基化反应制得的酮酸,是重要的有机合成中间体。

与烷基化反应的另一不同点是,酰化反应由于酮基的致钝作用,阻碍了进一步的取代发生,故产物纯度高,不存在烷基化反应的多元取代产物,因此,制备纯净的侧链烷基苯通常是通过酰化反应接着还原羰基来实现的。酰基化反应也不存在烃化反应中的重排反应,这是由于酰基阳离子通过共振作用增加了稳定性。

酰化反应通常用过量的芳烃或二氧化碳、二氯甲烷和硝基苯等作为反应的溶剂。

Ⅰ 对叔丁基苯酚的制备

反应式

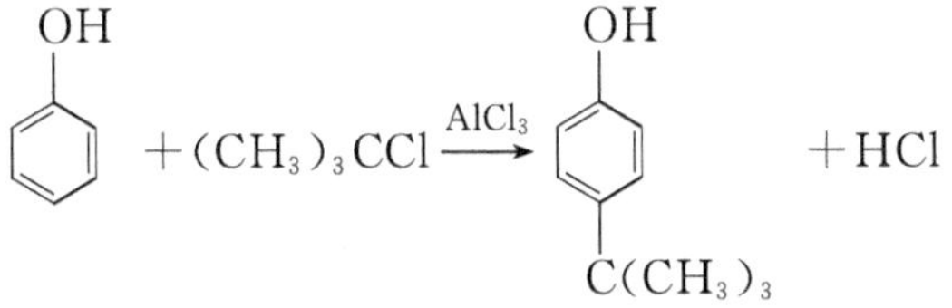

实验步骤

取 2g 无水三氯化铝放入带塞的干燥试管中备用。

在一个干燥的 50cm³ 锥形瓶内加入 2.2cm³(1.8g)叔丁基氯和 1.6g 苯酚[1]，摇动使苯酚完全或几乎完全溶解。在反应瓶上装有氯化钙干燥管和气体吸收装置，以吸收反应过程中生成的氯化氢[2]。向反应瓶中加入 3/4 的无水三氯化铝，不断摇动反应瓶[3]，立即有氯化氢放出，如果反应混合物发热，产生大量气泡时可用冷水浴冷却[4]，反应缓和后再加入余下的无水三氯化铝。如果所用药品是准确称量过的，此时反应瓶中混合物应当是固体[5]，向锥形瓶中加入 8cm³ 水及 1cm³ 浓盐酸组成的溶液水解反应物，即有白色固体析出，尽可能将块状物捣碎直至成为细小的颗粒。减压过滤并用少量水洗涤，粗产物干燥后用石油醚(60～90℃)重结晶，得白色对叔丁基苯酚约 2.3g(产率 93%)，测定熔点，文献值为 99～100℃。

实验指导

[1] 要避免苯酚与皮肤接触。如果被苯酚灼伤了，立即用水充分洗涤。

[2] 气体吸收装置中的玻璃漏斗应略为倾斜，使漏斗口一半在水面上。这样既能防止气体逸出，又可防止水被吸至反应瓶中。

[3] 使催化剂的新表面得到充分暴露以利反应进行。

[4] 当反应温度过高时，反应太激烈，产生的大量氯化氢气体会将低沸点的叔丁基氯(沸点为 50.7℃)大量带出而使产量降低。

[5] 如不结晶可用玻璃棒摩擦以诱导结晶。

思考题

1. 本实验哪些因素会影响反应物的产率？

2. 如果苯酚长期与空气接触会发生什么现象？

3. 本实验中的 $AlCl_3$ 为什么开瓶使用后一定要放入干燥器皿中？

4. 如果用正丁基氯代替叔丁基氯，那么本实验中的副产物有哪些？

5. 除了用熔点来证明得到的产物是对叔丁基苯酚外，还可以用什么方法证明产物是对位异构体而不是邻位异构体？

Ⅱ 苯乙酮的制备

反应式

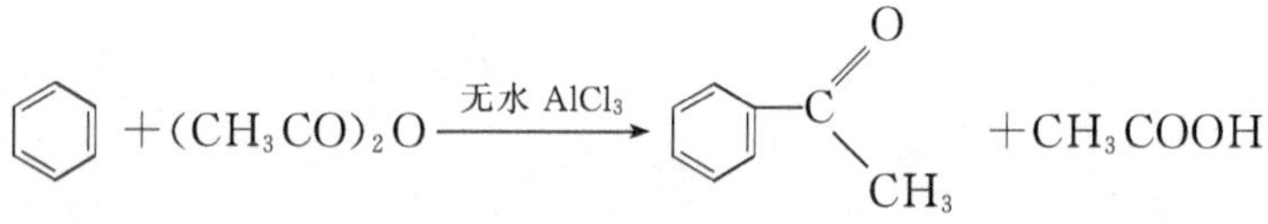

实验步骤

在 250cm³ 三颈瓶[1]中,分别装置搅拌器、恒压滴液漏斗及冷凝管。在冷凝管上口装一氯化钙干燥管,后者再接一氯化氢气体吸收装置。

迅速称取 32g 经研碎的无水三氯化铝[2],放入三颈瓶中,再加入 40cm³ 经金属钠干燥过的苯,启动搅拌,由恒压滴液漏斗滴加重新蒸馏过的乙酸酐 9.5cm³(约 10.2g,0.1mol)和无水苯 10cm³ 的混合溶液(约 20min 滴完)。反应立即开始,伴随有反应混合液发热及氯化氢的急剧产生。控制滴加速度,勿使反应过于激烈。滴加完后,在水浴[3]上加热半小时,至无氯化氢气体逸出为止(此时三氯化铝溶完)。

将三颈瓶浸于冰水浴中,在搅拌下慢慢滴加 100cm³ 冷却的稀盐酸。当瓶内固体物质完全溶解后,分出苯层。水层每次用 20cm³ 苯萃取两次。合并苯层,依次用 5% 的氢氧化钠溶液、水各 20cm³ 洗涤,苯层用无水硫酸钠(镁)干燥。

将干燥后的粗产物滤入 150cm³ 的蒸馏瓶中,待水浴上蒸去苯以后,将粗产物转移到 30cm³[4]的蒸馏瓶中,继续在石棉网上蒸馏,用空气冷凝管冷却[5](为什么?)。收集 198～202℃的馏分[6],苯乙酮为无色液体,产量为 8～10g(产率为 66%～83%)。

苯乙酮的沸点文献值为 202.0℃,熔点为 20.5℃,折光率 $n_D^{20}=1.537\,18$。

实验指导

[1] 仪器必须干燥,否则影响反应顺利进行。

[2] 无水三氯化铝的质量是实验成败的关键之一,它极易吸潮,需迅速称取。三氯化铝为白色颗粒或粉末状,如已变成黄色,表示已经吸潮,不能取用。

[3] 温度高对反应不利,一般控制在 60℃以下为宜。

[4] 由于最终产物不多,且苯乙酮的沸点较高,因此宜选用较小的蒸馏瓶。

[5] 为了减少产品的损失,可选用一根长 15cm、外径与蒸馏瓶支管相仿的玻璃管代替空气冷凝管,玻璃管与支管用橡皮管相连接。

[6] 也可以用减压蒸馏。苯乙酮在不同压力下的沸点如表 10-1 所示。

表 10-1　苯乙酮在不同压力下的沸点

压力/mmHg	4	5	6	7	8	9	10
沸点/℃	60	64	68	71	73	76	78
压力/mmHg	25	30	40	50	60	100	150
沸点/℃	98	102	110	115.5	120	134	146

思考题

1. 水和潮气对本实验有何影响?在仪器的装置和操作中应注意哪些事项?为什么要迅速称取三氯

化铝?

　2. 反应完成后为什么要加入冷却的稀盐酸?

　3. 指出如何由弗瑞德-克来福特反应制备下列化合物?

(1) 二苯甲烷;(2) 苄基苯酮

实验二十八　脂肪酮的制备——环己酮的制备

实验目的

　1. 学习醇氧化制备酮的原理,了解由醇氧化制备酮的常用方法;

　2. 掌握水蒸气蒸馏和空气冷凝管的使用原理;

　3. 熟悉并掌握折光仪的测定技术。

实验预习

　1.《有机化学》醇的氧化反应;

　2. 水蒸气蒸馏的原理及操作步骤(5.8.8);

　3. 折光率的测定步骤(6.6)。

实验原理

　　仲醇的氧化和脱氢是制备脂肪酮的主要方法。酸性重铬酸钠(钾)是实验室中常用的氧化剂之一。例如:

$$Na_2Cr_2O_7 + H_2SO_4 \longrightarrow 2CrO_3 + Na_2SO_4 + H_2O$$

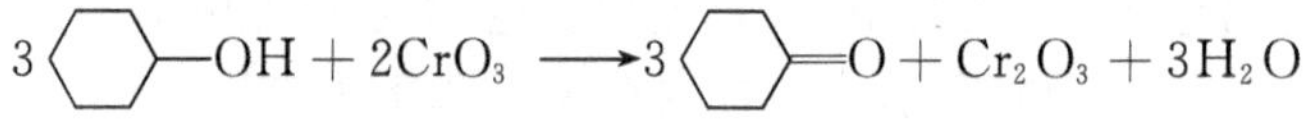

$$3 \bigcirc\!\!-OH + 2CrO_3 \longrightarrow 3 \bigcirc\!\!=\!\!O + Cr_2O_3 + 3H_2O$$

　　酮的稳定性较醛好,不易进一步氧化,因此一般可得到满意的结果。但仍需小心地控制条件,以免氧化过于激烈而造成分子断链。

　　羧酸的钙盐或钡盐进行热解,发生部分脱羧,也是制备酮的一种方法,但只适于制备对称酮。

反应式

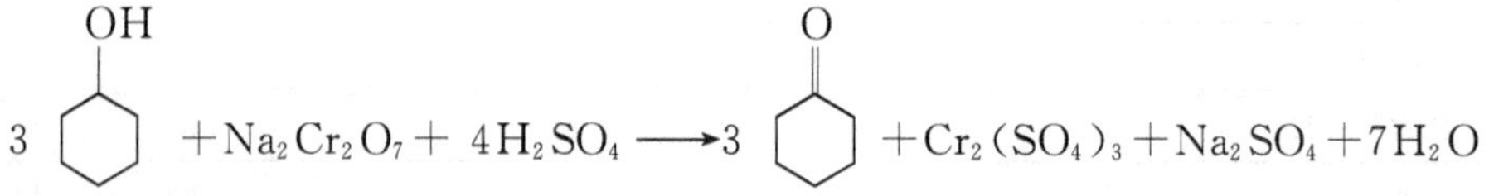

$$3 \overset{OH}{\underset{\bigcirc}{\bigcirc}} + Na_2Cr_2O_7 + 4H_2SO_4 \longrightarrow 3 \overset{O}{\underset{\bigcirc}{\bigcirc}} + Cr_2(SO_4)_3 + Na_2SO_4 + 7H_2O$$

实验步骤

　　在 400cm³ 烧杯中,溶解 10.5g 重铬酸钠于 60cm³ 水中,然后在搅拌下,慢慢加入 9cm³ 浓硫酸,得一橙红色溶液,冷却至 30℃ 以下备用。

在 250cm³ 圆底烧瓶中,加入 10.5cm³ 环己醇,然后一次加入上述制备好的重铬酸钠溶液,振摇使充分混合。放入一温度计,测量初始反应温度,并观察温度变化情况。当温度上升至 55℃ 时,立即用水浴冷却,保持反应温度为 55～60℃。约 0.5h 后,温度开始出现下降趋势,移去水浴再放置 0.5h 以上。其间要不时振摇,使反应完全,反应液呈墨绿色。

在反应瓶内加入 30cm³ 水和几粒沸石,改成水蒸气蒸馏装置。将环己酮与水一起蒸出来[1],直至馏出液不再混浊后再多蒸 15～20cm³,约收集 50cm³ 馏出液。馏出液用精盐饱和后[2](约需 12g)转入分液漏斗,静置后分出有机层。水层用 15cm³ 乙醚萃取一次,合并有机层与萃取液,用无水碳酸钾干燥,在水浴上蒸去乙醚后,改用空气冷凝管蒸馏收集 151～155℃ 馏分,产量 6～7g。

环己酮沸点文献值为 155.7℃,折光率 $n_D^{20}=1.4507$

实验指导

[1] 环己酮与水形成恒沸混合物,沸点 95℃,含环己酮 38.4%。

[2] 环己酮 31℃ 时在水中的溶解度为 2.4g·100g 水$^{-1}$。加入精盐的目的是为了降低环己酮的溶解度,并有利于环己酮的分层。水的馏出量不宜过多,否则即使使用盐析,仍不可避免有少量环己酮溶于水中而损失掉。

思考题

1. 本实验为什么要严格控制反应温度为 55～60℃,温度过高或过低有什么不好?
2. 环己醇用铬酸氧化得到环己酮,用高锰酸钾氧化则得到己二酸,为什么?
3. 醛的铬酸氧化与酮的氧化在操作上有何不同? 为什么?
4. 本实验通过什么判断氧化反应已基本完成?
5. 本实验的副产物是什么? 如何控制副产物?

拓展实验:橙油的提取

实验二十九　羧酸酯的制备

实验目的

1. 熟悉分水器的使用方法;
2. 掌握在可逆反应中使平衡正向移动的原理和方法;
3. 掌握分液漏斗的使用及液体化合物的干燥操作。

实验预习

1.《有机化学》羧酸的化学反应;
2. 酯化反应中应用分水器的原理;

3. 萃取、分离液体化合物的操作(5.8.5);

4. 根据化学平衡的移动原理,分析提高酯化反应收率的几种方法;

5. 高沸点化合物的收集方法。

实验原理

羧酸酯是一类在工业和商业上用途广泛的化合物。可由羧酸和醇在催化剂存在下直接酯化来进行制备,或采用酰氯、酸酐和腈的醇解,有时也可利用羧酸盐与卤代烷或硫酸酯的反应。酸催化的直接酯化是工业和实验室制备羧酸酯最重要的方法,常用的催化剂有硫酸、氯化氢和对甲苯磺酸等。

$$R\!-\!\underset{\underset{\displaystyle}{\|}}{\overset{\overset{O}{\|}}{C}}\!-\!OH + HOR' \overset{H^+}{\rightleftharpoons} R\!-\!\underset{\underset{\displaystyle}{\|}}{\overset{\overset{O}{\|}}{C}}\!-\!OR' + H_2O$$

酸的作用是使羰基质子化从而提高羰基的反应活性:

$$R\!-\!\overset{O}{\underset{}{C}}\!-\!OH \overset{H^+}{\rightleftharpoons} R\!-\!\overset{\overset{+}{O}H}{\underset{}{C}}\!-\!OH \overset{R'OH}{\rightleftharpoons} R\!-\!\overset{OH}{\underset{OH}{C}}\!-\!\overset{+}{O}\!-\!R$$

$$R\!-\!\overset{O}{\underset{}{C}}\!-\!OR' \overset{H^+}{\rightleftharpoons} R\!-\!\overset{\overset{+}{O}H}{\underset{}{C}}\!-\!OR' + H_2O \rightleftharpoons R\!-\!\overset{OH}{\underset{\overset{+}{O}H_2}{C}}\!-\!OR'$$

整个反应是可逆的,为了使反应向有利于生成酯的方向移动,通常采用过量的羧酸或醇,或者除去反应中生成的酯或水,或者二者同时采用。

根据质量作用定律,酯化反应平衡混合物的组成可表示为

$$K = \frac{[酯][水]}{[酸][醇]}$$

对于乙酸和乙醇作用生成乙酸乙酯的反应,平衡常数 K 约等于4,即用等物质的量的原料进行反应,达到平衡后只有2/3的羧酸和醇转变为酯。

由于平衡常数在一定温度下为定值,故增加羧酸和醇的用量无疑会增加酯的产量,但究竟使用过量的酸还是过量的醇,则取决于原料是否易得、价格及过量的原料与产物容易分离与否等因素。

理论上催化剂不影响平衡混合物的组成,但实验表明,加入过量的酸,可以增大反应的平衡常数,因为过量酸的存在,改变了体系的环境,并通过水合作用除去了反应中生成的部分水。

在实践中,特别是大规模的工业制备中,提高反应收率常用的方法是除去反应中形成的水。在某些酯化反应中,醇、酯和水之间可以形成二元或三元最低恒沸物,也可以在反应体系中加入能与水、醇形成恒沸物的第三组分,如苯、四氯化碳等,以除去反应中不断生成的水,达到提高酯产量的目的。这种酯化方法一般称为共沸酯化。究竟采取什么措施,要根据反应物和产物的性质来确定。

酯化反应的速率明显地受羧酸和醇结构的影响,特别是空间位阻。随着羧酸 α- 及 β-位取代基数目的增多,反应速率可能变得很慢甚至完全不起反应。对位阻大的羧酸最好先转化为酰氯,然后再与醇反应,或在叔胺的催化下,利用羧酸盐与卤代烷反应。

酯在工业和商业上大量用作溶剂。低级酯一般是具有芳香气味或特定水果香味的液体,自然界许多水果和花草具有芳香气味,就是由于酯存在的缘故。酯在自然界以混合物形式存在。人工合成的一些香料就是模拟天然水果和植物提取液的香味经配制而成的。

在塑料和橡胶制造中,通常要用到增塑剂。增塑剂是一类能增强塑料和橡胶柔韧性和可塑性的有机化合物。没有增塑剂,塑料就会发硬变脆,常用的增塑剂有邻苯二甲酸二丁酯(dibutyl phthalate)、邻苯二甲酸二辛酯、磷酸三辛酯、癸二酸二辛酯等。

本实验将要制备的邻苯二甲酸二丁酯是广泛应用于乙烯型塑料中的一种增塑剂。它可以通过邻苯二甲酸酐(简称苯酐)与过量的正丁醇在无机酸催化下发生反应而制得。事实上,邻苯二甲酸二丁酯的形成经历了两个阶段:首先是苯酐与正丁醇作用生成邻苯二甲酸单丁酯,虽然反应产物是酯,但实际上这一步反应属酸酐的醇解。由于酸酐的反应活性较高,醇解反应十分迅速。当苯酐固体于丁醇中受热全部溶解后,醇解反应就完成了。新生成的邻苯二甲酸单丁酯在无机酸催化下与正丁醇发生酯化反应生成邻苯二甲酸二丁酯。相对于酸酐的醇解而言,第二步酯化反应就困难一些。因此,在第二步的酯化反应阶段,通常需要提高反应温度,延长反应时间,以促进酯化反应。

酯化反应是一个平衡反应,为使平衡正向移动,一方面可以增加醇的投入量;另一方面还可利用共沸蒸馏除去生成水,从而提高酯的产率。

正丁醇和水可以形成二元共沸混合物,沸点为 93℃,含醇量为 56%。共沸物冷凝后积聚在油水分离器中并分为两层,上层主要是正丁醇(含 20.1% 的水),可以流回到反应瓶中继续反应,下层为水(约含 7.7% 的正丁醇)。

Ⅰ　苯甲酸乙酯的制备

反应式

$$\underset{\text{（苯环）}}{\text{CO}_2\text{H}} + \text{C}_2\text{H}_5\text{OH} \underset{}{\overset{\text{H}_2\text{SO}_4}{\rightleftharpoons}} \underset{\text{（苯环）}}{\text{CO}_2\text{C}_2\text{H}_5} + \text{H}_2\text{O}$$

实验步骤

在 100cm³ 圆底烧瓶中,加入 8g 苯甲酸、20cm³无水乙醇、15cm³苯[1]和 3cm³浓硫酸,摇匀后加入几粒沸石,再装上分水器,从分水器上端小心加水至分水器支管处,然后再放去 6cm³[2],分水器上端接一回流冷凝管,如图 10-1 所示。

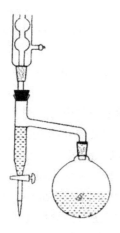

图 10-1　酯化反应装置

将烧瓶加热回流,开始时回流速度要慢,随着回流的进行,分水器中出现了上、中、下三层液体[3](反应过程中似有中层出现,但它不稳定)。约 2h 后,分水器中的中层液体已达 5～6cm³,即可停止加热。放出中下层液体并记下体积。继续加热,使多余的乙醇和苯蒸发至分水器中(当分水器中的充满时,可由活塞放出)。

将瓶中残液倒入盛有 60cm³冷水的烧杯中,在搅拌下分批加入碳酸钠粉末[4]至无二氧化碳气体产生(用 pH 试纸检验至呈中性)。

用分液漏斗分去粗产物[5]。用 20cm³乙醚分两次萃取水层。合并粗产物和醚萃取液,用无水氯化钙干燥。水层倒入公用的回收瓶,回收未反应的苯甲酸[6]。先蒸去乙醚,再加热,收集 210～213℃的馏分,产量为 7～8g[7]。

苯甲酸乙酯的沸点为 213℃,折光率 $n_D^{20}=1.5001$。

实验指导

[1] 近年来为了减少环境污染,尽可能从源头上减少有毒试剂的使用。苯是一种有毒的试剂,目前我们用环己烷代替苯萃取取得了较好的效果(环己烷、水、乙醇也组成三元共沸物),反应约 1h 后基本达到平衡。

[2] 根据理论计算,带出的总水量为 2g 左右。因本反应是借共沸蒸馏带走反应中生成的水,根据实验指导 2 计算,共沸物下层的总体积约为 6cm³。

[3] 下层为原来加入的水。由反应瓶中蒸出的馏液为三元共沸物(沸点为 64.6℃,含苯 74.1%、乙醇 18.5%、水 7.4%)。它从冷凝管流入水分离器后分为

两层,上层占 84%(含苯 86.2%、乙醇 12.5%、水 1.3%),下层占 16%(含苯 4.8%、乙醇 52.1%、水 43.1%),此下层即为水分离器中的中层。

[4] 加碳酸钠的目的是除去硫酸及未作用的苯甲酸,要研细后分批加入,否则会产生大量泡沫而使液体溢出。

[5] 若粗产物中含有絮状物难以分层,则可直接用 25cm^3 乙醚萃取。

[6] 可用盐酸小心酸化用碳酸钠中和后分出的水溶液,至溶液的 pH 试纸呈酸性,抽滤析出的苯甲酸沉淀,并用少量冷水洗涤后干燥。

[7] 本实验也可按下列步骤进行:将 8g 苯甲酸、25cm^3 无水乙醇、3cm^3 浓硫酸混合均匀,加热回流 3h 后,改成蒸馏装置。蒸去乙醇后处理方法同上。

思考题

1. 本实验应用什么原理和措施来提高该平衡反应的产率?
2. 实验中是如何运用化合物的物理常数分析现象和指导操作的?
3. 本实验用环己烷代替苯有什么优点? 为什么? 还可以有其他替代品吗?
4. 为什么粗产物中絮状物越多,收率就越低?
5. 为什么中层达到支口时就可看成反应结束?

Ⅱ 邻苯二甲酸二丁酯(增塑剂)的制备

反应式

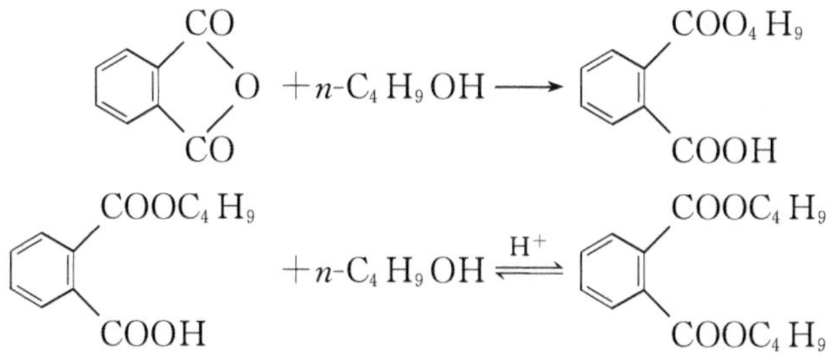

实验步骤

在 125cm^3 三口烧瓶上配置温度计、油水分离器及回流冷凝管,温度计应浸入反应混合物液面下,油水分离器中另加 5~7cm^3 正丁醇,直至与支管口平齐,以便使冷凝下来的共沸混合物中的原料能及时流回反应瓶。依次将 10g 邻苯二甲酸酐、19cm^3 正丁醇、4 滴浓硫酸及几粒沸石加入反应瓶中,摇动使之混合均匀。然后以小火加热[1]。(注意:苯酐对皮肤、黏膜有刺激作用,称取时应避免用手直接接触。)不断地摇动烧瓶,约 10min 后,邻苯二甲酸酐固体全部消失,这意味着苯酐醇解反应结束。逐渐加大加热力度,使反应混合物沸腾。不久自回流冷凝管流入油水分离器中的冷凝液中有水珠沉入油水分离器积液支管底部；同时上层正丁醇冷凝液又流入反应瓶中。随着反应的不断进行，反应混合物温度逐渐升高。回流2h左右，当温度升至160℃，反应结束，停止加热[2]。

待反应混合物冷却至70℃以下[3]，将其转入分液漏斗，先用等量饱和食盐水洗涤两次，再用15cm³ 5％碳酸钠水溶液洗涤一次，然后用饱和食盐水洗两三次，使有机层呈中性[4]。将有机层转入50cm³克氏蒸馏瓶，先用水泵减压蒸出正丁醇（也可以在常压下简单蒸馏蒸除正丁醇），最后在油泵减压下蒸馏，收集180～190℃、1.3 kPa(10mmHg)的馏分。

称量，测折光率，并计算产率。产物作红外谱图，分析其特征峰。

邻苯二甲酸二丁酯为无色透明黏稠液体，沸点340℃，$n_D^{20}=1.4910$。

实验指导

[1] 高温下苯酐会因升华而附在瓶壁上，使部分原料不能参与反应，从而造成收率下降，因此，加热不宜太猛。

[2] 如果油水分离器中不再有水珠出现，即可判断反应已至终点。当反应温度超过180℃时，在酸性条件下的邻苯二甲酸二丁酯会发生分解：

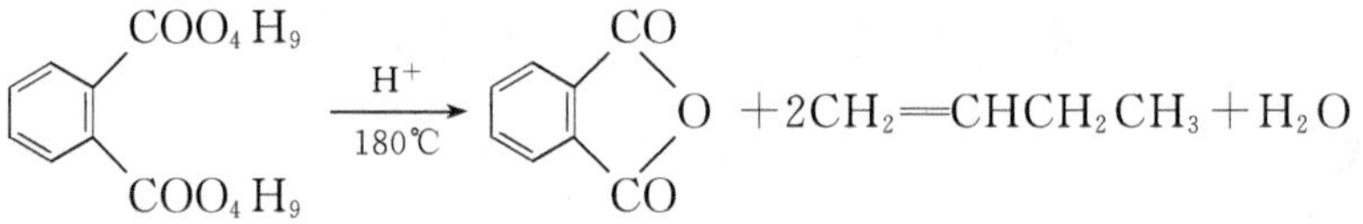

[3] 当温度高于70℃，酯在碱液中易发生皂化反应。因此，在洗涤时，温度不宜高，碱液浓度也不宜高。

[4] 如果有机层没有洗至中性，在蒸馏过程中，产物将会发生变化。例如，当有机层中含有残余的硫酸，在减压蒸馏时，冷凝管中会出现大量白色针状晶体，这是由于产物发生分解反应生成邻苯二甲酸酐的缘故。

思考题

1. 本实验中，浓硫酸用量过多会对反应产生什么影响？
2. 苯酐与正丁醇反应时，为什么要严格控制温度？
3. 如果粗产物中残留有硫酸，在减压蒸馏过程中会产生什么后果？
4. 为何要用饱和食盐水来洗涤反应混合物？
5. 产物洗涤至中性后，为何不经干燥处理就可进行蒸馏操作？
6. 试解析邻苯二甲酸二丁酯的核磁共振谱。
7. 解析邻苯二甲酸二丁酯的红外光谱，指出与1730cm⁻¹、1280cm⁻¹等强吸收峰相对应的基团。

实验三十　羧酸的制备

实验目的

1. 了解从醇制备酸的原理和方法；
2. 掌握 α-卤代酸制备苯氧乙酸的条件、方法；
3. 进一步熟悉回流、重结晶等操作。

实验预习

1.《有机化学》醇的氧化反应；
2. 回流、重结晶、折光率、熔点的操作(5.8)；
3. 恒压滴液漏斗的使用及原理；
4.《无机化学》氧化还原反应中常见的氧化剂、酸度对氧化还原能力的影响。

实验原理

　　烯烃、醇、醛氧化可以制备羧酸。芳香烃的苯环比较稳定，难以氧化，但苯环上的烃基则不论长短，遇到强氧化剂时，最后都可以变成羧基。常用的氧化剂为硝酸、重铬酸钠(钾)-硫酸、高锰酸钾、过氧化氢及过氧乙酸等。

$$CH_3CH_2CH_2CH_2OH \xrightarrow[H_2SO_4]{Na_2Cr_2O_7} CH_3CH_2CH_2COOH$$

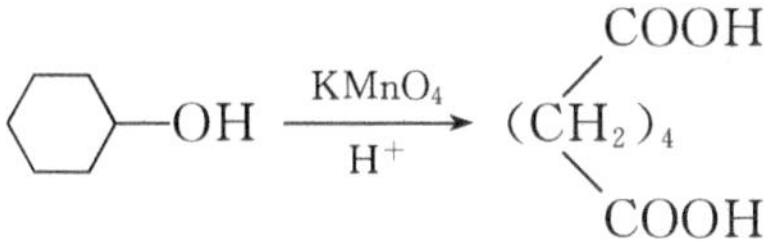

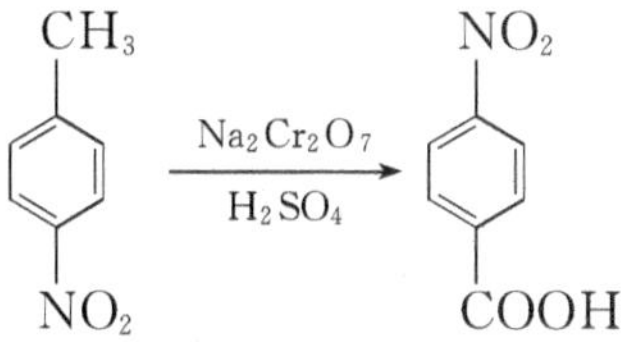

　　在用重铬酸盐氧化醇类时，往往会有酯的生成，这是由于生成的酸与未作用的醇在硫酸催化下起酯化反应的结果。

　　腈的水解也可用来制备羧酸：

$$C_4H_9CN \xrightarrow[H^+]{H_2O} C_4H_9COOH + NH_4^+$$

　　格氏试剂与二氧化碳作用或甲基酮的卤仿反应也可制备羧酸：

$$(CH_3)_3CMgCl \xrightarrow[\text{②} H_2O/H^+]{\text{①} CO_2} (CH_3)_3CCOOH$$

$$(CH_3)_3CCOCH_3 \xrightarrow[Br_2]{NaOH} (CH_3)_3CCOONa + CHBr_3 + 3H_2O + 3NaBr$$

$$(CH_3)_3CCOONa \xrightarrow{H_3O^+} (CH_3)_3CCOOH$$

乙酰乙酸乙酯或丙二酸二乙酯进行烃基化后，经水解可制得高级一元羧酸，用丙二酸二乙酯合成羧酸较好，因为乙酰乙酸乙酯法除了生成羧酸外，还常伴有酮的生成。

催化氧化法是在催化剂存在下，用空气作氧化剂，它不仅成本低廉，并可大规模连续进行，适用于现代化工业生产。

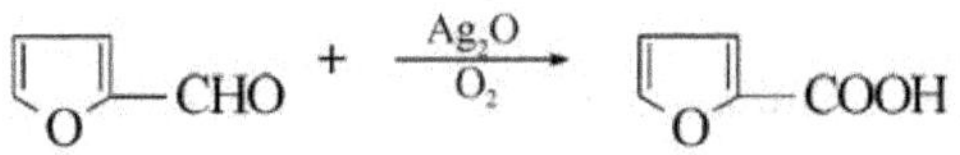

α-卤代酸在碱性条件下与酚的反应也可用来制备苯氧乙酸：

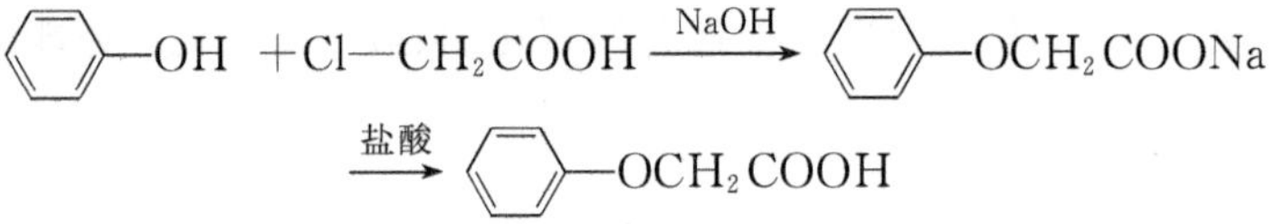

I 正丁酸的制备

反应式

$$3n\text{-}C_4H_9OH + 2Na_2Cr_2O_7 + 8H_2SO_4 \longrightarrow$$
$$3n\text{-}C_3H_7COOH + 2Na_2SO_4 + 2Cr_2(SO_4)_3 + 11H_2O$$

实验步骤

在 250cm³ 三颈烧瓶中，放置 25g 重铬酸钠（$Na_2Cr_2O_7 \cdot 2H_2O$）、100cm³ 水及 20cm³ 浓硫酸。振摇均匀，三颈烧瓶上分别装置回流冷凝管[1]、温度计、恒压滴液漏斗[2]，在恒压滴液漏斗中放置 7.5g 正丁醇（约 9.5cm³，0.1mol），加几粒沸石。微微加热，当温度达到 80～85℃ 时开始滴加正丁醇。滴加速度以反应瓶中的白烟不冒出冷凝管为准（约 20min 滴完）。由于反应放热，温度控制在 95～100℃ 为宜[3]，滴加完后，继续加热回流 20min，反应结束时，冷凝管看不到白烟。

回流结束后，立即进行蒸馏[4]，收集 60～80cm³ 馏出液，在馏出液中加入 4g 氢氧化钠，并回流半小时，冷却至室温，用 20cm³ 乙醚分两次萃取未氧化的正丁醇。然后将乙醚萃取后的水溶液用 4～5cm³ 浓硫酸酸化至强酸性。冷却至室温，用乙醚萃取三次，每次用 10cm³。将三次乙醚萃取液合并，用无水氯化钙干燥。

将干燥好的乙醚萃取液滤入 50cm³ 蒸馏瓶中，加几颗沸石，先用水浴加热蒸去乙醚，然后在石棉网上加热，换用空气冷凝管收集 158～164℃[5] 的馏分，无色正丁酸重约 6g(产率 68%),测得折光率 $n_D^{20}=1.3980$。

正丁酸的沸点文献值为 162℃,折光率 $n_D^{20}=1.3981$。

实验指导

　　[1] 由于反应中有大量的中间产物正丁醛的生成,它的沸点为 75.7℃,为了让正丁醛更好地冷凝下来,回流冷凝管应适当长一些。

　　[2] 为了使正丁醇更充分地氧化,应把滴液漏斗的下端插入氧化剂的底层。

　　[3] 氧化反应是放热反应,因此正丁醇不能加入太快,以免正丁醛呈白烟状冒出,如发现有此现象,应暂时停止加入正丁醇。

　　[4] 蒸馏粗产品可仍在三颈瓶中进行,也可在蒸馏瓶中进行。

　　[5] 蒸馏完毕后,可将 158℃ 以前的馏分重蒸一次,又可收集 158~164℃ 的馏分若干。

思考题

　　1. 为什么要加 4g 氢氧化钠后,才能用乙醚萃取? 萃取分离出哪一种物质? 能否不加氢氧化钠?

　　2. 本实验有何副产物? 采用什么措施可提高正丁酸的收率? 在原料和氧化剂不变的情况下,制备正丁醛的反应装置与制备正丁酸的装置应有何不同? 为什么?

Ⅱ 4-氯苯氧乙酸的制备[1]

反应式

　　1. 主反应

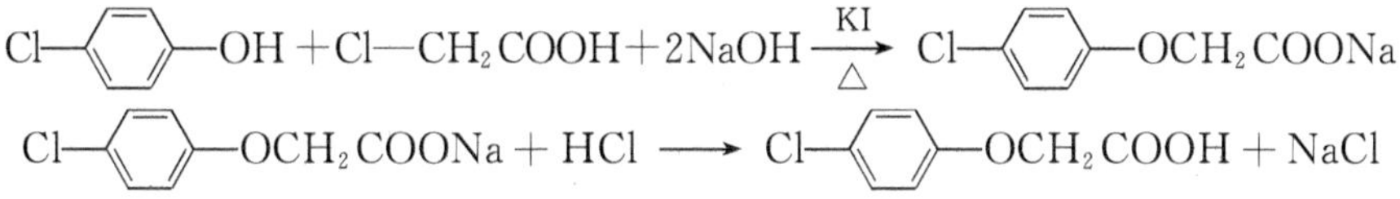

　　2. 副反应

　　主反应是一亲核取代反应,碱性条件可使 Cl—⬡—OH 成为 Cl—⬡—O$^-$,后者具有亲核性,有利于反应进行。在反应过程中总是加入过量的氯乙酸,以提高 4-氯苯氧乙酸的产率。

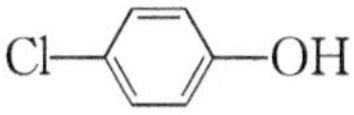

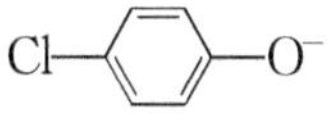

实验步骤

　　在三颈烧瓶中加入 20cm³ 20% 的氢氧化钠溶液和 12.9g 对氯苯酚(0.1mol),

令其溶解,再加入 1g 碘化钾。称取 10.5g 氯乙酸(0.11mol)溶于 20cm³ 蒸馏水,移入其中一个恒压滴液漏斗中;在另一恒压滴液漏斗中加入 30cm³ 20％的氢氧化钠水溶液。

将三颈烧瓶置于沸水浴中加热,在搅拌下慢慢滴加氯乙酸和 20％氢氧化钠(约需 40min),滴加完毕后继续加热搅拌 40min[2]。反应结束后,将反应液趁热倒入 250cm³ 烧杯中,冷却后有大量结晶析出,搅拌下用盐酸酸化至溶液 pH 为 2~3。冷却后抽滤,用少量蒸馏水洗涤结晶,压干后移入表面皿,在红外灯下烘干,称量,计算产率,测定熔点[3]。4-氯苯氧乙酸熔点为 158℃。

实验指导

[1] 4-氯苯氧乙酸又称防落素,是一种植物生长调节剂,有防止落花、落果等功能,还可用作除草剂。本实验用 4-氯苯酚和氯乙酸在氢氧化钠水溶液中反应,生成 4-氯苯氧乙酸钠,再用盐酸酸化得 4-氯苯氧乙酸。加入少量碘化钾有利于反应顺利进行。

[2] 本实验在反应过程中一定要充分搅拌,有利于反应进行。

[3] 若结晶不纯,可用 4∶1 的乙醇-水进行结晶。

思考题

1. 为什么要在搅拌下滴加氯乙酸?
2. 为什么将 4-氯苯酚先溶于氢氧化钠溶液中?
3. 本实验中为什么要加过量的氯乙酸?
4. 反应中加 KI 起什么作用?
5. 为什么反应物中存在有色油状物时会影响产率?

实验三十一　醚的制备——苯基正丁基醚的制备

实验目的

1. 学习威廉森制醚法原理及实验方法;
2. 掌握试剂的无水干燥方法。

实验预习

1.《有机化学》卤代烃和醇钠、酚钠的反应;
2. 金属钠参与下的化学反应条件及原理;
3. 高沸点化合物的收集。

实验原理

脂肪族低级单醚通常由两分子醇在酸性脱水催化剂的存在下共热来制备:

$$R-O-\boxed{H+HO}-R \xrightarrow{\triangle} ROR+H_2O$$

在实验室中常用浓硫酸作脱水剂。例如,乙醇先同等物质的量的硫酸反应,生成酸式硫酸乙酯,后者再同乙醇反应,生成乙醚。生成的乙醚不断地从反应器中蒸出。制备沸点较高的单醚(如正丁醚)时,可利用一特殊的分水器将生成的水不断从反应物中除去。但是醇类在较高温度下还能被浓硫酸脱水生成烯烃,为了减少这个副反应,在操作时必须特别控制好反应温度。用浓硫酸作脱水剂时,由于它有氧化作用,往往还生成少量氧化产物和二氧化硫。为了避免氧化反应,用芳香族磺酸作脱水剂。

上述方法适用于从低级伯醇制醚,用仲醇制醚的产量不高,用叔醇则主要发生脱水生成烯烃的反应。

混醚通常用威廉森(Williamson)合成法制备。利用醇(酚)钠卤代烃作用。它既可以合成单醚,也可以合成混合醚,主要用于合成不对称醚,特别是制备芳基烷基醚时产率较高。这种合成方法机理是烷氧(或酚氧)负离子对卤代烷或硫酸酯的亲核取代反应(即 S_N2 反应)。

$$R-ONa+R'-X \longrightarrow R-O-R'+NaX$$

反应式

$$CH_3CH_2OH+Na \longrightarrow CH_2CH_2ONa+\frac{1}{2}H_2$$

$$CH_3CH_2ONa+C_6H_5OH \longrightarrow CH_3CH_2OH+C_6H_5ONa$$

$$C_6H_5ONa+CH_3CH_2CH_2CH_2Br \longrightarrow C_6H_5OCH_2CH_2CH_2CH_3+NaBr$$

实验步骤

本实验在通风柜中进行,所用仪器必须是干燥的。

在 $100cm^3$ 三颈烧瓶的中口装配一恒压滴液漏斗,一侧口装配球形冷凝管,另一侧口用磨口塞塞紧。在烧瓶中,从一侧口投入 1.2g 钠丝或钠片[1],从冷凝管上口加入 $25cm^3$ 无水乙醇,钠与乙醇反应放热并释放出大量氢气。若反应过于激烈,烧瓶温度过高,可用冷水浴冷却,但不宜过分冷却,否则少量剩余的钠不易反应掉。称取 4.7g 苯酚溶于 $5cm^3$ 无水乙醇的溶液中,把新配制的苯酚乙醇溶液倒入烧瓶中。从滴液漏斗滴加由 $7.7cm^3$ 正溴丁烷和 $5cm^3$ 无水乙醇配制的溶液,于 15min 内加完,间歇摇动烧瓶。加入几粒沸石,在石棉网上加热回流 3h。把回流装置改为蒸馏装置,在沸水浴上馏出尽可能多的乙醇[2]。往烧瓶中的残留物上加水。用分液漏斗分出油层。油层用 10%氢氧化钠溶液洗涤两次,每次用 $3cm^3$,再依次用水、3%硫酸和水洗涤。然后用无水硫酸镁干燥。用 $30cm^3$ 烧瓶及空气冷凝管组装蒸馏装置,蒸馏收集 209~211℃馏分。产量约 6g。

纯苯基正丁醚为无色透明液体,沸点 $210℃$, $d_4^{20}=0.94$ 。

实验指导

[1] 钠丝用压钠机压制,钠片可用手术刀在盛有环己烷等惰性烃的研钵中切割。

[2] 因为醚可以溶解于醇,醇可增加醚在水中的溶解度。

思考题

1. 投入 1.2g 钠丝或钠片,以一次投入还是分次投入为好? 为什么?

2. 本实验为什么不直接合成酚钠而是先合成乙醇钠的溶液,再由后者合成酚钠? 是否可以先合成丁醇钠,再与溴苯反应制备苯基正丁基醚?

3. 本实验为什么不会有大量的苯乙醚副产物生成?

实验三十二　坎尼查罗反应

实验目的

1. 了解坎尼查罗(Cannizzaro)反应的原理和方法;

2. 掌握使用空气冷凝管的原理;

3. 正确熟练掌握萃取、洗涤、重结晶及熔点、折光率的测定。

实验预习

1.《有机化学》醛、酮的反应;

2. 有机化学基本操作中的萃取、洗涤、蒸馏的实验操作,提纯固体化合物的步骤(5.8)。

实验原理

不含 α-活泼氢的醛类在浓的强碱作用下,可以发生分子间自身氧化还原反应,一分子醛被氧化成酸,而另一分子醛则被还原为醇,此反应称为坎尼查罗反应。例如:

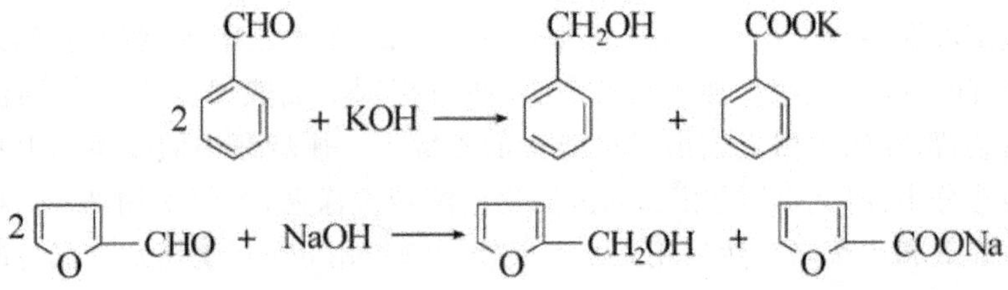

反应中只有一半的醛转变成醇,而另一半醛转变成酸。甲醛是所有醛中还原性最强的醛,如欲使上述这些醛都转变成醇,则可以用这些醛和稍为过量的甲醛(1:1.3,物质的量比)反应,即可使所有醛还原成醇,而甲醛则被氧化成甲酸。在坎尼查罗反应中一分子醛失去氢被氧化,另一个醛得到氢被还原。这种分子间的氢转移反应又叫歧化反应。

Ⅰ　苯甲醇和苯甲酸制备

反应式

$$2C_6H_5CHO + KOH \longrightarrow C_6H_5CH_2OH + C_6H_5CO_2K$$

$$C_6H_5CO_2K + HCl \longrightarrow C_6H_5COOH + KCl$$

实验步骤

在 125cm³ 锥形瓶中配制 18g 氢氧化钾和 18cm³ 水的溶液,冷至室温后,加入 20cm³ 蒸过的苯甲醛。用橡皮塞塞紧瓶口,用力振摇[1],使反应物充分混合,最后成为白色糊状物,放置 24h 以上。

向反应混合物中逐渐加入足够量的水(约 65cm³),不断振摇使其中的苯甲酸盐全部溶解。

将溶液倒入分液漏斗,用乙醚萃取三次(萃取出什么?),每次用 20cm³。合并乙醚萃取液,依次用 10cm³ 饱和亚硫酸氢钠溶液、10cm³ 10% 碳酸钠溶液及 10cm³ 水洗涤,最后用无水硫酸镁或无水碳酸钾干燥。

干燥后的乙醚溶液先在水浴上蒸去乙醚,再换上空气冷凝管蒸馏苯甲醇,收集 204～206℃ 的馏分,产量为 8～8.5g。

苯甲醇的沸点为 205.35℃,折光率 $n_D^{20} = 1.5396$[2]。

乙醚萃取后的水溶液,用浓盐酸酸化至使刚果红试纸变蓝[2]。充分冷却使苯甲酸析出完全,抽滤,粗产物用水重结晶,得苯甲酸 8.5～9.5g。熔点为 121～122℃。

苯甲酸的熔点为 122.4℃。

实验指导

[1] 充分摇振是反应成功的关键。如混合充分,放置 24h 后混合物通常在瓶内固化,苯甲醛气味消失。

[2] 可以调节酸度至 pH 1～2。

思考题

1. 试比较坎尼查罗反应与羟醛缩合反应在醛的结构上有何不同。

2. 本实验中两种产物是根据什么原理分离提纯的? 用 10%碳酸钠溶液洗涤的目的何在?

3. 乙醚萃取后的水溶液,用浓盐酸酸化到中性是否最合适? 为什么? 不用试纸或试剂检验,怎样知道酸化已经正好合适?

4. 用饱和亚硫酸氢钠溶液洗涤的目的是什么?

5. 产物是否可用 CaCl₂ 来干燥,为什么?

6. 为什么本反应中苯甲酸和苯甲醇的物质的量往往不是 1:1,而经常是苯甲酸多于苯甲醇?

Ⅱ 呋喃甲醇和呋喃甲酸的制备

反应式

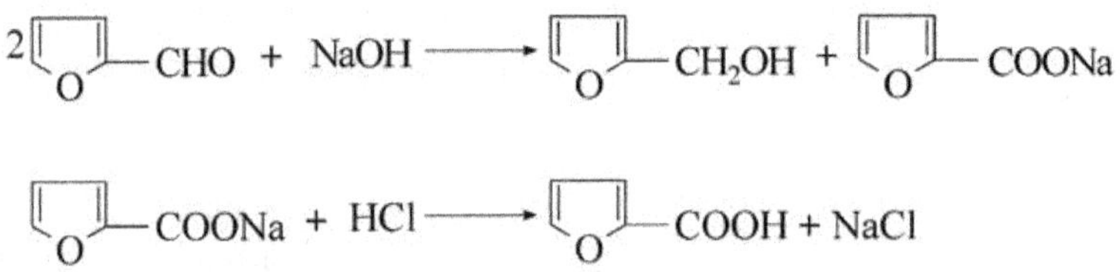

实验步骤

在 250cm³ 烧杯中放置 19g 新蒸过的呋喃甲醛[1](16.4cm³,0.2mol),将烧杯置于冰水浴中冷却至 5℃ 左右,在搅拌下自恒压滴液漏斗滴入 10cm³ 33% 氢氧化钠溶液,保持反应温度为 8~12℃[2]。氢氧化钠溶液加完后(20~30min),在室温下放置半小时,并经常搅拌以使反应完全[3],如温度上升过高,仍需冷却。最后得黄色浆状物。

在搅拌下加入适量的水(约 15cm³),使沉淀恰好溶解[4],此时溶液呈暗褐色或深红色。将溶液倒入分液漏斗中,用乙醚萃取四次,每次用 15cm³。合并乙醚萃取液,经无水硫酸镁或无水碳酸钾干燥后,先加热蒸去乙醚,再加热蒸馏出呋喃甲醇,收集 169~172℃ 的馏分;产量为 7~8g(产率 71%~82%)

呋喃甲醇的沸点文献值为 171℃(750mmHg),折光率 $n_D^{20}=1.4868$。

乙醚萃取后的水溶液,用 25% 盐酸酸化,至 pH 为 1~2(约需 15cm³)。冷却后使呋喃甲酸完全析出,抽滤,用少量水洗涤,粗产物用水重结晶(约需水 35cm³,必要时可加活性炭脱色)。得白色的针状结晶,呋喃甲酸的产量约 8g(产率 71%),熔点为 129~130℃[5]。

呋喃甲醇的熔点文献值为 133~134℃。

实验指导

[1] 呋喃甲醛存放过久会变成棕褐色甚至黑色,同时往往含有水分。因此使

用前需要蒸馏提纯。收集 160～162℃ 的馏分,但最好在减压下蒸馏,收集 54～55℃、10mmHg 的馏分,或者收集 18.5℃、1mmHg,82.1℃、40mmHg,103℃、100mmHg 的馏分。新蒸过的呋喃甲醛为无色或浅黄色的液体。

[2] 反应温度若高于 12℃,则反应温度极易升高而难以控制,致使反应物变成深红色;若低于 8℃,则反应过程可能积累一些氢氧化钠。一旦发生反应,则过于猛烈,易使反应温度迅速升高,增加副反应,影响产量及纯度。自氧化还原反应是在两相中进行的,因此必须充分搅拌。呋喃甲醇和呋喃甲酸的制备也可在相同的条件下,采用反加的方法,将呋喃甲醛滴加到氢氧化钠溶液中,反应较易控制,产率相近。

[3] 加完氢氧化钠溶液时,若反应液已变得黏稠而无法搅拌,就不再继续搅拌即可往下进行。如温度继续上升,浆状物仍有变成深红色的可能。

[4] 加水过多会损失一部分产品。

[5] 测定熔点时,约于 125℃ 开始软化,完全熔融温度约为 132℃。一般实验产品的熔点约在 130℃。

思考题

1. 怎样利用坎尼查罗反应,将呋喃甲醛全部转变成呋喃甲酸?
2. 试比较坎尼查罗反应与羟醛缩合反应在醛的结构上有何不同。

实验三十三　重氮化反应及其应用

实验目的

1. 掌握重氮盐制备的方法和条件;
2. 了解重氮盐的应用及其反应机理。

实验预习

1.《有机化学》含氮化合物的有关章节;
2. 低温下的化学反应;
3. 重氮盐的制备步骤及条件;
4. 酸度计的使用。

实验原理

芳香族伯胺在强酸性介质中与亚硝酸作用,生成重氮盐的反应,称为重氮化反应:

$$ArNH_2 + NaNO_2 + 2HX \xrightarrow{0\sim5℃} ArN^+\!\!\equiv\!\!NX^- + 2H_2O + NaX$$

　　这是芳香伯胺特有的性质，生成的化合物 $Ar\ N_2^+\ X^-$ 称为重氮盐（diazoniunl salt）。与脂肪族重氮盐不同，芳基重氮盐中，重氮基上的 π 电子可以同苯环上的 π 电子重叠，共轭作用使稳定性增加。因此，芳基重氮盐可在冰浴温度下制备和进行反应，作为中间体用来合成多种有机合物，被称为芳香族的"格氏试剂"，无论在工业或实验室制备中都具有很重要的价值。

　　重氮盐通常的制备方法是将芳胺溶解或悬浮于过量的稀酸中（酸的物质的量为芳胺的 2.5 倍左右），把溶液冷却至 0～5℃，然后加入与芳胺物质的量相等的亚硝酸钠水溶液。一般情况下，反应迅速进行，重氮盐的产率差不多是定量的。由于大多数重氮盐很不稳定，室温即会分解放出氮气，故必须严格控制反应温度。当氨基的邻或对位有强的吸电子基如硝基或磺酸基时，其重氮盐比较稳定，温度可以稍高一点。制成的重氮盐溶液不宜长时间存放，应尽快进行下一步反应。由于大多数重氮盐在干燥的固态受热或震动能发生爆炸，所以通常不需分离，而是将得到的水溶液直接用于下一步合成。只有硼氟酸重氮盐例外，可以分离出来并加以干燥。

　　酸的用量一般为芳胺物质的量的 2.5～3 倍，其中 1 份酸与亚硝酸钠反应产生亚硝酸，1 份酸生成重氮盐，余下的过量的酸是为了维持溶液一定的酸度，防止重氮盐与未起反应的胺发生偶联。邻氨基苯甲酸重氮盐是个例外，由于重氮化后生成的内盐比较稳定，故不需要过量的酸。

$$\text{（图）} +NaNO_2+HCl \xrightarrow{0～5℃} \text{（图）} +NaCl+2H_2O$$

　　重氮化反应还必须注意控制亚硝酸钠的用量，若亚硝酸钠过量，则生成多余的亚硝酸会使重氮盐氧化而降低产率。因而在滴加亚硝酸钠溶液时，必须及时用碘化钾-淀粉试纸试验至变蓝为止。

　　重氮盐的用途很广，其反应可分为两类：一类是用适当的试剂处理，重氮基被—H、—OH、—F、—Cl、—Br、—CN、—NO₂ 及—SH 等基团取代，制备相应的芳香族化合物；另一类是保留氮的反应，即重氮盐与相应的芳香胺或酚类起偶联反应，生成偶氮染料，在染料工业中占有重要的地位。甲基橙与甲基红就是通过偶联反应来制备的。

　　温热重氮盐的水溶液时，大多数重氮盐发生水解，生成相应的酚并释放出氮气：

$$ArN_2^+\ X^- \longrightarrow Ar^+ +N_2\uparrow +\ X^-$$

$$Ar^+ +H_2O \longrightarrow ArOH+H^+$$

$$ArN_2^+Cl^- \xrightarrow{\triangle} ArCl\ +\ N_2\uparrow$$

　　这是重氮盐的制备要严格控制反应温度并不能长期存放的主要原因，但却为制备间取代的酚类(如间硝基苯酚、间溴苯酚等)这些不能通过亲电取代反应直接合成的化合物提供了一条间接的途径。当以制备酚为目的时,重氮化通常在硫酸中进行,这是因为使用盐酸时,重氮基被氯原子取代将成为重要的副反应。水解反应需在强酸性介质中进行,以避免重氮盐与酚之间的偶联,并根据不同的芳胺采取适当的分解温度。

Ⅰ　间硝基苯酚的制备

反应式

实验步骤

1. 重氮盐溶液的制备

在 $250cm^3$ 烧杯中,配制 $11cm^3$ 浓硫酸溶于 $18cm^3$ 水的稀硫酸溶液,加入 7g 研成粉状的间硝基苯胺和 20～25g 碎冰,充分搅拌,至芳胺变成糊状的硫酸盐。将烧杯置于冰盐浴中冷至 0～5℃,在充分搅拌下由恒压滴液漏斗滴加 3.4g 亚硝酸钠溶于 $10cm^3$ 水的溶液。控制滴加速度,使温度始终保持在 5℃ 以下,约 5min 加完[1]。必要时可向反应液中加入几小块冰,以防温度上升。滴加完毕后,继续搅拌 10min。然后取 1 滴反应液,用淀粉-KI 试纸进行亚硝酸试验,若试纸变蓝,表明亚硝酸钠已经过量[2],必要时,可补加 0.5g 亚硝酸钠的溶液。然后将反应物在冰盐浴中放置 5～10min,部分重氮盐以晶体形式析出,倾析法倾出大部分上层清液于锥形瓶中,立即进行下一步实验。

2. 间硝基苯酚的制备

在 $500cm^3$ 圆底烧瓶中,放置 $25cm^3$ 水,在摇荡下小心加入 $33cm^3$ 浓硫酸。将配制的稀硫酸在石棉网上加热至沸,分批加入上述倾入锥形瓶中的重氮盐溶液,为保持反应液剧烈地沸腾,约 15min 加完。然后再分批加入留在烧杯中的重氮盐晶体。控制加入速率,以免因氮气迅速释放产生大量泡沫而使反应物溢出。此时的反应液呈深褐色,部分间硝基苯酚呈黑色油状物析出。加完后,继续煮沸 15min。稍冷后,将反应混合物倾入冰水浴中,并充分搅拌,使产物形成小而均匀的晶体。减压抽滤析出的晶体,用少量冰水洗涤几次,压干,湿的褐色粗产物为 4～5g。粗产物用 15% 的盐酸重结晶(每克湿产物需 10～12cm³ 溶剂),并加适量的活性炭脱色。干燥后得淡黄色的间硝基苯酚结晶。产量为 2.5～3g,熔点为 96℃。

间硝基苯酚的熔点为 96～97℃。

实验指导

[1] 亚硝酸钠的加入速度不宜过慢,以防止重氮盐与未反应的芳胺发生偶联生成黄色不溶性的重氮氨基化合物。强酸性介质有利于抑制偶联反应的发生。

[2] 游离亚硝酸的存在表明芳胺硫酸盐已充分重氮化。重氮化反应通常使用比计算量多 3％～5％的亚硝酸钠,过量的亚硝酸易导致重氮基被—NO_2 取代和间硝基苯酚被氧化等副反应的发生。

思考题

1. 写出由硝基苯为原料制备间硝基苯酚的合成路线。为什么间硝基苯酚不能由苯酚硝化来制备?

2. 邻硝基苯胺和对硝基苯胺与氢氧化钠溶液一起煮沸后可生成相应的硝基酚,而间硝基苯胺却不发生类似的反应,试解释。

3. 在制备间硝基苯酚时,为什么要分批加入重氮盐,而不能一次加入?

4. 粗样品中为什么常常会呈现各种颜色?

Ⅱ 甲基橙的制备和变色范围测定

反应式

$$H_2N-\!\!\!\bigcirc\!\!\!-SO_3H + NaOH \longrightarrow H_2N-\!\!\!\bigcirc\!\!\!-SO_3Na + H_2O$$

$$H_2N-\!\!\!\bigcirc\!\!\!-SO_3Na \xrightarrow[\text{HCl}]{\text{NaNO}_2} [\ HO_3S-\!\!\!\bigcirc\!\!\!-\overset{+}{N}\!\!\equiv\!\!N\ ]Cl^- \xrightarrow[\text{HAc}]{C_6H_5N(CH_3)_2}$$

$$[\ HO_3S-\!\!\!\bigcirc\!\!\!-N\!\!=\!\!N-\!\!\!\bigcirc\!\!\!-\underset{|}{N}(CH_3)_2\ ]^+Ac^- \xrightarrow{\text{NaOH}}$$
$$H$$

$$NaO_3S-\!\!\!\bigcirc\!\!\!-N\!\!=\!\!N-\!\!\!\bigcirc\!\!\!-N(CH_3)_2\ +NaAc+H_2O$$

实验步骤

1. 重氮盐的制备

向 100cm³ 烧杯中加入 10cm³ 5％氢氧化钠溶液(0.013mol)及 2.1g 对氨基苯磺酸晶体($HO_3S-\!\!\!\bigcirc\!\!\!-NH_2 \cdot 2H_2O$,约 0.011mol),温热使溶解,另溶 0.8g 亚硝酸钠(0.011mol)于 6cm³ 水中,加入上述烧杯中,用冰盐浴冷至 0～5℃,在不断搅拌下,将 3cm³ 浓盐酸与 10cm³ 水配成的溶液缓缓滴加到上述混合液中,并控制温度在 5℃ 以下。滴加完后,仍在冰盐浴中放置 15min,用淀粉-碘化钾试纸检验[1],此时往往有细小晶体析出[2]。

2. 偶合

在试管内,加入 1.2gN,N-二甲基苯胺(约 1.3cm³,0.01mol)和 1cm³ 冰醋酸,在不断搅拌下,将此溶液慢慢加到上述冷却的重氮盐溶液中。加完后,继续搅拌 10min,然后慢慢加入 5%氢氧化钠溶液(25~35cm³),直至反应物变为橙色。这时反应液呈碱性。粗制的甲基橙呈细颗粒状沉淀析出[3]。将反应物在沸水浴上加热 5min,冷至室温后,再在冰水浴中冷却,使甲基橙晶体完全析出。抽滤收集结晶,依次用少量冰水、乙醇、乙醚洗涤,压干。可将上述粗产品用 1%氢氧化钠溶液进行重结晶[4],待结晶完全析出后,抽滤收集结晶,并依次用少量冰水、乙醇、乙醚洗涤得到橙色小叶片状甲基橙结晶[5]。产量约为 2.5g(产率 76%)。

3. 甲基橙的变色范围测定

(1) 配制 0.05% 甲基橙的水溶液 5cm³,配制 0.1mol • dm⁻³ NaOH 和 0.1mol • dm⁻³HCl 溶液。

(2) 取 50cm³ NaOH 加入到 100cm³ 烧杯中,滴加 3 滴甲基橙溶液,观察颜色,并测定溶液的 pH,向溶液中滴加 0.1mol • dm⁻³HCl 溶液,观察溶液的颜色变化,在变色点时记录 pH。

(3) 取 50cm³ HCl 加入到 100cm³ 烧杯中,滴加 3 滴甲基橙溶液,观察颜色,并测定溶液的 pH,向溶液中滴加 0.1mol • dm⁻³NaOH 溶液,观察溶液的颜色变化,在变色点时记录 pH。

比较(2)和(3),得到什么结论?

实验指导

[1] 若试纸不显蓝色,应补加亚硝酸钠,并充分搅拌直到试纸呈蓝色。若已显蓝色表明亚硝酸过量。$HNO_2 + 2KI + 2HCl \longrightarrow I_2 + 2NO(g) + 2H_2O + KCl$。析出碘使淀粉显蓝色。亚硝酸能起氧化和亚硝基化作用,用量过多引起一系列副反应。这时应加入少量尿素以除去过量亚硝酸:

$$H_2N-\overset{\overset{\displaystyle O}{\|}}{C}-NH_2 + 2HNO_2 \longrightarrow CO_2(g) + 2N_2(g) + 3H_2O$$

[2] 在此时往往析出对氨基苯磺酸的重氮酸盐,这是因为重氮盐在水中可以电离,形成中性内盐($^-O_3S-\!\!\!\!\bigcirc\!\!\!\!-N\!\equiv\!\overset{+}{N}$),在低温时难溶于水而形成细小晶体析出。

〔3〕若反应物中含有未作用的 N,N-二甲基苯胺乙酸盐,在加入氢氧化钠后,就会有难溶于水的 N,N-二甲基苯胺析出,影响产物纯度。湿的甲基橙在空气中受光的照射后,颜色很快变深,所以一般得紫红色粗产物。

〔4〕甲基橙在水中溶解度较大,重结晶时不易加水过多。

〔5〕重结晶操作应迅速,否则由于产物呈碱性,在温度高时易使产物变质,颜色变深。用乙醇、乙醚洗涤的目的是使其迅速干燥。

思考题

1. 什么叫偶联反应? 结合本实验讨论一下偶联反应的条件。
2. 在本实验中制备重氮盐时,为什么要把对氨基苯磺酸变成钠盐? 如果直接与盐酸混合,是否可以?
3. 试解释甲基橙在酸性介质中变色的原因,用反应式表示。

实验三十四　光化学反应

实验目的

1. 了解激发态分子化学行为和光化学分子合成的基本原理;
2. 初步掌握光化学合成实验技术;
3. 了解光化学异构产物与不同波长的紫外光之间的关系。

实验预习

1.《有机化学》有关醇、醛、酮的性质;
2. 光化学反应的条件和机理;
3. 薄层板的制备(5.8.9);
4. 展开剂的配制(5.8.9);
5. R_f 的计算及 R_f 对分离效果的影响。

实验原理

由光的作用所引起的化学反应近年来已日益受到人们的重视,光合作用就是最重要的光化学反应。研究激发态分子化学行为的光化学已成为有机化学的一个重要分支。光不仅可以引起多种多样的化学反应,合成各种前所未有的奇妙分子,而且与我们日常生活及生命现象有着密切的联系。

偶氮苯最常见的形式是反式异构体,反式偶氮苯在光的照射下能吸收紫外光形成活化分子,活化分子失去过量的能量会回到顺式或反式基态。

生成的混合物的组成与所用的光的波长有关。当用波长为 395nm 的光照射偶氮苯的苯溶液时,生成 90% 以上热力学不稳定的顺式异构体;若在阳光照射下则顺式异构体仅稍多于反式异构体。二苯酮的光化学还原是研究得较清楚的光化学反应之一。若将二苯酮溶于一种"质子给予体"的溶剂中,如异丙醇,并将其暴露于紫外光中时,会形成一种不溶性的二聚体——苯频哪醇。还原过程是一个包含自由基中间体的单电子反应。苯频哪醇与强酸共热或用碘作催化剂在冰醋酸中反应,发生频哪醇重排,生成苯频哪酮。

Ⅰ 偶氮苯的光化异构体的制备

反应式

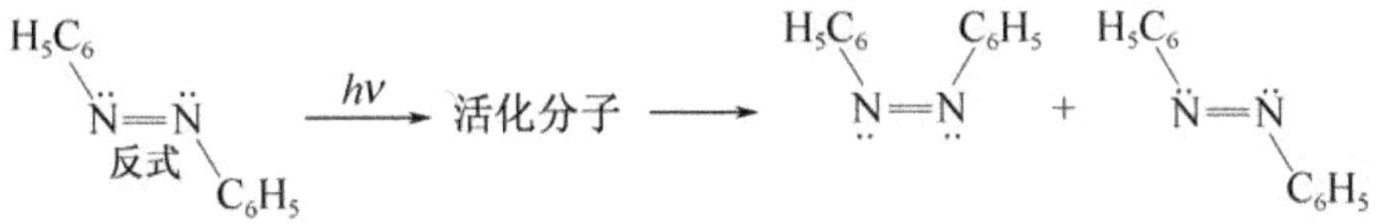

实验步骤

1. 光化异构体

取 0.1g 反式偶氮苯溶于 5cm³ 无水苯中,将此溶液分放于两支小试管中,将一支试管置于太阳光下,以便与未光照的溶液进行对比。

2. 异构体的分离——薄层色谱

取用洗涤剂浸泡过的载玻片(7.5cm×2.5cm)两块,依次用自来水、蒸馏水洗涤,最后再用丙酮擦洗,并用电吹风吹干。另将1g硅胶G和2.5cm³蒸馏水置于研钵中调成浆状后分倒在这两块载玻片上。用手指夹住玻片两边,沿水平方向轻轻振摇,使浆状物表面光滑,且均匀附在玻片上,水平放置。半小时后,将此薄层板置于烘箱中,渐渐升温至105～110℃,并在此温度恒温0.5h。再将薄层板自烘箱中取出,放在干燥器中冷却备用。

取管口平整的毛细管吸取光照后的偶氮苯溶液,在离薄层板边沿约0.7cm的起点线上点样。再用另一毛细管吸取未经光照的反偶氮苯溶液点样,两点之间的间距为1cm。待苯挥发后,将点好样品的薄层板放入内衬滤纸的展开槽中,展开槽内已放置 3 体积环己烷和 1 体积苯组成的展开剂[1]。薄层板应与水平成45°～60°,点样端在下方,浸入展开剂的深度为 0.5cm。待展开剂前沿上升到离板的上端约1cm处时,取出色谱板,立即用铅笔在展开剂上升的前沿处划一记号,置于空气中晾干。可观察到色谱板上经光照后的偶氮苯溶液点样处上端有两个黄色斑点[2](哪一个斑点是顺式的? 哪一个斑点是反式的?)。计算异构体的 R_f。

实验指导

　[1] 也可用1,2-二氯乙烷作展开剂。

　[2] 应立即在黄色斑点处用铅笔划上记号,以免时间过长而褪色。

思考题

　1. 在薄层层析实验中,为什么点样的样品斑点不可浸入展开剂的溶剂中?

　2. 当用混合物进行薄层层析时,如何判断各组分在薄层上的位置?

　3. 根据已做过的层析分离实验,请设计丙氨酸、苯丙氨酸混合物的层析分离实验。

Ⅱ 苯频哪醇和苯频哪酮的制备

反应式

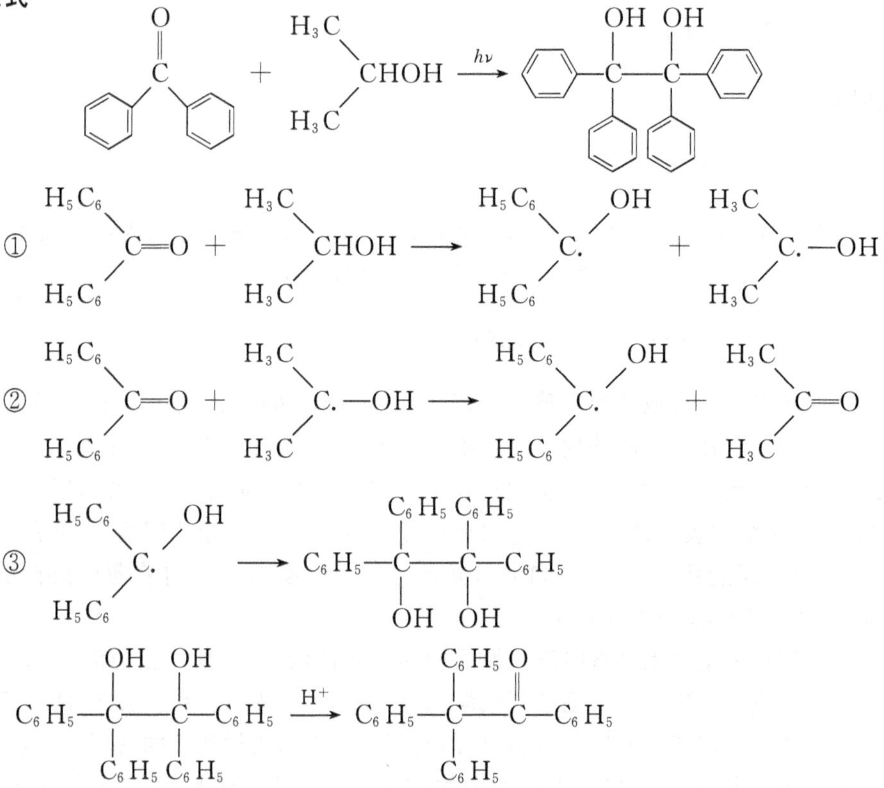

实验步骤

1. 苯频哪醇的制备

在 $250cm^3$ 圆底烧瓶[1](或大试管)中,加入 2.8g 二苯酮和 $20cm^3$ 异丙醇,在水浴上温热使二苯酮溶解。向溶液中加入 1 滴冰醋酸[2]，再用异丙醇将烧瓶充满，用磨口塞或干净的橡皮塞将瓶塞紧，尽可能排除瓶内的空气，必要时可补充少量异丙醇，并用细棉绳将塞子系在瓶颈上扎牢或用橡皮带将塞子套在瓶底上。将烧瓶倒置于烧杯中，写上自己的姓名，放在向阳的窗台或平台上，光照 1～2 周[3]。由于生成的苯频哪醇在溶剂中溶解度很小，随着反应进行，苯频哪醇晶体从溶液中析出。待反应完成后，在冰浴中冷却使结晶完全。真空抽滤，并用少量异丙醇洗涤结晶。得到大量无色结晶，干燥后称量，测定熔点并计算产物。产量为 2～2.5g，熔点为 187～189℃。

苯频哪醇的熔点为 189℃。

2. 苯频哪酮的制备

在 50cm³ 圆底烧瓶中加入 1.5g 苯频哪醇、8cm³ 冰醋酸和一小粒碘片，装上回流冷凝管，加热回流 10min。稍冷后加入 8cm³ 95% 乙醇，充分摇振后让其自然冷却结晶，抽滤，并用少量冷乙醇洗除吸附的游离碘，干燥后称量，产量约为 1.2g，熔点为 180～181℃。

苯频哪酮熔点为 182.5℃。

实验指导

[1] 光化学反应一般需在石英器皿中进行，因为需要比透过普通玻璃波长更短的紫外光的照射，而二苯酮激发的 n-π 跃迁所需的照射约为 350nm，这是易透过普通玻璃的波长。

[2] 加入冰醋酸的目的是为了中和普通玻璃器皿中微量的碱。碱催化下苯频哪醇易裂解生成二苯甲酮和二苯甲醇，对反应不利。

[3] 反应进行的程度取决于光照情况。如阳光充足直射下 4 天即完全反应，如天气阴冷，则需一周或更长的时间，但时间长短并不影响反应的最终结果。如用日光灯照射，反应时间可明显缩短，3～4 天即可完成。

思考题

1. 在制备苯频哪醇的过程中，为什么要尽可能排除瓶内空气？

2. 在苯频哪醇的制备中，碘片起什么作用？

第 11 章 综 合 实 验

实验三十五 非金属元素性质综合实验

实验目的

1. 掌握卤素单质及化合物的性质及氧化还原递变规律；
2. 掌握不同氧化态氯、硫、氮含氧化合物的氧化还原性及其稳定性；
3. 了解常见磷酸盐的主要性质；
4. 学习常见阴离子的鉴定方法。

实验预习

1.《无机化学》、《元素化学》中非金属元素的性质，重点为卤素、N、P、S 的性质；
2.《分析化学实验》中常见阴离子的鉴定方法；
3. 试剂的干燥、取用和溶液的配制(5.4)；
4. 沉淀的分离与洗涤(5.7.2)。

实验原理

非金属元素一般容易得到电子，形成负氧化态的离子，与金属离子形成不同类型的盐。同时非金属元素呈现多种不同的氧化态以及有丰富的含氧酸和含氧酸盐的性质和氧化还原特性。所以，对于非金属元素而言，氧化还原性质的递变规律及其利用是此类实验的关键所在。

1. 卤族元素

氟、氯、溴、碘是ⅦA 族元素。卤素单质均具有氧化性。从氯到碘，氧化能力减弱。紫黑色的 $I_2(s)$ 难溶于水，但易溶于苯和 CCl_4，溶液呈紫红色。棕红色的 $Br_2(l)$ 微溶于水，也易溶于苯和 CCl_4，浓度高时溶液呈橙红色，浓度低时溶液呈黄色。据此可以鉴定 Br^-、I^-，但在鉴定 I^- 时如用 Cl_2 水作氧化剂，Cl_2 水过量时，I_2 会被进一步氧化为 IO_3^-，使溶液的紫红色褪去：

$$I_2 + 5Cl_2 + 6H_2O \longrightarrow 2IO_3^- + 12H^+ + 10Cl^-$$

X^- 具有还原性。从 I^- 到 F^- 还原性依次减弱。KI 溶液长期放置时，溶液中的 I^- 易被空气中的氧气所氧化，生成 I_2，I_2 与 I^- 结合成 I_3^-，使溶液变成棕色（浓度低时呈浅黄色）。

$$4I^- + O_2 + 4H^+ \longrightarrow 2I_2 + 2H_2O$$

$$I_2 + I^- \Longrightarrow I_3^-$$

卤素含氧酸及其盐均有较强氧化性。次卤酸盐具有强氧化性和漂白能力，氯酸盐、溴酸盐、碘酸盐在酸性介质中是较强的氧化剂。例如：

$$6I^- + ClO_3^- + 6H^+ \longrightarrow 3I_2 + Cl^- + 3H_2O$$

若加入过量的 ClO_3^-，可进一步将 I_2 氧化成 IO_3^-，本身被还原为 Cl_2。

$$I_2 + 2ClO_3^- \longrightarrow 2IO_3^- + Cl_2(g)$$

$$ClO_3^- + 5Cl^- + 6H^+ \longrightarrow 3Cl_2(g) + 3H_2O$$

2. 氮族元素

氮有多种氧化态的化合物。$NH_3 \cdot H_2O$ 是弱碱，是很好的配体，铵盐热稳定性差，受热易分解。NH_4^+ 的鉴定多采用气室法和奈斯勒试剂法。气室法就是向含有 NH_4^+ 的溶液中加入强碱性溶液，逸出的气体使湿润的酚酞试纸变红。

亚硝酸是中强酸，可由强酸和亚硝酸盐制备。HNO_2 热稳定性差，仅存在于冷水溶液中，其分解产物 N_2O_3（蓝色）受热歧化为 NO_2 和 NO。

$$2HNO_2 \Longrightarrow N_2O_3 + H_2O \longrightarrow NO_2\uparrow + NO\uparrow + H_2O$$

亚硝酸及其盐既有氧化性又有还原性，通常以氧化性为主。

$$2NO_2^- + 2I^- + 4H^+ \longrightarrow 2NO + I_2 + 2H_2O$$

$$5NO_2^- + 2MnO_4^- + 6H^+ \longrightarrow 5NO_3^- + 2Mn^{2+} + 3H_2O$$

硝酸是具有氧化性的强酸，硝酸盐大多不稳定，受热易分解。

NO_3^- 可用棕色环法鉴定：在盛有 NO_3^- 试液的试管中加入少量 $FeSO_4 \cdot 7H_2O$ 晶体使其溶解，然后沿壁慢慢加入浓 H_2SO_4，由于浓 H_2SO_4 相对密度大，它会流入溶液底部自成一相。在浓 H_2SO_4 与试液的界面上会发生如下反应：

$$3Fe^{2+} + NO_3^- + 4H^+ \longrightarrow 3Fe^{3+} + 2H_2O + NO$$

$$NO + FeSO_4 \longrightarrow [Fe(NO)SO_4]$$

由于 $[Fe(NO)SO_4]$ 呈棕色，因此在两液界面上形成棕色环。

NO_2^- 也能与 $FeSO_4$ 作用产生棕色 $[Fe(NO)SO_4]$ 而干扰 NO_3^- 的鉴定。因此，当试液中有 NO_2^- 存在时，必须先加入固体 NH_4Cl 并加热以除去 NO_2^-。

$$NO_2^- + NH_4^+ \xrightarrow{\triangle} N_2\uparrow + 2H_2O$$

NO_2^- 的鉴定是在溶液中加入 HAc 酸化，加入 $FeSO_4 \cdot 7H_2O$，溶液呈棕色。

$$2HAc + 2Fe^{2+} + NO_2^- + SO_4^{2-} \longrightarrow [Fe(NO)SO_4] + Fe^{3+} + 2Ac^- + H_2O$$

$H_2PO_4^-$、HPO_4^{2-}、PO_4^{3-} 形成的不同类型的磷酸盐，其钠盐溶于水后由于水解呈现不同的酸碱性。

PO_4^{3-} 的鉴定:在过量 HNO_3 存在下,PO_4^{3-} 能与 $(NH_4)_2MoO_4$ 生成黄色的 12-钼磷酸铵沉淀。

$$PO_4^{3-} + 3NH_4^+ + 12MoO_4^{2-} + 24H^+ \longrightarrow (NH_4)_3[P(Mo_3O_{10})_4] \cdot 6H_2O \downarrow + 6H_2O$$

3. 硫族元素

硫在化合物中常见的氧化数有 -2、$+4$ 和 $+6$。H_2S 具有还原性,是较强的还原剂。它与弱氧化剂作用生成 S,与强氧化剂作用生成 SO_4^{2-}。

S^{2-} 的鉴定常采用的方法有以下两种:

(1) S^{2-} 与稀酸作用生成 H_2S 气体,它可使湿润的 $Pb(Ac)_2$ 试纸变黑。

(2) 在弱碱性介质中,S^{2-} 与 $Na_2[Fe(CN)_5NO]$ 反应生成红紫色配合物。SO_3^{2-} 在酸性条件下,能释放出还原性气体 SO_2,它可以使 KIO_3-淀粉试纸变蓝,再变无色。

$$5SO_2 + 2IO_3^- + 4H_2O \longrightarrow I_2 + 5SO_4^{2-} + 8H^+$$
$$SO_2 + I_2 + 2H_2O \longrightarrow 2I^- + SO_4^{2-} + 4H^+$$

利用此性质可以鉴定 SO_3^{2-}。

SO_2 和亚硫酸具有氧化性和还原性,但主要作为还原剂使用。若遇到较强的还原剂时,也可表现出弱氧化性。

$$2H_2S + SO_2 \longrightarrow 3S \downarrow + 2H_2O$$

SO_3^{2-} 还可用下列反应鉴定:

$$2Zn^{2+} + [Fe(CN)_6]^{4-} =\!=\!= Zn_2[Fe(CN)_6](浅黄色)$$
$$Zn_2[Fe(CN)_6] + [Fe(CN)_5NO]^{2-} + SO_3^{2-} =\!=\!=$$
$$Zn_2[Fe(CN)_5NOSO_3](红色) + [Fe(CN)_6]^{4-}$$

$Na_2S_2O_3$ 是重要的还原剂之一,它能被 I_2 定量氧化成 $Na_2S_4O_6$(连四硫酸钠)。

$$2Na_2S_2O_3 + I_2 \longrightarrow 2NaI + Na_2S_4O_6$$

此反应可用于定量分析,是碘量法的基础。

$S_2O_3^{2-}$ 遇酸生成极不稳定的 $H_2S_2O_3$,又很快分解而析出 S,放出 SO_2。

$$S_2O_3^{2-} + 2H^+ \longrightarrow S \downarrow + SO_2 \uparrow + H_2O$$

$S_2O_3^{2-}$ 与 Ag^+ 作用生成不稳定的白色 $Ag_2S_2O_3$ 沉淀,它在水中逐渐分解,沉淀的颜色白→黄→棕,最后变成黑色的 Ag_2S。

$$2Ag^+ + S_2O_3^{2-} \longrightarrow Ag_2S_2O_3 \downarrow$$
$$Ag_2S_2O_3 + H_2O \longrightarrow Ag_2S \downarrow + H_2SO_4$$

此反应用于鉴定 $S_2O_3^{2-}$。

$K_2S_2O_8$ 是强氧化剂,在 Ag^+ 催化下,它能将 Mn^{2+} 氧化成紫红色的 MnO_4^-。

$$2Mn^{2+} + 5S_2O_8^{2-} + 8H_2O \xrightarrow{Ag^+} 2MnO_4^- + 10SO_4^{2-} + 16H^+$$

此反应常用于鉴定 Mn^{2+}。

实验内容

1. 卤素的性质

1) 碘的歧化

在试管中加入两三滴碘水,观察溶液颜色。滴加 $2mol \cdot dm^{-3}$ NaOH 溶液,振荡,观察现象。再滴加 $2mol \cdot dm^{-3}$ H_2SO_4,又有何现象？写出反应方程式。

2) 卤素含氧酸盐的性质

(1) 取 2 滴 $0.1mol \cdot dm^{-3}$ KI 溶液于试管中,再加入三四滴饱和 $KClO_3$ 溶液,观察现象。再滴加 $2mol \cdot dm^{-3}$ 硫酸,不断振荡试管,观察溶液颜色变化,加热,检查有无氯气生成,写出有关反应式。

(2) 设计实验步骤用 Na_2SO_3 作还原剂,验证 KIO_3 在酸性条件下的氧化性,写出有关反应式。

3) Cl^-、Br^-、I^- 混合离子的分离和鉴定

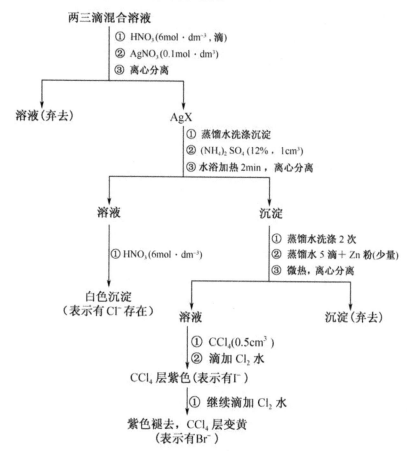

2. 硫化合物的性质

1) S^{2-} 的性质及 S^{2-} 的鉴定

(1) S^{2-} 的还原性。取 $0.1mol \cdot dm^{-3} Na_2SO_3$ 溶液,用 $2mol \cdot dm^{-3} H_2SO_4$ 酸化,滴加饱和 H_2S 溶液,观察现象。写出有关反应式。

(2) S^{2-} 的鉴定。取四五滴 $0.1mol \cdot dm^{-3} Na_2S$ 溶液于试管中,再加入数滴 $2mol \cdot dm^{-3} H_2SO_4$ 溶液,将湿润的 $Pb(Ac)_2$ 试纸横架在试管口上,水浴加热,试纸变黑,表示有 S^{2-} 存在,写出有关反应式。

2) 亚硫酸及其盐的性质与 SO_3^{2-} 的鉴定

(1) 设计方案试验 Na_2SO_3 的氧化性和还原性,写出反应方程式。

(2) SO_3^{2-} 鉴定。在点滴板空穴中滴加 1 滴 $ZnSO_4$ 饱和溶液,再加 1 滴新配制的 $0.1mol \cdot dm^{-3} K_4[Fe(CN)_6]$ 和 1 滴新配制的 $1\% Na_2[Fe(CN)_5NO]$ 溶液,用 $2mol \cdot dm^{-3} NH_3 \cdot H_2O$ 将溶液调到中性或弱酸性,最后滴加 1 滴 SO_3^{2-} 溶液,搅拌,产生红色沉淀,表示有 SO_3^{2-}。

3) 硫代硫酸及其盐的性质与 $S_2O_3^{2-}$ 的鉴定

(1) 在 $0.1mol \cdot dm^{-3} Na_2S_2O_3$ 溶液中加入 $2mol \cdot dm^{-3} H_2SO_4$,放置,观察现象,并检验生成的气体,写出反应方程式。

(2) 分别在盛有 I_2 水和 Cl_2 水的试管中,逐滴加入 $0.1mol \cdot dm^{-3} Na_2S_2O_3$ 溶液,观察现象,用实验证明产物中是否有 SO_4^{2-} 生成,写出反应式。

(3) $S_2O_3^{2-}$ 的鉴定

在点滴板空穴中加入 1 滴 $0.1mol \cdot dm^{-3} Na_2S_2O_3$ 溶液;再加 2 滴 $0.1mol \cdot dm^{-3} AgNO_3$ 溶液,观察沉淀的颜色白→黄→棕→黑,表示有 $S_2O_3^{2-}$ 存在,写出反应式。

4) $K_2S_2O_8$ 的氧化性

向盛有少量稀 H_2SO_4 的试管中,加 1 滴 $0.01mol \cdot dm^{-3} MnSO_4$ 溶液,再加入少量 $K_2S_2O_8$ 固体,水浴加热观察现象。再加 1 滴 $0.1mol \cdot dm^{-3} AgNO_3$ 溶液,观察现象,解释 $AgNO_3$ 的作用。写出有关反应式。

3. 氮、磷化合物的性质

1) 亚硝酸及其盐的性质与 NO_2^- 的鉴定

(1) 取 $1cm^3$ 饱和 $NaNO_2$ 溶液于试管中,将试管放入冰水中冷却,然后加入同样冷却的 $1cm^3 2mol \cdot dm^{-3} H_2SO_4$,摇匀,观察溶液的颜色,自冰水中取出试管,放置片刻,观察 HNO_2 的分解,写出反应式。

(2) 用实验证明亚硝酸盐的氧化性、还原性。写出实验步骤,记录现象,写出有关反应式。

（3）NO_2^- 的鉴定。取两三滴 $0.1mol \cdot dm^{-3} NaNO_2$ 溶液于试管中，加数滴 $2mol \cdot dm^{-3} HAc$ 溶液酸化，再加入少量 $FeSO_4 \cdot 7H_2O$ 晶体，振荡，溶液变为棕色，表示有 NO_2^-，写出反应式。

2）NH_4^+ 的鉴定[4]

采用气室法：取几滴 $0.1mol \cdot dm^{-3} NH_4Cl$ 溶液置于一表面皿中心，在另一稍小的表面皿中心贴一小块湿润的酚酞试纸扣在大的表面皿上形成气室。在试液中滴加 $2mol \cdot dm^{-3} NaOH$ 溶液至碱性，混匀，放置，酚酞试纸变红，表示有 NH_4^+ 存在。

3）NO_3^- 鉴定

取 5 滴 $0.1mol \cdot dm^{-3} NaNO_3$ 溶液于试管中，加入少量 $FeSO_4 \cdot 7H_2O$ 晶体，振荡使其溶解，后加少量水稀释，将试管倾斜，沿管壁慢慢加入 $1cm^3$ 浓 H_2SO_4（切勿摇动！），在浓 H_2SO_4 与试液交界处有棕色环出现，表示有 NO_3^- 存在，写出反应式。

4）磷酸盐的性质及 PO_4^{3-} 的鉴定

（1）在点滴板的三个空穴中分别加入少量 $0.1mol \cdot dm^{-3} Na_3PO_4$、$Na_2HPO_4$、$NaH_2PO_4$ 溶液，用 pH 试纸分别测定其 pH，分别向以上三个空穴中加入少量 $0.1mol \cdot dm^{-3} AgNO_3$ 溶液，用搅拌棒混匀后，观察现象。再测其 pH，对比前后各有何变化并解释。

（2）PO_4^{3-} 鉴定。在试管中加入一两滴 $0.1mol \cdot dm^{-3}$ 磷酸盐溶液，加入 $3 \sim 5$ 滴浓 HNO_3，最后加入 10 滴饱和$(NH_4)_2MoO_4$ 溶液，水浴加热，出现黄色沉淀表示有 PO_4^{3-}，写出反应式。

4. 设计实验

（1）鉴定 NO_2^-、NO_3^- 混合溶液中的 NO_3^-。

（2）鉴定 S^{2-}、PO_4^{3-} 混合溶液中的 PO_4^{3-}。

（3）鉴定 PO_4^{3-}、Cl^- 混合溶液中的 Cl^-。

实验指导

［1］实验药品：$NaOH(2mol \cdot dm^{-3})$，$H_2SO_4(2mol \cdot dm^{-3})$，$KI(1mol \cdot dm^{-3})$，$H_2SO_4(2mol \cdot dm^{-3})$，$Na_2SO_3(0.1mol \cdot dm^{-3})$，$KIO_3(0.1mol \cdot dm^{-3})$，饱和 $KClO_3$，CCl_4，$HNO_3(6mol \cdot dm^{-3})$，$AgNO_3(0.01mol \cdot dm^{-3})$，$12\%(NH_4)_2SO_4$，$H_2S$ 溶液（饱和），$Na_2S(0.1mol \cdot dm^{-3})$，$Na_2SO_3(0.1mol \cdot dm^{-3})$，$ZnSO_4$（饱和），$K_4[Fe(CN)_6](0.1mol \cdot dm^{-3})$，$1\% Na_2[Fe(CN)_5NO]$，$NH_3 \cdot H_2O(2mol \cdot$

dm^{-3}），$Na_2S_2O_3$（$0.1mol \cdot dm^{-3}$），碘水，氯水，$NaNO_2$（饱和），$NaNO_2$（$0.1mol \cdot dm^{-3}$），HAc（$2mol \cdot dm^{-3}$），NH_4Cl（$0.1mol \cdot dm^{-3}$），$NaNO_3$（$0.1mol \cdot dm^{-3}$），Na_3PO_4（$0.1mol \cdot dm^{-3}$），Na_2HPO_4（$0.1mol \cdot dm^{-3}$），NaH_2PO_4（$0.1mol \cdot dm^{-3}$），浓H_2SO_4，饱和$(NH_4)_2MoO_4$溶液，Cl^-、Br^-、I^-混合溶液，NO_2^-、NO_3^-混合溶液，S^{2-}、PO_4^{3-}混合溶液，PO_4^{3-}、Cl^-混合溶液，锌粉，$FeSO_4 \cdot 7H_2O$晶体，pH试纸，酚酞试纸，$Pb(Ac)_2$试纸，KIO_3-淀粉试纸。

［2］S^{2-}的另外一种鉴定方法是：取1滴含有S^{2-}试液于点滴板上，再加1滴新配制的1%$Na_2[Fe(CN)_5NO]$溶液，出现紫红色表示有S^{2-}存在：

$$S^{2-}+[Fe(CN)_5NO]^{2-}\longrightarrow[Fe(CN)_5SNO]^{4-}（紫红色）$$

［3］用Zn^{2+}、$[Fe(CN)_6]^{2-}$和$[Fe(CN)_5NO]^{2-}$溶液鉴定SO_3^{2-}时，反应在中性溶液中进行，S^{2-}与$Na[Fe(CN)_5NO]$生成紫红色配合物，干扰SO_3^{2-}的鉴定。

［4］奈斯勒试剂法：在试管中加入$1\sim2$滴$0.1mol \cdot dm^{-3}NH_4Cl$溶液，滴加2滴奈斯勒试剂，有棕色沉淀产生，表示有$NH_4^+$。

奈斯勒试剂法是用奈斯勒试剂（$K_2[HgI_4]+KOH$）与NH_4^+作用，生成红棕色沉淀：

$$NH_4^++2[HgI_4]^{2-}+4OH^-\longrightarrow\left[O{<}^{Hg}_{Hg}{>}NH_2\right]I\downarrow+7I^-+3H_2O$$

［5］在性质实验操作中一定要注意以下几个方面：

（1）试剂加入的顺序，一定要逐滴加入，边滴加边振荡试管，使反应充分并易于观察现象。

（2）试剂加入的量，不可随意加入过量的试剂，因为许多反应如氧化还原反应的产物与所加入的试剂的量密切相关。想一想，如何简便地控制试剂的量？

（3）有时反应现象不明显时，要考虑可能是反应速率较慢所导致，可以考虑温度对反应速率的影响。想一想，如何稳妥地控制反应体系的温度？

（4）要注意反应现象的观察与记录。一般颜色的变化、沉淀的生成比较容易观察到，但是，一定不能忽视气体的生成，同时，还要想办法检验生成的气体。

（5）废液的处理：有毒有害气体生成的反应应及时终止，如HNO_2实验、CCl_4溶液回收、其他废液用酸碱中和至中性方可倒入下水道。

思考题

1. 实验室的H_2S、Na_2S、Na_2SO_3溶液能否长期保存？说明理由。

2. 选用一种试剂区别下列五种无色溶液：$NaCl$、$NaNO_3$、Na_2S、$Na_2S_2O_3$、Na_2HPO_4。

3. 在选用酸溶液作为氧化还原反应的介质时，为何不常用HNO_3或HCl？在什么情况下可选用HNO_3或HCl？

4. 有三瓶未贴标签的溶液分别是 $NaNO_2$、Na_2SO_3 和 KI,如何进行鉴别?

5. KIO_3 和 $NaHSO_3$ 在酸性介质中的反应产物与二者的相对量有什么关系?

6. 向 KI 溶液中滴加氯水有 I_2 析出。氯水加多了,溶液又变成无色,用反应方程式表示。说明此反应的应用。

7. 利用实验中的试剂,设计实验验证 ClO_3^-、BrO_3^-、IO_3^- 氧化性的强弱。

8. 试管中的 $1cm^3 0.1mol \cdot dm^{-3} Na_2S_2O_3$ 溶液中滴加 1 滴 $0.1mol \cdot dm^{-3} AgNO_3$,有什么现象? 写出反应方程式。

实验三十六　金属元素性质综合实验

实验目的

1. 掌握金属氢氧化物的酸碱性、氧化还原性;

2. 了解某些金属硫化物的性质;

3. 掌握一些重要金属化合物的氧化还原性;

4. 掌握某些配合物的性质及某些金属离子的鉴定方法。

实验预习

1.《无机化学》、《元素化学》中金属元素的性质,重点是过渡元素和 P 区非金属的性质,H_2O_2 的性质;

2.《分析化学实验》中常见阳离子的鉴定方法;

3. 试剂的干燥、取用和溶液的配制(5.4),沉淀的分离与洗涤(5.7.2)。

实验原理

元素周期表中大部分都是金属元素,主族和副族的金属元素核外电子结构不同,导致它们及其化合物的性质(即氧化物和硫化物的酸碱性、氧化还原性质)均有不同。主族元素中的碱金属和碱土金属元素的主要性质体现在酸碱性的有序递变,而ⅢA～ⅥA 主族金属元素的性质表现得比较突出的是作为含氧酸及其盐的氧化还原性质。而对于副族元素,过渡区域元素的特点是以形成配合物和多变的氧化态而呈现多样的性质。相应的,这些金属元素的鉴定也是利用它们的这些性质。

1. 氢氧化物

多数金属元素的氢氧化物都难溶于水,并且根据相应的金属元素所属的区域,具有各自的特性。

$Cr(OH)_3$、$Sn(OH)_2$、$Zn(OH)_2$、$Al(OH)_3$ 具有明显的两性。

$Cu(OH)_2$、$Pb(OH)_2$ 为两性偏碱性,能溶于酸和较浓的碱。

Hg(Ⅱ)和 Ag(Ⅰ)的氢氧化物极易脱水。

$Mn(OH)_2$、$Fe(OH)_2$、$Co(OH)_2$、$Ni(OH)_2$ 的还原性依次减弱，$Mn(OH)_2$、$Fe(OH)_2$ 极易被空气中氧氧化为 $MnO(OH)_2$ 和 $Fe(OH)_3$，$Co(OH)_2$ 只能被缓慢地氧化为 $Co(OH)_3$，但可以被 H_2O_2 氧化，生成 $Co(OH)_3$，而 $Ni(OH)_2$ 与氧和 H_2O_2 不起反应，只能被 Br_2 水等强氧化剂氧化为 $Ni(OH)_3$。

$$2Ni(OH)_2 + Br_2 + 2OH^- \longrightarrow 2Ni(OH)_3 + 2Br^-$$

$$4Co(OH)_2 + 2OH^- + H_2O_2 \longrightarrow 4Co(OH)_3$$

除 $Fe(OH)_3$ 外，$MnO(OH)_2$、$Co(OH)_3$、$Ni(OH)_3$ 均能与浓 HCl 反应放出 Cl_2。例如：

$$2Ni(OH)_3 + 6HCl(浓) \longrightarrow 2NiCl_2 + Cl_2(g) + 6H_2O$$

2. 硫化物

多数难溶性金属硫化物为黑色，但也有几种具有鲜明的颜色。根据金属元素性质的不同溶解性也有很大差异。SnS 是棕色的碱性硫化物，SnS_2 是黄色的弱酸性硫化物，故 SnS_2 能溶于 Na_2S 溶液中，生成硫代锡酸钠。

$$SnS_2 + Na_2S \longrightarrow Na_2SnS_3$$

但硫代锡酸盐只存在于中性或碱性介质中；在酸性介质中不稳定，又会分解为黄色的 SnS_2。

$$Na_2SnS_3 + 2HCl \longrightarrow SnS_2(s) + H_2S(g) + 2NaCl$$

SnS 能溶于多硫化物，是由于 S_x^{2-} 具有氧化性，可将 SnS 氧化为 SnS_3^{2-} 而溶解。

3. 化合物的氧化还原性

Sn^{2+} 有较强的还原性，在酸性、碱性中都可被空气中的氧所氧化；在碱性介质中，$[Sn(OH)_4]^{2-}$ 与 Bi^{3+} 反应生成黑色 Bi 沉淀。

$$3[Sn(OH)_4]^{2-} + 2Bi(OH)_3 \longrightarrow 3[Sn(OH)_6]^{2-} + 2Bi \downarrow$$

该反应用于 Sn^{2+} 的鉴定。

在酸性介质中，Sn^{2+} 与 $HgCl_2$ 反应。

$$SnCl_2 + 2HgCl_2 \longrightarrow SnCl_4 + Hg_2Cl_2 \downarrow (白)$$

$$SnCl_2 + Hg_2Cl_2 \longrightarrow SnCl_4 + 2Hg \downarrow (黑)$$

强碱性介质中，Bi^{3+} 可被 H_2O_2、Cl_2 等氧化为 Bi(Ⅴ)，Cr^{3+} 可被氧化为Cr(Ⅵ)。

$$Bi^{3+} + 6OH^- + Cl_2 + Na^+ \longrightarrow NaBiO_3 \downarrow + 2Cl^- + 3H_2O$$

$$2Cr^{3+} + 10OH^- + 3H_2O_2 \longrightarrow 2CrO_4^{2-} + 8H_2O$$

强酸性介质中，Bi(Ⅴ)、Pb(Ⅳ)具有强氧化性。

$$2Mn^{2+} + 5NaBiO_3 + 14H^+ \longrightarrow 2MnO_4^- + 5Bi^{3+} + 5Na^+ + 7H_2O$$

Cr^{3+} 具有还原性,而 $Cr(\text{VI})$ 具有较强的氧化性。在碱性条件下,$Cr(\text{III})$ 可以被 H_2O_2 氧化成 CrO_4^{2-}。CrO_4^{2-} 的鉴定反应为

$$2CrO_4^{2-}+2H^+ \rightleftharpoons Cr_2O_7^{2-}+H_2O$$
$$Cr_2O_7^{2-}+2H_2O_2+2H^+ \rightleftharpoons 2CrO_5(\text{蓝色})+5H_2O$$

其中,蓝色的 CrO_5 在乙醚或戊醇中稳定。

4. Fe(II)、Co(II)、Ni(II) 与氨水的反应

Fe^{3+} 因与氨水生成 $Fe(OH)_3$ 沉淀而不能形成氨配合物,Co^{2+} 与少量氨水生成蓝色 $Co(OH)Cl$ 沉淀,与过量氨水生成黄色 $[Co(NH_3)_6]^{2+}$,它在空气中极不稳定,易氧化为棕色的 $[Co(NH_3)_6]^{3+}$。

$$4[Co(NH_3)_6]^{2+}+O_2+2H_2O \longrightarrow 4[Co(NH_3)_6]^{3+}+4OH^-$$

Ni^{2+} 与 NH_3 水反应与 Co^{2+} 相似,但 $[Ni(NH_3)_6]^{2+}$ 很稳定,不能被空气氧化。

5. Cu 的化合物

$Cu(\text{II})$ 具有弱氧化性,$Cu(\text{I})$ 在水溶液中不稳定,易歧化为 Cu^{2+} 和 Cu,$Cu(\text{I})$ 若以配合物或难溶物形式存在则表现出较强的稳定性。

实验内容

1. 氢氧化物的生成和性质

1）氢氧化物的两性
根据其特性,自制 $Cr(OH)_3$、$Sn(OH)_2$,观察其颜色和状态,并试验其酸碱性。
2）氢氧化物的两性偏碱性
自制 $Cu(OH)_2$、$Pb(OH)_2$,观察其颜色和状态,选择合适的酸和不同浓度的 NaOH 试验其性质。
3）氢氧化物的脱水性
用 $AgNO_3$、$HgCl_2$、$CuSO_4$ 溶液分别与 $2mol \cdot dm^{-3}$ NaOH 作用,观察现象。将三支试管加热又有何变化?
4）氢氧化物的还原性
分别取少量 Mn^{2+}、Fe^{2+}、Co^{2+}、Ni^{2+} 溶液与 $2mol \cdot dm^{-3}$ NaOH 作用,仔细观察现象,对比它们在空气中的稳定性 [保留 $Co(OH)_2$、$Ni(OH)_2$ 供下面实验用]。
5）氢氧化物的氧化性
向实验 4 制得的 $Co(OH)_2$、$Ni(OH)_2$ 中各加入少量 3% H_2O_2 溶液,观察有无变化?然后再向另一新制成的 $Ni(OH)_2$ 中加入溴水,再观察有何变化。将上述沉淀离心分离后分别加入浓 HCl,观察现象,并用 KI-淀粉试纸检验所产生的气体。

对比 Fe(Ⅱ)、Co(Ⅱ)、Ni(Ⅱ)还原性强弱及 Fe(Ⅲ)、Co(Ⅲ)、Ni(Ⅲ)氧化性强弱。

2. 硫化物

自制少量 SnS、SnS$_2$，观察其颜色和状态，试验 SnS$_2$ 在 1mol·dm^{-3}Na$_2$S 溶液中的溶解性及 SnS 在 0.1mol·dm^{-3}Na$_2$S$_2$ 溶液中的溶解性。

3. 化合物的氧化还原性

1) Sn^{2+} 在不同介质中的还原性

(1) 碱性介质：自制少量[Sn(OH)$_4$]$^{2-}$ 溶液，加入少量 0.1mol·dm^{-3} Bi(NO$_3$)$_3$ 溶液，观察黑色沉淀的生成。此反应用于 Bi^{3+} 和 Sn^{2+} 的鉴定。

(2) 酸性介质，取一两滴 0.1mol·dm^{-3} HgCl$_2$ 溶液，逐滴加入 SnCl$_2$ 溶液，观察现象，注意颜色白→灰→黑的变化过程，此反应可用于 Hg(Ⅱ)和 Sn^{2+} 的鉴定。

2) Bi^{3+} 的还原性和 Bi(Ⅴ)的氧化性

取少量 0.1mol·dm^{-3}Bi(NO$_3$)$_3$溶液，加入 6mol·dm^{-3}NaOH 溶液，再加入 3% H$_2$O$_2$，水浴加热，观察灰黄色沉淀的生成。离心分离后，在沉淀中加入 6mol·dm^{-3} HNO$_3$酸化，加入 1 滴 0.1mol·dm^{-3}MnSO$_4$ 液，水浴加热，离心后观察溶液的紫红色。此反应可用来鉴定 Mn^{2+}。

3) Pb(Ⅳ)的氧化性

设计实验，选择合适的酸和还原剂，证明 PbO$_2$ 的强氧化性。

4) Cr^{3+} 的还原性，CrO$_4^{2-}$ 和 Cr$_2$O$_7^{2-}$ 的互变及 Cr$_2$O$_7^{2-}$ 的氧化性

(1) 自制少量[Cr(OH)$_4$]$^-$ 溶液，加入 3% H$_2$O$_2$，水浴加热，观察溶液的颜色变化。冷却后加入 0.5cm^{3}乙醚，再加入 6mol·dm^{-3}HNO$_3$，振荡，观察乙醚层中的深蓝色。此反应用来鉴定 Cr^{3+}。

(2) CrO$_4^{2-}$ 溶液中加入少量 2mol·dm^{-3} H$_2$SO$_4$ 溶液，观察溶液的颜色变化；再滴加 2mol·dm^{-3}NaOH，观察又有何变化；加入少量 2mol·dm^{-3}H$_2$SO$_4$ 溶液，最后向该橙色溶液中加入几滴 0.1mol·dm^{-3}(NH$_4$)$_2$Fe(SO$_4$)$_2$，观察现象并解释。

4. Fe^{3+}、Co^{2+}、Ni^{2+}、Hg^{2+} 与氨水的反应

取少量 FeCl$_3$、CoCl$_2$、NiCl$_2$、HgCl$_2$溶液，分别加入 2mol·dm^{-3}氨水至过量，仔细观察现象，写出反应方程式。

5. Cu(Ⅰ)与 Cu(Ⅱ)的转化和性质

(1) 取少量 Cu 屑，加入 0.5cm^{3}1mol·dm^{-3}CuCl$_2$ 和 1cm^{3}NaCl 饱和溶液，加

热至沸,待溶液颜色由棕色变土黄色时,用滴管取 1 滴溶液加入水中,若有白色沉淀生成即停止加热,将溶液倒入盛有蒸馏水的小烧杯或试管中(注意 Cu 屑不要倒入),观察现象。静置,用滴管插入烧杯底部吸取少量沉淀,分别试验其与浓 HCl、$2mol \cdot dm^{-3}$ 氨水的反应,观察现象并解释。

(2) 设计实验,制备白色 CuI 沉淀,写出实验步骤、现象及反应式。分别试验其与浓 HCl、$2mol \cdot dm^{-3}$ 氨水的反应,观察现象并解释。

实验指导

[1] 参考药品:H_2SO_4($2mol \cdot dm^{-3}$),HCl($2mol \cdot dm^{-3}$,浓),HNO_3($6mol \cdot dm^{-3}$),H_2S(饱和),NaOH($2mol \cdot dm^{-3}$,$6mol \cdot dm^{-3}$),氨水($2mol \cdot dm^{-3}$),$FeCl_3$($0.1mol \cdot dm^{-3}$),$Pb(NO_3)_2$($0.1mol \cdot dm^{-3}$),$KCr(SO_4)_2$($0.1mol \cdot dm^{-3}$),$SnCl_2$($0.1mol \cdot dm^{-3}$),$HgCl_2$($0.1mol \cdot dm^{-3}$),$AgNO_3$($0.1mol \cdot dm^{-3}$),$MnSO_4$($0.01mol \cdot dm^{-3}$,$0.1mol \cdot dm^{-3}$),$(NH_4)_2Fe(SO_4)_2$($0.1mol \cdot dm^{-3}$),$CoCl_2$($0.1mol \cdot dm^{-3}$),$NiCl_2$($0.1mol \cdot dm^{-3}$),Na_2S($1mol \cdot dm^{-3}$),$Bi(NO_3)_3$($0.1mol \cdot dm^{-3}$),KCl($0.1mol \cdot dm^{-3}$),$Na_2S_2O_3$($0.1mol \cdot dm^{-3}$),$SnCl_4$($0.1mol \cdot dm^{-3}$),Na_2S_2($0.1mol \cdot dm^{-3}$),K_2CrO_4($0.1mol \cdot dm^{-3}$),$CuSO_4$($0.1mol \cdot dm^{-3}$),$K_4[Fe(CN)_6]$($0.1mol \cdot dm^{-3}$),NaCl(饱和),$CuCl_2$($1mol \cdot dm^{-3}$),H_2O_2(3%),溴水,乙醚,PbO_2(s),Cu 屑,KI-淀粉试纸。

[2] 制备氢氧化物的沉淀时,要注意选择碱的种类、浓度。使用 H_2O_2 时要注意不同的介质、不同的物质环境时 H_2O_2 的氧化还原性对产物的影响。

[3] Na_2S 溶液放置后会聚合变成 Na_2S_x,此时取少量溶液向其中滴加酸溶液会有乳白色沉淀生成。

[4] Pb、Hg 的化合物有毒,注意废液回收。请参考相关的阳离子鉴定反应。不同的阳离子有其特征的鉴定反应,有的是灵敏度很高、检出限很低的反应,直接在一定的介质条件下加入特征试剂就可以检出。有的离子的检出因为干扰较多,需要先分离,使干扰离子消除或低于一定的浓度才可鉴定。

离子分离在定性分析中比较常用的方法是沉淀法分离,一般使用沉淀剂,使预分离的组分分别进入两相(固、液),然后离心分离。要注意,固相组分因为吸附作用会吸附液相成分中的离子,所以,一定要将沉淀洗净后再做进一步的工作。

金属离子的分离鉴定也可用纸上色谱。纸上色谱简称 PC,它是在纸上进行的色层分析。在滤纸的下端滴上金属离子的混合液,将滤纸放入盛有适当溶剂的容器中。滤纸纤维素所吸附的水是固定相,溶剂是流动相,又叫展开剂。由于毛细作用,展开剂沿着滤纸上升,当它经过所点的试液时,试液的每个组分向上移动。由于金属离子各组分在固定相和流动相中具有不同的分配系数,即在两相中具有不同的溶解度,在水中溶解度较大的组分倾向于滞留在某一个位置,向上移动的速度缓慢，在展开剂中溶解度较大的组分倾向于随展开剂向上流动，向上流动的速度较快，通过足够长的时间后所有组分可以得到分离。应用各组分在纸层中的相对比移值 R_f：

$$R_f = \frac{\text{斑点中心移动距离}}{\text{溶剂前沿移动距离}}$$

R_f 与溶质在固定相和流动相间的分配系数有关，当色谱纸、固定相、流动相和温度一定时，每种物质的 R_f 为一定值。但由于影响 R_f 的因素较多，要严格控制比较困难，在做定性鉴定时，可用纯组分做对照试验。

例如，Fe^{3+}、Co^{2+}、Ni^{2+}、Cu^{2+} 混合液的分离，流动相为盐酸和丙酮混合溶液，在一定的时间内所有组分分离后，分别用氨水和硫化钠溶液喷雾，其中氨水用于中和盐酸，而金属离子分别和 S^{2-} 反应生成 Fe_3S_2、CoS、NiS、CuS 来确定各离子在纸上的位置。

思考题

1. 在 Cr^{3+} 溶液中加入 Na_2S，得到的沉淀是什么？解释原因。

2. 某同学在鉴定 Cr^{3+} 时，向 Cr^{3+} 溶液中加入过量 $NaOH$ 并用 H_2O_2 氧化，然后加入稀 H_2SO_4、乙醚，却得不到蓝色而是绿色的溶液，请帮助分析原因。

3. $Cu(Ⅰ)$ 和 $Cu(Ⅱ)$ 各自稳定存在和相互转化的条件是什么？

4. 如何制得白色的 $Mn(OH)_2$ 沉淀？

5. 碱性介质中 Co^{2+} 能被 Cl_2 氧化为 Co^{3+}，而酸性介质中 Co^{3+} 又能将 Cl^- 氧化为 Cl_2，Co^{2+} 的还原性弱而 $[Co(NH_3)_6]^{2+}$ 又极易被空气氧化为 $[Co(NH_3)_6]^{3+}$，如何解释这些"矛盾"的现象？

6. 如果在酸性溶液中实现 Bi^{3+} 到 $Bi(Ⅴ)$ 的转化，应选哪一种氧化剂？为什么？

7. 实验室中如何配制 $SnCl_2$ 溶液？

8. 向 $CuSO_4$ 溶液中滴加氨水，用实验验证生成的蓝色沉淀是 $Cu_2(OH)_2SO_4$，而不是 $Cu(OH)_2$。

实验三十七　金属元素综合设计性实验

实验目的

培养学生研究、解决问题的独立工作能力，在全面训练的基础上提高综合能力。

实验要求

要求学生根据实验内容认真分析题意、查阅资料，独立设计出完整的实验方案，包括实验原理，实验仪器和药品、试剂浓度、用量、实验条件及注意事项、实验结果，最后写出详细的实验报告，对实验出现的问题应有自己独立的见解，对可能出现的异常现象尤应详加分析和讨论。

实验内容

(1) 以 $NaNO_3(s)$ 为原料制备 $NaNO_2$ 并试验其性质。

(2) 用实验证明 $KMnO_4$ 的氧化性与酸碱环境、试剂的用量及加入试剂的顺序有关,解释原因。

(3) 用 $BiCl_3(s)$ 制备 $NaBiO_3$ 并试验其性质。

(4) 选择合适的试剂,设计实验方案证明 Pb_3O_4 中含有 $Pb(II)$、$Pb(IV)$ 两种氧化态。

(5) 设计实验实现下列 $Cr(III)$ 到 $Cr(VI)$ 各种存在形式的转化。

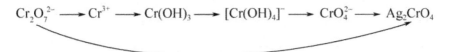

(6) 用实验比较 $Co(OH)_2$、$CoCl_2$、$[Co(NH_3)_6]^{2+}$ 还原性的大小,解释原因。

(7) 混合离子的分离和鉴定:

① Cr^{3+}、Mn^{2+}、Fe^{3+};② Fe^{3+}、Co^{2+}、Ni^{2+};③ Ag^+、Cu^{2+}、Pb^{2+}。

(8) 设计简单方案鉴别出以下三种白色固体试剂:$AgCl$、$PbCl_2$、Al_2O_3。

实验指导

[1] 可能提供的药品参考实验三十五和实验三十六。

[2] 溶液中离子的分离和鉴定方法通常有沉淀分离法、挥发和蒸馏分离法、萃取分离法及离子交换分离法等。

1) 沉淀分离法

沉淀分离法就是加入某种沉淀剂,使其离子形成沉淀与溶液分离的方法。对沉淀剂的要求是沉淀反应快、被沉淀的离子沉淀完全和沉淀易与溶液分离。

2) 挥发和蒸馏分离法

挥发和蒸馏分离法是利用化合物的挥发性差异达到分离目的。一般用于分离能形成易挥发物质的离子,如 NH_4^+、CO_3^{2-} 等,它们易形成 NH_3、CO_2 等,可从溶液中逸出。

3) 萃取分离法

萃取分离法是利用物质在互不相溶的两种溶剂中溶解度的差异而达到分离目的。例如,溶液中的 I^- 被氧化为非极性的 I_2。I_2 在水中溶解度很小,而在 CCl_4 等非极性溶剂中溶解度较大,利用 CCl_4 作萃取剂,就可萃取出溶解于水中的 I_2。

4) 离子交换分离法

离子交换分离法是利用离子交换剂与溶液中的离子发生交换反应而实现分离。最常用的离子交换剂是离子交换树脂,这是一种有机高分子化合物,它分为阳离子交换树脂和阴离子交换树脂两类,可以分别与溶液中的阳离子和阴离子发生交换反应。

[3] 在化学实验中通常根据离子的性质选用化学方法鉴定溶液中的离子。

1) 离子鉴定反应条件的选择

离子鉴定反应必须有明显的外观特征,如颜色的变化、沉淀的生成或溶解、气体的产生等。鉴定反应必须在一定条件下进行,选择条件时要考虑到以下几点:

(1) 溶液的酸碱性。许多反应只能在一定酸度下进行。例如,Fe^{3+} 与 SCN^- 的反应只有在弱酸性条件下进行,才能生成血红色的 $[Fe(NCS)_6]^{3-}$。

(2) 溶液的温度和催化剂。温度有时对鉴定反应能产生很大影响。例如,气室法鉴定 NH_4^+ 时,加热有利于 NH_3 的逸出,现象明显。对于一些较慢的反应有时要加入催化剂,例如,用 $S_2O_8^{2-}$ 作氧化剂鉴定 Mn^{2+} 的反应,常加入 Ag^+ 作催化剂。

(3) 加入适当的溶剂。有些鉴定反应中的某些物质在水溶液中不能稳定存在,实验时常加入适当的溶剂来增强它们的稳定性。例如,用 H_2O_2 作配位剂在酸性条件下与 $Cr_2O_7^{2-}$ 反应得到的 CrO_5 在水中很快就能分解,常加入乙醚或戊醇作萃取溶剂。

(4) 试剂的浓度和用量。试剂的浓度和用量常常影响鉴定反应的效果。例如,Ag^+ 与适量 $S_2O_3^{2-}$ 生成 $Ag_2S_2O_3$ 白色沉淀,并逐渐转化为 Ag_2S 黑色沉淀,而 Ag^+ 与过量的 $S_2O_3^{2-}$ 则形成 $[Ag(S_2O_3)_2]^{3-}$ 无色配离子。

2) 离子鉴定的技巧

(1) 掩蔽法消除离子干扰。不需要分离干扰离子时可考虑采用掩蔽法。例如,用 SCN^- 鉴定 Co^{2+} 时,如果有 Fe^{3+} 存在会干扰 Co^{2+} 的鉴定,加入 NH_4F 作为掩蔽剂时,Fe^{3+} 和 F^- 形成更稳定的 $[FeF_6]^{3-}$(无色)消除了 Fe^{3+} 的干扰。

(2) 空白实验和对比实验。空白实验是用蒸馏水代替试液在相同下条件重复实验,目的在于检查试剂或蒸馏水中是否含有被鉴定的离子。对比实验是用已知试液代替待测试液,用同样的方法进行鉴定,可用于检查试剂是否失效、反应条件是否已正确控制等。

[4] 鉴定未知物应该从以下几点入手:

(1) 物质的外观。某些盐类或氧化物会有特征的晶形、颜色或气味,可取少量放入试管微热,观察其变化。

(2) 溶解性实验:①用少量蒸馏水溶解,不易溶解的加热溶解;②不溶于水的可依次再用稀 HCl、浓 HCl、稀 HNO_3、浓 HNO_3、王水溶解。

（3）取少量固体加热观察未知物是否分解、有无气体放出。

（4）进行阳离子、阴离子鉴定。

（5）综合分析结果，得出结论。

实验三十八 有机化合物的性质

Ⅰ 烃的性质实验

实验目的

1. 通过实验，熟悉烃和卤代烃的主要化学性质，加深理解不同烃类的性质与结构的关系；

2. 掌握实验室制取乙炔的方法；

3. 掌握烯烃、炔烃、卤代烃的鉴定方法。

实验预习

1. 烷烃、卤代烃的性质；

2. 烯烃的性质；

3. 炔烃的性质。

实验原理

烷烃分子中具有碳-氢、碳-碳单键，碳原子的四个 sp^3 杂化轨道分别与其他原子形成 σ 键，σ 键在一般条件下比较稳定，不易与酸、碱、氧化剂等作用；但在特殊条件下可发生一些反应，如取代反应。

烯烃和炔烃分子分别含碳-碳双键和碳-碳叁键，连接双键和叁键的碳原子除了以 sp^2 或 sp 杂化轨道形成 σ 键外，两个碳原子上未参与杂化的 p 轨道互相侧面重叠形成 π 键，此键较不稳定，易发生加成和氧化反应。

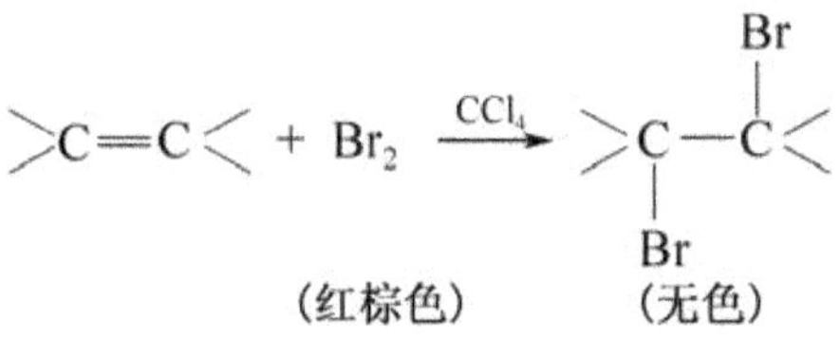

$$>C=C< \ + \ Br_2 \xrightarrow{CCl_4} \ \begin{matrix} & Br \\ & | \\ >C & -C< \\ & | \\ & Br \end{matrix}$$

（红棕色） （无色）

$$-C\equiv C- \ + \ 2Br_2 \xrightarrow{CCl_4} \ -CBr_2-CBr_2-$$

（红棕色） （无色）

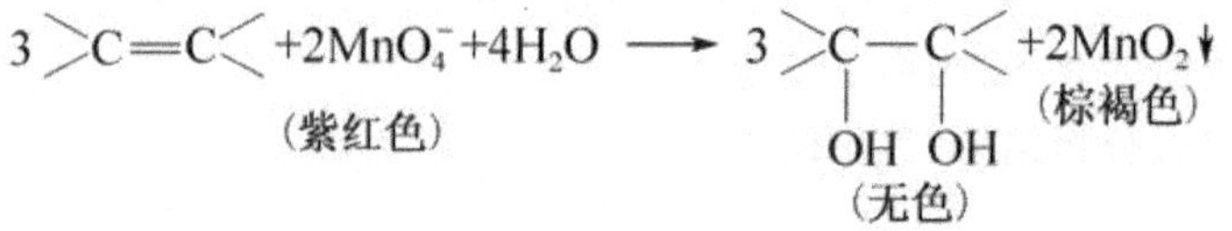

$$3 \underset{}{>}C=C\underset{}{<} + 2MnO_4^- + 4H_2O \longrightarrow 3 \underset{OH\ OH}{>C-C<} + 2MnO_2 \downarrow$$

（紫红色）　　　　　　　　　　　　　　　　　　（棕褐色）

（无色）

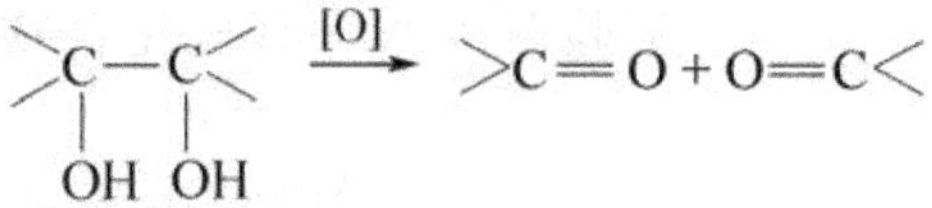

$$\underset{OH\ OH}{>C-C<} \xrightarrow{[O]} \ >C=O + O=C<$$

$$R-C\equiv C-R' + 2KMnO_4 \longrightarrow RCOOK + R'COOK + 2MnO_2 \downarrow$$

（紫红色）　　　　　（无色）　　　　　　　（棕褐色）

（H）$R-C\equiv C-H$ 型的炔烃与一价银离子或亚铜离子能生成炔化物沉淀。例如：

$$R-C\equiv C-H \xrightarrow[\text{或 } CuCl_2/NH_3 \cdot H_2O]{AgNO_3/NH_3 \cdot H_2O} RC\equiv CAg \downarrow (RC\equiv CCu \downarrow)$$

（白色沉淀）　　（红色沉淀）

故此反应可用来鉴别—$C\equiv C-H$ 类型的炔烃。

芳烃具有芳香性，一般情况下不易被氧化，难与卤素加成而易发生取代反应，如卤代、硝化等。

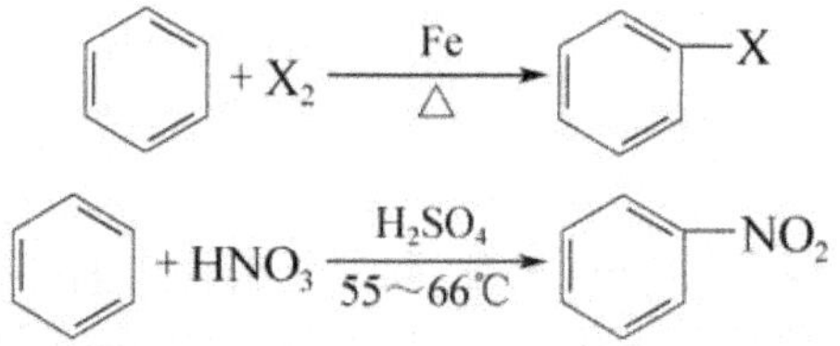

苯环上的烃基受到苯环影响，较易被氧化；同时烃基活化苯环，更易起取代反应。

卤代烃分子中的卤素具有一定的活泼性，烃基相同而卤原子不同的卤代烃活泼性顺序为 $RI > RBr > RCl$；卤素原子相同而烷基不同的卤代烃活泼性顺序为 $3° > 2° > 1° > CH_3X$；卤代烯烃与卤代芳烃的活性，烯丙基型和苄基型的卤代烃最大，乙烯型和芳基型卤代烃最小，孤立型的卤代烯烃居中，与卤代烷相似。

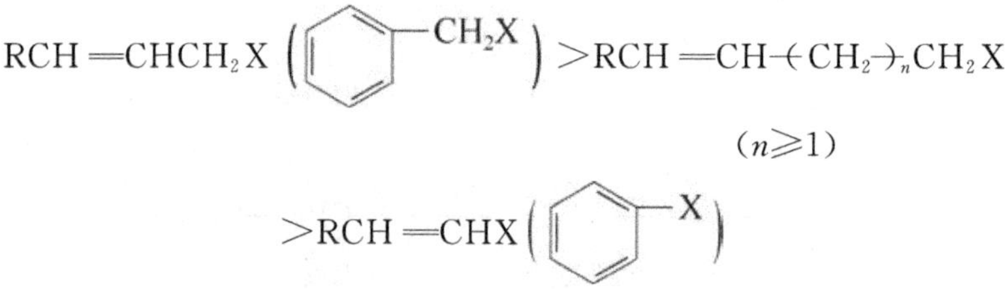

$(n \geqslant 1)$

以上活性可以从它们与硝酸银乙醇溶液发生反应生成卤化银沉淀的难易分别得到验证。

实验内容

1. 烷烃的性质

1) 稳定性

取三支干燥试管,分别加入浓硫酸 5 滴、40%氢氧化钠溶液 5 滴、0.05%高锰酸钾溶液及 5%碳酸钠溶液各 5 滴的混合液,再加入液体石蜡[1]5 滴,振摇,观察现象。

2) 卤代反应

取两支试管,各加 1 滴 3%溴的四氯化碳溶液,再加入液体石蜡 10 滴,振摇,一支放入暗处,另一支放在阳光下或日光灯下,5~10min 后,观察两支试管颜色变化有何区别? 为什么?

2. 烯烃、炔烃的性质

1) 加成反应

取两支试管,各加 1cm³3%溴的四氯化碳溶液,在一支试管中加入 10 滴丁烯,振摇;另一支试管中通入乙炔,观察两支试管的现象。

2) 氧化反应

取四支试管,编号。在①、②、③、④四支试管中各加入 0.5%高锰酸钾溶液 1cm³,往①、②号两支试管中加入 5%碳酸钠溶液 5 滴,往③、④号两支试管中加入 3 滴浓硫酸,然后往①、②号两支试管中加入 5 滴丁烯,混合均匀,往③、④号两支试管中通入乙炔,观察四支试管的变化。

3. 金属炔化物的生成[2]

1) 硝酸银氨溶液[也称土伦(Tollens)试剂][3]的配制

取一支洁净试管,加入 2%硝酸银溶液 0.5cm³ 和 10%氢氧化钠溶液 1 滴,再滴加 2%氨水,边加边摇,直至沉淀刚好溶解,即得澄清的硝酸银氨溶液。

将乙炔通入上述溶液中,观察有何变化。

2) 取一支试管,加入氯化亚铜氨溶液[4]1cm³,通入乙炔,观察有何变化。

4. 芳烃的性质

1) 卤代反应

取四支干燥洁净的试管,编号。在①、②号两支试管中各加 5 滴苯,在③、④号两支试管中各加 5 滴甲苯,然后在这四支试管中各加入一两滴 3%溴的四氯化碳溶液,振摇。将①、③号试管放在试管架上,观察现象。将②、④号试管中各加入少量铁粉,振摇,观察现象。若无变化,再放入热水浴中加热 1～2min 后,振摇,观察有何变化。

2) 氧化反应

取两支洁净试管,分别加入纯苯和甲苯[5] 5 滴,再各加入 0.5%高锰酸钾溶液和 25%硫酸 2 滴,剧烈振摇后放在 50～60℃的水浴中加热 3～5min,观察现象。

5. 卤代烃与硝酸银乙醇溶液的反应

1) 烃基结构对反应速率的影响

取三支干燥试管,各加入 1%硝酸银乙醇溶液 10 滴,再分别加入 1-氯丁烷、氯苯、苄氯各两三滴,振摇,观察有无沉淀析出,记下出现沉淀的时间。大约 5min后,把没有出现沉淀的试管放在 75℃水浴中加热数分钟,冷却后,注意观察有无沉淀析出,记下出现沉淀的时间。写出卤代烃的活性顺序。

2) 卤原子对反应速率的影响

取三支干燥试管,各加入 1%硝酸银乙醇溶液 10 滴,再分别加入 1-氯丁烷、1-溴丁烷、1-碘丁烷 1～3 滴,振摇几分钟后观察沉淀生成的速度。如 5min 后仍无沉淀析出,可在 75℃水浴中加热后再观察现象。写出其活性顺序。

3) 卤代烃与碘化钠丙酮溶液反应

取 5 支试管(要求干燥洁净),分别加 3 滴(约 0.2cm³)1-氯代正丁烷、2-氯代正丁烷、叔丁基氯、氯苯和氯苄。然后在每支试管中加入 1cm³ 15%碘化钠丙酮溶液,边加边摇动试管,同时注意观察每支试管里的变化,记下产生沉淀的时间。大约 5min 后,再把没有出现沉淀的试管放在 50℃的水浴中加热(注意:水浴温度不要超过 50℃,以免影响实验结果)。加热 6min 后,将试管取出并冷却到室温。从加热到冷却都要注意试管里的变化并记下产生沉淀的时间。有没有沉淀的产生能说明什么问题? 请从结构和反应历程上简单地予以解释。

实验指导

[1] 液体石蜡是比较高级的饱和烃,为一混合烷烃($C_{18}H_{38}$-$C_{22}H_{46}$),具有烷烃的一切通性,沸点在 300℃以上。

液体石蜡也可用石油醚代替,它的主要成分为低相对分子质量烷烃(主要是戊烷和己烷)的混合物,极易燃烧,操作时应远离火源。

[2] 金属炔化物在干燥时受热或受振动后,易爆炸,生成游离碳和金属银碎末,同时放出巨大热量。实验后要立即用稀硝酸或稀盐酸加热分解。

$$AgC \equiv CAg \longrightarrow 2Ag + 2C + 364kJ$$

$$AgC\equiv CAg + 2HNO_3 \longrightarrow 2AgNO_3 + HC\equiv CH\uparrow$$
$$CuC\equiv CCu + 2HCl \longrightarrow Cu_2Cl_2 + HC\equiv CH\uparrow$$

〔3〕配制试剂时应防止加入过量的氨水,否则将生成雷酸银(Ag—O—N≡C),受热后将增加引起爆炸的机会,试剂本身还将失去灵敏性。

硝酸银氨溶液(多伦试剂)长久放置后将析出黑色氮化银(Ag_3N)沉淀,它受振动时分解,发生猛烈的爆炸,有时潮湿的氮化银也能引起爆炸。因此必须在临用时配制,不宜储存备用。实验时,切忌用灯焰直接加热,以免发生危险。

通入乙炔后,析出白色乙炔银沉淀,如果乙炔中混有硫化氢、砷化氢等杂质时,析出物中往往夹有黑色、黄色的沉淀。

$$H_2S + Ag(NO_3)_2OH \longrightarrow Ag_2S\downarrow （黑色）$$

〔4〕氯化铜氨溶液易被空气氧化成二价铜,溶液变蓝色,对乙炔铜的红色沉淀起掩蔽作用,影响实验效果。为了便于观察反应现象,必须除去 Cu^{2+},可在温热的试剂中滴加 2% 羟胺盐酸盐溶液至蓝色褪去。因为羟胺是一种强还原剂,可将 Cu^{2+} 还原为 Cu^+。

$$4\,Cu^{2+} + 2NH_2OH \longrightarrow 4Cu^+ + 4H^+ + N_2O + H_2O$$

〔5〕苯、甲苯的纯度是本实验成功的关键之一,用化学纯的苯和甲苯可得到较理想的结果。如果苯中含有少量甲苯,硫酸中含有微量还原性物质,本实验水浴温度过高,加热时间过长,有时苯的试管也有变色现象。

思考题

1. 烷烃的卤代反应,为什么不用溴水,而用溴的四氯化碳溶液?

2. 用电石制取乙炔为什么会有臭味?如何除去?如果实验室中瓶装电石已成粉末状,能否用来制取乙炔?为什么?

3. 乙炔银和乙炔亚铜在干燥时受到撞击易发生爆炸,实验结束时应如何正确处理?

4. 在与碘化钠丙酮溶液的反应中,氯苄和1-氯正丁烷都是伯卤代烃。但在反应中快慢很不一样。在实验中,哪一个在碘化钠丙酮溶液中反应快些?为什么?

5. 在卤代烃与硝酸银反应的实验中,为什么要用硝酸银的醇溶液而不用水溶液?

Ⅱ 烃的含氧衍生物

实验目的

1. 加深对醇、酚、醛、酮、羧酸主要化学性质的认识;

2. 掌握醇、酚、醛、酮的鉴定方法;

3. 通过实验,进一步了解乙酰乙酸乙酯的互变异构现象。

实验预习

1. 醇、酚、醛、酮、羧酸主要化学性质;

2. 由酮-烯醇式互变异构而引起的化学性质。

实验原理

醇、酚、醚、醛、酮及其羧酸都是烃的含氧衍生物。由于氧原子所连的基团（原子）不同，使其各具有不同的化学性质。

醇的碳-氧键与氧-氢键都是极性键，这是醇易发生反应的两个部位。醇可发生取代、消除和氧化等反应，但不能游离出氢离子。伯、仲、叔醇与卢卡斯（Lucas）试剂的反应速率明显不同，故可用作低级伯、仲、叔醇的鉴别。

$$\begin{matrix} R \\ R' \\ R'' \end{matrix}\!\!\!\!\Big\rangle\!C\!-\!OH + HCl \xrightarrow[\text{室温}]{ZnCl_2} \begin{matrix} R \\ R' \\ R'' \end{matrix}\!\!\!\!\Big\rangle\!C\!-\!Cl + H_2O$$

1 min内变混浊

$$\begin{matrix} R \\ R' \end{matrix}\!\!\!\!\Big\rangle\!CHOH + HCl \xrightarrow[\text{室温}]{ZnCl_2} \begin{matrix} R \\ R' \end{matrix}\!\!\!\!\Big\rangle\!CHCl + H_2O$$

10 min内变混浊

$$RCH_2OH + HCl \xrightarrow[\text{室温}]{ZnCl_2} 数小时内无变化，加热后变混浊$$

醇与有机酸的酯化反应在强酸的催化下进行。

$$\overset{\overset{\displaystyle O}{\|}}{RC}\!-\!OH + R'OH \underset{\triangle}{\overset{H_2SO_4}{\rightleftharpoons}} \overset{\overset{\displaystyle O}{\|}}{RC}\!-\!OR' + H_2O$$

伯醇和仲醇易被氧化剂氧化，叔醇在与伯、仲醇相似条件下很难被氧化。

$$RCH_2OH \xrightarrow{[O]} \overset{\overset{\displaystyle O}{\|}}{RC}\!-\!H \xrightarrow{[O]} \overset{\overset{\displaystyle O}{\|}}{RC}\!-\!OH$$

$$\begin{matrix} R \\ R' \end{matrix}\!\!\!\!\Big\rangle\!CHOH \xrightarrow{[O]} \begin{matrix} R \\ R' \end{matrix}\!\!\!\!\Big\rangle\!C\!=\!O$$

$$\begin{matrix} R \\ R' \\ R'' \end{matrix}\!\!\!\!\Big\rangle\!C\!-\!OH \xrightarrow{[O]} 不被氧化$$

多元醇除能起一元醇的一切反应外，还具有很弱的酸性（很难用通常的指示剂检验），它们易与许多金属的氢氧化物发生类似中和反应，生成类似于盐类的产物。例如，邻二醇与新配制的氢氧化铜反应生成深蓝色水溶液。此反应可用作邻位多元醇的定性检验。

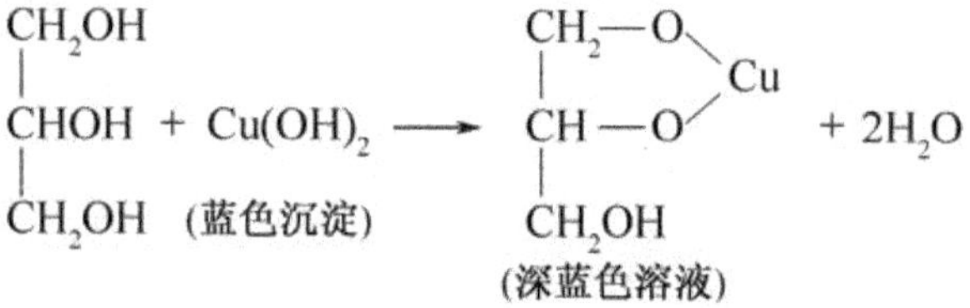
CH2OH
CHOH + Cu(OH)2
CH2OH (蓝色沉淀)
CH2—O
Cu
CH—O
CH2OH
+ 2H2O
(深蓝色溶液)

酚羟基直接与苯环相连，使苯环活泼性增强，易发生卤代、硝化、磺化等亲电取代反应。苯酚能使溴水褪色生成 2,4,6-三溴苯酚白色沉淀，可用来检验苯酚。

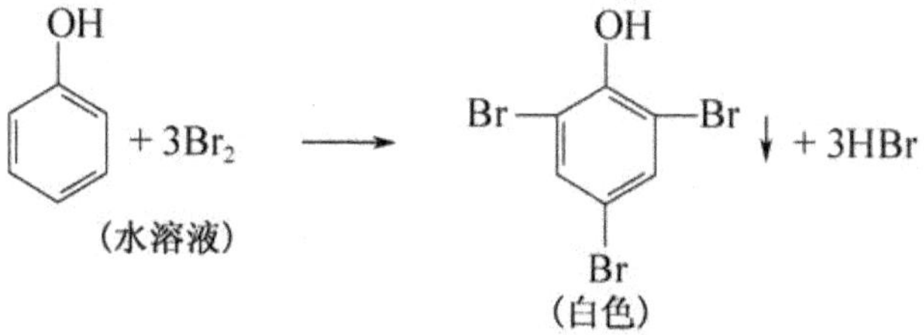
OH
+ 3Br2
(水溶液)
OH
Br
Br
Br
+ 3HBr
(白色)

由于酚羟基受苯环的影响显弱酸性（酸性弱于碳酸），能与氢氧化钠作用生成溶于水的酚盐。

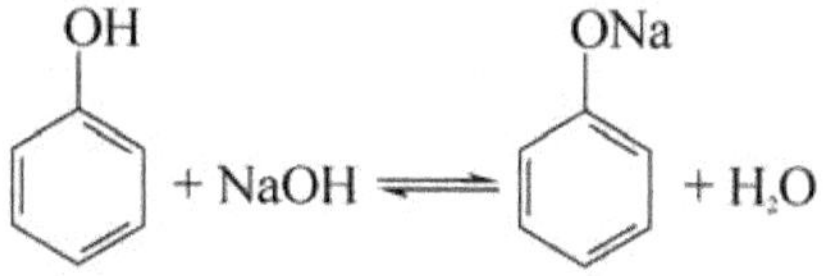
OH
+ NaOH
ONa
+ H2O

大多数酚与三氯化铁有特殊的颜色反应（表 11-1），而且不同的酚显示不同的颜色。例如：

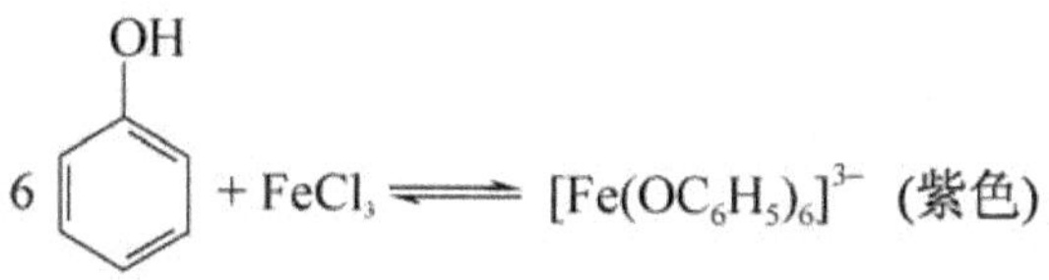
OH
6
+ FeCl3
[Fe(OC6H5)6]3-
(紫色)

表 11-1　几种酚与三氯化铁反应的颜色

酚　类	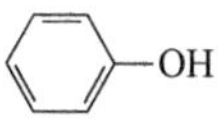	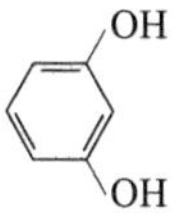	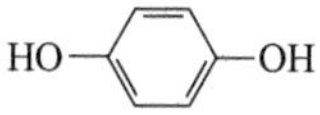	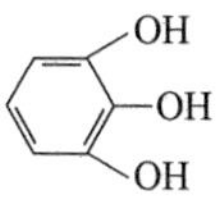	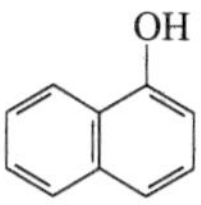	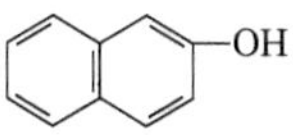
颜　色	蓝紫色	蓝紫色	暗绿色结晶	棕红色	紫色沉淀	析出紫色沉淀很慢

醛、酮均具有羰基官能团，因而化学性质相似，能与 2,4-二硝基苯肼反应生成黄色、橙色或橙红色的 2,4-二硝基苯腙沉淀。因此 2,4-二硝基苯肼是实验室鉴定醛、酮的常用试剂之一。

$$\begin{matrix} R \\ (R')H \end{matrix}C{=}O+H_2NNH{-}\underset{NO_2}{\overset{NO_2}{\bigcirc}}{-}NO_2 \longrightarrow \begin{matrix} R \\ (R')H \end{matrix}C{=}NNH{-}\underset{NO_2}{\overset{NO_2}{\bigcirc}}{-}NO_2 +H_2O$$

由于醛类羰基上至少连有一个氢原子，而酮类的羰基则与两个烃基相连，因而醛、酮的化学性质也有差异。如醛类易被弱氧化剂氧化，且能使无色的品红试剂显紫红色，酮则不能。此类反应常用来区别醛、酮。甲醛的羰基分别与两个氢原子相连，它与其他醛不同，所以甲醛有它的特性，可用与品红试剂显色后，再加入稀硫酸颜色不消失来区别甲醛和其他醛。碘仿反应是鉴定具有 $CH_3\overset{O}{\overset{\|}{C}}{-}$ 结构的醛、酮或能被次碘酸钠氧化生成此结构的醇 $\left(CH_3\overset{OH}{\underset{|}{C}}{-}CH_2{-}R \right)$，此反应生成黄色有特殊气味的碘仿沉淀，现象明显，易于鉴别。

$$\begin{matrix} (H)R \\ H_3C \end{matrix}C{=}O \xrightarrow[\text{NaOH}]{I_2} (H)R{-}\overset{O}{\overset{\|}{C}}{-}ONa + CHI_3\downarrow$$
$$\underset{\text{(黄色)}}{}$$

影响羧酸酸性的因素很多，其中主要是与羧基相连基团的电子效应。吸电子基团，使酸性增强；斥电子基团，使酸性减弱。

乙酰乙酸乙酯分子中的亚甲基上的氢原子受邻近两个羰基的影响，变得非常活泼，因此有酮式与烯醇式两种互变异构体，它们存在下列平衡：

$$CH_3{-}\underset{O}{\overset{}{C}}{-}\underset{H}{\overset{H}{C}}{-}\underset{O}{\overset{}{C}}{-}OC_2H_5 \rightleftharpoons CH_3{-}\underset{OH}{\overset{H}{C}}{=}C{-}\underset{O}{\overset{}{C}}{-}OC_2H_5$$

所以乙酰乙酸乙酯与三氯化铁、溴水、2,4-二硝基苯肼均可发生反应。

实验内容

1. 醇的性质

1）卢卡斯试剂的反应[1]

取三支干燥试管，分别加入 2 滴正丁醇、仲丁醇、叔丁醇，再加入 4 滴卢卡斯试剂,振摇,放入 25~35℃ 水浴中加热,观察现象,并记录出现混浊的时间。

2) 氧化反应

取三支试管,分别加入正丁醇、仲丁醇、叔丁醇 4 滴,各加 5% 重铬酸钾溶液 2 滴,振摇,观察现象。然后再各加入浓硫酸 2 滴,振摇,观察现象。

3) 多元醇的弱酸性反应

取三支试管,分别加入 3 滴 1% 硫酸铜溶液和 2 滴 10% 氢氧化钠溶液,有何现象发生? 然后分别加入 3 滴 10% 乙二醇、10% 1,3-丙二醇、10% 甘油,振摇,观察现象。

2. 酚的性质

1) 弱酸性

(1) 取一支盛有 1cm³ 水的试管,加入 10% 氢氧化钠溶液和酚酞溶液各 1 滴,溶液呈红色,再逐滴加入饱和酚酞溶液 4~6 滴,观察溶液颜色的变化。

(2) 取两支试管,各加入约 0.2g 苯酚晶体[2],再分别加入 10% 氢氧化钠溶液、5% 碳酸氢钠溶液[3] 5 滴,振摇,比较两试管中现象有何不同,说明原因。

2) 与三氯化铁的反应[4]

取四支试管,依次分别加入苯酚、对苯二酚、1,2,3-苯三酚、α-萘酚的饱和溶液 5 滴,再各加入新配制的 1% 三氯化铁溶液一两滴,振摇,观察颜色有何不同。

3) 与饱和溴水的反应

取三支试管,分别加入 2 滴苯酚、对苯二酚、1,2,3-苯三酚饱和溶液,再加 2 滴饱和溴水,摇匀,观察现象[5]。

3. 醛、酮的性质

1) 与 2,4-二硝基苯肼反应

取三支试管,分别加入 2 滴 5% 甲醛、5% 乙醛、5% 丙酮溶液,然后各滴加约 2 滴 2,4-二硝基苯肼试剂,振摇,观察有无沉淀生成。若无沉淀,静置数分钟后再观察。

2) 碘仿反应

取五支试管,依次分别加入 5% 甲醛、5% 乙醛、5% 丙酮、95% 乙醇、5% 异丙醇各 5 滴,再各加入碘-碘化钾溶液 6~8 滴,溶液呈棕红色,接着逐滴加入 10% 氢氧化钠溶液,边滴边摇动试管直到反应液呈微黄色为止[6],观察现象。如无黄色沉淀析出,可在 60℃ 水浴中加热 2~3min,冷却后再观察现象。

3) 氧化反应

(1) 与土伦试剂反应

取一支洁净试管,加入 2% 硝酸银溶液 2cm³ 和 10% 氢氧化钠溶液 1 滴,再滴加 2% 氨水,边加边摇,直至沉淀刚好溶解,即得澄清的硝酸银氨溶液。

另取洁净的试管四支,把上述所配溶液均分四份,分别加入甲醛、乙醛、苯甲醛、丙酮各 2 滴,2min 后若无变化,可在温水浴(50～60℃)中加热,观察并比较结果。

(2) 与费林(Fehling)试剂[8]反应

取四支试管,各加入 3 滴费林试剂 A 和 3 滴费林试剂 B,混合均匀,然后在四支试管中分别加甲醛、乙醛、苯甲醛、丙酮各五六滴,摇匀后,置于沸水浴中煮沸3～5min,随时注意观察现象并比较结果。

4. 羧酸、取代酸的性质

1) 酸性比较

取三支试管,各加入蒸馏水 5 滴,再分别加入 2 滴乳酸、乙酸、三氯乙酸,摇匀。分别用洗净的玻璃棒沾取酸液少许,在刚果红试纸上划线,比较颜色及其深浅的差异[9]。在剩余的溶液中各加入几滴甲基橙试剂,观察有何现象。

2) 甲酸的氧化

取一支带有导气管的试管,加入 $1cm^3$ 甲酸和 $1cm^3$ 浓硫酸及 $1cm^3$ 0.5% 高锰酸钾溶液,放一粒沸石,加热。迅速塞好试管,并把导管插入石灰水(或氢氧化钡水溶液)的小试管中,观察有何变化并解释原因。

3) 醇酸的氧化

(1) 取一支带支管并接有导气管的试管,加入 $1cm^3$ 乳酸和 $1cm^3$ 浓硫酸及一粒沸石。塞好试管口后开始加热。边加热边观察试管里混合液的颜色变化,并点燃导气管口外出的气体,有何现象?

(2) 用 0.5g 酒石酸做上述实验。除点燃导气管口外出的气体外,还要将外出的气体通入石灰水中,有何现象?

(3) 用 0.5g 柠檬酸做上述实验。除点燃导气管口外出的气体和将外出的气体通入石灰水外,还要用 $1cm^3$ 次碘酸钠溶液检验外出的气体。各有何现象?

4) 酚酸的反应

(1) 氧化反应。取两支试管,分别加入 5 滴饱和苯甲酸溶液、饱和水杨酸溶液,再各加入 $1cm^3$ 5% 碳酸钠溶液和 1 滴 0.5% 高锰酸钾溶液。摇动试管,仔细观察各试管有何现象发生。

(2) 与饱和溴水反应。取两支试管,分别加入 5 滴饱和苯甲酸溶液、饱和水杨酸溶液,再各加入 2 滴饱和溴水。观察各试管有何变化?

将上面加有水杨酸和饱和溴水的试管,再继续滴加饱和溴水,至白色沉淀变成黄色沉淀为止。把制得的混合液加热煮沸 2min,以除去过量的溴。此时有何现象? 将试管冷却后,加入 5 滴 5% 碘化钾溶液和 $1cm^3$ 苯。摇动试管,又有何现象?

(3) 与三氯化铁反应。取两支试管,分别加入 5 滴饱和苯甲酸溶液、饱和水杨酸溶液,再各加入一两滴 1% 三氯化铁溶液。观察各试管有何现象。

5)酮式与烯醇式的互变异构

(1)取一支试管,加入 3 滴乙酰乙酸乙酯和 15 滴乙醇,混合均匀后滴加 1 滴 1% 三氯化铁溶液,观察溶液呈何种颜色? 然后逐滴加入饱和溴水 2 滴,振摇,注意溶液有何变化? 放置片刻,又有何现象? 解释原因。

(2)取一支试管,加入 5 滴乙酰乙酸乙酯,再加入 2 滴 2,4-二硝基苯肼试剂,振摇,观察有何现象。

实验指导

〔1〕卢卡斯试剂只用于鉴定 $C_3 \sim C_6$ 的醇,因为大于六个碳的醇不溶于卢卡斯试剂,$C_1 \sim C_2$ 醇反应后所得的氯代烷是气体,故都不适用。

〔2〕苯酚具有腐蚀性,如不慎沾及皮肤,应先用水冲洗,再用乙醇擦洗,直至沾及部位不呈白色,然后抹上甘油。

〔3〕苯酚不能溶于碳酸氢钠,但能溶于碳酸钠,因为碳酸钠水解出的氢氧化钠与苯酚反应形成水溶性的苯酚钠,在此过程中并无二氧化碳放出。

$$Na_2CO_3 + H_2O \Longrightarrow NaOH + NaHCO_3$$

〔4〕三氯化铁是显色剂,也可作为氧化剂与某些酚起反应。例如,对苯二酚除形成酚铁盐外,一部分对苯二酚被氧化为对苯醌,然后再生成对苯醌合对苯二酚(醌氢醌)暗绿色晶体。α-萘酚被氧化为溶解度很小的联萘酚,从溶液中析出白色沉淀,放置后变成紫色。

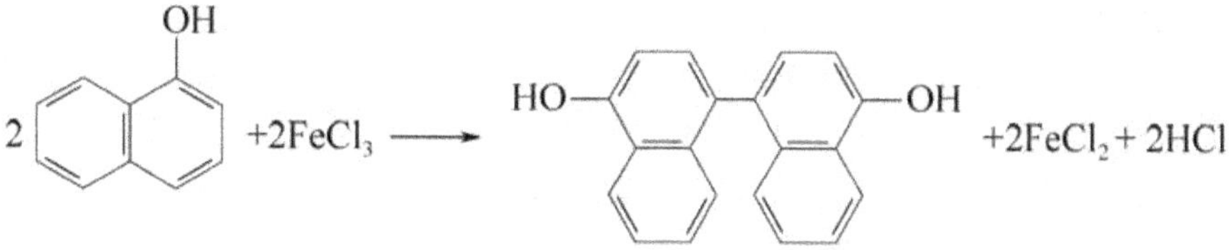

许多酚能与三氯化铁起显色反应,但有例外,例如:

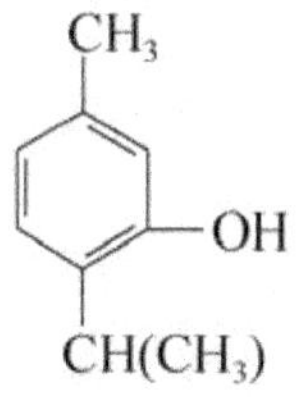

(麝香草酚) 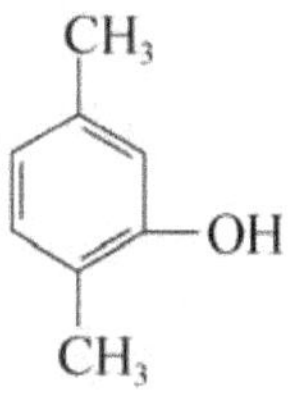　　　　(2,5-二甲酚)

即不显色。

〔5〕苯酚与溴水反应,析出白色沉淀。由于溴水具有氧化剂作用,故对苯二酚的溶液先变红,然后析出暗绿色的针状晶体,而 1,2,3-苯三酚与溴水的反应中无

沉淀生成,因为1,2,3-苯三酚与溴水反应的产物溶于水。

2,4,6-三溴苯酚白色沉淀被过量的溴水氧化为黄色的2,4,4,6-四溴环己二烯酮,它不溶于水,易溶于苯中。

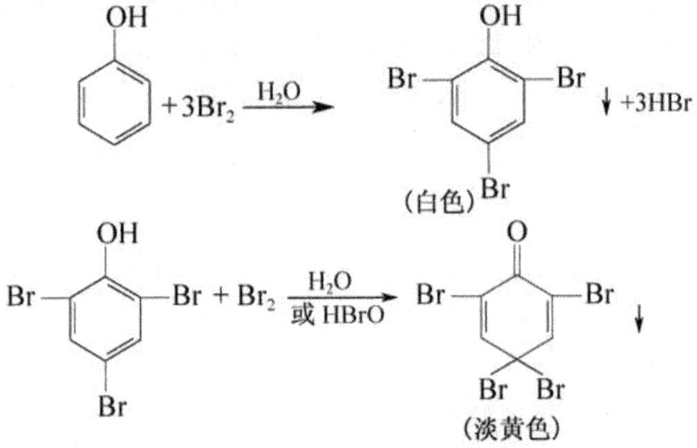

(白色)

(淡黄色)

[6] 如碱液过量,加热时生成的碘仿发生水解,沉淀消失。

$$CHI_3 + 4NaOH \longrightarrow HCOONa + 3NaI + 2H_2O$$

[7] 本实验必须在弱酸性溶液中进行,且不能加热,因为碱性化合物或加热都将使试剂失去二氧化硫(或亚硫酸),使品红的桃红色再现,引起判断的失误。

某些能与亚硫酸起反应的酮(如甲基酮)和不饱和化合物及易吸附二氧化硫的物质也能使品红试剂分解变成桃红色。

大量的无机酸能使醛与品红试剂的加成物褪色(甲醛除外)。

品红试剂与醛作用生成桃红色化合物(并非恢复品红原来的颜色)。但是,所生成的桃红色染料能与试剂中过量的二氧化硫作用,醛成为亚硫酸加成物被脱下,又变回品红试剂,所以反应液静置后会逐渐褪色。

[8] 费林试剂只与脂肪醛反应,不与芳香醛反应。

颜色变化的正常情况是:蓝色→绿色→黄色→红色沉淀。黄色物质是氢氧化亚铜,而氧化亚铜则呈红色。

甲醛被氧化成甲酸,仍有还原性,结果氧化亚铜继续被还原成金属铜,呈暗红色粉末或铜镜析出。

[9] 刚果红变色范围是pH=3～5。在中性和碱性溶液中呈红色,刚果红试剂与弱酸作用成棕黑色,与中强酸作用呈蓝黑色,与强酸作用呈稳定的蓝色。

[10] 乙酰乙酸乙酯的烯醇式结构在不同的溶液中有不同的含量。例如,用乙醇作溶剂时,约含烯醇式12%。

乙酰乙酸乙酯与三氯化铁的显色反应是因为其烯醇式与三氯化铁生成了紫红色络合物。

$$CH_3-\underset{\underset{OH}{|}}{C}=CH-\underset{\underset{O}{\|}}{C}-OC_2H_5 + FeCl_3 \rightleftharpoons CH_3-\underset{\underset{O}{|}}{C}=CH-\underset{\underset{O}{\|}}{C}-OC_2H_5 + HCl$$

加溴水后,溴与烯醇式结构中碳-碳双键加成,生成二溴化合物(无色),然后脱去一分子溴化氢,使烯醇式转变为酮式的溴代衍生物。

$$CH_3-\underset{\underset{OH}{|}}{C}=CH-\underset{\underset{O}{\|}}{C}-OC_2H_5 \xrightarrow{Br_2} \left[CH_3-\underset{\underset{HO}{|}}{\overset{\overset{Br}{|}}{C}}-\underset{\underset{Br}{|}}{\overset{\overset{H}{|}}{C}}-\underset{\underset{O}{\|}}{C}-OC_2H_5\right]$$

$$\xrightarrow{-HBr} CH_3-\underset{\underset{O}{\|}}{C}-\underset{\underset{Br}{|}}{CH}-\underset{\underset{O}{\|}}{C}-OC_2H_5$$

烯醇式即不再存在,原来与三氯化铁所显的颜色也就消失,但酮式与烯醇式间存在一个互变动态平衡,为了恢复已被破坏的平衡状态,又有一部分酮式转变为烯醇式,它与原来存在于反应液中的三氯化铁相遇,所以又呈紫红色。这现象说明在常温下乙酰乙酸乙酯的酮式与烯醇式是同时存在的、相互转变的。

思考题

　　1. 请再举出几种与三氯化铁发生颜色反应的化合物。

　　2. 有时碘仿反应需要加热,为使碘仿尽快产生,能用沸水浴直接加热吗? 为什么?

　　3. 在与亚硫酸氢钠的反应中,为什么亚硫酸氢钠溶液要饱和溶液?

　　4. 乙酰乙酸乙酯具有什么结构特点? 怎样用实验说明它在常温下存在互变异构?

Ⅲ　烃的含氮衍生物

实验目的

　　1. 了解取代基对胺碱性强弱的影响及重氮化反应、酰胺水解的原理;

　　2. 掌握伯、仲、叔胺的鉴别方法。

实验预习

　　1. 伯、仲、叔胺及芳香胺的化学性质;

　　2. 伯、仲、叔胺及芳香胺的鉴定方法和原理。

实验原理

　　烃的含氮衍生物主要有胺、酰胺、重氮盐和偶氮化合物等。

　　胺因氮原子上电子云密度较大,属碱性有机化合物,可与酸作用生成盐。胺的碱性强弱与直接和氮原子相连的烃基的电子效应及空间阻碍有密切关系。

胺类与苯磺酰氯的反应称为欣斯堡(Hinsberg)反应。

伯胺　$RNH_2 +$ ⟨benzene⟩$—SO_2Cl \longrightarrow$ ⟨benzene⟩$—SO_2NHR \underset{HCl}{\overset{NaOH}{\rightleftharpoons}}$ ⟨benzene⟩$—SO_2NRNa$

（不溶）　　　　　（可溶性盐）

仲胺　$R_2NH +$ ⟨benzene⟩$—SO_2Cl \longrightarrow$ ⟨benzene⟩$—SO_2NR_2 \xrightarrow{NaOH}$ 不溶于 NaOH

（不溶）　　　（因氮原子上没有氢原子）

叔胺　$R_3N +$ ⟨benzene⟩$—SO_2Cl \xrightarrow{NaOH}$ 不反应，也不溶于 NaOH(仍为油状物)

生成的苯磺酰胺大多数是良好的晶体，都有一定的熔点，因此可用于鉴定和分离伯、仲、叔胺。

胺类与硝酸盐反应也可用于鉴别伯、仲、叔胺。在脂肪族胺中，伯胺与亚硝酸反应放出氮气；仲胺与亚硝酸反应生成黄色油状液体或固体的 N-亚硝基胺；叔胺与亚硝酸生成盐而溶于水。

伯、仲、叔芳胺也可用与亚硝酸的反应鉴别：

伯胺　$CH_3CH_2CH_2CH_2NH_2 \xrightarrow[5℃]{NaNO_2/HCl}$

$N_2\uparrow + CH_3CH\!=\!CHCH_3 + CH_3CH_2CH_2CH_2OH(Cl)$

仲胺　$CH_3CH_2CH_2CH_2\overset{\overset{\displaystyle H}{|}}{N}CH_2CH_2CH_2CH_3 \xrightarrow{NaNO_2/HCl}$

$CH_3CH_2CH_2CH_2\overset{\overset{\displaystyle NO}{|}}{N}CH_2CH_2CH_2CH_3$

（黄色油状液体）

叔胺　$CH_3(CH_2)_3\overset{\overset{\displaystyle (CH_2)_3CH_3}{|}}{N}(CH_2)_3CH_3 \xrightarrow{NaNO_2/HCl} (CH_3CH_2)_3N\cdot HNO_2$

（盐）

芳香族伯胺在低温和强酸溶液中与亚硝酸作用，则生成重氮盐。它与酚、苄胺缩合，形成偶氮化合物，而显出颜色。

实验内容

1. 胺的碱性

(1) 取一支试管,加 2 滴丁胺和 10 滴水,振摇,注意丁胺是否溶解。再加 2 滴 15％盐酸,观察溶液是否清亮。然后加 1cm³ 水,观察现象。

另取一支试管,加约 0.2g 二苯胺晶体,用 1cm³ 无水乙醇使其完全溶解,再加 1cm³ 水,观察现象。置试管于沸水浴中加热,边摇边加 15％盐酸至溶液清亮为止 (冷却至室温仍为清亮),再加 1cm³ 水,摇匀,溶液变混浊[1]。

比较上述两支试管的变化过程并说明原因。

(2) 取一支试管,加 2 滴苯胺和 1cm³ 水,再加数滴 25％硫酸[2],观察现象。

2. 胺的磺酰化(欣斯堡)反应

(1) 取三支试管,分别加 3 滴苯胺、N-甲基苯胺、N,N-二甲基苯胺,再各加 2cm³ 10％氢氧化钠,然后各加 6 滴苯磺酰氯,剧烈振荡 5min,观察沉淀的生成[3]。最后各加 15％盐酸至溶液成酸性,摇匀,注意试管中的变化并说明原因。

(2) 取三支干燥试管,分别加入 3 滴苯胺、N-甲基苯胺、N,N-二甲基苯胺,再各加 6 滴苯磺酰氯,摇匀,用手触摸试管底部,充分振摇数分钟,观察现象。然后在有反应的两支试管中各加 2cm³ 10％氢氧化钠溶液,摇动片刻,观察现象并加以解释。

3. 苯胺与溴水反应

取一支试管,加 1 滴苯胺和 3cm³ 水,振摇,再滴加两滴饱和溴水,观察溶液有何变化[4]。

实验指导

[1] 二苯胺因氮原子上联有两个苯基,碱性比苯胺弱,它的盐酸盐仅在有过量的酸存在时才溶于水;如用水稀释溶液,二苯胺盐酸盐则发生水解而析出二苯胺沉淀。

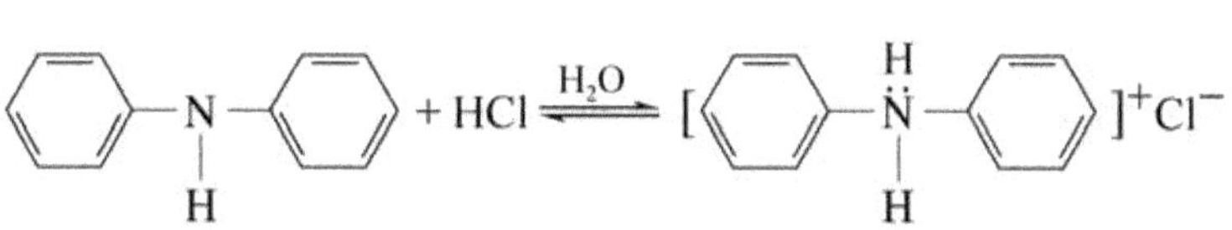

[2] 大多数无机酸与苯胺作用生成盐,易溶于水,但苯胺硫酸盐为白色固体,难溶于水。反应式为

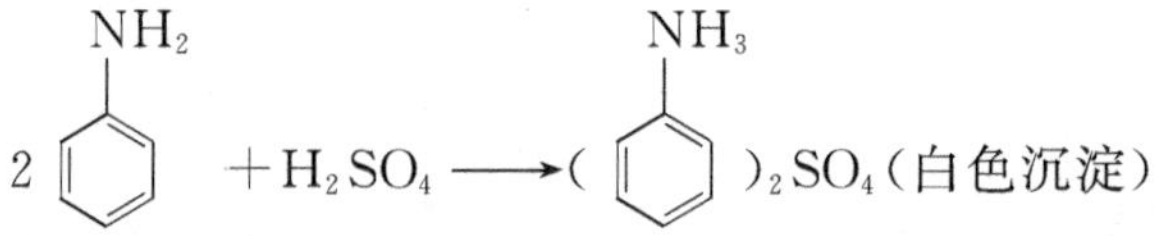

$$2 \underset{\text{NH}_2}{\bigcirc} + \text{H}_2\text{SO}_4 \longrightarrow (\underset{\text{NH}_3}{\bigcirc})_2\text{SO}_4 \text{(白色沉淀)}$$

[3] 若各试管均无沉淀出现,可塞住试管口,在温水浴(约70℃)中加热至苯磺酰氯气味消失为止。加热时,温度不能过高,因为 N,N-二甲基苯胺和苯磺酰氯一同加热时,可生成蓝紫色染料,加酸也很难溶解。

加碱后,伯胺的溶液中无沉淀析出,但加盐酸后析出沉淀(加盐酸时,要冷却并边加边摇,否则开始析出油状物,冷后凝结成一块固体);仲胺的溶液中析出油状物或沉淀,且沉淀不溶于酸;叔胺不反应,溶液中仍有油状,加盐酸后即溶解。

[4] 因溴水使部分苯胺氧化,有时溶液呈粉红色。

思考题

1. 在重氮化反应中,如何检验溶液中亚硝酸过量?
2. 重氮化反应中,为什么要用过量的盐酸?为什么重氮化温度不能过高?
3. 比较本实验鉴别伯、仲、叔胺的方法。如何分离伯、仲、叔胺?
4. 试设计分离下列化合物的方案,并说明理由:三乙胺、正丁胺、二乙胺和少量苯胺杂质。

Ⅳ 糖类的性质

实验目的

1. 通过实验,加深理解糖类的性质与结构的关系;
2. 学习糖类的鉴别方法。

实验预习

1. 糖类的性质;
2. 还原糖、非还原糖的性质差别。

实验原理

糖是一类多羟基醛或多羟基酮以及水解后生成多羟基醛或多羟基酮的有机物。通常可分单糖、二糖和多糖。

所有的糖类都能与无机酸(浓硫酸或浓盐酸)作用,生成糠醛或糠醛衍生物,再与 α-萘酚反应生成紫色物质[称为莫利希(Molish)反应];与蒽酮反应生成蓝绿色物质;酮糖与间苯二酚反应生成红色物质(西里瓦诺夫反应);戊糖与1,3,5-苯三酚反应生成红色物质(土伦反应)。淀粉遇碘变蓝色。

以上均为鉴别糖类化合物的常用显色反应。

按糖有无还原性,可分为还原性糖和非还原性糖。还原性糖的特点是分子中含半缩醛(酮)结构。醛糖和酮糖在稀碱条件下,存在下列平衡:

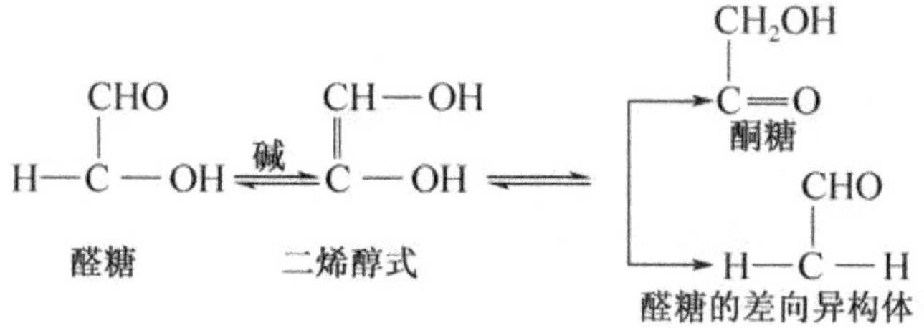

因此,醛糖和酮糖都能还原费林试剂、本尼迪特(Benedick)试剂和土伦试剂等弱氧化剂。还原性糖与苯肼试剂作用,经缩合—氧化—缩合过程,生成具有一定熔点和晶形的晶体,称为糖脎,反应式如下:

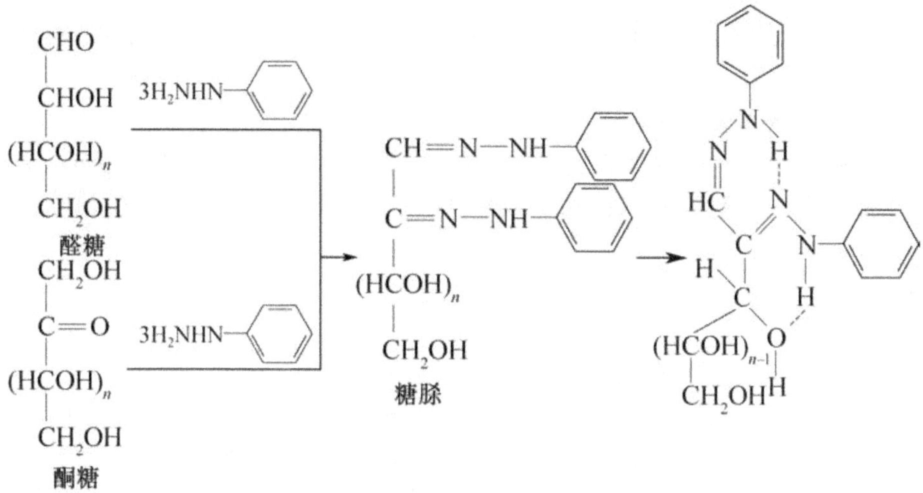

根据糖脎的晶形、熔点和成脎时间不同可区别不同种类的糖。非还原性糖分子中不含半缩醛(酮)结构,故无上述反应。

二糖或多糖在一定条件下(酸催化或酶催化),最终水解为单糖。如淀粉和纤维素是典型的多糖,最终水解产物均为 D-葡萄糖。纤维素一般要在浓酸作用下才能水解。

实验内容

1. 显色反应

1) 莫利希反应[1]

取六支试管,依次分别加入 5 滴 2%葡萄糖、2%果糖、2%麦芽糖、2%蔗糖、

2%木糖、1%淀粉,再各加 2 滴 15%α-萘酚-乙醇溶液,充分摇匀,将试管倾斜约 45°,沿试管壁各徐徐加入 10 滴浓硫酸(沉于试管底部),勿摇动,此时,浓硫酸与原混合液有明显界面,静置片刻,观察界面有无紫色环。

2) 蒽酮反应[2]

取六支试管,依次分别加入 3 滴 2%葡萄糖、2%果糖、2%麦芽糖、2%木糖、2%蔗糖、1%淀粉,然后将试管倾斜,沿管壁缓缓各加入 8～10 滴新配置的 0.2%蒽酮-浓硫酸溶液[3],切勿振摇,观察试管底层有无绿色出现。

3) 西里瓦诺夫反应[4]

取四支试管,依次分别加入 2 滴 2%葡萄糖、2%果糖、2%木糖、2%蔗糖,再各加入 10 滴间苯二酚-浓盐酸溶液,摇匀,同时放入沸水浴中加热 1～2min,观察并比较各试管出现的颜色。

4) 土伦反应[5]

取三支洁净试管,依次分别加入 5 滴 2%木糖、2%葡萄糖、2%果糖,再各加 5 滴 1,3,5-苯三酚-浓盐酸溶液,摇匀,同时放入沸水浴中加热 2min,观察溶液颜色变化。

5) 淀粉遇碘的反应

取一支试管,加入 5 滴 1%淀粉溶液和 1 滴 0.1%碘溶液,观察颜色变化。再将试管放入沸水浴中加热 4min,观察颜色变化。取出冷却,颜色又有什么变化?为什么?

2. 氧化反应

1) 银镜反应(土伦反应)

取一支洁净试管,加入 2%硝酸银溶液 2cm³ 和 10%氢氧化钠溶液 1 滴,再滴加 2%氨水,边加边摇,直至沉淀刚好溶解,即得澄清的硝酸银氨溶液。

另取四支洁净的试管,将上述土伦试剂均分四份,依次分别加入 2%葡萄糖、2%果糖、2%麦芽糖、2%蔗糖各 2～4 滴,摇匀,同时放入热水浴(60～70℃)中加热,观察有无银镜出现。

2) 费林试剂

取五支试管,分别加入费林试剂 A、费林试剂 B 各 4 滴,混匀。再依次分别加 2 滴 2%葡萄糖、2%果糖、2%麦芽糖、2%蔗糖、1%淀粉溶液,摇匀,同时放入沸水浴中加热 4～5min,观察颜色变化和沉淀生成。

3. 成脎反应

取四支试管,依次分别加 15 滴 2%葡萄糖、2%果糖、2%麦芽糖、2%蔗糖,再各加约 0.1g 固体苯肼试剂(或 1cm³ 液体苯肼试剂),用棉花塞住试管口[6],振摇,使固体溶解至溶液清亮,然后同时放入沸水浴中加热,记录结晶出现的时间[7]。20min 后[8],取出试管,任其自然冷却。观察是否有结晶析出。记录结晶析出的时间。最后各取少量结晶,放在载玻片上,用盖玻片盖好。在低倍显微镜(80~100倍)下,观察各糖脒的晶形。

4. 二糖和多糖的水解

1) 蔗糖的酸催化水解

取一支试管,加 2 滴 2%蔗糖和 1cm³ 水,再加 2 滴 15%盐酸,摇匀,放入沸水浴中加热 10min。边摇边滴加 10%氢氧化钠至溶液呈碱性,再加入 5 滴费林试剂,摇匀,置沸水浴中加热 2min,观察现象。

2) 蔗糖的酶催化水解[10]

取一支试管,加 1cm³ 2%蔗糖和 1cm³ 酵母片悬浮液,充分振摇,放入约 35℃温水浴中加热 20min。再加入 5 滴土伦试剂,摇匀,放入沸水浴中加热 15min,观察颜色变化过程。

3) 淀粉的酸催化水解

取一支试管,加 2cm³ 1%淀粉溶液和 3 滴浓盐酸,摇匀,放入沸水浴中加热,每隔 2~3min 用清洁的滴管取 1 滴水解液,滴在白瓷点滴板上,加 0.1%碘溶液 1滴,观察颜色变化[11],直至水解液遇碘不变色为止。将剩余的水解液,滴加 10%氢氧化钠至溶液呈碱性。再加入 5 滴费林试剂,摇匀,置沸水浴中加热 1~2min,观察现象并说明原因。

4) 淀粉的酶催化水解

取一支试管,加 1cm³ 1%淀粉溶液和 5 滴饱和氯化钠溶液,再加适量唾液(自备)[12],摇匀,放入约 37℃温水浴中加热 15min。取出后,加入 5 滴本尼迪特试剂,摇匀,放入沸水浴中加热 3min,观察并解释现象。

5) 纤维素的水解

取一支干燥试管,放入少许脱脂棉,加浓硫酸数滴,用玻璃棒搅拌至脱脂棉全部溶解(注意不要变黑!),再加 1cm³ 水,在沸水浴中煮沸数分钟。冷却,取 10 滴水解液于另一支试管中,滴加 10%氢氧化钠至溶液呈碱性,然后加两三滴本尼迪特试剂[13],摇匀,放入沸水浴中加热,观察现象。

实验指导

[1] 糖类物质在浓硫酸作用下,与 α-萘酚反应,生成紫色缩合物,反应式如下:

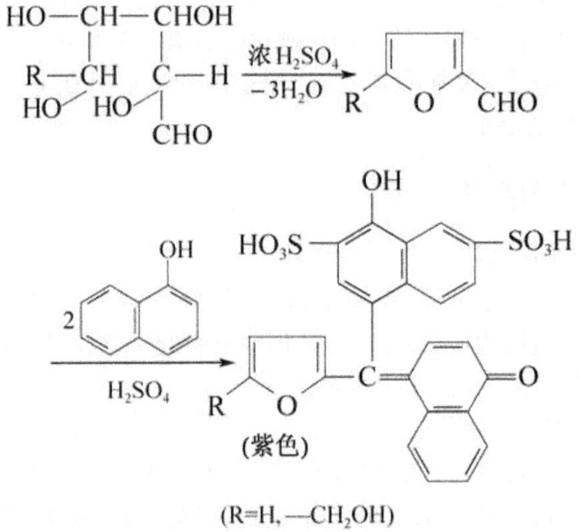

上述反应对甲酸、丙酮、乳酸及各种糠醛衍生物均显近似颜色。所以,正性结果不一定是糖,负性结果则一定不是糖。

〔2〕糖类与蒽酮试剂反应产生绿色,再变为蓝绿色。糠醛产生暂时性的绿色,很快又变为棕色。

〔3〕为了保持蒽酮的溶解状态,试剂中硫酸的含量必须在 50% 以上,使用时,蒽酮-硫酸溶液应当天配制。

〔4〕酮糖在酸的作用下脱水生成羟甲基糠醛,与间苯二酚缩合生成红色物质,反应迅速。反应式如下:

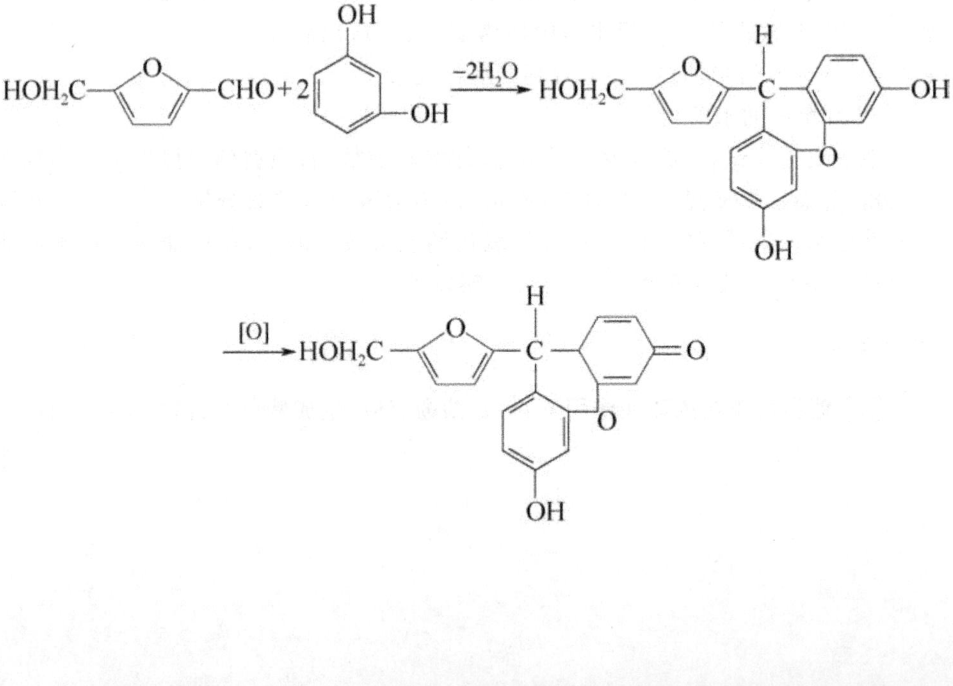

有时也有暗黑色沉淀生成。在西里瓦诺夫实验中,酮糖变为糠醛衍生物比醛糖要快 15～20 倍。加热时间过长,葡萄糖、蔗糖也有此反应。这是因为蔗糖在酸性条件下水解为果糖和葡萄糖,此外,葡萄糖浓度高时,在酸存在下,能部分转化成果糖。因此在进行本实验时应注意:盐酸和葡萄糖的浓度不要超过 12%。观察颜色反应时加热不得超过 20min。

[5] 戊糖与盐酸作用生成糠醛,与 1,3,5-苯三酚缩合形成红色或暗红色产物,其他糖产生黄色、橙色或棕色产物。

[6] 苯肼蒸气有毒,若皮肤上沾上苯肼试剂,应立即用稀乙酸洗去,再用自来水冲。

[7] 根据糖脎的颜色、熔点、成脎时间和糖的比旋光度不同,可鉴别不同的糖。几种重要糖的比旋光度、析出糖脎所需时间、糖脎颜色及糖脎熔点见表 11-2。

表 11-2　几种重要糖的比旋光度、析出糖脎时间、糖脎颜色及糖脎熔点

糖的名称	比旋光度/(°)	析出糖脎所需时间/min	糖脎颜色	糖脎熔点或分解温度/℃
果糖	−92	2	深黄色	205
葡萄糖	+53	4～5	深黄色	205
木糖	+18.7	7	橙黄色	163
麦芽糖	+136	冷却析出	深黄色	206
蔗糖	+66.5	30(转化生成)	黄色	205
半乳糖	+84	15～19	橙黄色	201

[8] 若加热时间较长,由于苯肼试剂中酸的催化作用,导致蔗糖水解成果糖和葡萄糖,也能成脎,为针状晶体。

[9] 可用酵母片悬浮液催化水解,水解液与本尼迪特试剂作用时,颜色随时间的变化是:蓝→绿→黄→橙→橙红→砖红。若不能观察到砖红色沉淀,可待试管出现砖红色混浊后,取出冷却,静置数分钟,则砖红色沉淀沉于试管底部。

酵母片悬浮液的配制:1 片酵母片(医用)浸湿后加 1cm³ 水,摇匀。

[10] 淀粉水解经过糊精中间物,由大分子水解为小分子。其水解过程可用碘指示:

[11] 唾液中含有淀粉酶,可将淀粉水解至麦芽糖。氯化钠是酶的活化剂,可促进反应。

[12] 因纤维素水解产物较少,本尼迪特试剂不能多加,否则,本尼迪特试剂的蓝色将干扰观察颜色。

思考题

1. 何谓还原性糖？与非还原性糖比较有何特点？
2. 在糖的成脲反应中,加热时间长了,蔗糖溶液也出现黄色结晶,这是为什么？
3. 本尼迪特试剂与费林试剂相比,有什么优点？为什么酮糖与这两种试剂加热均产生砖红色沉淀？
4. 为什么可以用碘液定性地了解淀粉的水解程度？
5. 试设计鉴别下列化合物的方案并说明理由:葡萄糖、果糖、木糖、麦芽糖、蔗糖、淀粉。

附注:试剂的配制

1. 氯化亚铜氨溶液

取 5g 氯化亚铜,溶于 $100cm^3$ 浓氨水,用水稀释至 $250cm^3$。过滤,除去不溶性杂质,温热过滤,慢慢加入羟胺盐酸盐,直至蓝色消失为止。

亚铜盐在空气中很容易被氧化成二价铜盐,使溶液变蓝,将掩蔽炔化亚铜的红色沉淀。羟胺盐酸盐是一种强还原剂,可使 Cu^{2+} 还原 $Cu(I)$。

$$Cu_2Cl_2 + 4NH_3 \cdot H_2O \longrightarrow 2Cu(NH_3)_2Cl + 4H_2O$$

（无色溶液）

取 1g 氯化亚铜放入一大试管中,往往管里加 $1\sim2cm^3$ 浓氨水和 $10cm^3$ 水,用力摇动试管后静置一会,再倾出溶液并投入 1 块铜片(或一根铜丝)储存备用。

2. 饱和溴水

溶解 75g 溴化钾于 $500cm^3$ 水中,加 50g 溴,振荡即成。

3. 碘-碘化钾溶液

将 100g 碘化钾溶于 $500cm^3$ 蒸馏水中,然后加入 50g 研细的碘粉,搅拌使其全溶呈深红色溶液,保存棕色瓶中。

4. 0.1% 碘溶液

取 0.5g 碘和 1.0g 碘化钾于同一烧杯中,先加适量的蒸馏水使其全溶,再用蒸馏水稀释至 $500cm^3$。

5. 品红试剂

在 $200cm^3$ 热水里溶解 0.1g 品红盐酸盐(也叫碱性品红或盐基品红)。放置冷却后,加入 1g 亚硫酸氢钠和 $1cm^3$ 浓盐酸,再用蒸馏水稀释到 $1000cm^3$。

6. 2,4-二硝基苯腈试剂

取 20g 2,4-二硝基苯腈,溶于 $100cm^3$ 浓硫酸中,然后一边搅拌一边将此溶液加到 140cm³ 水及 500cm³ 95％乙醇中,剧烈搅拌,滤去不溶的固体即得到橙红色溶液。

将 2,4-二硝基苯腈溶于 2mol·dm⁻³ HCl 中制的饱和溶液。

将 1.2g 2,4-二硝基苯腈溶于 50cm³ 30％高氯酸中。配好后储于棕色瓶中,不易变质。由于高氯酸盐在水中的溶解度很大,因此便于检验。水溶液中的醛也比较稳定,长期储存不易变质。

7. 苯酚溶液

将 50g 苯酚溶于 500cm³ 5％氢氧化钠溶液中。

8. β-萘酚溶液

将 50g β-萘酚溶于 500cm³ 5％氢氧化钠溶液中。

9. 费林试剂

费林试剂由费林试剂 A 和费林试剂 B 组成,使用时将两者等体积混合,其配制分别是:

费林试剂 A:将 35g 含有五结晶水的硫酸铜溶于 1000cm³ 水中即得到淡蓝色的费林试剂 A。

费林试剂 B:将 170g 四结晶水的酒石酸钾钠溶于 200cm³ 热水中,然后加入含有 50g 氢氧化钠的水溶液 200cm³,稀释至 1000cm³ 即得到无色清亮的费林试剂 B。

10. 本尼迪特试剂

把 8.6g 研细的硫酸铜溶于 50cm³ 热水,待冷却后用水稀释到 80cm³,另把 86g 柠檬酸钠及 50g 无水碳酸钠(若用有结晶水碳酸钠,则取量应按比例计算)溶于 300cm³ 水中,加热溶解,待溶液冷却后,再加入上面所配的硫酸铜溶液,加水稀释到 500cm³。将试剂储于试剂瓶中,瓶口用橡皮塞塞紧。

11. 苯肼试剂

(1) 称取 2 份质量的苯肼盐酸盐和 3 份质量的无水乙酸钠混合均匀,于研体中研磨成粉末即得盐酸苯肼-乙酸钠的混合物。储于棕色试剂瓶中。

苯肼盐酸盐与乙酸钠经复分解反应生成苯肼乙酸盐,在水溶液中水解生成的苯肼和糖作用成游离的苯肼难溶于水,所以不能直接使用苯肼。

$$C_6H_5NHNH_2 HCl + CH_3COONa \longrightarrow C_6H_5NHNH_2 CH_3COOH + NaCl$$
$$C_6H_5NHNH_2 CH_3COOH \rightleftharpoons C_6H_5NHNH_2 + CH_3COOH$$

(2) 取 5g 苯肼盐酸盐,加入 160cm³ 水,微热助溶,再加 0.5g 活性炭,脱色,过滤,在滤液中加入 9g 乙酸钠结晶,搅拌,溶解后储存于棕色瓶中。

(3) 将 5cm³ 苯肼溶于 50cm³ 10％乙酸溶液中,加 0.5g 活性炭,搅拌后过滤,把滤液保存于棕色试剂瓶中。

12. 间苯三酚盐酸试剂

将 0.5g 间苯三酚溶于 500cm³ 浓盐酸中,再用蒸馏水稀释至 1000cm³。

13. 1,3,5-苯三酚盐酸溶液试剂

将 5g 1,3,5-苯三酚溶于 1000cm³ 浓盐酸中。

14. 米隆试剂

将 2g 汞溶于 3cm³ 浓硝酸中,然后用水稀释到 100cm³。它主要含汞、硝酸亚汞、硝酸汞,此外还有过量的硝酸和少量的亚硝酸。

15. 卢卡斯试剂

将 136g 无水氯化锌在蒸发皿中强烈熔融,不断用玻璃棒搅拌,使至凝固成小块,稍冷,放在干燥器中冷至室温,取出溶于 90cm³ 浓盐酸,搅动,同时把容器放在冰水浴中冷却,以防氯化氢逸出。此试剂一般是临时配制。

16. 蛋白质溶液

取 25cm³ 蛋清,加入蒸馏水 100～150cm³,搅拌,均匀后,用 3～4 层纱布或丝绸过滤,滤去析出的球蛋白质溶液。

17. 碘化汞钾溶液

把 5％碘化钾水溶液一滴一滴地加到 2％氯化汞或硝酸汞溶液中,加至起初生成的红色沉淀完全溶解为止。

18. α-酚萘乙醇溶液

将 10g α-酚萘溶于 100cm³ 95％乙醇中,再用 95％乙醇稀释至 500cm³,储存于棕色瓶中,一般是用前新配。

19. 0.1％茚三酮乙醇溶液

将 0.4g 茚三酮溶于 500cm³ 95％乙醇中,用时新配。

20. 0.2％蒽酮硫酸溶液

将 1g 蒽酮溶解于 500cm³ 浓硫酸中,用时新配。

实验三十九　硫酸亚铁铵的制备和硫酸亚铁质量分数的测定

实验目的

1. 制备六水合硫酸亚铁铵$[(NH_4)_2SO_4 \cdot FeSO_4 \cdot 6H_2O]$晶体,了解复盐的特性;

2. 巩固无机制备实验中的一些基本操作,了解微型实验的仪器及其用法;

3. 学习目视比色法;

4. 初步锻炼提高综合实验设计能力。

Ⅰ　硫酸亚铁铵的制备

实验预习

1.《无机化学》中铁的性质;

2. 加热设备及控制反应温度的方法(5.7.1);

3. 沉淀的分离和洗涤(5.7.2);

4. 无机制备实验基本步骤(5.7.3);

5. 有关溶解度的知识和晶体制备的方法(5.1)。

实验原理

亚铁盐是常用还原剂,其中复盐硫酸亚铁铵在空气中比硫酸亚铁、氯化亚铁稳定,在定量分析中常用来配制Fe^{2+}的标准溶液。

以废铁屑为原料制备硫酸亚铁铵的方法是先将废铁屑溶于稀H_2SO_4,制成$FeSO_4$溶液:

$$Fe + H_2SO_4 \longrightarrow FeSO_4 + H_2 \uparrow$$

再将化学计量的$(NH_4)_2SO_4$晶体加到$FeSO_4$溶液中并使之完全溶解,混合溶液加热蒸发后冷却结晶,即可得到浅绿色的六水合硫酸亚铁铵晶体(各相关物质的溶解度列于表 11-3):

$$FeSO_4 + (NH_4)_2SO_4 + 6H_2O \longrightarrow (NH_4)_2SO_4 \cdot FeSO_4 \cdot 6H_2O$$

表 11-3　盐的溶解度[单位:$g \cdot (100g \text{ 水})^{-1}$]

温度/℃ 化合物	0	10	20	30	40	50	60
$FeSO_4 \cdot 7H_2O$	15.65	20.5	26.5	32.9	40.2	48.6	—
$(NH_4)_2SO_4$	70.6	73.0	75.4	78.0	81.0	—	88.0
$(NH_4)_2SO_4 \cdot FeSO_4 \cdot 6H_2O$	12.5	17.2	21.6	28.1	33.0	40.0	44.6

评定$(NH_4)_2SO_4 \cdot FeSO_4 \cdot 6H_2O$产品质量或纯度等级的主要标准之一是其含$Fe^{3+}$量的多少。本实验采用目视比色法,即比较$Fe^{3+}$与$SCN^-$形成的血红色的配离子$[Fe(NCS)_n]^{3-n}$颜色的深浅来确定产品的纯度等级。

由于废铁屑含有杂质,其与稀H_2SO_4反应时除放出H_2外,还夹杂少量H_2S、PH_3等有毒气体及酸雾,为避免后者逸出污染环境,可用$CuSO_4$溶液来吸收气体中的有毒成分,其中的化学反应为

$$Cu^{2+} + H_2S === CuS\downarrow + 2H^+$$
$$8CuSO_4 + PH_3 + 4H_2O === 4Cu_2SO_4 + 4H_2SO_4 + H_3PO_4$$
$$3Cu_2SO_4 + 2PH_3 === 3H_2SO_4 + 2Cu_3P$$
$$4Cu_2SO_4 + PH_3 + 4H_2O === H_3PO_4 + 4H_2SO_4 + 8Cu\downarrow$$

实验步骤

1. 废铁屑的清洗

来自机械加工的废铁屑,表面沾有油污,可用碱煮法清洗(若铁屑表面干净,此步可省略)。

称取4.0g废铁屑,放入锥形瓶中,加10%Na_2CO_3溶液20cm³,缓缓加热10min,并不断振荡锥形瓶。用倾析法除去碱液,再用蒸馏水将铁屑洗净。

2. 硫酸亚铁的制备

往盛有洗净的铁屑的锥形瓶中加入25cm³浓度为3mol·dm⁻³的H_2SO_4,置于60~70℃水浴中加热以加速铁屑与稀H_2SO_4反应,必要时吸收处理反应放出的气体。

反应开始时较激烈,要注意防止溶液溢出。待大部分铁屑反应完(冒出的气泡明显减少),向锥形瓶中添加2cm³浓度为3mol·dm⁻³的H_2SO_4溶液和适量蒸馏水,然后趁热用玻璃漏斗过滤于小烧杯中。

3. 六水合硫酸亚铁铵的制备

称取理论计算量的$(NH_4)_2SO_4$晶体,加到$FeSO_4$滤液中,水浴上加热,使$(NH_4)_2SO_4$全部溶解(如不能,可加少量蒸馏水),继续蒸发浓缩至液面出现晶膜为止。静置,自然冷却至室温,即有$(NH_4)_2SO_4 \cdot FeSO_4 \cdot 6H_2O$晶体析出,观察晶体的颜色和形状。减压抽滤,并在布氏漏斗上用少量乙醇淋洗晶体两次,继续抽干。将晶体中的水分吸干。称量,计算理论产量和实际收率。

4. 产品检验——产品中Fe^{3+}的限量分析

称取1.0g自制的$(NH_4)_2SO_4 \cdot FeSO_4 \cdot 6H_2O$晶体置于25cm³比色管中,用少

量不含 O_2 的蒸馏水将晶体溶解,加 $2cm^3$ $2mol \cdot dm^{-3}$ 的 HCl 溶液和 $1cm^3$ $1mol \cdot dm^{-3}$ 的 KSCN 溶液,再用不含 O_2 的蒸馏水稀释至刻度,充分摇匀。将溶液所呈现的红色与标准色阶进行比较,以确定产品的纯度等级。

实验指导

〔1〕无氧水的制备:在锥形瓶中加入蒸馏水小火煮沸约 10min,除去其中所溶解的 O_2,在细口瓶中放冷备用。

〔2〕Fe^{2+} 在酸性溶液中稳定存在,所以溶液要保持一定的酸度。

〔3〕Fe 粉和硫酸反应的锥形瓶应及时清洗干净,否则残留的亚铁盐在空气中进一步转化为 $Fe_2O_3 \cdot nH_2O$,在玻璃器皿的表面有较强的附着作用,用刷洗和酸洗都很难洗去。如果出现了上述现象,可用稀盐酸浸泡,适当加热,加入 $Na_2C_2O_4$ 会起到更好的效果。

〔4〕产品晶体形状的好坏与产品结晶前母液的纯度和晶体的析出速率有关,要注意将铁屑清洗干净,减少杂质的带入,同时在操作过程中也要尽量减少杂质引进体系的可能性。

〔5〕产品质量的差异与 Fe^{3+} 的多少有关,所以,应该注意控制反应条件(酸和铁屑的量),尽量避免 Fe^{3+} 的形成。

〔6〕目测法鉴定产品等级时一定要使标准色阶和自制样品的比色条件严格一致。

〔7〕标准色阶的配制:

Fe^{3+} 标准溶液的配制:称取 $0.8634g$ $(NH_4)_2SO_4 \cdot Fe_2(SO_4)_3 \cdot 24H_2O$ 固体溶于水(内含 $2.5cm^3$ 浓 H_2SO_4),移入 $1000cm^3$ 容量瓶中,稀释至刻度。此溶液的浓度为 $0.1000mg \cdot cm^{-3}$。

依次用吸量管量取上述标准溶液 $0.50cm^3$、$1.00cm^3$、$2.00cm^3$。分别加到三支 $25cm^3$ 的比色管中,各加入 $1.00cm^3$ $3mol \cdot dm^{-3}H_2SO_4$ 和 $1.00cm^3$ $1.00mol \cdot dm^{-3}$ KSCN 溶液。用蒸馏水稀释到刻度、摇匀。即得三个级别的标准色阶。

图 11-1　吸收 H_2S、PH_3 和酸雾的装置

Ⅰ级,$0.05mg$;Ⅱ级,$0.1mg$;Ⅲ级,$0.2mg$。

〔8〕尾气的吸收处理可以采用特殊的装置如图 11-1 所示,反应式如下:
$$H_2S(g) + MnO_2 + H_2SO_4 =\!=\!= S(s) + MnSO_4 + 2H_2O$$
$$PH_3(g) + 4MnO_2 + 4H_2SO_4 =\!=\!= H_3PO_4 + 4MnSO_4 + 4H_2O$$
分散剂为活性炭,可以用稻壳不完全燃烧制成。

思考题

1. 废铁屑与稀 H_2SO_4 反应时有 H_2S、PH_3 等有毒气体及酸雾释出，如何消除？

2. 制备 $FeSO_4$ 溶液时为何一定要剩下少量铁屑？

3. 为何在大部分铁屑反应快完时（冒出的气泡明显减少），向锥形瓶中添加 $2cm^3$ 浓度为 $3mol \cdot dm^{-3}$ 的 H_2SO_4 溶液和适量蒸馏水？

4. 制备 $FeSO_4$ 溶液要趁热过滤，为什么？过滤过程中经常发现漏斗柱上有绿色的晶体析出，分析原因，该怎样处理？

5. 实验过程中必须保持一定的酸度，为什么？

6. 有人在过滤硫酸亚铁溶液时，滤速很慢，试分析其原因。

7. 为何要用少量乙醇淋洗 $(NH_4)_2SO_4 \cdot FeSO_4 \cdot 6H_2O$ 晶体？用蒸馏水行吗？

8. 为何在进行 Fe^{3+} 的限量分析时必须使用不含 O_2 的蒸馏水？写出限量分析的反应方程式。

9. 减压过滤用到了哪些仪器？在操作过程中，有哪些注意事项？

10. 本实验计算理论产量时，应以何种原料为基准？试解释原因。

11. 分析实验过程中影响产品质量的环节和因素。

12. 得到 $(NH_4)_2Fe(SO_4)_2 \cdot 6H_2O$ 晶体是水浴加热到出现晶膜后冷却即可，而 $NaCl$ 提纯是直接加热到黏稠状，为什么？

Ⅱ 硫酸亚铁铵中的 Fe^{2+} 含量测定（设计实验）

实验要求

1. 实验前拟出实验方案（包括原理、仪器、步骤、数据表格、计算公式等），并提前交教师审阅；

2. 按设计的实验方案进行操作，求出 $FeSO_4$ 的质量分数；

3. 讨论实验结果，计算实验误差，分析产生误差的原因。

实验预习

1. 高锰酸钾溶液的配制；

2. 氧化还原滴定中介质条件的确定及如何实施；

3. 高锰酸钾滴定中的终点指示、滴定速率的掌握以及控制措施。

实验内容

1. 标定 $KMnO_4$ 溶液；

2. $KMnO_4$ 法测定自制产品中 $FeSO_4$ 的质量分数。

参考文献

陈虹锦. 2002. 无机与分析化学. 北京：科学出版社

古凤才,肖衍繁.1999.基础化学实验教程.北京:科学出版社

华中师范大学等.1987.分析化学实验.第二版.北京:高等教育出版社

宁鸿霞,李丽.2002.无机及分析化学实验.东营:石油大学出版社

沈君朴.1992.实验无机化学.第二版.天津:天津大学出版社

孙淑声等.1999.无机化学.北京:北京大学出版社

吴琴媛等.1988.无机化学实验.南京:南京大学出版社

武汉大学.1998.分析化学实验.第三版.北京:高等教育出版社

俞庆森等.1990.大学化学新实验.杭州:浙江大学出版社

郑化桂.1988.实验无机化学.合肥:中国科技大学出版社

思考题

　　1. Fe 含量测定有哪些方法? 如果不用 $KMnO_4$ 法,写出其他方法的方案。

　　2. 实验中是如何消除 Fe^{3+} 对滴定终点的干扰的?

　　3. 如何处理被测样品才能提高分析结果的可靠程度?

拓展实验:硫酸亚铁铵制备的微型实验

　　用 0.5g 废铁屑制备六水合硫酸亚铁铵,设计详细的实验方案。

实验指导

　　当原料很少时,注意应该使用微型仪器,微型实验抽滤时用洗耳球代替水泵。

思考题

　　常规实验和微型实验设计时只是按比例缩小与放大吗? 为什么?

实验四十　三乙二酸合铁(Ⅲ)酸钾的制备和 Fe^{3+}、$C_2O_4^{2-}$ 配比测定

实验目的

　　1. 通过三乙二酸合铁(Ⅲ)酸钾的制备和组成测定,加深对三价铁和二价铁化合物及配合物性质的了解;

　　2. 掌握水溶液中制备无机物的一般方法;进行无机配合物制备的综合训练;

　　3. 了解三乙二酸合铁(Ⅲ)酸钾的制备方法的原理和特点;

　　4. 理解制备过程中化学平衡原理的应用;

　　5. 进一步练习溶解、沉淀、沉淀洗涤、过滤(常压、减压)、浓缩、蒸发结晶的基本操作;

　　6. 通过实验进一步锻炼提高同学的综合实验设计能力,使学生从中了解化学实验研究的基本程序。

Ⅰ　三乙二酸合铁(Ⅲ)酸钾的制备

实验预习

1. 《无机化学》、《无机与分析化学》中的配位化合物的组成和解离平衡、沉淀平衡；
2. 有关溶解度的知识和晶体制备的方法；
3. 加热设备及控制反应温度的方法(5.7.1)；
4. 无机化合物的制备(5.7.3)；
5. 沉淀的分离和洗涤(5.7.2)；
6. 温度计(7.1)。

实验原理

三乙二酸合铁(Ⅲ)酸钾(含有三个结晶水)为翠绿色的单斜晶体,易溶于水[溶解度为:0℃,4.7g·(100g 水)$^{-1}$;100℃,117.7g·(100g 水)$^{-1}$],难溶于乙醇。110℃下可失去部分结晶水,230℃时分解。此配合物对光敏感,受光照射分解变为黄色:

$$2K_3[Fe(C_2O_4)_3] \longrightarrow 3K_2C_2O_4 + 2FeC_2O_4 + 2CO_2$$

因其具有光敏性,所以常用来作为化学光量计。另外,它是制备某些活性铁催化剂的主要原料,也是一些有机反应良好的催化剂,在工业上具有一定的应用价值。

三乙二酸合铁(Ⅲ)酸钾合成的工艺路线有多种,本实验采用的方法是首先由硫酸亚铁铵与乙二酸反应制备乙二酸亚铁。

$$(NH_4)_2Fe(SO_4)_2 \cdot 6H_2O + H_2C_2O_4 \longrightarrow$$
$$FeC_2O_4 \cdot 2H_2O(s) + (NH_4)_2SO_4 + H_2SO_4 + 4H_2O$$

然后在过量乙二酸根存在下,用过氧化氢氧化乙二酸亚铁即可得到三乙二酸合铁(Ⅲ)酸钾,同时有氢氧化铁生成。

$$6FeC_2O_4 \cdot 2H_2O + 3H_2O_2 + 6K_2C_2O_4 \longrightarrow 4K_3[Fe(C_2O_4)_3] + Fe(OH)_3 + 12H_2O$$

加入适量乙二酸可使 $Fe(OH)_3$ 转化为三乙二酸合铁(Ⅲ)酸钾配合物。

$$2Fe(OH)_3 + 3H_2C_2O_4 + 3K_2C_2O_4 \longrightarrow 2K_3[Fe(C_2O_4)_3] + 6H_2O$$

再加入乙醇,放置即可很快析出产物的结晶。其后几步总反应式为

$$2FeC_2O_4 \cdot 2H_2O + H_2O_2 + 3K_2C_2O_4 + H_2C_2O_4 \longrightarrow 2K_3[Fe(C_2O_4)_3] \cdot 3H_2O$$

实验步骤

称取 5.0g 自制的 $(NH_4)_2Fe(SO_4)_2 \cdot 6H_2O$ 固体于 200cm³ 烧杯中,加入

$15cm^3$ 去离子水和 5 滴 $3mol \cdot dm^{-3}$ H_2SO_4，加热使其溶解。然后加入 $20cm^3$ 饱和 $H_2C_2O_4$ 溶液，加热至沸，并不断搅拌，静置，得黄色 $FeC_2O_4 \cdot 2H_2O$ 晶体。沉降后用倾析法弃去上层清液。然后用 $20cm^3$ 去离子水洗涤沉淀，过滤，弃去清液（尽可能倾析干净）。

加入 $10cm^3$ 饱和 $K_2C_2O_4$ 溶液于上述沉淀中，水浴加热至约 $40℃$，用滴管逐滴加入 $20cm^3$ 3% H_2O_2，搅拌并保持温度在 $40℃$ 左右（此时会有氢氧化铁沉淀）。将溶液加热至沸，再加入 $8cm^3$ 饱和 $H_2C_2O_4$（开头的 $5cm^3$ 一次加入，最后的 $3cm^3$ 慢慢加入），并保持接近沸腾的温度。趁热将溶液过滤到一个 $100cm^3$ 的烧杯中，用一小段棉线悬挂到溶液中，用表面皿盖住烧杯，放置到第二天，即有晶体在棉绳上析出。用倾析法将晶体分离出来，在滤纸上吸干。称量，计算产率。

实验指导

［1］注意合成过程中各种反应物的化学计量及设计的原理。

［2］Fe^{2+} 溶解水后可水解，所以要加入几滴硫酸抑制水解。

［3］可向最后得到的溶液中加 95% 的乙醇，自然冷却快速析出晶体后观察。

［4］实验中得到的产物为 $K_3[Fe(C_2O_4)_3]$，对光敏感，所以要避光保存。三乙二酸合铁（Ⅲ）酸钾见光变黄，应为乙二酸亚铁和碱式乙二酸铁的混合物。

三乙二酸合铁（Ⅲ）配离子是较稳定的，$K_{稳}=1.58 \times 10^{20}$。

$K_3[Fe(C_2O_4)_3]$ 溶液中存在下列平衡：

$$K_3[Fe(C_2O_4)_3] \Longleftrightarrow Fe^{3+} + 3C_2O_4^{2-} + 3K^+$$

$$+ \qquad +$$

$$OH^- \qquad 3H^+$$

$$\Updownarrow \qquad \Updownarrow$$

$$Fe(OH)_2^+ \qquad 3HC_2O_4^-$$

溶液的 pH 大小对上述平衡及产品质量均有影响。

思考题

1. 在由黄色沉淀制备绿色化合物时，加入了 H_2O_2 溶液，有红棕色沉淀生成，用方程式表示这一制备过程。

2. 实验过程中使用的氧化剂为 H_2O_2，仔细观察实验现象，据此写出 H_2O_2 发生的反应方程式。

3. 在这个实验中，最后一步能否用蒸干溶液的办法来提高产率，为什么？

4. 在最后的溶液中，加入乙醇的作用是什么？悬挂棉线的作用是什么？

5. 加入 H_2O_2 后为何要再加入饱和 $H_2C_2O_4$？然后为什么要趁热过滤？

6. 如何确定 $K_3[Fe(C_2O_4)_3] \cdot 3H_2O$ 的组成？简单说明。

7. 合成过程中，为何第一步生成乙二酸亚铁时加入饱和乙二酸，而在第二步合成三乙二酸合铁（Ⅲ）酸钾时却加入饱和乙二酸钾？试说明原因。

Ⅱ 三乙二酸合铁(Ⅲ)酸钾中 Fe^{3+}、$C_2O_4^{2-}$ 配比的测定(设计实验)

实验要求

1. 实验前拟出实验方案(包括原理、仪器、步骤、数据表格、计算公式等),并提前交教师审阅;

2. 按设计的实验方案进行操作,求出 Fe^{3+} 和 $C_2O_4^{2-}$ 的质量分数和比值;

3. 讨论实验结果,计算实验误差,分析产生误差的原因;

4. 请在实验的预习报告中写明参考文献。

实验预习

1. Fe^{3+} 的测定方法;

2. $C_2O_4^{2-}$ 的测定方法。

实验提示

1. 设计实验时,注意样品质量的确定和选择合适的实验仪器配制溶液。

2. 实验室提供的主要试剂是约为 $0.02mol \cdot dm^{-3}$ 的 $KMnO_4$ 溶液。

参考文献

陈虹锦.2002.无机与分析化学.北京:科学出版社

古凤才,肖衍繁.1999.基础化学实验教程.北京:科学出版社

吕苏琴等.2001.基础化学实验Ⅰ.北京:科学出版社

南京大学.1999.大学化学实验.北京:高等教育出版社

武汉大学.1998.分析化学实验.第三版.北京:高等教育出版社

周其镇等.2000.大学基础化学实验(Ⅰ).北京:化学工业出版社

拓展实验:三乙二酸合铁(Ⅲ)酸钾的相关实验

1. 实验中生成的黄色沉淀是什么价态的铁的化合物,用实验验证。

2. 制感光纸:按三乙二酸合铁(Ⅲ)酸钾 0.3g、铁氰化钾 0.4g,加水 $5cm^3$ 的比例配成溶液,涂在纸上制成感光纸(黄色)。附上图案,在日光直照下(数秒钟)或红外灯光下,曝光部分呈深蓝色,被遮盖没有曝光的部分即显示出图案来。

3. 配感光液:取 0.3~0.5g 三乙二酸合铁(Ⅲ)酸钾加水 $5 cm^3$ 配成溶液,用滤纸条做成感光纸。同上操作,曝光后可以去掉图案,用约 3.5% 六氰合铁(Ⅲ)酸钾溶液润湿或漂洗即显影映出图案。

实验四十一 用废铝制备铝的化合物和产物组成测定以及应用研究

实验目的

1. 认识铝和氢氧化铝的两性;
2. 了解资源综合利用的意义;
3. 巩固无机制备中常用的基本操作。

实验预习

1. 铝的性质和含铝化合物组成的测定;
2. 无机制备和重量分析中常用的基本操作(5.7);
3. 污水处理的基本常识。

实验原理

铝是一种两性元素,既与酸反应,又与碱反应。将其溶于浓氢氧化钠溶液,生成可溶性的四羟基合铝(Ⅲ)酸钠{$Na[Al(OH)_4]$},再用稀 H_2SO_4 调节溶液的 pH,可将其转化为氢氧化铝;氢氧化铝可溶于硫酸,生成硫酸铝。硫酸铝能同碱金属硫酸盐如硫酸钾在水溶液中结合成一类在水中溶解度较小的同晶的复盐,称为明矾[$KAl(SO_4)_2 \cdot 12H_2O$]。当冷却溶液时,明矾则结晶出来。将其溶于 H_2SO_4 溶液直接制得硫酸铝溶液。以硫酸铝和氯化铝为原料可以制备明矾、聚合硫酸铝、聚合氯化铝。表 11-4 中列出了一些含铝化合物的溶解度。

表 11-4　一些含铝化合物的溶解度[单位:g・(100g 水)$^{-1}$]

温度/℃	10	20	30	40	60	80	90	100
K_2SO_4	9.3	11.1	13.0	14.8	18.2	21.4	22.9	24.1
$Al_2(SO_4)_3$	33.5	36.4	40.4	45.8	59.2	73.0	80.8	89
$AlCl_3$	44.9	45.8	46.6	47.3	48.1	48.6		49.0
$KAl(SO_4)_2$	3.99	5.90	8.39	11.7	24.8	71.0	109	

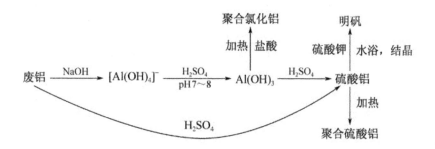

我国每年有大量的铝质饮料罐、铝箔、铝质器皿。本实验可以采用易拉罐为原料制备氢氧化铝、明矾和聚合硫酸铝或聚合氯化铝,并测定明矾的组成,检验聚合硫酸铝或聚合氯化铝处理污水的能力。

实验步骤

1. 四羟基合铝(Ⅲ)酸钠{Na[Al(OH)$_4$]}的制备

实验的主要影响因素:原料的选择、NaOH 的浓度和使用的量、反应温度、过滤条件。

2. 氢氧化铝的制备

实验的主要影响因素:酸以及酸的浓度的选择、溶液 pH 的控制、过滤方法。

3. 明矾的制备

实验的主要影响因素:调节溶液 pH 采用的硫酸浓度、溶液 pH 的调节、K$_2$SO$_4$ 的加入量、结晶过程的控制。

4. 聚合氯化铝(聚合硫酸铝)的制备和污水处理实验

(1) 用 HCl(H$_2$SO$_4$)溶解 Al(OH)$_3$ 制备聚合氯化铝(聚合硫酸铝)。
(2) 设计实验检验明矾处理污水的效果。

5. 产物组成的测定

设计实验测定明矾、聚合氯化铝(聚合硫酸铝)的组成。

实验指导

[1] 废铝片可选用铝质的易拉罐、铝容器、铝箔等,铝片前处理应去掉涂层并将其剪碎。

[2] 铝和 NaOH 反应一般应该是 NaOH 过量,反应很剧烈,所以应该盖上表面皿,铝屑应分多次加入;为了提高溶解度,可适当水浴加热,并应趁热过滤。

[3] Al(OH)$_3$ 在水溶液中存在的合适 pH 为 5~7,pH 为 7.8 时开始溶解。Al(OH)$_3$ 沉淀为胶状,所以必须抽滤。新沉淀的 Al(OH)$_3$ 长时间浸入水中或高于 130℃进行干燥将失去溶于酸和碱的能力。

[4] 以 Al(OH)$_3$ 为原料制备明矾,加硫酸使固体溶解后,再加入 K$_2$SO$_4$,加热使溶液透明(如果不溶可适当加入少量的水),蒸发浓缩至出现晶膜,冷却后即有明矾晶体析出。

　　[5] 无机聚合物的产生需要一定的反应时间和合适的反应温度。可以在煤气灯上小火加热或置于烘箱中低于 $50\sim60℃$ 保温放置几小时,成黏稠状液体,再于 $100℃$ 左右烘干得到固体。注意产品易吸潮,应置于干燥器中保存。

　　[6] 注意实验过程中合理选用仪器。产品各组分含量测定的实验中,必须注意如何取样和怎样提高测定的精密度。

思考题

　　1. 用 H_2SO_4 和 NaOH 溶解铝片各有什么优缺点?

　　2. 计算用 0.5g 纯的金属铝能生成多少(单位:g)硫酸铝? 这些硫酸铝需与多少(单位:g)硫酸钾反应? 能生成多少(单位:g)明矾?

　　3. 若铝中含有少量铁杂质,在本实验中如何去除?

　　4. $Al(OH)_3$ 固体有很强的吸附作用,所以实验过程中必须洗涤沉淀,请简单说明如何进行洗涤。

实验四十二　顺、反式-二甘氨酸合铜(Ⅱ)的制备和铜含量的测定

实验目的

　　1. 了解配位化合物顺反异构体的性质及相互转化;

　　2. 进一步熟练无机合成的基本操作;

　　3. 学习碘量法的原理和方法。

实验预习

　　1.《分析化学》、《无机分析化学》中有关配位化合物的形成和性质;

　　2. 有关无机合成的一些基本操作;

　　3.《分析化学》、《无机分析化学》中有关铜元素的性质;

　　4.《分析化学》、《无机分析化学》中有关碘量法测定 Cu^{2+} 的内容。

实验原理

　　甘氨酸 $H_2NCH_2COOH(gly)$ 为双齿配体,它与 Cu^{2+} 发生如下反应:

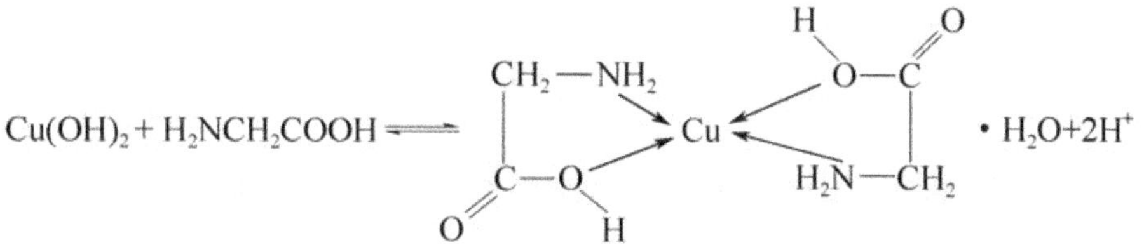

　　生成顺式-二甘氨酸合铜(Ⅱ),即 $Cu(gly)_2$,$\lg K_f=15.03$。

但在酸性介质中,Cu(gly)$_2$发生质子化反应,配合物被破坏,释放出 Cu^{2+},从而可以测定 Cu^{2+} 的含量。

它存在顺反两种异构体,这两种异构体的颜色不同,在不同的温度下可以互相转化。

实验步骤

1. 氢氧化铜的制备

250 cm^3 的烧杯中加入 6.3gCuSO$_4$·5H$_2$O 和 20cm^{3}H$_2$O,溶解后,边搅拌边加入 1∶1 的氨水,直至沉淀完全溶解。加入 25 cm^3 3mol·dm^{-3}NaOH 溶液,使 Cu(OH)$_2$完全沉淀,抽滤,以 200 cm^3 温水洗涤,分 15 次加入,洗至无 SO$_4^{2-}$(用 BaCl$_2$检验),抽干。

2. 顺式–二甘氨酸合铜(Ⅱ)配合物的制备

称取 xg(自行计算)甘氨酸溶于 150 cm^3 水中,加入新制的 Cu(OH)$_2$,在 70℃ 水浴中加热并不断搅拌,直至 Cu(OH)$_2$全部溶解,再加热片刻,立即抽滤(吸滤瓶置于 60℃ 水浴中),滤液移入烧杯中。加入 7 cm^3 95％乙醇,冷却结晶(约 5min,冷至室温)再移入冰水中冷却 20~30min 后,抽滤,用 10 cm^3 1∶3 乙醇溶液洗涤晶体,再用 10 cm^3 丙酮洗涤晶体,抽干,于 50℃ 烘干 30min。用滤纸压干晶体,称量。

3. 反式–二甘氨酸合铜(Ⅱ)配合物的制备

将一部分顺式配合物置于 100 cm^3 小烧杯中,加入尽可能少的水,用小火直接加热成膏状,在不断搅拌下会迅速变成鳞片状化合物,继续加热几分钟后停止加热,并在搅拌下加入 100 cm^3 水,立即抽滤。此时溶解度较大的顺式配合物基本全部溶解,在滤纸上将得到蓝紫色鳞片状反式配合物,先用水洗,再用乙醇洗,自然干燥。

4. 顺式–二甘氨酸合铜(Ⅱ)中 Cu 含量的测定

设计实验方案,测定铜的含量。

实验指导

[1] 顺式和反式配合物的形成的主要因素在于温度不同,所以,在制备过程中应该注意控制温度。

[2] 设计测定铜的含量的实验可参考实验九,设计实验的要求如下:

(1) 拟出实验方案(包括实验原理、实验步骤等);

（2）按设计的实验方案进行操作；

（3）讨论实验条件及对实验结果影响。

思考题

1. 为什么顺式比反式的甘氨酸合铜的溶解度大？如何区分顺式或者反式配合物？

2. 制备氢氧化铜时要先加入氨水至生成沉淀再溶解，然后再加入 NaOH，重新生成沉淀，此沉淀才是氢氧化铜，能否直接用氢氧化钠制备氢氧化铜？为什么？

3. 根据自己的实验数据，计算一下甘氨酸合铜（Ⅱ）晶体中带有几个结晶水，与资料中的进行比较。

4. 为什么在制备顺式甘氨酸合铜（Ⅱ）时用 1∶3 的乙醇水溶液洗涤？是否可以直接用乙醇、丙酮洗涤？

5. 查阅测定铜的含量的方法（至少两种），并进行比较。

6. 用碘量法测定铜含量时，接近终点时一般要加硫氰酸铵，为什么？如不加，对结果会有什么影响？

实验四十三 硫代硫酸钠的制备、性质检验和含量测定

实验目的

1. 掌握一种制备 $Na_2S_2O_3 \cdot 5H_2O$ 晶体的方法；

2. 掌握 $Na_2S_2O_3$ 的主要化学性质；

3. 熟悉气体制备、过滤、蒸发、结晶、干燥等基本操作；

4. 学习用碘量法测定 $Na_2S_2O_3 \cdot 5H_2O$ 的纯度。

实验预习

1. 有关无机合成的一些基本操作；

2. 有关硫元素的性质，碘量法标定 $Na_2S_2O_3$ 溶液。

实验原理

$Na_2S_2O_3 \cdot 5H_2O$（俗称海波）为无色透明的单斜晶体。难溶于乙醇，易溶于水，其溶解度随着温度的下降而降低，如图 11-2 所示。它是重要的还原剂，在照相术上作定影剂，遇酸则发生分解。

制备方法一般有两种：

$$Na_2SO_3 + S \longrightarrow Na_2S_2O_3$$
$$2Na_2S + Na_2CO_3 + 4SO_2 \longrightarrow 3Na_2S_2O_3 + CO_2 \uparrow$$

1）第一种制备方法的基本原理

硫粉可与亚硫酸钠溶液在加热条件下反应，生成硫代硫酸钠。

$$Na_2SO_3 + S \longrightarrow Na_2S_2O_3$$

上述反应在水溶液中进行，所以为两相反应，需要回流。反应中硫应该略有过量。反应完毕后，趁热滤去过量的硫粉。

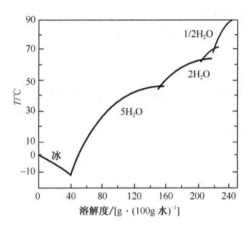

图 11-2　$Na_2S_2O_3$ 溶解度随温度变化曲线

2）第二种制备方法的基本原理

从硫化钠出发制备硫代硫酸钠的方法如下：向含有碳酸钠的硫化钠溶液中通入二氧化硫气体，使之在不断搅拌下反应，其间大致经由以下三步：

$$Na_2CO_3 + SO_2 \longrightarrow Na_2SO_3 + CO_2 \uparrow$$

$$2Na_2S + 3SO_2 \longrightarrow 2\ Na_2SO_3 + 3S \downarrow$$

$$Na_2SO_3 + S \longrightarrow Na_2S_2O_3$$

总反应式为

$$2Na_2S + Na_2CO_3 + 4SO_2 \longrightarrow 3Na_2S_2O_3 + CO_2 \uparrow$$

由此可以看出，Na_2S 和 Na_2CO_3 的用量以 2：1（物质的量的比）为宜。如果 Na_2CO_3 用量过少，则中间产物 Na_2SO_3 的量不足，析出的 S 不能全部生成 $Na_2S_2O_3$，有一部分 S 仍处于游离状态，致使溶液不能完全褪色、变清。

$Na_2S_2O_3$ 溶液经蒸发浓缩、冷却，析出组成为 $Na_2S_2O_3 \cdot 5H_2O$ 的无色晶体，干燥后即为产品。

$Na_2S_2O_3$ 的性质主要有不稳定性、还原性，$S_2O_3^{2-}$ 是很好的配体。

利用碘量法可以测定产物中 $Na_2S_2O_3$ 的含量。

Ⅰ 硫化硫酸钠的制备、性质检验

实验内容

1. 硫代硫酸钠的制备

1）第一种方法

（1）称取 4.0g S 粉放入圆底烧瓶中，加 4～5 cm^3 乙醇润湿，再加入 12.0g

Na_2SO_3 粉末和 $60cm^3$ 蒸馏水,加热煮沸,回流约 1h。

(2)趁热将反应液抽滤,滤液转入蒸发皿中,在水浴上浓缩到液面有少许结晶析出或溶液混浊为止。充分冷却,即有大量 $Na_2S_2O_3 \cdot 5H_2O$ 晶体析出,再抽滤。

(3)将 $Na_2S_2O_3 \cdot 5H_2O$ 晶体放进烘箱,在 40℃下干燥约 50min。称量,计算 $Na_2S_2O_3 \cdot 5H_2O$ 的收率。

2)第二种方法(仪器装置如图 11-3 所示)

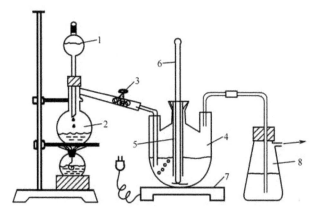

图 11-3 制备 $Na_2S_2O_3$ 的装置
1. 滴液漏斗;2. 蒸馏瓶;3. 防倒吸阀门;4. 三颈烧瓶;
5. 套管;6. 温度计;7. 磁力搅拌器;8. 吸收瓶

在台秤上快速称取新开封的 $Na_2S \cdot 9H_2O$ 晶体(极易潮解)15.0g,再称取无水 Na_2CO_3 4.0g,一并投入,加入 $100cm^3$ 蒸馏水,立即开动搅拌器,使固体完全溶解。

向蒸馏瓶中投入比理论量稍多的 Na_2SO_3(宜用新近生产的试剂,否则Na_2SO_3 的实际含量会因空气氧化而降低很多),在滴液漏斗中注入稍多于化学计量的浓 HCl。

最后向气体吸收瓶中加入适量的 $2mol \cdot dm^{-3}$ NaOH 溶液。

按照图 11-3 将各仪器紧密连接(要确保不漏气),待三颈烧瓶中的物料完全溶解后,旋转滴液漏斗活塞使浓 HCl 徐徐滴下(滴加过程一定要缓慢,防止倒吸),使产生的 SO_2 气体均匀地通入含有 Na_2CO_3 和 Na_2S 的溶液中。随着 SO_2 的通入,有大量淡黄色的 S 逐渐析出,此后又逐渐消失,整个反应约 50min。在反应后期要用滴管不时取反应液,检查溶液的 pH。当 pH≈7 时,吸取少许置于点滴板上,滴加 $0.1mol \cdot dm^{-3}$ $AgNO_3$ 溶液以检验 $S_2O_3^{2-}$,如有大量白色沉淀生成并逐渐变黑,即可停止通入 SO_2。将溶液全部过滤到蒸发皿中,滤液放在水浴上蒸发浓缩,直至溶液中有少许晶体析出或出现混浊。自然冷却,使 $Na_2S_2O_3 \cdot 5H_2O$ 晶体充分析出。

抽滤,将晶体放入烘箱,在 40℃下干燥约 50min,称量。

2. 硫代硫酸盐的性质和 $S_2O_3^{2-}$ 的鉴定

用上面制得的白色固体配制 $0.1\,mol \cdot dm^{-3}$ $Na_2S_2O_3$ 溶液进行如下实验:

1) 硫代硫酸盐的性质

(1) 还原性。往试管中加入数滴碘水,再滴加 $0.1\,mol \cdot dm^{-3}$ $Na_2S_2O_3$ 溶液,观察现象,写出反应式。

往试管中加入 $0.5\,cm^3$ 浓度为 $0.1\,mol \cdot dm^{-3}$ 的 $Na_2S_2O_3$ 溶液,滴加 $0.1\,mol \cdot dm^{-3}$ $BaCl_2$ 溶液,观察现象。再向溶液中加入数滴氯水,又有何现象?解释现象,写出反应式。

取 $0.1\,mol \cdot dm^{-3}$ 的 $Na_2S_2O_3$ 溶液,加入数滴酸化过的 $0.01\,mol \cdot dm^{-3}$ $KMnO_4$ 溶液。观察现象,写出反应式。

(2) 配位性。在试管中加入 2 滴 $0.1\,mol \cdot dm^{-3}$ $AgNO_3$ 溶液,再逐滴滴加 $0.1\,mol \cdot dm^{-3}$ 的 $Na_2S_2O_3$ 溶液。观察现象,写出反应式。

(3) 不稳定性。$H_2S_2O_3$ 的生成与分解:取 $1\,cm^3$ 浓度为 $0.1\,mol \cdot dm^{-3}$ 的 $Na_2S_2O_3$ 溶液,逐滴加入 $2\,mol \cdot dm^{-3}$ HCl 溶液,观察现象,设法检验有无 SO_2 气体生成写出反应式。

2) $S_2O_3^{2-}$ 的鉴定

在点滴板上放置 2 滴 $Na_2S_2O_3$ 溶液,逐滴加入 $0.1\,mol \cdot dm^{-3}$ $AgNO_3$ 溶液,直至产生白色沉淀。观察沉淀颜色的变化(白→黄→棕→黑),据此可以鉴定 $S_2O_3^{2-}$ 的存在。反应式为

$$Na_2S_2O_3 + 2AgNO_3 \longrightarrow 2NaNO_3 + Ag_2S_2O_3 \downarrow (白)$$
$$Ag_2S_2O_3 + H_2O \longrightarrow H_2SO_4 + Ag_2S \downarrow (黑)$$

实验指导

[1] 第一种方法是固液反应,所以反应速率较慢,回流时间可以根据硫粉的反应剩余量确定。另外可以把硫粉溶解在少量的 CCl_4 中,反应将变成两种液相之间进行的反应,效果很好,实验结束后,用分液漏斗将有机相分出即可。如果用微波加热,回流时间应相应缩短。

[2] 第二种方法中 SO_2 对人体有强烈的刺激作用,吸入后易引起气管炎和支气管炎,长期慢性中毒会引起肺气肿;一次大量吸入会使喉咙水肿,并可能导致窒息死亡。空气中 SO_2 含量超标会导致酸雨。本实验为避免 SO_2 气体扩散到空气中,反应前要仔细检查装置的气密性;反应完毕后,要先将吸收尾气用的碱液倒入蒸馏瓶中,中和掉残存的 SO_2,再将废液统一处理。

[3] $Na_2S_2O_3 \cdot 5H_2O$ 晶体不太容易析出,可将滤液蒸发到少于 $40cm^3$,放置使其

自然结晶,留待下次实验前再抽滤、干燥、称量,计算 $Na_2S_2O_3 \cdot 5H_2O$ 的收率。

〔4〕$Na_2S_2O_3 \cdot 5H_2O$ 在 45℃时熔化。

思考题

1. 第二种方法中计算实验所需要的各种原料的理论用量,填入表 11-5 中。

表 11-5　各种原料的理论用量

原　料	$Na_2S \cdot 9H_2O/g$	Na_2CO_3/g	Na_2SO_3/g	浓盐酸/ cm³
理论用量	15.0			
实验用量	15.0	4.0	17.0	28.0

2. 制备硫代硫酸钠时,为何最终要控制反应液的 pH≈7? 过高或过低为何不可?

3. 如果所取反应液与 $AgNO_3$ 溶液反应时,立即产生黑色沉淀,是否可以停止通入 SO_2 了? 为什么?

4. $Na_2S_2O_3$ 溶液与 $AgNO_3$ 溶液反应时,什么条件下生成的是 $[Ag(S_2O_3)_2]^{3-}$? 什么条件下生成的是 $Ag_2S_2O_3$ 白色沉淀?

5. 用 Na_2SO_3 溶液代替 $Na_2S_2O_3$ 溶液,重复以上性质试验,情况有何不同? 写出反应式。

Ⅱ　产物 $Na_2S_2O_3$ 含量的测定

查阅资料,采用碘量法测定产物 $Na_2S_2O_3$ 的含量。

实验指导

〔1〕参考第 8 章实验九铜合金中铜含量的测定。

〔2〕用碘量法测定 $Na_2S_2O_3$ 的含量,若溶液在被滴定到绿色之后迅速变蓝,说明 $K_2Cr_2O_7$ 和 KI 来不及完全反应,实验必须重做。

思考题

1. 硫代硫酸钠溶液很不稳定,请分析其中可能原因。

2. 硫代硫酸钠溶液为什么要预先配制? 为什么配制时要用刚煮沸过并已冷却的蒸馏水? 为什么要加少量的碳酸钠?

3. 重铬酸钾与 KI 反应为什么放在暗处放置 5min 后,再稀释到 100cm³ 以后进行滴定?

4. 硫代硫酸钠溶液使用何种滴定管? 为什么?

5. 硫代硫酸钠溶液滴定铜,锥形瓶中的溶液达到终点,放置几分钟后慢慢变蓝,分析原因。

6. 推导出计算 $Na_2S_2O_3$ 含量的公式。

实验四十四　杂多酸的合成、表征和催化活性研究

实验目的

1. 通过合成一种 1∶12 型杂多酸的制备,了解 Keggin 类型杂多酸水合物如

$H_x[XW_{12}O_{40}] \cdot nH_2O(x=P、Si 等杂原子)$ 的常规制备方法。

2. 用红外光谱、紫外光谱、热重–差热分析对产物进行表征,了解化合物的分析测试手段。

3. 通过催化乙酸乙酯的合成学习以杂多酸为催化剂的有机化学实验中的脱水合成方法。

实验原理

杂多酸是由两种或两种以上的不同含氧酸分子相互结合,同时脱水缩合而成的配合酸。配阴离子的配位体是多酸根,其成酸原子(也称多原子)通过氧桥与中心原子(杂原子)配位。杂多酸催化剂(含杂多酸盐)之所以受到关注,是因为:①杂多酸及其盐具有配合物和金属氧化物的特征,又有强酸性和氧化还原性,它是具有

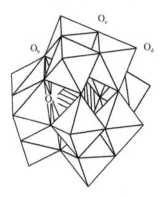

图 11-4　1∶12 型杂多阴离子结构示意图

氧化还原和酸催化功能的双功能催化剂;②杂多酸的阴离子结构稳定,性质却随组成元素不同而异,可以以分子设计的手段,通过改变分子组成和结构来调节其催化性能;③活性高,选择性强,即可用于均相反应,也可用于多相反应;④对设备腐蚀性小,不污染环境。所以杂多酸及其盐在催化领域得到越来越多的重视。据文献报道,杂多酸催化剂有三种形式:纯杂多酸、杂多酸盐(酸式盐)、负载型杂多酸(盐)。其中负载型最好,最常用的载体是活性炭。目前研究最多的是钨、钼的杂多酸,其杂原子主要是磷、硅等。作为酸催化剂,催化效果较好的为 1∶12 型(图 11-4)。

乙酸乙酯、乙酸丁酯、异丁酸乙酯等化合物都是重要的基本有机化工原料。通常是在酸催化下由羧酸和醇酯化得到,反应通式为

$$R-COOH + R'-OH \xrightarrow{H^+} R-COO-R'$$

长期以来,这类的合成一般是以硫酸为催化剂,虽然价格低、活性高,但是工艺复杂、副反应多、对设备腐蚀严重、并产生大量含酸废水。因此寻找新的催化剂成为酯和醚类合成的热门课题,杂多酸催化剂用于酯化反应的研究,已有很多文献报道。

实验步骤

1. $H_3[PW_{12}O_{40}] \cdot nH_2O$ 的合成

在 $250cm^3$ 烧杯中,将 $25gNa_2WO_4 \cdot 2H_2O$ 和计量比的 $Na_2HPO_4 \cdot 12H_2O$ 溶于 $150cm^3$ 热水中,置溶液于磁力搅拌器上加热至 90℃,在激烈的搅拌下用滴液漏

斗缓慢地逐滴加入 20cm³ 浓盐酸(边滴加边搅拌,20~30min 加完)。将混合物冷却到室温后转移入分液漏斗中,并加入一定量的乙醚,充分振荡萃取后静置(此时应该分成三相,如果没有三相,再加几立方厘米浓盐酸,充分振荡,静置),澄清分层后,将下层油状醚合物分出于蒸馏瓶中,加入少量蒸馏水,在 60℃ 恒温水浴锅中蒸发浓缩,至溶液表面有晶体析出为止。

2. 拟从不同角度探讨杂多酸催化剂在酯化反应中的催化性能

每组同学选做以下一个方向,并对产品进行检测(折光率、红外光谱、气相色谱等)。提倡几个组的同学选做不同的方向,互相借鉴,从催化剂种类、用量、酸醇比、反应时间等多方面讨论杂多酸催化剂的性能。

(1) 使用合成的 $H_3[PW_{12}O_{40}] \cdot nH_2O$ 为催化剂,合成不同的目标产物:乙酸乙酯、乙酸丁酯、异丁酸乙酯、丙二酸二乙酯。通过正交实验对酸醇比、催化剂的用量、反应时间等条件进行优化组合,对负载(活性炭、SiO_2、Al_2O_3 等作为载体)的杂多酸的重复使用能力进行探讨。

(2) 查阅资料合成 $H_3[PMo_{12}O_{40}] \cdot nH_2O$、$H_2[SiW_{12}O_{40}] \cdot nH_2O$、$H_2[SiMo_{12}O_{40}] \cdot nH_2O$,并作为催化剂合成一种酯。

(3) 探讨不同的杂多酸在不同的载体上负载的催化效果和重复使用能力。

实验指导

[1] 主要仪器与试剂。

仪器:有机反应常用玻璃仪器,阿贝折光仪,红外光谱仪,气相色谱仪,酸度计等。

试剂:冰醋酸(A.R.),丙二酸(A.R.),异丁酸(A.R.),乙醇(A.R.),丁醇(A.R.),苯(A.R.),无水硫酸镁(A.R.),无水硫酸铜,磷酸二氢钠,钨酸钠,钼酸钠,硅酸钠,活性炭,Al_2O_3,SiO_2(部分试剂供选)。

[2] 醇酸酯化反应有水生成,及时移去生成的水有利于反应的正向进行。实验前要认真分析反应体系,确定是否要用分水剂,选用什么分水剂。

[3] 实验过程中,使用有机试剂,要注意不能有明火。

[4] 实验中的废液应回收,不能倒入下水道。

[5] 查资料的关键词:杂多酸、磷钼钨、硅钼钨、磷钨酸、硅钨酸、磷钼酸、硅钼酸、催化酯化反应。

思考题

1. 哪些因素影响酸醇反应的酯化率?

2. 杂多酸催化剂性能的好坏与哪些因素有关?它还有哪些用途?

参考文献

陈静,王刚.2001.杂多酸催化合成丙二酸二乙酯.化学与黏合,2:68~69

何节玉,廖德仲等.2003.乙酸丁酯的合成研究.精细石油化工进展,4(1):34~38

胡小铭,严平.1996.杂多酸催化合成异丁酸乙酯.九江师专学报(自然科学版),15(6):3~5

王国良,刘金龙等.2002.杂多酸及其负载型催化剂的研究进展.炼油设计,32(9):56~51

实验四十五　　纳米 ZnO 的制备和质量分析

实验目的

　　1. 了解纳米微粒的一种制备方法;

　　2. 培养学生的综合能力,让学生了解科研的基本思想方法。

实验原理

　　1. 纳米材料的制备

　　纳米微粒是颗粒尺寸为纳米量级(1~100nm)的超细微粒,其本身具有量子尺寸效应、表面效应和宏观量子隧道效应等,因而展现出许多特有的性质和功能。纳米材料的种类很多,人们关注的有纳米尺度颗粒、原子团簇、纳米丝、纳米棒、纳米管、纳米电缆、纳米组装体系等。随着对纳米尺度颗粒粉体性能研究的深入,纳米粉体的制备方法应运而生,概括起来可分为物理法和化学法,化学法主要有溶胶-凝胶法、微乳法、化学沉淀法、醇解法等。这类方法的特点均是首先在液相制得前驱物,而后前驱物经干燥、焙烧等步骤获得相应的纳米氧化物。现在又有人研究用室温固相反应合成纳米材料,应用这种方法已制取了纳米 CuO、ZnO、ZnS、CuS、PbS、CdS 等。这种方法充分显示了固相合成反应无需溶剂、产率高、反应条件易掌握等优点。制备纳米微粒的方法应按气相法、液相法和高能球磨法来分类。其中气相法包括化学气相沉积(CVD)、激光气相沉积(LCVD)、真空蒸发和电子束或射频束溅射等。其缺点是对设备要求高、投资较大。液相法包括沉淀法、喷雾法、水热法(高温水解法)、溶剂挥发分解法、溶胶-凝胶法(sol-gel)、辐射化学分析法等。其中沉淀法包括共沉淀法、均相沉淀法、金属醇盐水解法等。

　　沉淀法的原料一般为价格便宜的无机盐。包含一种或多种离子的可溶性盐溶液,当加入沉淀剂(如 OH^-、$C_2O_4^{2-}$、CO_3^{2-} 等)后,在一定温度下溶液中发生水解反应,形成不溶性的氢氧化物、水合氧化物或盐类,从溶液中析出,将溶剂和溶液中原有的阴离子洗去,经过热分解或脱水得到所需的氧化物粉料。

2. 纳米 ZnO

纳米 ZnO 是一种面向 21 世纪的新型高功能附加值的精细化工产品,具有很多特殊的性质,如体积效应、表面效应、久保效应等,在催化、滤光、光化、医药、磁介质及新材料等方面有广阔的应用前景。

纳米 ZnO 的制备方法很多,多以碱式锌盐、氢氧化锌为前驱体制备纳米 ZnO 的液相沉淀法来制备。这种方法简单,成本较低,但所得前驱体含有一定量的酸根或共存的碱式盐杂质,虽反复洗涤但效果仍不理想,这些杂质会影响 ZnO 纳米粉体的质量和性能。

本实验以下列两种方法制备 ZnO 纳米粉体,并检验产品的质量。

方法一流程图如下:

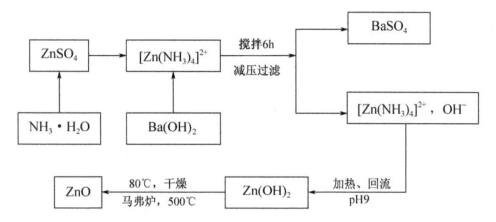

方法二流程图如下:

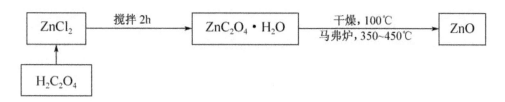

纳米 ZnO 粉体结构可以通过 XRD 和 TEM 进行表征,纯度分析可通过化学定量分析。

实验步骤

1. 样品制备

1) 方法一

$[Zn(NH_3)_4]^{2+}$ 的制备:取 $200cm^3$ $0.25mol \cdot dm^{-3}$ $ZnSO_4$ 于 $500cm^3$ 烧杯中,搅拌下缓慢加入 $50cm^3$ $8mol \cdot dm^{-3}$ $NH_3 \cdot H_2O$,强烈搅拌下分次加入 $8.5g$ $Ba(OH)_2$,继续搅拌 6h,离心沉淀,用砂心漏斗减压过滤。

纳米 ZnO 前驱体 $Zn(OH)_2$ 的制备:将以上滤液转入 $250cm^3$ 锥形瓶中,接上回流冷凝管,置于磁力搅拌器上加热除氨,当 pH 降至 8~9 时,$Zn(OH)_2$ 沉淀析出,用 pH=9 的氨-氯化铵溶液洗涤沉淀至用 Ba^{2+} 检测不出 SO_4^{2-} 为止,将沉淀抽滤,80℃ 干燥。

纳米 ZnO 的制备:将干燥处理后的 $Zn(OH)_2$ 沉淀送入 450℃ 马弗炉中煅烧 3h,得到白色纳米 ZnO 粉体。

2) 方法二

$ZnC_2O_4 \cdot 2H_2O$ 制备:用台秤称取 $5g$ $ZnCl_2$,配制出约 $1.5mol \cdot dm^{-3}$ 的 $ZnCl_2$ 溶液;配制 $2.5mol \cdot dm^{-3}$ 的 $H_2C_2O_4$ 溶液 $20cm^3$。将上述两种溶液加入到 $250cm^3$ 的烧杯中,常温下在磁力搅拌器上搅拌 2h,制得白色 $ZnC_2O_4 \cdot 2H_2O$ 沉淀。减压过滤,用去离子水淋洗固体。

ZnO 的制备:将 $ZnC_2O_4 \cdot 2H_2O$ 固体放入坩埚,在马弗炉中于 100℃ 干燥 30min,350~450℃ 焙烧 1~2h,得到白色 ZnO 粉末。

2. 产品质量分析

1) 样品粒径大小、晶形的测定

样品的晶形和粒径大小用 X 射线衍射仪进行表征。测试条件为 CuK_a 源,管压/管流为 $20kV \cdot 30mA^{-1}$,扫描范围(2θ)为 $20°$~$80°$,扫描速度率为 $5° \cdot min^{-1}$。

应用透射电镜仪对样品的形貌和粒径大小进行表征。样品测试前用超声波在无水乙醇中分散,放大倍数为 15 万倍。

2) 样品纯度的分析

自己设计实验测定样品的纯度。

3. 查阅资料设计实验考查纳米 ZnO 材料的一种性能

要求工艺简单易行,使用的原材料容易得到。

实验指导

[1] 粒度可以采用评估法,它的基本原理是利用沉降速率与粒径关系式:

$$v = \frac{g(\rho_{\mathrm{p}} - \rho_{\mathrm{l}})D^2}{18\eta}$$

$$v = \frac{\Delta H}{\Delta t}$$

式中:v——沉降速率,cm·s^{-1};

　　ΔH——沉降距离,cm;

　　Δt——沉降 ΔH 的时间,s;

　　g——重力加速度,980cm·s^{-2};

　　D——沉降试验中所得粒径,cm;

　　ρ_{p}——粒子密度(可采用小量筒测定其堆积体积,然后称量计算出密度),g·cm^{-3};

　　ρ_{l}——介质密度,g·cm^3;

　　η——介质黏度,P。

〔2〕用滴定法测定产物的 ZnO 含量时,注意如何取样和溶解试样。

〔3〕查阅文献的关键词:纳米 ZnO、粉体 ZnO,纳米 ZnO 性能。

思考题

1. 如何知道产物的相对密度?

2. 纳米材料的制备方法有很多,你了解吗? 试比较它们的优缺点。

3. 纳米 ZnO 粉体的制备方法很多,查阅资料分析其中的优缺点。

4. ZnCO$_3$ 分解也能得到 ZnO,与本实验中的两种前驱体进行比较,你认为哪一种更好?

5. ZnC$_2$O$_4$ 焙烧时需要氧气,为什么? 在使用马弗炉焙烧时,如何做效果更好?

参考文献

胡立江,尤宏.1998.工科大学化学实验.哈尔滨:哈尔滨工业大学出版社

易求实等.2001.纳米粉 ZnO 的制备及低温热容研究.无机材料学报,16(4)

张立德,牟季美等.2001.纳米材料和纳米结构.北京:科学出版社

浙江大学,华东理工大学,四川大学.2002.新编大学化学实验.北京:高等教育出版社

实验四十六　三氯化六氨合钴(Ⅲ)的制备及组成测定

实验目的

1. 通过对产品的合成和组分的测定,确定配合物的实验式和结构;

2. 了解如何通过文献查阅、设计实验方案、准备实验用品(包括溶液的配制和标定、仪器的使用)、处理实验结果等全过程,提高学生独立分析问题、解决问题的综合能力;

3. 全面的基本操作训练的基础上,应用所学基本理论和实验技能,独立完成设计实验方案、实验、观察实验现象、测定实验数据和总结讨论实验结果、撰写实验论文这一完整的过程。

实验预习

1. Co(Ⅱ)、Co(Ⅲ)的性质;
2. Cl^-、Co^{3+}、NH_3的测定方法;
3. 溶液电导率的测定及电导率仪的使用。

实验内容

(1) 以 $CoCl_2 \cdot 6H_2O$ 为基本原料,制备 10g 左右的 $[Co(NH_3)_6]Cl_3$[1]。
(2) 对产品中氯、氨、钴含量测定,确定配合物的实验式。
(3) 通过产品电导率的测定,确定配合物的电荷。
(4) 实验完成后,将产品及含钴废液中的钴回收生成 $CoCl_2 \cdot 6H_2O$。

实验要求

(1) 根据实验内容,查阅有关文献和资料,写出实验的原理和背景综述。
(2) 拟定详细的实验方案,要求列出详细的试剂、仪器、用品。

$[Co(NH_3)_6]Cl_3$ 的制备方案,列出详细的实验条件和所需试剂、仪器和其他用品。

拟定产品的组成和性质测定方法,包括配合物的外界、中心离子、配位体数目的测定、配离子的电荷,以确定产品的性质和结构。

设计方案利用实验废液制备 $CoCl_2 \cdot 6H_2O$。

(3) 指导教师组织学生进行实验方案的讨论,然后学生针对自己的方案进行修改和完善。
(4) 指导教师审查学生的实验方案,并分步实施进行实验。
(5) 实验由学生独立完成。
(6) 实验完成后,将所有含钴试剂和溶液回收。
(7) 写出论文。要求方案详细、实验数据真实、结论准确。
(8) 本实验可以作为考察实验,对学生的实验能力进行综合评定。

实验指导

[1] 参考制备方法。

称取 $6gNH_4Cl$ 溶于 $12cm^3$ 水中,加热至沸,然后加入 $9gCoCl_2 \cdot 6H_2O$,溶解后趁热倒入盛有 0.5g 活性炭的锥形瓶中,用水冷却后加 $20cm^3$ 浓氨水,进一步用冰水冷却到 10℃ 以下。慢慢加入 8cm³ 30% H_2O_2,在水浴上加热到 60℃,恒温 20min,并不断摇荡,然后用水冷却。加入含有 6cm³ 6mol・dm⁻³ HCl 的 75cm³ 水,加热至沸,沉淀溶解后趁热过滤,溶液中慢慢加入 20cm³ 6mol・dm⁻³ HCl,即有大量橘黄色晶体析出。用冰水冷却晶体,然后过滤,并用少量冷的稀 HCl 洗涤晶体。抽干后转移到表面皿上,放置。称量待用。

[2] 三氯化六氨合钴(Ⅲ)的制备条件是:以活性炭为催化剂,用 H_2O_2 氧化有 NH_3 及 NH_4Cl 存在的 $CoCl_2$ 溶液。反应式为

$$2CoCl_2 + 2NH_4Cl + 10NH_3 + H_2O_2 === 2[Co(NH_3)_6]Cl_3 + 2H_2O$$

所得产品 $[Co(NH_3)_6]Cl_3$ 为橘黄色单斜晶体,20℃ 时在水中溶解度为 0.26mol・dm⁻³。

[3] 钴(Ⅲ)的氨合物有许多种,主要有 $[Co(NH_3)_6]Cl_3$(橘黄色晶体)、$[Co(NH_3)_5(H_2O)]Cl_3$(砖红色晶体)、$[Co(NH_3)_5Cl]Cl_2$(紫红色晶体)等。它们的制备条件各不相同。

[4] 在制备过程中必须严格控制温度,当温度在 215℃ 时,$[Co(NH_3)_6]Cl_3$ 将转化为 $[Co(NH_3)_5Cl]Cl_2$;温度高于 250℃ 时,则被还原为 $CoCl_2$。

[5] 注意制备反应条件的设计,注意防止内界进入 H_2O 和 Cl^-。

思考题

1. 根据实验比较 Co(Ⅱ)、Co(Ⅲ)化合物性质的差别。
2. 哪些因素影响产品的性质? 为什么有时产品会出现异常颜色?
3. 氨和氯的测定原理是什么? 分别用反应方程式表示。
4. 向钴溶液中加入 NaOH 会产生黑色的沉淀,该沉淀为何物?
5. 分析测定结果与理论值的误差来源。
6. 在制备过程中,加了过氧化氢后要 60℃ 恒温一段时间,可否加热至沸?
7. 在加入 H_2O_2 和浓 HCl 时都要求慢慢加入,为什么? 它们在制备 $[Co(NH_3)_6]Cl_3$ 过程中起到什么作用?
8. 要提高产率,你认为哪些步骤是比较关键的? 为什么?

参考文献

北京矿冶研究院.1972.矿石及有色金属分析方法.北京:科学出版社

南京大学.2001.大学化学实验.北京:高等教育出版社

史启祯,肖新亮.1995.无机化学及化学分析实验.北京:高等教育出版社

王伯康,钱文浙.1984.中级无机化化学.北京:高等教育出版社

吴琴媛,徐培珍,张雪琴.1998.无机化学实验.南京:南京大学出版社

武汉大学,吉林大学.1994.无机化学(下册).第三版.北京:高等教育出版社

余向春.1994.化学文献及查阅方法.第二版.北京:科学出版社

郑化桂.实验无机化学.1988.合肥:中国科技大学出版社

中山大学.1981.无机化学实验.第三版.北京:高等教育出版社

Girolami G S, Rauchfuss T B, Angelici R J. 1999. Synthesis and Technique in Inorganic Chemistry(3rd edition). Mill Valley: University Science Books

实验四十七　　茶叶中咖啡因提取和金属离子的分离和鉴定

实验目的

  1. 进一步理解和认识天然产物的分离和提取；

  2. 进一步熟练有机化学和微型实验的基本操作；

  3. 学习从茶叶中分离和鉴定某些元素的方法；

  4. 进一步培养综合实验能力。

实验预习

  1. 升华(5.8.4)；

  2. 萃取，索氏提取器的使用(5.8.5)；

  3. 蒸馏(5.8.6)；

  4. Ca^{2+}、Mg^{2+}、Al^{3+}、Fe^{3+} 等离子的分离和鉴定，P 元素的鉴定。

实验原理

  茶叶等植物是有机体，主要由 C、H、O、N 等元素组成，还含有 P、I 和某些金属元素，如 Ca、Mg、Al、Fe、Cu、Zn 等。

  茶叶中含有许多种生物碱，其中以咖啡碱(又称咖啡因)为主，占 1%～5%。另外还含有 11%～12% 的丹宁酸(又名鞣酸)，0.6% 的色素、纤维素、蛋白质等。咖啡碱是弱碱性化合物，易溶于氯仿(12.5%)、水(2%)及乙醇(2%)等。在苯中的溶解度为 1%(热苯为 5%)。丹宁酸易溶于水和乙醇，但不溶于苯。

  咖啡碱是杂环化合物嘌呤的衍生物，它的化学名称是 1,3,7-三甲基-2,6-二氧嘌呤，其结构式如下：

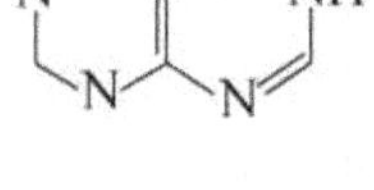

嘌呤 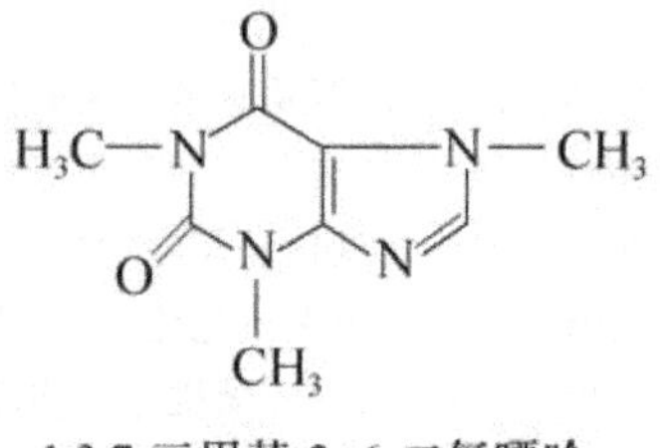　　　　　　　1,3,7-三甲基-2,6-二氧嘌呤

  含结晶水的咖啡因系无色针状结晶，味苦，能溶于水、乙醇、氯仿等。在 100℃时即失去结晶水，并开始升华，120℃时升华相当显著，至 178℃时升华很快。无水

咖啡因的熔点为 234.5℃。

为了提取茶叶中的咖啡因,往往利用适当的溶剂(氯仿、乙醇、苯等)在脂肪提取器中连续抽提,然后蒸去溶剂,即得粗咖啡因。粗咖啡因还含有其他一些生物碱和杂质,利用升华可进一步提纯。

工业上,咖啡因主要通过人工合成制得。它具有刺激心脏、兴奋大脑神经和利尿等作用,因此可作为中枢神经兴奋药。它也是复方阿司匹林(APC)等药物的组分之一。咖啡因可以通过测定熔点及光谱法加以鉴别。此外,还可以通过制备咖啡因水杨酸盐衍生物进一步得到确证。咖啡因作为碱,可与水杨酸作用生成水杨酸盐,此盐的熔点为 137℃。

把茶叶加热灰化,除了几种主要元素形成易挥发物质逸出去外,其他元素留在灰烬中,用酸浸取则进入溶液,可从浸取液中分离鉴定 Ca、Mg、Al、Fe 和 P 等元素。P 可用钼酸铵试剂单独检出,四种金属离子需先分离后鉴别。

运用表 11-6 数据设计分离流程。

表 11-6　四种金属离子氢氧化物沉淀完全的 pH

化合物	$Cu(OH)_2$	$Mg(OH)_2$	$Al(OH)_3$	$Fe(OH)_3$
pH	>13	>11	5.2~7.5	4.1

实验步骤

1. 咖啡因的提取

按图 11-5 装好提取装置[1],称取 10g 茶叶末,放入脂肪提取器的滤纸套筒中[2],轻轻压实,在圆底烧瓶中加入 75cm³ 95％乙醇,用水浴加热至乙醇沸腾,连续提取2~3h[3]。待冷凝液刚刚虹吸下去时,立即停止加热。稍冷后,改成蒸馏装置,回收提取液中的大部分乙醇[4]。趁热将瓶中的残液倾入蒸发皿中,拌入3~4g[5]生石灰粉,搅成糊状,在蒸气浴上蒸干,其间应不断搅拌,并压碎块状物。最后将蒸发皿放在石棉网上,用小火焙炒片刻,务使水分全部除去。冷却后,擦去沾在边上的粉末,以免在升华时污染产物。取一只口径合适的玻璃漏斗,罩在蒸发皿上,漏斗与蒸发皿之间隔上一层刺有小孔的滤纸,用砂浴小心加热升华[6]。控制砂浴温度在 220℃ 左右。当滤纸上出现许多白色毛状结晶时,暂停加热,让其自然冷却至 100℃左右。小心取下漏斗,揭开滤纸,用刮刀将纸上和器

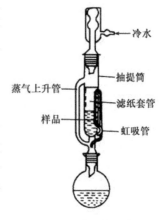

图 11-5　索氏提取器

皿周围的咖啡因刮下。残渣经搅拌后用较大的火再加热片刻,使升华完全。合并两次收集的咖啡因,称量并测定熔点及进行红外光谱的鉴定(与标准谱图进行对照)。

纯粹咖啡因的熔点为 234.5℃。

2. 茶叶中 Ca、Mg、Al、Fe 四种元素的分离和鉴定

(1) 取提取咖啡因后的茶叶残渣,放入蒸发皿中,在通风橱内用煤气灯加热充分灰化;然后移入研钵中研细,取出少量茶叶灰以做磷的鉴定,其余置于 $50cm^3$ 烧杯中,加入 $15cm^3$ $2mol \cdot dm^{-3}$ 盐酸,加热搅拌,溶解,过滤,保留滤液。

(2) 分离和鉴定各金属离子。用 $1:1$ $NH_3 \cdot H_2O$ 将(1)所得的滤液调至 pH=7左右,离心分离,上层清液转至另一离心管(留后实验用),在沉淀中加过量 $2mol \cdot dm^{-3}NaOH$ 溶液,然后离心分离。把沉淀和清液分开,在清液中加 2 滴铝试剂,再加 2 滴 $1:1$ $NH_3 \cdot H_2O$,在水浴上加热,有红色絮状沉淀产生,表示有 Al^{3+}。在所得的沉淀中加 $2mol \cdot dm^{-3}HCl$ 使其溶解,然后滴加 2 滴 $0.25mol \cdot dm^{-3}K_4[Fe(CN)_6]$ 溶液,生成深蓝色沉淀,也可以用 NH_4SCN 溶液,溶液变为血红色,表示有 Fe^{3+}。

在上面所得清液的离心管中加入 $0.5mol \cdot dm^{-3}(NH_4)_2C_2O_4$ 至无白色沉淀产生,离心分离,清液转至另一离心管,往沉淀中加 $2mol \cdot dm^{-3}HCl$,白色沉淀溶解,表示有 Ca^{2+};在清液中加几滴 $40\%NaOH$,再加 2 滴镁试剂[9],有天蓝色沉淀产生,表示有 Mg^{2+}。

(3) 磷元素的分离和鉴定。取茶叶灰于 $25cm^3$ 烧杯中,加 $5cm^3$ $1:1HNO_3$(在通风橱中进行);搅拌溶解,过滤得透明溶液,然后在滤液中加 $1cm^3$ 钼酸铵试剂[10],在水浴中加热有黄色沉淀产生,表示有 P 元素。

3. 咖啡因结构测定

红外光谱或紫外光谱测定咖啡因结构测定。

实验指导

[1] 脂肪提取器的虹吸管极易折断,装配仪器和拿取时须特别小心。

[2] 滤纸套大小既要紧贴器壁,又能方便取放,其高度不得超过虹吸管;用滤纸包茶叶末时要严谨,防止漏出堵塞虹吸管;纸套上面折成凹形,以保证回流液均匀浸润被萃取物。

[3] 提取液颜色很淡时,即可停止提取。

[4] 瓶中乙醇不可蒸得太干,否则残液很黏,转移时损失较大。

[5] 生石灰起吸水和中和作用,以除去部分酸性杂质。

　　[6] 在萃取回流充分的情况下,升华操作是实验成败的关键。升华过程中,始终都需用小火间接加热。如温度太高,会使产物发黄。注意温度计应放在合适的位置,使正确反映出升华的温度。

　　如无砂浴,也可用简易空气浴加热升华,即将蒸发皿底部稍离开石棉网进行加热,并在附近悬挂温度计指示升华温度。

　　[7] 乳化层通过干燥剂无水硫酸镁时可被破坏。

　　[8] 如残渣中加入 $6cm^3$ 丙酮温热后仍不溶解,说明其中带入了无水硫酸镁,应补加丙酮至 $20cm^3$,用普通漏斗过滤除去无机盐,然后将丙酮溶液蒸发至 $5cm^3$,再滴加石油醚。

　　[9] 镁试剂:取 $0.01g$ 镁试剂(对硝基偶氮间苯二酚)溶于 $1dm^3$ $1mol \cdot dm^{-3}$ NaOH 溶液中。

　　[10] 钼酸铵试剂:取 $124g(NH_4)_2MoO_4$ 溶于 $1dm^3$ 水中,再把所得溶液倒入 $1dm^3$ $6 \ mol \cdot dm^{-3}$ 硝酸中,放置 1 天,取其清液。

思考题

　　1. 写出实验中检出五种元素的有关化学方程式。

　　2. 茶叶中还有哪些元素? 如何鉴定?

　　3. 提取咖啡因时,用到生石灰,生石灰有什么作用?

　　4. 从茶叶中提取出的粗咖啡因有绿色光泽,为什么?

实验四十八　废干电池的综合利用

实验目的

　　1. 进一步熟练无机物的实验室提取、制备、提纯和分析等方法与技能;

　　2. 了解废弃物中有效成分的回收利用方法。

实验预习

　　1. 各种电池的种类和型号;

　　2. Mn 的性质、Zn 的性质。

实验原理

　　日常生活中用的干电池为锌锰干电池。其负极为作为电池壳体的锌电极,正极是被 MnO_2(为增强导电能力,填充有炭粉)包围着的石墨电极,电解质是氯化锌及氯化铵的糊状物,其结构如图 11-6 所示。其电池反应为

$$Zn + 2NH_4Cl + 2MnO_2 \longrightarrow Zn(NH_3)_2Cl_2 + 2MnO(OH)$$

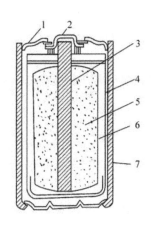

图 11-6　锌-锰电池构造图

1. 火漆；2. 黄铜帽；3. 石墨棒；
4. 锌筒；5. 去极剂；6. 电解
液＋淀粉；7. 厚纸壳

在使用过程中,锌皮消耗最多,二氧化锰只起氧化作用,氯化铵作为电解质没有消耗,炭粉是填料。因而回收处理废干电池可以获得多种物质,如铜、锌、二氧化锰、氯化铵和炭棒等,实为变废为宝的一种可利用资源。

回收时,剥去电池外层包装纸,用螺丝刀撬去顶盖,用小刀挖去盖下面的沥青层,即可用钳子慢慢拔出炭棒(连同铜帽),炭棒可留作电解食盐水等的电极用。

用剪刀(或钢锯片)把废电池外壳剥开,即可取出里面黑色的物质,这些物质为二氧化锰、炭粉、氯化铵、氯化锌等的混合物。把这些黑色混合物倒入烧杯中,加入蒸馏水(按每节 1 号电池加 $50cm^3$ 水计算),搅拌,溶解,过滤,滤液用以提取氯化铵,滤渣用以制备 MnO_2 及锰的化合物。电池的锌壳可用以制锌及锌盐。

(1)已知滤液的主要成分为 NH_4Cl 和 $ZnCl_2$,两者在不同温度下的溶解度如表 11-7 所示。

表 11-7　NH_4Cl 和 $ZnCl_2$ 的溶解度[单位：$g \cdot (100g 水)^{-1}$]

温度/℃	0	10	20	30	40	50	60	70	100
NH_4Cl	29.4	33.2	37.2	31.4	45.8	55.3	65.6	71.2	77.3
$ZnCl_2$	342	363	395	437	452	488	541	—	614

氯化铵在 100℃时开始显著地挥发,338℃时离解,350℃时升华。

氯化铵与甲醛作用生成六次甲基四胺和盐酸,后者用氢氧化钠标准溶液滴定,便可求出产品中氯化铵的含量。

(2)黑色混合物的滤渣中含有二氧化锰、炭粉和其他少量有机物。将其用水冲洗滤干,灼烧以除去炭粉和其他有机物。

粗二氧化锰中尚含有一些低价锰和少量其他金属氧化物,也应设法除去,以获得精制二氧化锰。纯二氧化锰密度为 $5.03g \cdot cm^{-3}$,535℃时分解为 O_2 和 Mn_2O_3,不溶于水、硝酸和稀 H_2SO_4。

(3)将洁净的碎锌片以适量的酸溶解。溶液中有 Fe^{3+}、Cu^{2+} 杂质时,设法除去。七水硫酸锌极易溶于水(在 15℃时,无水盐为 33.4%),不溶于乙醇。在 39℃时含结晶水,100℃开始失水。在水中水解呈酸性。

剖开电池后(请同学利用课外活动时间预先分解废干电池),按老师指定从下列三项中选做一项。

实验内容

1. 从黑色混合物的滤液中提取氯化铵

要求：
(1) 设计实验方案,提取并提纯氯化铵。
(2) 产品定性检验,包括:①证实其为铵盐;②证实其为氯化物;③判断有否杂质存在。
(3) 测定产品中 NH_4Cl 的质量分数。

2. 从黑色混合物的滤渣中提取 MnO_2

要求：
(1) 设计实验方案,精制二氧化锰。
(2) 设计实验方案,验证二氧化锰的催化作用。
(3) 试验 MnO_2 与盐酸、MnO_2 与 $KMnO_4$ 的作用。
试验精制二氧化锰的以下性质：
(1) 催化作用。二氧化锰对氯酸钾热分解反应和 H_2O_2 分解反应有催化作用。
(2) 与浓 HCl 的作用。二氧化锰与浓 HCl 发生如下反应：
$$MnO_2 + 4HCl =\!\!=\!\!= MnCl_2 + Cl_2\uparrow + 2H_2O$$
注意:所设计的实验方法(或采用的装置)要尽可能避免产生废气造成实验室空气污染。
(3) MnO_4^{2-} 的生成及其歧化反应。在大试管中加入 $5cm^3\,0.002\ mol\cdot dm^{-3}$ $KMnO_4$ 及 $5cm^3\ 6mol\cdot dm^{-3} NaOH$ 溶液,再加入少量所制备的 MnO_2 固体。验证所生成的 MnO_2 的歧化反应。

3. 由锌壳制备 $ZnSO_4\cdot 7H_2O$

要求：
(1) 设计实验方案,以锌单质制备 $ZnSO_4\cdot 7H_2O$。
(2) 产品定性检验,包括:①证实为硫酸盐;②证实为锌盐;③证实不含 Fe^{3+}、Cu^{2+};④测定制得 $ZnSO_4\cdot 7H_2O$ 的质量分数。

参考文献

陈寿椿.1982.重要无机化学反应.第二版.上海:上海科学技术出版社
江体乾.1992.化工工艺手册.上海:上海科学技术出版社

李朝略.1985.化工小商品生产法（第一集）.长沙：湖南科学技术出版社

日本化学会.1986.无机化合物合成手册（第二卷）.北京：化学工业出版社

上海化工学院无机化学教研组.1979.无机化学实验.北京：人民教育出版社

天津化工研究院.1981.无机盐工业手册.北京：化学工业出版社

中山大学等.1983.无机化学实验.北京：高等教育出版社

实验四十九　乙酰乙酸乙酯的制备及性质实验

实验目的

1. 掌握减压蒸馏的实验操作；
2. 掌握无水操作中钠沙的制备。

实验预习

1.《有机化学》二羰基化合物的性质；
2. 减压蒸馏（5.8.7）；
3. 制备钠沙的实验操作要点。

实验原理

含 α-活泼氢的酯在碱性催化剂存在下,能与另一分子酯发生克莱森酯缩合反应,生成羰基羧酸酯,乙酰乙酸乙酯就是通过这一反应制备的。当金属钠作缩合试剂时,真正的催化剂是钠与乙酸乙酯中残留的少量乙醇作用生成的醇钠。一旦反应开始,乙醇就可以不断生成并和金属钠继续作用,如是用高纯度的乙酸乙酯和金属钠,反而不能发生缩合反应。反应经历了以下平衡：

$$CH_3CO_2C_2H_5 + {}^-OC_2H_5 \rightleftharpoons {}^-CH_2CO_2C_2H_5 + HOC_2H_5$$

$$CH_3COC_2H_5 + {}^-CH_2CO_2C_2H_5 \rightleftharpoons CH_3 - \underset{OC_2H_5}{\overset{\overset{O^-}{\|}}{C}} - CH_2CO_2C_2H_5$$

$$\rightleftharpoons CH_3\underset{O}{\overset{\|}{C}}CH_2CO_2C_2H_5 + {}^-OC_2H_5 \longrightarrow [CH_3\underset{O}{\overset{\|}{C}}\overset{-}{C}HCO_2C_2H_5]$$

$$\dashleftarrow \cdots \rightarrow CH_3\underset{O^-}{\overset{\|}{C}} = CHCO_2C_2H_5] + HOC_2H_5$$

由于乙酰乙酸乙酯分子中亚甲基上的氢比乙醇的酸性强得多,最后一步实际上是不可逆的。反应后生成乙酰乙酸乙酯的钠化物,因此,必须用乙酸酸化,才能使乙酰乙酸乙酯游离出来。

$$[CH_3COCHCO_2C_2H_5]^-Na^+ + CH_3CO_2H \longrightarrow CH_3\underset{\underset{O}{\|}}{C}CH_2CO_2C_2H_5 + CH_3COONa$$

乙酰乙酸乙酯是互变异构现象的一个典型例子,它是酮式和烯醇式平衡的混合物,在室温时含 92% 的酮式和 8% 的烯醇式。

两种异构体表现出各自的性质,在一定的条件下能够分离为纯形式。但在微量酸碱催化下,呈现迅速转化的平衡混合物,溶剂对平衡位置有明显的影响。

乙酰乙酸乙酯的钠化物在醇溶液中可与卤代烷发生亲核取代,生成一烷基或二烷基取代的乙酰乙酸乙酯。

$$CH_3COCH_2CO_2C_2H_5 \xrightarrow[HOC_2H_5]{NaOC_2H_5} [CH_3COCHCO_2C_2H_5]^-Na^+$$

取代乙酰乙酸乙酯有两种水解方式,即成酮式水解和成酸式水解。用冷的稀碱溶液处理,酸化后加热脱羧,生成酮水解,可用来合成取代丙酮(CH_3COCH_2R 或 CH_3COCHR_2)。

$$CH_3COCHCO_2C_2H_5 \xrightarrow{稀OH^-} CH_3COCHCO_2^- \xrightarrow[②-CO_2]{①H_3O^+} CH_3COCH_2R$$
$$\quad\;|\qquad\qquad\qquad\qquad\quad\;|$$
$$\quad R\qquad\qquad\qquad\qquad\qquad R$$

如与浓碱在醇溶液中加热,则发生酸式水解,生成取代乙酸。

$$CH_3COCHCO_2C_2H_5 \xrightarrow[②H_3O^+]{①KOH,C_2H_5OH} RCH_2CO_2H + CH_3CO_2H$$
$$\qquad\;|$$
$$\qquad R$$

由于用丙二酸酯可以得到更高产率的取代乙酸,乙酰乙酸乙酯的酸式水解在合成中很少用。

实验步骤

在干燥的 $100cm^3$ 圆底烧瓶中加入 2.5g 金属钠和 12.5 cm^3 二甲苯,装上带有无水氯化钙干燥管的冷凝管,用加热套小心加热使钠熔融,立即拆去干燥管。圆底烧瓶连同球形冷凝管用力来回振荡,即得到细颗粒状钠珠。稍放置后钠珠即沉于瓶底,将二甲苯倾析出后倒入公用回收瓶(勿倒入水槽和废物缸,以免造成污染)。迅速向瓶中加入乙酸乙酯,重新装上冷凝管,并在一端装一氯化钙干燥管。反应随即开始,并有氢气泡溢出。如反应不开始或很慢时,可以温热。待激烈反应过后,将圆底烧瓶在加热台上加热。保持微沸状态,直至所有金属钠几乎全部作用完为止,反应约需 1.5h。此时生成的乙酰乙酸乙酯钠盐为橘红色透明溶液(有时会析出黄白色沉淀)。待反应物稍冷后,在摇荡下加入 50% 的乙酸溶液,直到反应液呈弱酸性为止(约需 15 cm³),此时,所有的固体物质均已溶解。将反应物转入分液漏斗,加入等体积的饱和氯化钠溶液,用力摇振片刻,静置后,乙酰乙酸乙酯分层析出(哪一层?)。分出粗产物,用无水硫酸钠干燥后滤入蒸馏瓶,并用少量的乙酸乙酯洗涤干燥剂。在沸水浴上蒸去未作用的乙酸乙酯,将剩余液移入 25 cm³ 克氏蒸馏瓶进行减压蒸馏。减压蒸馏时须缓慢加热,待残留的低沸物蒸出后再升高温度,收集乙酰乙酸乙酯,产量约 6g。

乙酰乙酸乙酯沸点与压力的关系如表 11-8 所示。

表 11-8　乙酰乙酸乙酯沸点与压力的关系

压力/mmHg	760	80	60	40	30	20	18	14	12
沸点/℃	181	100	97	92	88	82	78	74	71

下列实验表明乙酰乙酸乙酯是酮式和烯醇式互变异构体的平衡混合物:

1. 三氯化铁实验

在试管中滴入一滴乙酰乙酸乙酯,再加入 2 cm³ 水,混匀后滴入几滴 1% 三氯化铁溶液,振荡,观察溶液的颜色。用一两滴 5% 的苯酚溶液和丙酮做对比试验。

2. 溴化实验

在试管中滴入 1 滴乙酰乙酸乙酯,再加入 1cm³ 四氯化碳,在摇荡下滴加 2% 溴的四氯化碳溶液,使溴很淡的红色在 1min 内保持不变。放置 5min 后再观察颜色发生了什么变化。试解释这一变化的原因。

3. 2,4-二硝基苯肼实验

在试管中加入 1 cm³ 新配置的 2,4-二硝基苯肼溶液,然后加入四五滴乙酰乙酸乙酯,振荡,观察现象。

4. 亚硫酸氢钠实验

在试管中加入 2 cm³ 乙酰乙酸乙酯和 0.5 cm³ 饱和的亚硫酸氢钠溶液,振荡 5～10min,析出亚硫酸氢钠加成物的胶状沉淀,再加入饱和碳酸钾溶液振荡后,沉淀消失,乙酰乙酸乙酯重新游离出来。写出变化的反应式。

5. 乙酸铜实验

在试管中加入 0.5 cm³ 乙酰乙酸乙酯和 0.5 cm³ 饱和的乙酸铜溶液,充分摇荡后生成蓝绿色的沉淀,加入 1 cm³ 氯仿后再次摇振,沉淀消失。解释这一现象。

实验指导

〔1〕乙酸乙酯必须绝对干燥,但其中应含有 1‰～2‰ 的乙醇。其提纯方法如下:将普通乙酰乙酸乙酯用饱和氯化钙溶液洗涤,再用熔焙过的无水碳酸钾干燥,在水浴上蒸馏,收集 76～78℃ 馏分。

〔2〕金属钠遇水即燃烧爆炸,故使用时严格防止接触水。在称量或切片过程中应当迅速,以免被空气中水气侵蚀和氧化。金属钠粒子的大小直接影响缩合反应的速率。如果实验有压钠机,将钠压成钠丝,操作步骤如下:

用镊子取存储的金属钠快,用双层滤纸吸取溶剂油,用小刀切去其表面,即放入乙醇洗净的压钠机中,直接压入已称量的带木塞的圆底烧瓶中。为防止氧化,迅速用木塞塞紧瓶口后称量。钠的用量可酌情增减,其幅度控制在 2.5g 左右。无压钠机时,也可将金属钠切成细条,移入粗汽油中。进行反应时,再移入反应瓶。本实验方法的优点在于可以用块状钠。

〔3〕一般要使钠全部溶解,但很少量未反应的钠不妨碍进一步操作。

〔4〕用乙酸中和时,开始有固体析出,继续加酸并不断振摇,固体会逐渐消失,最后得到澄清的液体。如果有少量固体未溶解时,可加少许水使之溶解。但应避免加入过量的酸,否则会增加酯在水中的溶解度而降低产量。

〔5〕乙酰乙酸乙酯在常压蒸馏时,很容易分解而降低产量。

〔6〕产率是按钠计算的。本实验最好是连续进行,如间隔时间太久,会因生成去水乙酸而降低产量。

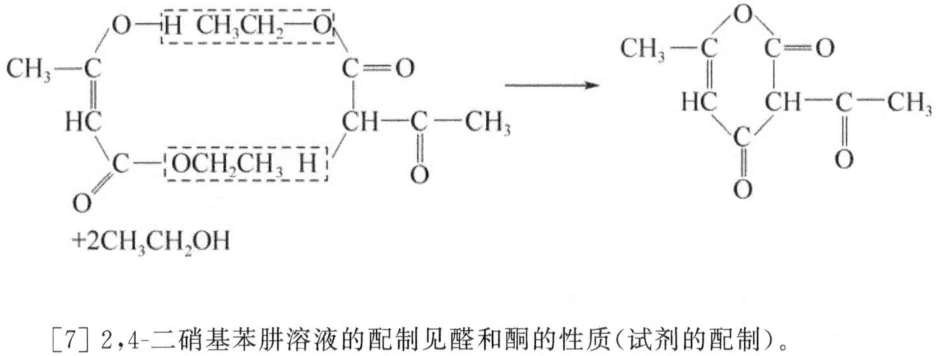

〔7〕2,4-二硝基苯肼溶液的配制见醛和酮的性质(试剂的配制)。

〔8〕在乙酰乙酸乙酯的烯醇式结构中,存在两个配位中心(酯羰基和羟基),可

以和某些金属离子(如铜、钡、铝等)形成螯合物,产生颜色,该反应很灵敏,可用于某些金属离子的定量测定。

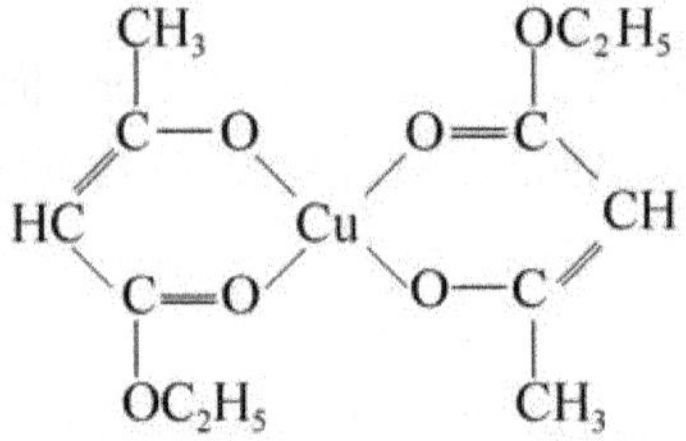

思考题

1. 克莱森酯缩合反应的催化剂是什么? 本实验为什么可以用金属钠代替?

2. 为什么乙酸乙酯中要含有 1%~2%的乙醇?

3. 本实验加入 50%乙酸溶液和饱和氯化钠溶液的目的?

4. 什么叫互变异构现象? 如何用实验证明乙酰乙酸乙酯是两种互变异构体的平衡物?

5. 写出下列化合物发生克莱森酯缩合反应的产物:

(1) 苯甲酸乙酯和丙酸乙酯;(2) 苯甲酸乙酯苯乙酮;(3) 苯乙酸乙酯和乙二酸乙酯。

实验五十　　α,β-酮油酸的提取及其顺丁烯二酐加成物的制备

实验目的

1. 了解氮气保护下的化学反应的操作原理;

2. 掌握第尔斯-阿尔德反应的化学原理。

实验预习

1.《有机化学》有关双烯合成的章节;

2. 氮气保护装置的安装(5.8.10);

3. 重结晶和过滤(5.8.3)。

实验原理

桐油是从大戟科植物罂子桐的种子中提取的干性油(种子含油率 30%~40%),是我国的特产,主要产于湖南、湖北、四川和江西等地,尤其以西北洪江一带所产为佳。和其他的植物油脂相似,桐油也是一种甘油酯。其区别在于桐油的高级脂肪酸是桐油酸,是含三个共轭双键的十八碳不饱和高级脂肪酸。正是这个十八碳共轭三烯酸赋予了桐油独特的性质,使桐油在空气中极易和氧气作用,聚合形成一层坚韧的薄膜。这层薄膜不溶于一般的有机溶剂,不怕水长期侵蚀,形成的涂

层具有高度的光泽。因而桐油被广泛用于涂料，已被广泛用于油漆、搪瓷等。

桐油酸有多种顺反异构体存在，其中最主要的是 α-桐油酸和 β-桐油酸。α-桐油酸在桐油的高级脂肪酸中占 80% 以上。

α-桐油酸 $C_{17}H_{29}COOH^{9,11,13}$，(*Z*,*E*,*E*)，由乙醇中重结晶的小叶状白色晶体，熔点为 49～49.2℃，相对密度为 0.9028(50℃)，折光率 n_D^{50} 为 1.5112。能溶于丙酮、二硫化碳、四氯化碳、氯仿乙醚、乙酸乙酯和苯等。

β-桐油酸 $C_{17}H_{29}COOH^{9,11,13}$，(*E*,*E*,*E*)，由乙醇重结晶的白色晶体。熔点为 71～71.5℃，沸点为 188℃(133.3Pa)，相对密度为 0.8909(75℃) 折光率 n_D^{75} 为 1.5012。能溶于热的乙醇和水，不溶于乙醚。

α-桐油酸和 β-桐油酸仅在第九碳原子的双键构型上不同。α-桐油酸在紫外光、硫、碘或过氧化氢-氢氧化钾等条件的影响下发生异构反形转化成 β-桐油酸。

α,β-桐油酸都能与顺丁烯二酸酐发生第尔斯-阿尔德反应。

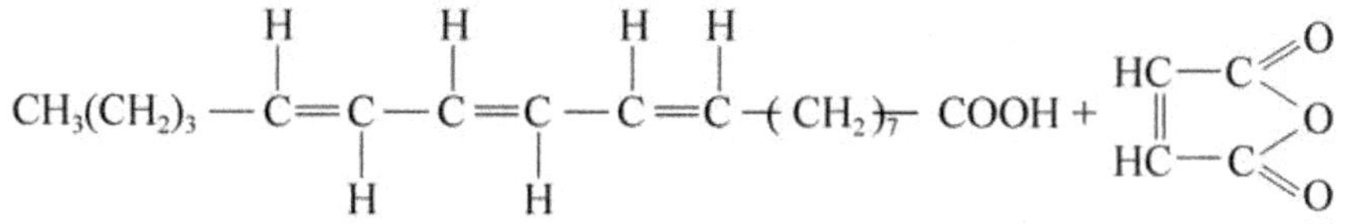

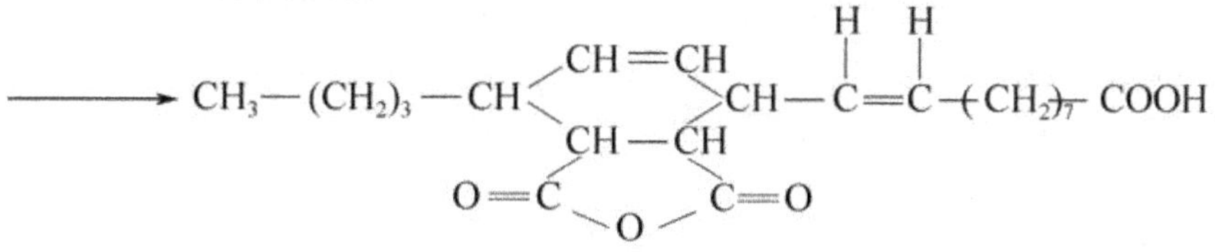

α-桐油酸

$C_{22}H_{32}O_5$，α-桐油酸-MA 加成物，m. p. 62℃，相对分子质量 376.48。

β-柚油酸

$C_{22}H_{32}O_5$，β-桐油酸-MA 加成物，m. p. 77℃，相对分子质量 376.48

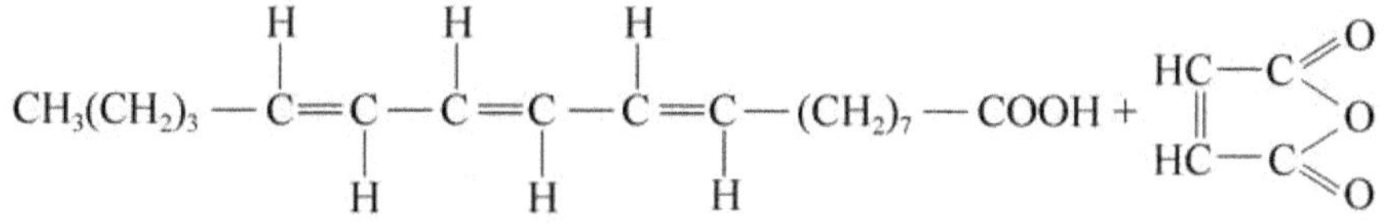

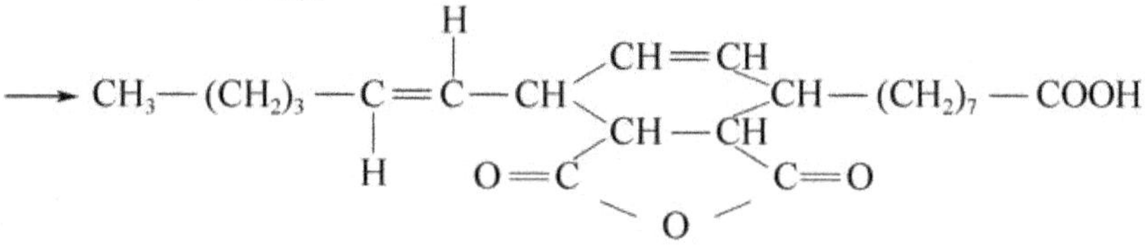

所得的加成物可用作环氧树脂的硬化剂。其特点为无毒、安全、不易变质，配制的胶液黏结强度高、抗冲击强度和耐水性能均好，除可以作胶黏剂外，也能用于浇注。

新鲜的优质桐油经皂化、酸化处理后的混合脂肪酸，再用乙醇多次重结晶除去其他脂肪酸，得纯 α-桐油酸。

$$桐油 \xrightarrow[\text{皂化}]{\text{KOH-乙醇}} 混合脂肪酸钾盐 \xrightarrow[\text{酸化}]{\text{H}^+} 混合脂肪酸 \xrightarrow[\text{重结晶}]{76\%乙醇} \xrightarrow[\text{洗涤}]{60\%乙醇} \alpha\text{-桐油酸}$$

α-桐油酸在光热及各种催化剂的影响下，发生异构化反应，转化为较为稳定的 β-桐油酸。

$$\alpha\text{-桐油酸} \underset{\text{异构化}}{\overset{\text{光、热或催化剂}}{\rightleftharpoons}} \beta\text{-桐油酸}$$

α-桐油酸或 β-桐油酸和过量的顺丁烯二酸酐，在氮气或二氧化碳气体的保护下加热，发生第尔斯-阿尔德反应（4+2 环加成反应）形成环加成物：

$$\alpha\text{-桐油酸或}\beta\text{-桐油酸} + MA \rightleftharpoons \alpha\text{-桐油酸或}\beta\text{-桐油酸-MA}$$

实验步骤

1. α-桐油酸的制备

在 $100\,\mathrm{cm}^3$ 的三颈圆底烧瓶的中间口上装机械搅拌器[1]，处于两斜侧的颈口上各装一只双口连接管（俗称 Y 管）。在一只双口连接管上装有回流冷凝管和滴液漏斗，在另一个双口连接管上装温度计和氮气导入管。取 5g 新鲜优质的桐油和 $20\,\mathrm{cm}^3$ 10％的氢氧化钾乙醇溶液，在上述反应瓶中充分搅拌混合，在水浴上搅拌回流 90min，直至溶液不分层，皂化完全为止。反应稍冷后，通入氮气以排除反应瓶中的空气[2]。在氮气保护下，把反应液加热到 40℃ 左右，在搅拌的情况下通过滴液漏斗缓慢滴加 $40\,\mathrm{cm}^3$ $1\mathrm{mol} \cdot \mathrm{dm}^{-3}$ 的硫酸溶液使之酸化，加完后再搅拌 5min。静置分层后，拆去滴液漏斗，用吸管吸去下面水层。加入 $20\,\mathrm{cm}^3$ 热水（约 80℃）搅拌洗涤混合脂肪酸，静止分层后，再吸去水层。重复上面操作（约五次）直至洗涤液中无硫酸根离子存在[3]。把烧瓶冰浴冷却，使混合脂肪酸固化，抽滤，所得滤饼即为混合脂肪酸粗产品。按 1 份混合脂肪酸对 1.5 份 76％乙醇溶液的比例（质量比）进行重结晶。先温热到约 35℃，使之溶解，趁热过滤，滤液放置过夜，待晶体全部析出后，抽滤，并用 60％的乙醇溶液洗涤三次。抽干所得的晶体，用上述同样的方法进行第二和第三次重结晶。最后把所得的晶体放入装有无水氯化钙的真空干燥器中，抽气 1～2h 后放置过夜，使之充分干燥后，得白色片状 α-桐油酸晶体约2.2g。

测定熔点（纯 α-桐油酸熔点为 49～49.2℃）。

由于 α-桐油酸在空气中久置变质，黏结（可能是由于氧化或聚合），因此必须保存于充有氮气的干燥器中,且时间不宜过久。所得的 α-桐油酸应尽快制备 α-桐油酸-MA 加成物。

2. β-桐油酸的制备

称取 5g 桐油,按 α-桐油酸的制备法制取混合脂肪酸,并用 76%乙醇溶液重结晶一次,得粗制 α-桐油酸。把粗制酸按 1g 酸加 1.5g 甲醇的比例,在一 50cm³ 具塞锥形烧瓶中配制成溶液,若不能溶解可用温水浴加热。再加入 15mg 的碘粒,振摇搅匀后,盖上瓶塞。将此瓶溶液放置在无直射阳光的窗口 20~24h,有结晶析出。滤出晶体,并用每次 3cm³ 甲醇的量洗涤三次。得约 1.8gβ-桐油酸晶体。

测熔点(纯 β-桐油酸熔点为 71~71.5℃)。按 α-桐油酸用量计算收率。

β-桐油酸和 α-桐油酸一样易变质,宜在充有氮气的干燥器中短期储存。

3. α-桐油酸-MA 加成物和 β-桐油酸-MA 加成物的合成

α-桐油酸-MA 加成物的合成:反应在装有氮气通气管、温度计和回流冷凝管的 25 cm³ 三颈梨形烧瓶中进行。向反应瓶中加入干燥的 α-桐油酸 1g 和顺丁烯二酸酐 0.43g,充分混合,通入氮气,用空气浴小火加热到 60℃ 左右,瓶内反应物的温度逐步自动上升,当达到 70℃ 左右时,温度迅速上升且有显著的黄色呈现。移去加热灯火,温度继续上升到 125~135℃,然后开始下降,当温度下降到 120℃ 时,用小火维持此温度 10min,反应即告完成,得黄色透明黏稠物,在室温下放置过夜后,有黏性白色固体析出,用无水乙醇重结晶。计算产率,按 α-桐油酸的用量计算,测试熔点(文献值 62℃)。

β-桐油酸-MA 加成物的合成,按上述 α-桐油酸-MA 加成物合成的投料量和方法进行。由于 β-桐油酸的熔点比 α-桐油酸的熔点高,所以要求较高的起始温度,且反应速率较为激烈。约在 90℃ 开始反应,反应温度自动上升,在 100℃ 时上升迅速,反应物颜色迅速转化为黄色。温度达到 125~140℃ 时开始下降,得黄色黏稠液体,冷却后固化,用甲醇(1∶1.5,质量比)进行重结晶。按 β-桐油酸用量计算收率并测试熔点(文献值 77℃)。

4. 还氧固化粘接实验

取 634-还氧树脂 1g,也可用 6101-环氧树脂或 6828-环氧树脂,加入 0.75g α-桐油酸-MA 加成物(或 0.75gβ-桐油酸-MA 加成物)[相当于环氧基∶固化剂＝2∶1(物质的量比)],微热使其溶解,搅拌,得一均匀的胶液。将此胶液均匀地涂在两块金属试样的胶合面上。将两胶合面面对面地叠合,加压固化。固化的条件为:100℃,1h;120℃,6h;130℃,5h。经胶合的金属可进行破坏性试验,以判断其胶接强度(胶接面抗剪切强度可达 148~157kg・cm⁻²)。

实验指导

〔1〕如用磁力搅拌器效果更好。

〔2〕控制氮气的流量。

〔3〕用氯化钡溶液对洗涤液做鉴定。

思考题

1. 为什么 α-桐油酸或 β-桐油酸一定要保存在充有氮气的干燥器中？

2. α-桐油酸在光照后转化成 β-桐油酸的基本原理是什么？

3. 还可以用什么试剂对洗涤液进行鉴定？

实验五十一　　苯甲酸的合成及其纯度测定

实验目的

1. 学习合成苯甲酸的一般方法及原理；

2. 熟练掌握回流、减压过滤等操作技术。

实验预习

1.《有机化学》芳香烃的性质；

2. 合成实验中回流装置、真空泵的使用步骤；

3. 了解相转移催化剂在两相反应体系中的作用。

实验原理

制备芳香族羧酸的一个简便方法是将烷基芳香族化合物氧化。在本实验中是用碱性高锰酸钾将甲苯氧化成苯甲酸。反应如下：

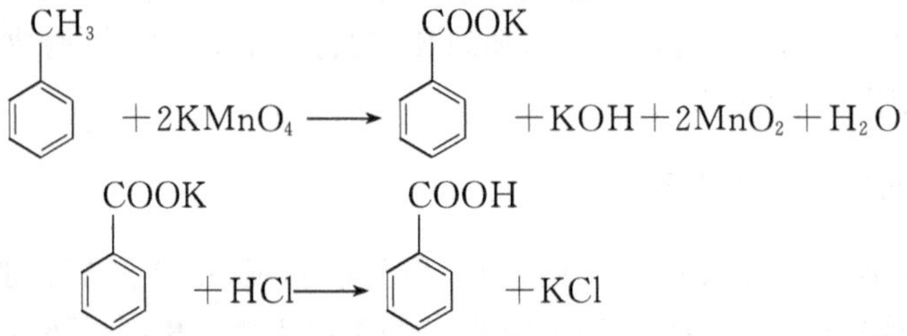

苯甲酸俗称安息香酸，最初由安息香胶制得的，主要用于制备苯甲酸钠防腐剂、杀菌剂、增塑剂、香料等。

实验步骤

1. 苯甲酸的合成

在 $250cm^3$ 圆底烧杯中加入 $8gKMnO_4$、$1gNa_2CO_3$[1] 和 $75\ cm^3$ 水,用小火加热混合物约 $5min$。稍冷,加入氯化苄基三乙基铵(TEBAC),再加入 $2.5cm^3$ 甲苯和 2 粒沸石,然后将烧瓶连接在回流冷凝管上,加热回流 $1h$。冷却烧瓶内容物至室温,用 10% 的 HCl($50\sim60cm^3$)酸化,再少量分批加入固体的 $NaHSO_3$($5\sim7g$),至使溶液褪色为止。混合物完全冷却后,减压过滤,并用少量水洗涤布氏漏斗中的结晶。再用少量的沸水溶解产物进行重结晶,趁热抽滤,并用少量热水洗涤滤渣[2],合并滤液和洗液,让滤液慢慢冷却至结晶。抽滤,干燥,称量,即得到苯甲酸[3]。计算产率。苯甲酸的文献值:m. p. $127℃$;b. p. $249℃$;在 $100℃$ 时升华。

2. 苯甲酸的纯度测定

设计实验,测定制备的苯甲酸的纯度。
要求写出详细的实验步骤及所用试剂。

实验指导

[1] 高锰酸钾在碱性条件下氧化能力较缓和,酸性条件反应激烈。
[2] 不能用过量的热水洗涤以免增加苯甲酸的溶解度而造成损失。
[3] 苯甲酸的 $pK_a=3.97$。

思考题

1. 加 HCl 酸化的原理是什么? 分析实验现象并解释原因? 在加 HCl 时应注意什么?
2. 反应完毕,为什么要加 $NaHSO_3$? 重结晶时,加水量应怎么控制? 加入 TEBAC 的目的是什么?
3. 如果实验室没有甲苯,还有什么物质可以替代它?

第 12 章　微波和微型实验

实验五十二　微波化学实验

实验目的

1. 熟悉微波加热技术的原理和实验操作技术；
2. 进一步了解威廉逊合成法制备醚的方法；
3. 学习巴比土酸类的咪啶衍生物的合成方法,掌握无水操作和重结晶操作技术。

实验预习

1. 威廉逊合成醚的反应原理；
2. 咪啶衍生物的合成原理和方法。

实验原理

传统合成酚醚有三种方法:其一是强碱的催化下,用酚与硫酸二甲酯或卤代烃作用而得到；其二是在浓硫酸的催化下,用酚与醇直接作用；其三是威廉逊合成法,用酚钠和卤代烃反应。显而易见,以上三种反应过程中,强碱和浓硫酸有强腐蚀性,硫酸二甲酯和卤代烃有剧毒,它们都是环境污染物。

本实验采用二氯化铜(或三氯化铁)作为催化剂,在微波的照射下,用酚与醇反应生成酚醚和对环境没有污染的水,整个过程在 15min 内就可以完成。与传统的制备方法相比,反应时间短,对环境没有污染,是绿色的合成方法。

巴比土酸是一种镇静催眠药,用丙二酸二乙酯和尿素在乙醇钠存在下形成双酰胺环,互变为咪啶环,在微波的照射下使反应速率大大加快。

Ⅰ　β-萘甲醚的制备

反应式

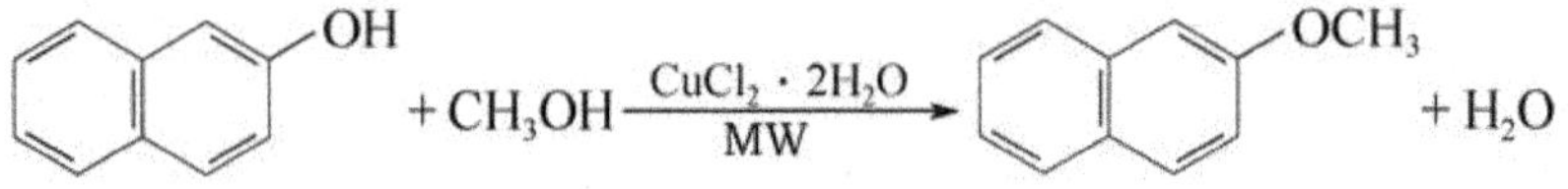

实验步骤

取 2.1g(0.015mol)的 β-萘酚与 3cm³(0.075mol)的无水甲醇放入 100cm³平底烧瓶中,加入 0.2g CuCl$_2$·2H$_2$O,充分搅拌使之全部溶解。按图 12-1 装置接好,在改装家用微波炉内,用 280W 功率微波辐射 15min,反应结束后加入少量水,用 10cm³无水乙醚分两次萃取,醚层再用 10% 氢氧化钠和水洗涤,醚层经干燥后在水浴上蒸去乙醚,再冷却析出粉红色固体,测熔点,计算产率。产品可进一步用乙醇重结晶提纯。氢氧化钠洗涤液酸化后可回收 β-萘酚重复使用。

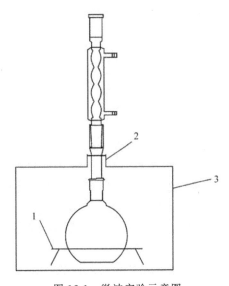

图 12-1 微波实验示意图

1. 微波炉内的转盘;2. 连接管;3. 微波炉

实验指导

[1] 也可在此反应中加入 NH$_4$Cl 饱和溶液,有利于 Cu^{2+} 的络合。

[2] 按反应的进度可适当延长辐射时间。

思考题

除了 CuCl$_2$·6H$_2$O 以外,其他的金属氯化物如 FeCl$_3$·6H$_2$O 也能催化本反应。与传统的热反应相比,本反应有哪些优点? 还有哪些不足之处?

II 巴比土酸的制备

反应式

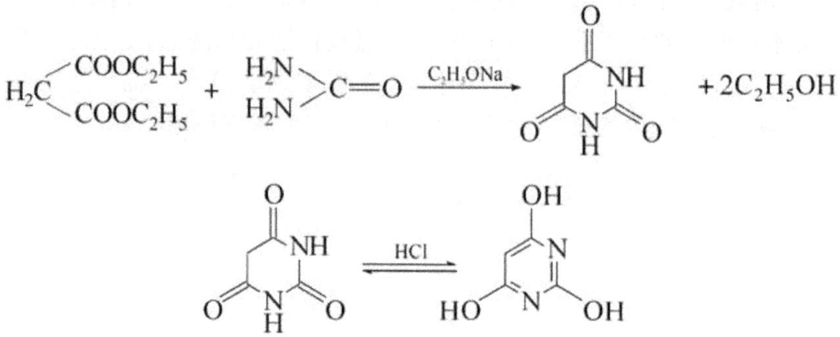

实验步骤

在 150cm³ 干燥的圆底烧瓶中,加入 35cm³ 无水乙醇,然后分数次投入 1g 切成小块的金属钠,待其全部溶解后,慢慢加入 2.4g 干燥过的尿素,再加入 6.5cm³ 丙二酸二乙酯,摇荡均匀。投入几粒沸石,在微波 65W(650W 微波炉 10% 功率挡)功率下采用间隙性方式(每次辐射时间 30s)辐射 40min。

反应物冷却后为一黏稠的白色半固体物,于其中加入 30cm³ 热水,再用盐酸酸化(pH=3),得一澄清溶液,过滤除去少量杂质,滤液用冰水冷却使其结晶。过滤,用少量冰水洗涤数次,得白色棱柱状晶体。

干燥后测得熔点为 244~245℃。产品约重 2.5g。

实验指导

[1] 所用仪器及药品均应保证无水。

[2] 由于钠可与醇顺利地反应,故金属钠无需切得太小,以免暴露太多的表面,导致其在空气中迅速吸水转化为氢氧化钠,从而皂化丙二酸二乙酯。

[3] 若丙二酸二乙酯的质量不够好,可进行一次减压蒸馏,收集 82~84℃(8mmHg)或 90~91℃(15mmHg)馏分。

[4] 反应产物在水溶液中析出时为光泽结晶,放置长久会转化为粉末状,粉末状产物有较正确的熔点。

思考题

1. 从巴比土酸的结构性质说明将其称为酸的原因。

2. 从结构因素分析巴比土酸可用水重结晶的理由。

3. 10%氢氧化钠洗涤的目的是什么？如果换成饱和碳酸钠洗涤是否可行？

4. 对参与微波实验的试剂有什么要求？

实验五十三　微型有机化学实验

绿色化学是以绿色意识为指导,研究和设计没有(或尽可能少)环境负作用,在技术上和经济上可行的化学品与化学过程。因此,绿色化学又称环境无害化学、环境友好化学。它是化学领域可持续发展的长远战略,也是我们化学工作者所必须面临的新课题。绿色化学的最大特点在于它在始端就采用实现污染预防的科学手段,因而过程和终端均为最大限度的零排放和零污染。由于它在通过化学转化获取新物质的过程中就充分利用了每个原料的原子,具有"原子经济性",因此,它既充分利用了资源,又实现了防止污染。

1995 年美国总统克林顿宣布设立"绿色化学挑战计划";日本也在几年前制定了包括诸多绿色化学内容的"新阳光计划";1997 年由国家科学技术委员会主办的第 72 届香山科学会议在北京召开,会议的主题是"可持续发展问题对科学的挑战——绿色化学"。这次会议宣告了我国的绿色化学研究和开发工作正式起步。

化学是一门实验性很强的学科,实验教学的改革必首当其冲,成为化学教育改革的关键。微型化学实验是以应用尽可能少的化学试剂而获得比较明白清晰的反应结果和化学信息的一种新型实验方法,体现了绿色意识。为此,我们在绿色化学理念的指导下,针对实验教学时数少、药品浪费大、对环境污染问题突出等问题探索实施了微型化学实验。

有机化学实验是化学、化工、生命、环境、医学、药学、农学、食品等专业的基础性重要课程,影响面较大。由于有机化学实验所特有的复杂性,实验都产生或多或少的废气、废液,气味较大,即使有排气设备,也很难及时将废气排走,造成学生在实验时时有头痛、头晕,甚至恶心的感觉,给师生的健康带来影响。因此,有必要在有机化学实验中进行绿色化教学改革。

微型化学实验可定义为"在微型化的仪器装置中进行,试剂用量比相应常规实验少 90%以上的化学实验",在英文中称为 microscale laboratory (M. L.)。微型化学的仪器是微型的,但它不是常规仪器的简单缩小,它是在绿色化学思想的指导下结合新的实验思想、方法和技术对常规化学实验仪器进行改革和优化组合的产物。

微型化学实验的特点之一是充分体现绿色化学思想,建立绿色化学工作场所。在化学实验中,常使用到有挥发性而且有毒的试剂,如四氯化碳、硫化氢、苯等,特别是用高浓度、有刺激性气味的试剂做实验时,常常看到有的学生因受不了这些刺激性气味而跑出实验室的情景。使用微型化学实验可使化学工作场所绿色化。

特点之二是节约试剂开支,节约"三废"处理开支。有的化学反应,需要用到价格昂贵的试剂，如金、银、铂等贵金属，以及一些较贵的生化试剂，实验药品用量的减少，将直接减少试剂的开支，这就有可能在有限的资金范围内开出更多的实验。微型化学实验的采用，也将直接减少"三废"的产生，也就减少了治理"三废"的费用。用于购买微型化学仪器和相关设备的投资，可因试剂和"三废"处理费用的节省而得到补偿。

特点之三是有利于培养学生的观察能力和动手能力。推广微型化学实验，能把某学习阶段所需要的仪器都装入一个小小的实验箱内，实现每人一套仪器，学生手提"实验箱"进入课堂，边学边做实验，能让学生较快地了解和熟悉绝大多数仪器的构造、性能和使用方法，较多地进行设计实验，克服"照方抓药"的实验现象。使得学生有更多的机会接触到实验中产生的颜色、气味、声音、发光等现象，有助于培养学生灵敏的观察能力。

特点之四是有利于培养学生的良好的科研习惯和创新思维。采用微型化学实验后，有利于进行探索式教学——老师提出问题，让学生用手中的试剂和仪器来解决问题。在这个过程中，学生要学会利用化学原理重新设计、改造、组合各种仪器装置，有时候还要自己探索不同的用量、不同的实验条件、不同的原料会对问题的解决产生的影响，最后还要写出实验报告。可见，利用微型化学实验进行探索式教学有助于培养学生一丝不苟、不怕困难的科研习惯。微型化学实验在培养学生的创新思维方面有独特的作用，从思维科学的角度来说，有利于左右脑的协调发展，是化学教学中实施素质教育的有效途径。

Ⅰ 二氯卡宾的制备与反应

实验目的

1. 通过二氯卡宾与环己烯的反应证明卡宾的存在；
2. 了解相转移催化方法；
3. 学习微型仪器的基本操作方法。

实验预习

1. 二氯卡宾在碱性条件下的化学反应；
2. 相转移催化的原理。

实验原理

卡宾是一类活性中间体的总称，最简单的卡宾是亚甲基。卡宾的基态可以有两种形式，即单线态和三线态。如果两个未共享电子以自旋相反的方式占据同一轨道，为单线态；如果两个未共享电子以自旋平行的方式占据两个轨道，为三线态。

　　卡宾表现出亲电子性质,与碳–碳双键发生加成,生成环丙烷衍生物是卡宾的最重要反应之一,卡宾也可以发生碳–氢键的插入反应。

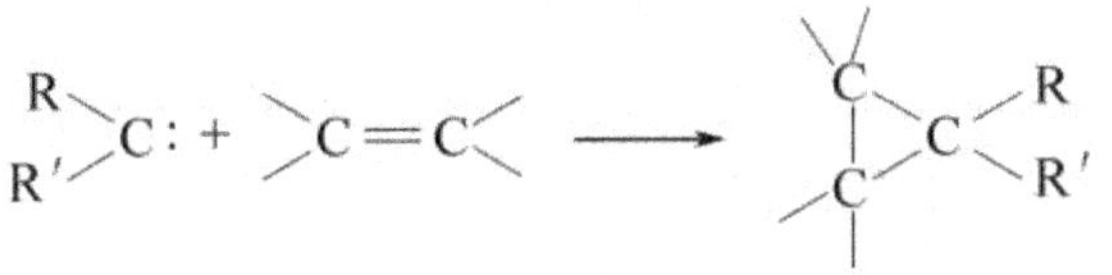

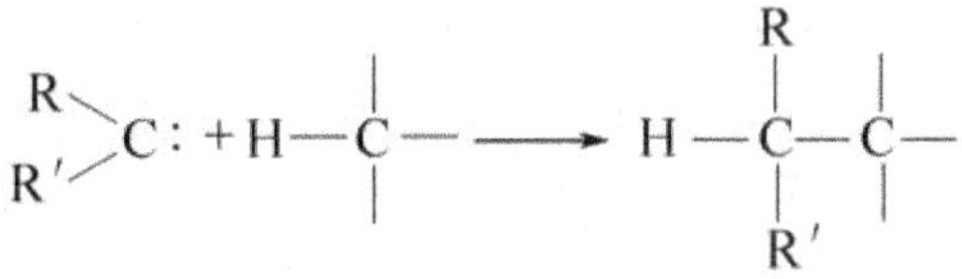

$$\begin{array}{c}R \\ R'\end{array}\!C\!: + \;>\!C\!=\!C\!< \longrightarrow \quad \text{(环丙烷衍生物)}$$

$$\begin{array}{c}R \\ R'\end{array}\!C\!: + H\!-\!C\!- \longrightarrow \quad H\!-\!C\!-\!C\!-$$

　　产生卡宾的方法很多。常用的有两种:一种由重氮化合物经光解或热解产生卡宾,例如:

$$R_2C\!=\!\overset{+}{N}\!=\!\overset{-}{N}\!: \xrightarrow{\triangle} R_2C\!: +N_2$$

　　另一种方法是由 α-消除反应产生卡宾。此法最初形成负碳离子,然后再分解生成卡宾。例如:

$$HCCl_3 + OH^- \longrightarrow H_2O + (CCl_3^-)$$
$$\downarrow$$
$$:CCl_2 + Cl^-$$

本实验中用环已烯捕获二氯卡宾,生成 7,7-二氯二环[4.1.0]庚烷。

水相　　$R_4\overset{+}{N}\overset{-}{Cl} + NaOH \Longleftrightarrow R_4\overset{+}{N}\overset{-}{OH} + NaCl$

有机相　　　　　　　　　　　　　　　　$R_4\overset{+}{N}\overset{-}{OH} + CHCl_3$

　　　　$R_4\overset{+}{N}\overset{-}{Cl} +:CCl_2 \Longleftrightarrow R_4\overset{+}{N}CCl_2 + Cl^-$
　　　　　　　　　　　　　　　　　　　　　$+$
　　　　　　　　　　　　　　　　　　　H_2O

（环己烯加成生成 7,7-二氯二环[4.1.0]庚烷结构式，标有 Cl、Cl）

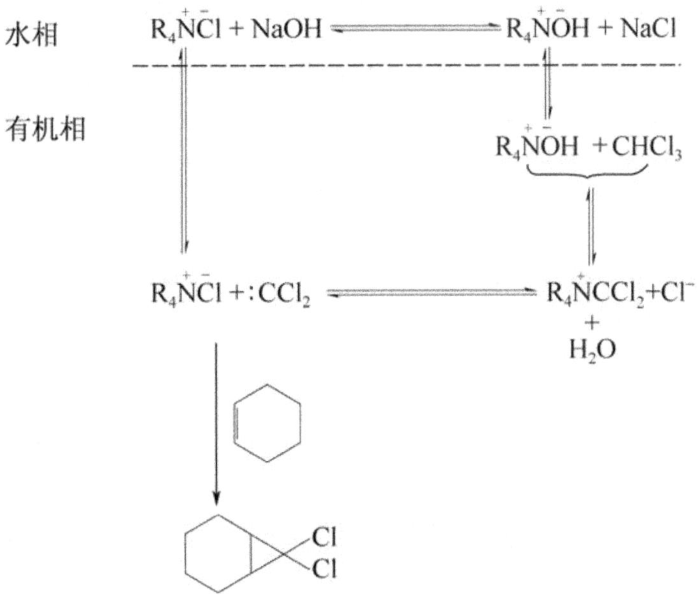

实验步骤

在 10cm³ 圆底烧瓶中用刻度滴管[1]准确移入 1.0cm³(8.8mmol)环己烯、10mg 苄基三甲基氯化铵[2]和 3.0cm³氯仿(精制)[3]。加入磁力搅拌子,装上回流冷凝管。搅拌[4]下滴加氢氧化钠溶液(1.6g 氢氧化钠溶于 1.6cm³水),约 5min 加完。

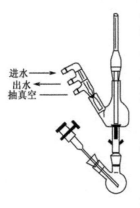

反应物颜色变为橙黄,并有固体析出。加热回流并搅拌 30min,冷至室温,加入 5cm³水使固体溶解。转入分液漏斗,水层以 3cm³乙醚萃取两次,合并有机相,水洗至中性,无水硫酸钠干燥。蒸除乙醚,减压蒸馏,收集所需馏分[5]。产品约 500mg,沸点 80~82℃(2133Pa)。

装置如图 12-2 所示。

实验指导

图 12-2 微型反应装置

[1] 由于微型仪器口径较小,液体样品加入及转移可采用刻度滴管或注射器。

[2] 本实验如果不用相转移催化剂,生成的 :CCl₂ 在水相立即与水进行反应而被破坏;相转移催化剂也可用其他季铵盐代替,如四甲基溴化铵或三乙基苄基氯化铵等。

[3] 应当使用无乙醇的氯仿。因为在相转移催化剂存在下,醇与氯仿能发生反应生成原甲酸乙酯,影响反应的进行。

[4] 本实验中相转移反应是非均相反应,搅拌必须是有效而安全的,这是实验成功的关键。

[5] 7,7-二氯二环[4.1.0]庚烷的沸点文献值为 198℃,产品也可以常压蒸馏,蒸馏时有轻微分解;最好用减压蒸馏收集 80~82℃(2133Pa)或 95~97℃(4666Pa)馏分,微型减压蒸馏装置见图 12-2。折光率 $n_D^{23}=1.5014$。

思考题

1. 相转移催化剂在反应中起何作用?

2. 还有哪些消除反应可得到卡宾?

Ⅱ 9,10-二氢蒽-9,10-α,β-马来酸酐的合成

实验目的

1. 通过马来酸酐与蒽的第尔斯-阿尔德加成反应制备 9,10-二氢蒽-9,10-α,β-马来酸酐;

2. 学习以离心法分离产物。

实验预习

1. 第尔斯-阿尔德加成反应的条件、原理、加成方式；
2. 稠环芳烃蒽的第尔斯-阿尔德反应。

实验原理

反应共轭双烯烃和亲双烯试剂发生 1,4-加成反应,生成环己烯型化合物,称为第尔斯-阿尔德反应。第尔斯-阿尔德反应不仅是一个巧妙地合成六元环有机化合物的重要方法,而且在理论上占有重要的位置。反应是一个亲双烯体对一个共轭双烯的 1,4-加成反应,即包含着一个 2π 电子体系对一个 4π 电子体系的加成,因此该反应也称为[4+2]环加成反应。当双烯上含有烷基、烷氧基等给电子基团以及亲双烯体上含有羰基、羟基、酯基、氰基等吸电子基团时,反应速率加快。此反应是一步发生的协同反应,不存在活泼的反应中间体。第尔斯-阿尔德反应具有可逆性和立体定向的顺式加成两大特点。

蒽的中心环有双烯结构,在 9,10-位上能与亲双烯试剂-顺丁烯二酸酐发生加成反应,生成稳定的加成物,但反应是可逆的。

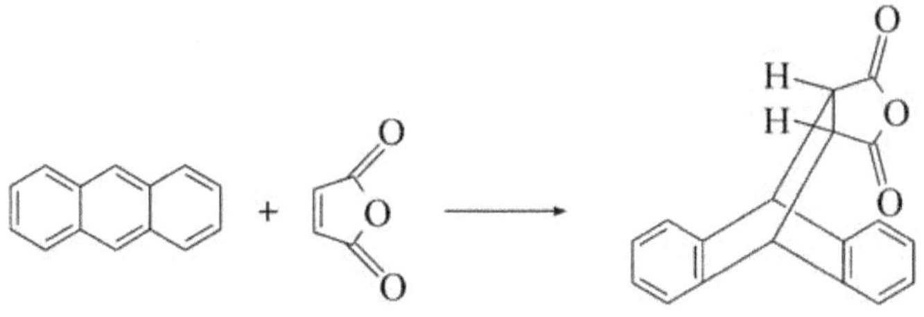

蒽　　　　马来酸酐　　　　9,10-二氢蒽-9,10-α, β-马来酸酐

实验步骤

将 40mg(0.22mmol)蒽、20mg(0.2mmol)马来酸酐[1]和 0.5cm³ 干燥二甲苯[2]加入已称量的离心试管中,加入毛细管,装好空气冷凝管,200℃条件下加热回流 30min,冷至室温。冰水冷却,有结晶析出。离心沉降,以滴管吸出上层清液。以冷的二甲苯[3,4]洗涤沉淀,离心后仍以滴管吸出清液。将离心试管放在真空干燥器内干燥,得产品 50mg,熔点为 261~262℃。

实验指导

[1] 微量操作实验中,固体原料蒽及马来酸酐用电子分析天平称量。

[2] 实验中用的二甲苯必须干燥,二甲苯可用137～140℃的馏分,最好在使用前用分子筛干燥,否则会引起马来酸酐水解,影响产率。

[3] 由于微量仪器口径较小,液体样品加入及转移刻度滴管或注射器,洗涤固体样品时可采用如图 12-3 的方式进行。

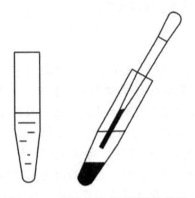

图 12-3　微型实验中洗涤固体样品

[4] 二甲苯对室内空气有害,应回收至指定容器内。

思考题

1. 实验中如使用的二甲苯未经干燥,对反应有何不良影响?

2. 反应中加入毛细管有何作用?

第三部分
附　　　录

附录 1 弱酸、弱碱的解离常数(298K)

弱 酸	解离常数	弱 酸	解离常数
H_3AsO_3	$K_1^{\ominus}=6.3\times10^{-3}$	NH_3	1.8×10^{-5}
	$K_2^{\ominus}=1.0\times10^{-7}$	NH_2OH	9.1×10^{-9}
	$K_3^{\ominus}=3.2\times10^{-12}$	H_2NNH_2	$K_1^{\ominus}=3.0\times10^{-6}$
$HAsO_2$	6.0×10^{-10}		$K_2^{\ominus}=7.6\times10^{-15}$
H_3BO_3	5.8×10^{-10}	CH_3NH_2	4.2×10^{-4}
$HClO$	2.8×10^{-8}	$C_2H_5NH_2$	5.6×10^{-4}
H_2CO_3(包括 CO_2 的水合常数)	$K_1^{\ominus}=4.4\times10^{-7}$	$(CH_3)_2NH$	1.2×10^{-4}
	$K_2^{\ominus}=4.7\times10^{-11}$	$(C_2H_5)_2NH$	1.3×10^{-3}
$H_2C_2O_4$	$K_1^{\ominus}=5.9\times10^{-2}$	H_2SiO_3	$K_1^{\ominus}=1.7\times10^{-10}$
	$K_2^{\ominus}=6.4\times10^{-5}$		$K_2^{\ominus}=1.6\times10^{-12}$
$HCOOH$	1.8×10^{-4}	HSO_4^-	1.0×10^{-2}
CH_3COOH	1.8×10^{-5}	H_2SO_3(不包括 SO_2 的水合	$K_1^{\ominus}=1.3\times10^{-2}$
HCN	6.2×10^{-10}	常数)	$K_2^{\ominus}=6.1\times10^{-8}$
$HCrO_4^-$	1.3×10^{-6}	C_6H_5COOH	6.2×10^{-5}
HF	6.6×10^{-4}		
Fe^{2+} (aq)水解	1.8×10^{-7}		
Fe^{3+} (aq)水解	$K_1^{\ominus}=1.5\times10^{-3}$	邻苯二甲酸 COOH / COOH	$K_1^{\ominus}=1.1\times10^{-3}$
	$K_2^{\ominus}=2.6\times10^{-5}$		$K_2^{\ominus}=3.9\times10^{-6}$
Bi^{3+} (aq)$\Longrightarrow$$Bi(OH)^{2+}+H^+$	2.6×10^{-2}	C_6H_5OH	1.1×10^{-10}
Cr^{3+} (aq)水解	1×10^{-4}	Al^{3+} (aq)	9.8×10^{-6}
Sn^{2+} (aq)水解	2.0×10^{-2}	Cu^{2+} (aq)$\Longrightarrow$$Cu(OH)^++H^+$	1×10^{-8}
$Ti^{3+}+H_2O\Longrightarrow Ti(OH)^{2+}+H^+$	5.1×10^{-2}	Pb^{2+} (aq)分步水解	$K_1^{\ominus}=2\times10^{-8}$
HNO_2	4.5×10^{-4}		$K_2^{\ominus}=4\times10^{-10}$
NH_4^+	5.8×10^{-10}	$HOCH_2CH_2NH_2$(乙醇胺)	3.2×10^{-5}
H_2O_2	2.2×10^{-12}	$(HOCH_2CH_2)_3N$(三乙醇胺)	5.8×10^{-7}
H_3PO_4	$K_1^{\ominus}=7.1\times10^{-3}$	$(CH_2)_6N_4$(六次甲基四胺)	1.4×10^{-9}
	$K_2^{\ominus}=6.3\times10^{-8}$	$H_2NCH_2CH_2NH_2$(乙二胺)	$K_1^{\ominus}=8.5\times10^{-5}$
	$K_3^{\ominus}=4.2\times10^{-13}$		$K_2^{\ominus}=7.1\times10^{-8}$
H_2S	$K_1^{\ominus}=1.1\times10^{-7}$	(吡啶)	7×10^{-9}
	$K_2^{\ominus}=1.3\times10^{-12}$		

附录 2 实验室常用酸、碱的浓度

试剂名称	密度(20℃)/(g·mL^{-1})	浓度/(mol·L^{-1})	质量分数
浓硫酸	1.84	18.0	0.960
浓盐酸	1.19	12.1	0.372
浓硝酸	1.42	15.9	0.704
磷 酸	1.70	14.8	0.855
冰醋酸	1.05	17.45	0.998
浓氨水	0.90	14.53	0.566
浓氢氧化钠	1.54	19.4	0.505

注：表中数据录自 John A. Dean. Langé's Handbook of Chemistry. 13th ed. 1985。

附录 3 常用酸碱指示剂

指示剂	变色 pH 范围	颜色		$pK_{HIn}^{\ominus}$	浓 度
		酸色	碱色		
百里酚蓝 (第一次变色)	1.8~2.8	红	黄	1.6	0.1%的20%乙醇溶液
甲基黄	2.9~4.0	红	黄	3.3	0.1%的90%乙醇溶液
甲基橙	3.1~4.4	红	黄	3.4	0.05%的水溶液
溴酚蓝	3.1~4.6	黄	紫	4.1	0.1%的20%乙醇溶液或其钠盐的水溶液
溴甲酚绿	3.8~5.4	黄	蓝	4.9	0.1%的20%乙醇溶液或其钠盐的水溶液
甲基红	4.4~6.2	红	黄	5.2	0.1%的60%乙醇溶液或其钠盐的水溶液
溴百里酚蓝	6.0~7.6	黄	蓝	7.3	0.1%的20%乙醇溶液或其钠盐的水溶液
中性红	6.8~8.0	红	橙黄	7.4	0.1%的60%乙醇溶液
酚红	6.7~8.4	黄	红	8.0	0.1%的60%乙醇溶液或其钠盐的水溶液
酚酞	8.0~9.6	无	红	9.1	0.1%的90%乙醇溶液
百里酚蓝 (第二次变色)	8.0~9.6 9.4~10.6	黄	蓝	8.9	0.1%的20%乙醇溶液
百里酚酞	10.1~12.0	无	蓝	10.0	0.1%的90%乙醇溶液
茜素黄		黄	紫	—	0.1%的水溶液

附录4　无机化合物在水中的溶解度

溶解度　温度/℃　化合物	0	20	40	60	80	100
$AgC_2H_3C_2[AgAc]$	0.73	1.05	1.43	1.93	2.59	
$AgNO_3$	122	216	311	440	585	733
$Al(NO_3)_3$	60.0	73.9	88.7	106	132	160
$Al_2(SO_4)_3$	31.2	36.4	45.8	59.2	73.0	89.0
$BaCl_2$	31.2	35.8	40.8	46.2	52.5	59.4
$Ba(NO_3)_2$	4.95	9.02	14.1	20.4	27.2	34.4
$Ba(OH)_2$	1.67	3.89	8.22	20.94	101.4	
$CaCl_2$	59.5	74.5	128	137	147	159
$Ca(NO_3)_2$	102	129	191		358	363
$Ca(OH)_2$	0.189	0.173	0.141	0.121	0.094	0.076
$CoCl_2$	43.5	52.9	69.5	93.8	97.6	106
$Co(NO_3)_2$	84.0	97.4	125	174	204	300(90℃)
$CuCl_2$	68.6	73.0	87.6	96.5	104	120
$Cu(NO_3)_2$	83.5	125	163	182	208	247
$CuSO_4$	23.1	32.0	44.6	61.8	83.8	114
$FeCl_3$	74.4	91.8				
$Fe(NO_3)_3$	112.0	137.7	175.0			
$FeSO_4$	28.8	48.0	73.3	100.7	79.9	57.8
H_3BO_3	2.67	5.04	8.72	14.81	23.62	40.25
HCl	82.3	72.1	63.3	56.1		
$HgCl_2$	3.63	6.57	10.2	16.3	30.0	61.3
$KAl(SO_4)_2$	3.00	5.90	11.7	24.8	71.0	109(90℃)
KBr	53.6	65.3	75.4	85.5	94.9	104
KCl	28.0	34.2	40.1	45.8	51.3	56.3
$KClO_3$	3.3	7.3	13.9	23.8	37.6	56.3
K_2CrO_4	56.3	63.7	67.8	70.1		
$K_2Cr_2O_7$	4.7	12.3	26.3	45.6	73.0	
$K_3[Fe(CN)_6]$	30.2	46	59.3	70		91
$K_4[Fe(CN)_6]$	14.3	28.2	41.4	54.8	66.9	74.2
KI	128	144	162	176	192	206
$KMnO_4$	2.83	6.34	12.6	22.1		
KNO_3	13.9	31.6	61.3	106	167	245

续表

溶解度 温度/℃ 化合物	0	20	40	60	80	100
KOH	95.7	112	134	154		178
$K_2S_2O_8$	1.65	4.70	11.0			
$MgCl_2$	52.9	54.6	57.5	61.0	66.1	73.3
$Mg(NO_3)_2$	62.1	69.5	78.9	78.9	91.6	
$Mn(NO_3)_2$	102	139				
$MnSO_4$	52.9	62.9	60.0	53.6	45.6	35.3
$Na_2B_4O_7$	1.11	2.56	6.67	19.0	31.4	52.5
$NaC_2H_3O_2[NaAc]$	36.2	46.4	65.6	139	153	170
$NaCl$	35.7	35.9	36.4	37.1	38.0	39.2
Na_2CO_3	7.00	21.5	49.0	46.0	43.9	
$NaHCO_3$	7.0	9.6	12.7	16.0		
$NaNO_3$	73.0	87.6	102	122	148	180
$NaOH$		109	129	174		
Na_2S	9.6	15.7	26.6	39.1	55.0	
Na_2SO_3	14.4	26.3	37.2	32.6	29.4	
$Na_2S_2O_3 \cdot 5H_2O$	50.2	70.1	104			
$(NH_4)_2C_2O_4$	2.2	4.45	8.18	14.0	22.4	34.7
NH_4Cl	29.4	37.2	45.8	55.3	65.6	77.3
$(NH_4)_2Cu(SO_4)_2$	11.5	19.4	30.5	46.3	69.7	107
$(NH_4)_2Fe(SO_4)_2$	17.23	36.47				
NH_4NO_3	118	192	297	421	580	871
NH_4SCN	120	170	234	346		
$(NH_4)_2SO_4$	70.6	75.4	81	88	95	103
$Ni(NO_3)_2$	79.2	94.2	119	158	187	
$NiSO_4$	26.2	37.7	50.4			
$Pb(C_2H_3O_2)_2[Pb(Ac)_2]$	19.8	44.3	116			
$Pb(NO_3)_2$	37.5	54.3	72.1	91.6	111	133
$Zn(NO_3)_2$	98		211			
$ZnSO_4$	41.6	53.8	70.5	75.4	71.1	60.5

注：溶解度表示在一定温度（℃）下，给定化学式的物质溶解在 100g 水中形成饱和溶液时该物质的克数。实际取用的试剂往往带有一定数目的结晶水，需做相应换算。

表中数据录自 J. A. Dean. Langé's Handbook of Chemistry. 13th ed. New York；McGraw-Hill，1985。

附录 5　溶度积常数(291~298K)

化学式(颜色)	$K_{sp}^{\ominus}$	化学式(颜色)	$K_{sp}^{\ominus}$
AgI(黄)	8.5×10^{-17}	$CdCO_3$(白)	5.2×10^{-12}
AgBr(浅黄)	5.0×10^{-13}	$Cd(OH)_2$(白)	2.0×10^{-14}
AgCl(白)	1.8×10^{-10}	CdS(黄)	1.0×10^{-20}
Ag_2CO_3(白)	8.2×10^{-12}	$CoCO_3$(粉红)	8.1×10^{-13}
$Ag_2C_2O_4$(白)	1.1×10^{-11}	$Co(OH)_2$(粉红)	2.5×10^{-16}
Ag_2CrO_4(砖红)	1.9×10^{-12}	$Co(OH)_3$(棕)	1.0×10^{-43}
AgOH(Ag_2O,棕)	2.0×10^{-8}	CoS(α,黑)	5.0×10^{-22}
Ag_3PO_4(黄)	1.4×10^{-16}	CoS(β,黑)	1.9×10^{-27}
Ag_2S(黑)	5.5×10^{-51}	$Cr(OH)_2$(黄)	1.0×10^{-17}
AgSCN(白)	1.0×10^{-12}	$Cr(OH)_3$(灰绿)	6.7×10^{-31}
Ag_2SO_4(白)	1.24×10^{-5}	CuI(白)	1.1×10^{-12}
$Al(OH)_3$(白)	5.0×10^{-33}	CuBr(白)	5.9×10^{-9}
$Au(OH)_3$(黄棕)	8.5×10^{-45}	CuCl(白)	3.2×10^{-7}
$BaCO_3$(白)	5.1×10^{-9}	$CuCO_3$(绿蓝)	2.5×10^{-10}
$BaC_2O_4 \cdot 2H_2O$(白)	1.5×10^{-8}	CuOH(Cu_2O,红)	1.4×10^{-15}
$BaCrO_4$(黄)	8.5×10^{-11}	$Cu(OH)_2$(浅蓝)	1.6×10^{-19}
BaF_2(白)	2.4×10^{-5}	Cu_2S(黑)	1.2×10^{-49}
$Ba_3(PO_4)_2$(白)	6.0×10^{-39}	CuS(黑)	8.0×10^{-37}
$BaSO_4$(白)	1.1×10^{-10}	$FeCO_3$(白)	2.11×10^{-11}
$Bi(OH)_3$(白)	4.0×10^{-31}	$Fe(OH)_2$(白)	5.0×10^{-15}
BiOCl(白)	1.8×10^{-31}	$Fe(OH)_3$(红棕)	6.0×10^{-38}
Bi_2S_3(棕黑)	1.6×10^{-72}	$FePO_4$(浅黄)	1.5×10^{-18}
$CaCO_3$(白)	4.7×10^{-9}	FeS(a,黑)	4×10^{-19}
$CaC_2O_4 \cdot H_2O$(白)	1.3×10^{-9}	Fe_2S_3(黑)	10^{-88}
CaF_2(白)	1.7×10^{-10}	$Ca(OH)_2$(白)	1.3×10^{-6}
$Ca_2(PO_4)_2$(白)	1.3×10^{-32}	$CaSO_4 \cdot 2H_2O$(白)	2.4×10^{-5}

化学式(颜色)	$K_{sp}^{\ominus}$	化学式(颜色)	$K_{sp}^{\ominus}$
Hg_2Cl_2(白)	1.1×10^{-18}	$PbCl_2$(白)	1.6×10^{-5}
Hg_2CO_3(浅黄)	9.0×10^{-17}	PbF_2(白)	4.0×10^{-8}
$Hg_3C_2O_4$(黄)	1.0×10^{-13}	$PbCO_3$(白)	1.5×10^{-13}
$Hg(OH)_2$(HgO,红)	3.0×10^{-26}	PbC_2O_4(白)	8.3×10^{-12}
Hg_2S(黑)	1.0×10^{-45}	$PbCrO_4$(黄)	2.8×10^{-13}
HgS(黑)	1.6×10^{-52}	$Pb(OH)_2$(白)	4.2×10^{-15}
(红)	4.0×10^{-53}	$Pb_3(PO_4)_2$(白)	1.0×10^{-54}
$HgSO_4$(白)	1.0×10^{-6}	PbS(黑)	7.0×10^{-29}
$MgCO_3$(白)	$\sim 1.0 \times 10^{-5}$	$PbSO_4$(白)	1.3×10^{-8}
MgC_2O_4(白)	8.6×10^{-5}	$Sn(OH)_2$(白)	3.0×10^{-27}
MgF_2(白)	8.0×10^{-8}	$Sn(OH)_4$(白)	$\sim 10^{-57}$
$Mg(OH)_2$(白)	8.9×10^{-12}	SnS(褐)	1.0×10^{-25}
$MnCO_3$(白)	8.8×10^{-11}	$SrCO_3$(白)	7.0×10^{-10}
$Mn(OH)_2$(白)	2.0×10^{-13}	SnS_2(黄)	2.0×10^{-27}
$Mn(OH)_3$(棕黑)	1.0×10^{-36}	$SrC_2O_4 \cdot H_2O$(白)	5.6×10^{-8}
MnS(绿)	2.5×10^{-13}	$SrCrO_4$(黄)	3.6×10^{-5}
(肉)	2.5×10^{-10}	SrF_2(白)	7.9×10^{-10}
$NiCO_3$(浅绿)	1.4×10^{-7}	$Sr(OH)_2 \cdot 8H_2O$(白)	3.2×10^{-4}
$Ni(OH)_2$(浅绿)	1.6×10^{-16}	$Sr_3(PO_4)_2$(白)	1.0×10^{-31}
$NiS(\alpha,黑)$	3.0×10^{-21}	$SrSO_4$(白)	7.6×10^{-7}
$NiS(\beta,黑)$	1.0×10^{-26}	$ZnCO_3$(白)	2.0×10^{-10}
$NiS(\gamma,黑)$	2.0×10^{-28}	$Zn(OH)_2$(白)	4.5×10^{-17}
PbI_2(黄)	8.3×10^{-9}	$\alpha\text{-}ZnS$(白)	1.6×10^{-24}
$PbBr_2$(白)	4.6×10^{-6}	$\beta\text{-}ZnS$(白)	2.5×10^{-22}

注:表中数据录自 W. M. Latimer. Oxidation Potentials. 2nd ed. New York:Prentice-Hall,1952。

附录 6　常见的共沸混合物

1）与水形成的二元共沸物（水沸点 100℃）

溶 剂	沸点/℃	共沸点/℃	含水量/%	溶 剂	沸点/℃	共沸点/℃	含水量/%
氯仿	61.2	56.1	2.5	甲苯	110.5	84.1	13.5
四氯化碳	77	66	4	正丙醇	97.2	87.7	28.8
苯	80.4	69.2	8.8	异丁醇	108.4	89.9	88.2
丙烯腈	78.0	70.0	13.0	二甲苯	137～40.5	92.0	35.0
二氯乙烷	83.7	72.0	19.5	正丁醇	117.7	92.2	37.5
乙腈	82.0	76.0	16.0	吡啶	115.5	92.5	40.6
乙醇	78.3	78.1	4.4	异戊醇	131.0	95.1	49.6
乙酸乙酯	77.1	70.4	6.1	正戊醇	138.3	95.4	44.7
异丙醇	82.4	80.4	12.1	氯乙醇	129.0	97.8	59.0

2）常见有机溶剂间的共沸混合物

共沸混合物	组分的沸点/℃	共沸物的组成（质量）/%	共沸物的沸点/℃
乙醇-乙酸乙酯	78.3,78.0	30∶70	72.0
乙醇-苯	78.3,80.6	32∶68	68.2
乙醇-氯仿	78.3,61.2	7∶93	59.4
乙醇-四氯化碳	78.3,77.0	16∶84	64.9
乙酸乙酯-四氯化碳	78,77.0	43∶57	75.0
甲醇-四氯化碳	64.7,77.0	21∶79	55.7
甲醇-苯	64.7,50.6	39∶61	48.3
氯仿-丙酮	61.2,56.4	80∶20	64.7
甲苯-乙酸	10.16,118.5	72∶28	105.4
乙醇-苯-水	78.3,80.6,100	19∶74∶7	64.9

附录 7　不同温度下水的饱和蒸气压

(饱和蒸气压单位:10^2Pa)

温度/K	0.0	0.2	0.4	0.6	0.8
273	6.105	6.195	6.286	6.379	6.473
274	6.567	6.663	6.759	6.858	6.958
275	7.058	7.159	7.262	7.366	7.473
276	7.579	7.687	7.797	7.907	8.019
277	8.134	8.249	8.365	8.483	8.603
278	8.723	8.846	8.970	9.095	9.222
279	9.350	9.481	9.611	9.745	9.881
280	10.017	10.155	10.295	10.436	10.580
281	10.726	10.872	11.022	11.172	11.324
282	11.478	11.635	11.792	11.952	12.114
283	12.278	12.443	12.610	12.779	12.951
284	13.124	13.300	13.478	13.658	13.839
285	14.023	14.210	14.397	14.587	14.779
286	14.973	15.171	15.369	15.572	15.776
287	15.981	16.191	16.401	16.615	16.831
288	17.049	17.269	17.493	17.719	17.947
289	18.177	18.410	18.648	18.886	19.128
290	19.372	19.618	19.869	20.121	20.377
291	20.634	20.896	21.160	21.426	21.694
292	21.968	22.245	22.523	22.805	23.090
293	23.378	23.669	23.963	24.261	24.561
294	24.865	25.171	25.482	25.797	26.114
295	26.434	26.758	27.086	27.418	27.751

续表

温度/K	0.0	0.2	0.4	0.6	0.8
296	28.088	28.430	28.775	29.124	29.478
297	29.834	30.195	30.560	30.928	31.299
298	31.672	32.049	32.432	32.820	33.213
299	33.609	34.009	34.413	34.820	35.232
300	35.649	36.070	36.496	36.925	37.358
301	37.796	38.237	38.683	39.135	39.593
302	40.054	40.519	40.990	41.466	41.945
303	42.429	42.918	43.411	43.908	44.412
304	44.923	45.439	45.958	46.482	47.011
305	47.547	48.087	48.632	49.184	49.740
306	50.301	50.869	51.441	52.020	52.605
307	53.193	53.788	54.390	54.997	55.609
308	56.229	56.854	57.485	58.122	58.766
309	59.412	60.067	60.727	61.395	62.070
310	62.751	63.437	64.131	64.831	65.537
311	66.251	66.969	67.693	68.425	69.166
312	69.917	70.673	71.434	72.202	72.977
313	73.759	74.54	75.34	76.14	76.95
314	77.78	78.61	79.43	80.29	81.14
315	81.99	82.85	83.73	84.61	85.49

注：表中数据录自 J. A. Dean. Langé's Handbook of Chemistry. 13th ed. New York：McGraw-Hill, 1985。单位由原书的"mmHg"换算为本表的"10^2Pa"。

附录 8　标准电极电势(298K)

1) 在酸性水溶液中的标准电极电势(酸表)

电对符号	$E_A^{\ominus}/V$	电对平衡式
Li^+ / Li	-3.045	$Li^+ + e \Longrightarrow Li$
K^+ / K	-2.925	$K^+ + e \Longrightarrow K$
Rb^+ / Rb	-2.925	$Rb^+ + e \Longrightarrow Rb$
Cs^+ / Cs	-2.923	$Cs^+ + e \Longrightarrow Cs$
Ba^{2+} / Ba	-2.90	$Ba^{2+} + 2e \Longrightarrow Ba$
Sr^{2+} / Sr	-2.89	$Sr^{2+} + 2e \Longrightarrow Sr$
Ca^{2+} / Ca	-2.87	$Ca^{2+} + 2e \Longrightarrow Ca$
Na^+ / Na	-2.714	$Na^+ + e \Longrightarrow Na$
La^{3+} / La	-2.52	$La^{3+} + 3e \Longrightarrow La$
Mg^{2+} / Mg	-2.37	$Mg^{2+} + 2e \Longrightarrow Mg$
Sc^{3+} / Sc	-2.08	$Sc^{3+} + 3e \Longrightarrow Sc$
Be^{2+} / Be	-1.85	$Be^{2+} + 2e \Longrightarrow Be$
Al^{3+} / Al	-1.66	$Al^{3+} + 3e \Longrightarrow Al$
Ti^{2+} / Ti	-1.63	$Ti^{2+} + 2e \Longrightarrow Ti$
Zr^{4+} / Zr	-1.53	$Zr^{4+} + 4e \Longrightarrow Zr$
V^{2+} / V	-1.18	$V^{2+} + 2e \Longrightarrow V$
Mn^{2+} / Mn	-1.18	$Mn^{2+} + 2e \Longrightarrow Mn$
TiO^{2+} / Ti	-0.88	$TiO^{2+} + 2H^+ + 4e \Longrightarrow Ti + H_2O$
H_3BO_3 / B	-0.87	$H_3BO_3 + 3H^+ + 3e \Longrightarrow B + 3H_2O$
SiO_2 / Si	-0.86	$SiO_2 + 4H^+ + 4e \Longrightarrow Si + H_2O$
Zn^{2+} / Zn	-0.763	$Zn^{2+} + 2e \Longrightarrow Zn$
Cr^{3+} / Cr	-0.74	$Cr^{3+} + 3e \Longrightarrow Cr$
Ga^{3+} / Ga	-0.53	$Ga^{3+} + 3e \Longrightarrow Ga$
$CO_2 / H_2C_2O_4$	-0.49	$2CO_2 + 2H^+ + 2e \Longrightarrow H_2C_2O_4$
Fe^{2+} / Fe	-0.440	$Fe^{2+} + 2e \Longrightarrow Fe$
Cr^{3+} / Cr^{2+}	-0.41	$Cr^{3+} + e \Longrightarrow Cr^{2+}$
Cd^{2+} / Cd	-0.403	$Cd^{2+} + 2e \Longrightarrow Cd$
Ti^{3+} / Ti^{2+}	-0.37	$Ti^{3+} + e \Longrightarrow Ti^{2+}$
PbI_2 / Pb	-0.365	$PbI_2 + 2e \Longrightarrow Pb + 2I^-$

续表

电对符号	$E_A^{\ominus}/V$	电对平衡式
$PbSO_4 / Pb$	-0.356	$PbSO_4 + 2e \rightleftharpoons Pb + SO_4^{2-}$
In^{3+} / In	-0.342	$In^{3+} + 3e \rightleftharpoons In$
Tl^+ / Tl	-0.336	$Tl^+ + e \rightleftharpoons Tl$
$PbBr_2 / Pb$	-0.280	$PbBr_2 + 2e \rightleftharpoons Pb + 2Br^-$
Co^{2+} / Co	-0.277	$Co^{2+} + 2e \rightleftharpoons Co$
H_3PO_4 / H_3PO_3	-0.276	$H_3PO_4 + 2H^+ + 2e \rightleftharpoons H_3PO_3 + H_2O$
$PbCl_2 / Pb$	-0.268	$PbCl_2 + 2e \rightleftharpoons Pb + 2Cl^-$
V^{3+} / V^{2+}	-0.255	$V^{3+} + e \rightleftharpoons V^{2+}$
VO_2^+ / V	-0.253	$VO_2^+ + 4H^+ + 5e \rightleftharpoons V + H_2O$
Ni^{2+} / Ni	-0.250	$Ni^{2+} + 2e \rightleftharpoons Ni$
Mo^{3+} / Mo	-0.20	$Mo^{3+} + 3e \rightleftharpoons Mo$
CuI / Cu	-0.185	$CuI + e \rightleftharpoons Cu + I^-$
AgI / Ag	-0.151	$AgI + e \rightleftharpoons Ag + I^-$
GeO_2 / Ge	-0.15	$GeO_2 + 4H^+ + 4e \rightleftharpoons Ge + 2H_2O$
Sn^{2+} / Sn	-0.136	$Sn^{2+} + 2e \rightleftharpoons Sn$
Pb^{2+} / Pb	-0.126	$Pb^{2+} + 2e \rightleftharpoons Pb$
WO_3 / W	-0.09	$WO_3 + 6H^+ + 6e \rightleftharpoons W + 3H_2O$
H^+ / H_2	0.00	$2H^+ + 2e \rightleftharpoons H_2$
$AgBr / Ag$	$+0.095$	$AgBr + e \rightleftharpoons Ag + Br^-$
$CuCl / Cu$	$+0.137$	$CuCl + e \rightleftharpoons Cu + Cl^-$
S / H_2S	$+0.141$	$S + 2H^+ + 2e \rightleftharpoons H_2S$
Sn^{4+} / Sn^{2+}	$+0.15$	$Sn^{4+} + 2e \rightleftharpoons Sn^{2+}$
SO_4^{2-} / H_2SO_3	$+0.17$	$SO_4^{2-} + 4H^+ + 2e \rightleftharpoons H_2SO_3 + H_2O$
SbO^+ / Sb	$+0.212$	$SbO^+ + 2H^+ + 3e \rightleftharpoons Sb + H_2O$
$AgCl / Ag$	$+0.222$	$AgCl + e \rightleftharpoons Ag + Cl^-$
Hg_2Cl_2 / Hg	$+0.2676$	$Hg_2Cl_2 + 2e \rightleftharpoons 2Hg + 2Cl^-$
BiO^+ / Bi	$+0.32$	$BiO^+ + 2H^+ + 3e \rightleftharpoons Bi + H_2O$
Cu^{2+} / Cu	$+0.337$	$Cu^{2+} + 2e \rightleftharpoons Cu$
VO^{2+} / V^{3+}	$+0.361$	$VO^{2+} + 2H^+ + e \rightleftharpoons V^{3+} + H_2O$
H_2SO_3 / S	$+0.45$	$H_2SO_3 + 4H^+ + 4e \rightleftharpoons S + 3H_2O$
Cu^+ / Cu	$+0.521$	$Cu^+ + e \rightleftharpoons Cu$
$HgCl_2 / Hg_2Cl_2$	$+0.53$	$2HgCl_2 + 2e \rightleftharpoons Hg_2Cl_2 + 2Cl^-$

电对符号	$E_A^{\ominus}/V$	电对平衡式
I_2 / I^-	+0.535	$I_2 + 2e \rightleftharpoons 2I^-$
$Cu^{2+} / CuCl$	+0.538	$Cu^{2+} + Cl^- + e \rightleftharpoons CuCl$
$H_2AsO_4 / HAsO_2$	+0.559	$H_2AsO_4 + 2H^+ + 2e \rightleftharpoons HAsO_2 + 2H_2O$
Sb_2O_5 / SbO^+	+0.581	$Sb_2O_5 + 6H^+ + 4e \rightleftharpoons 2SbO^+ + 3H_2O$
O_2 / H_2O_2	+0.682	$O_2 + 2H^+ + 2e \rightleftharpoons H_2O_2$
$[PtCl_4]^{2-} / Pt$	+0.73	$[PtCl_4]^{2-} + 2e \rightleftharpoons Pt + 4Cl^-$
Fe^{3+} / Fe^{2+}	+0.771	$Fe^{3+} + e \rightleftharpoons Fe^{2+}$
Hg_2^{2+} / Hg	+0.789	$Hg_2^{2+} + 2e \rightleftharpoons 2Hg$
Ag^+ / Ag	+0.799	$Ag^+ + e \rightleftharpoons Ag$
NO_3^- / N_2O_4	+0.80	$2NO_3^- + 4H^+ + 2e \rightleftharpoons N_2O_4 + 2H_2O$
Cu^{2+} / CuI	+0.86	$Cu^{2+} + I^- + e \rightleftharpoons CuI$
NO_3^- / NH_4^+	+0.88	$NO_3^- + 10H^+ + 8e \rightleftharpoons NH_4^+ + 3H_2O$
Hg^{2+} / Hg_2^{2+}	+0.920	$2Hg^{2+} + 2e \rightleftharpoons Hg_2^{2+}$
NO_3^- / HNO_2	+0.94	$NO_3^- + 3H^+ + 2e \rightleftharpoons HNO_2 + H_2O$
NO_3^- / NO	+0.96	$NO_3^- + 4H^+ + 3e \rightleftharpoons NO + 2H_2O$
HNO_2 / NO	+1.00	$HNO_2 + H^+ + e \rightleftharpoons NO + H_2O$
$[AuCl_4]^- / Au$	+1.00	$[AuCl_4]^- + 3e \rightleftharpoons Au + 4Cl^-$
H_6TeO_6 / TeO_2	+1.02	$H_6TeO_6 + 2H^+ + 2e \rightleftharpoons TeO_2 + 4H_2O$
N_2O_4 / NO	+1.03	$N_2O_4 + 4H^+ + 4e \rightleftharpoons 2NO + 2H_2O$
Br_2 / Br^-	+1.065	$Br_2 + 2e \rightleftharpoons 2Br^-$
N_2O_4 / HNO_2	+1.07	$N_2O_4 + 2H^+ + 2e \rightleftharpoons 2HNO_2$
$[AuCl_2]^- / Au$	+1.15	$[AuCl_2]^- + e \rightleftharpoons Au + 2Cl^-$
SeO_4^{2-} / H_2SeO_3	+1.15	$SeO_4^{2-} + 4H^+ + 2e \rightleftharpoons H_2SeO_3 + H_2O$
ClO_4^- / ClO_3^-	+1.19	$ClO_4^- + 2H^+ + 2e \rightleftharpoons ClO_3^- + H_2O$
IO_3^- / I_2	+1.20	$2IO_3^- + 12H^+ + 10e \rightleftharpoons I_2 + 6H_2O$
Pt^{2+} / Pt	+1.2	$Pt^{2+} + 2e \rightleftharpoons Pt$
$ClO_3^- / HClO_2$	+1.21	$ClO_3^- + 3H^+ + 2e \rightleftharpoons HClO_2 + H_2O$
O_2 / H_2O	+1.229	$O_2 + 4H^+ + 4e \rightleftharpoons 2H_2O$
MnO_2 / Mn^{2+}	+1.23	$MnO_2 + 4H^+ + 2e \rightleftharpoons Mn^{2+} + 2H_2O$
NO_3^- / N_2	+1.24	$2NO_3^- + 12H^+ + 10e \rightleftharpoons N_2 + 6H_2O$
Tl^{3+} / Tl^+	+1.25	$Tl^{3+} + 2e \rightleftharpoons Tl^+$
$ClO_2 / HClO_2$	+1.275	$ClO_2 + H^+ + e \rightleftharpoons HClO_2$

电对符号	$E_A^{\ominus}/\text{V}$	电对平衡式
$Cr_2O_7^{2-}/Cr^{3+}$	$+1.33$	$Cr_2O_7^{2-}+14H^++6e\Longleftrightarrow 2Cr^{3+}+7H_2O$
Cl_2/Cl^-	$+1.360$	$Cl_2+2e\Longleftrightarrow 2Cl^-$
HIO/I_2	$+1.45$	$2HIO+2H^++2e\Longleftrightarrow I_2+2H_2O$
PbO_2/Pb^{2+}	$+1.455$	$PbO_2+4H^++2e\Longleftrightarrow Pb^{2+}+2H_2O$
Au^{3+}/Au	$+1.50$	$Au^{3+}+3e\Longleftrightarrow Au$
Mn^{3+}/Mn^{2+}	$+1.51$	$Mn^{3+}+e\Longleftrightarrow Mn^{2+}$
MnO_4^-/Mn^{2+}	$+1.51$	$MnO_4^-+8H^++5e\Longleftrightarrow Mn^{2+}+4H_2O$
BrO_3^-/Br_2	$+1.52$	$2BrO_3^-+12H^++10e\Longleftrightarrow Br_2+6H_2O$
$HBrO/Br_2$	$+1.59$	$2HBrO+2H^++2e\Longleftrightarrow Br_2+2H_2O$
H_5IO_6/IO_3^-	$+1.6$	$H_5IO_6+H^++2e\Longleftrightarrow IO_3^-+3H_2O$
Bi_2O_5/Bi^{3+}	$+1.6$	$Bi_2O_5+10H^++4e\Longleftrightarrow 2Bi^{3+}+5H_2O$
Ce^{4+}/Ce^{3+}	$+1.61$	$Ce^{4+}+e\Longleftrightarrow Ce^{3+}$
$HClO/Cl_2$	$+1.63$	$2HClO+2H^++2e\Longleftrightarrow Cl_2+2H_2O$
$HClO_2/HClO$	$+1.64$	$HClO_2+2H^++2e\Longleftrightarrow HClO+H_2O$
Au^+/Au	$+1.68$	$Au^++e\Longleftrightarrow Au$
NiO_2/Ni^{2+}	$+1.68$	$NiO_2+4H^++2e\Longleftrightarrow Ni^{2+}+2H_2O$
$PbO_2/PbSO_4$	$+1.685$	$PbO_2+4H^++SO_4^{2-}+2e\Longleftrightarrow PbSO_4+2H_2O$
MnO_4^-/MnO_2	$+1.695$	$MnO_4^-+4H^++3e\Longleftrightarrow MnO_2+2H_2O$
BrO_4^-/BrO_3^-	$+1.76$	$BrO_4^-+2H^++2e\Longleftrightarrow BrO_3^-+H_2O$
H_2O_2/H_2O	$+1.77$	$H_2O_2+2H^++2e\Longleftrightarrow 2H_2O$
Co^{3+}/Co^{2+}	$+1.842$	$Co^{3+}+e\Longleftrightarrow Co^{2+}$
FeO_4^{2-}/Fe^{3+}	$+1.9$	$FeO_4^{2-}+8H^++3e\Longleftrightarrow Fe^{3+}+4H_2O$
Ag^{2+}/Ag^+	$+1.98$	$Ag^{2+}+e\Longleftrightarrow Ag^+$
$S_2O_8^{2-}/SO_4^{2-}$	$+2.01$	$S_2O_8^{2-}+2e\Longleftrightarrow 2SO_4^{2-}$
O_3/H_2O	$+2.07$	$O_3+2H^++2e\Longleftrightarrow O_2+H_2O$
OF_2/H_2O	$+2.1$	$OF_2+2H^++4e\Longleftrightarrow H_2O+2F^-$
O/H_2O	$+2.42$	$O+2H^++2e\Longleftrightarrow H_2O$
F_2/HF	$+3.06$	$F_2+2H^++2e\Longleftrightarrow 2HF$

2）在碱性水溶液中的标准电极电势（碱表）

电对符号	$E_B^{\ominus}/V$	电对平衡式
Li^+/Li	-3.045	$Li^+ + e \Longrightarrow Li$
$Ca(OH)_2/Ca$	-3.03	$Ca(OH)_2 + 2e \Longrightarrow Ca + 2OH^-$
$Sr(OH)_2 \cdot 8H_2O/Sr$	-2.99	$Sr(OH)_2 \cdot 8H_2O + 2e \Longrightarrow Sr + 2OH^- + 8H_2O$
$Ba(OH)_2 \cdot 8H_2O/Ba$	-2.97	$Ba(OH)_2 \cdot 8H_2O + 2e \Longrightarrow Ba + 2OH^- + 8H_2O$
K^+/K	-2.925	$K^+ + e \Longrightarrow K$
Rb^+/Rb	-2.925	$Rb^+ + e \Longrightarrow Rb$
Cs^+/Cs	-2.923	$Cs^+ + e \Longrightarrow Cs$
$La(OH)_3/La$	-2.90	$La(OH)_3 + 3e \Longrightarrow La + 3OH^-$
Na^+/Na	-2.714	$Na^+ + e \Longrightarrow Na$
$Mg(OH)_2/Mg$	-2.69	$Mg(OH)_2 + 2e \Longrightarrow Mg + 2OH^-$
$Be_2O_3^{2-}/Be$	-2.62	$Be_2O_3^{2-} + 3H_2O + 4e \Longrightarrow 2Be + 6OH^-$
$Sc(OH)_3/Sc$	-2.6	$Sc(OH)_3 + 3e \Longrightarrow Sc + 3OH^-$
$H_2AlO_3^-/Al$	-2.35	$H_2AlO_3^- + H_2O + 3e \Longrightarrow Al + 4OH^-$
H_2/H^-	-2.25	$H_2 + 2e \Longrightarrow 2H^-$
$H_2BO_3^-/B$	-1.79	$H_2BO_3^- + H_2O + 3e \Longrightarrow B + 4OH^-$
SiO_3^{2-}/Si	-1.7	$SiO_3^{2-} + 3H_2O + 4e \Longrightarrow Si + 6OH^-$
TiO_2/Ti	-1.69	$TiO_2 + 2H_2O + 4e \Longrightarrow Ti + 4OH^-$
$Mn(OH)_2/Mn$	-1.55	$Mn(OH)_2 + 2e \Longrightarrow Mn + 2OH^-$
$H_2GaO_3^-/Ga$	-1.22	$H_2GaO_3^- + H_2O + 3e \Longrightarrow Ga + 4OH^-$
ZnO_2^{2-}/Zn	-1.216	$ZnO_2^{2-} + 2H_2O + 2e \Longrightarrow Zn + 4OH^-$
CrO_2^-/Cr	-1.2	$CrO_2^- + 2H_2O + 3e \Longrightarrow Cr + 4OH^-$
PO_4^{3-}/HPO_3^{2-}	-1.12	$PO_4^{3-} + 2H_2O + 2e \Longrightarrow HPO_3^{2-} + 3OH^-$
$[Zn(NH_3)_4]^{2+}/Zn$	-1.04	$[Zn(NH_3)_4]^{2+} + 2e \Longrightarrow Zn + 4NH_3$
$In(OH)_3/In$	-1.0	$In(OH)_3 + 3e \Longrightarrow In + 3OH^-$
SO_4^{2-}/SO_3^{2-}	-0.93	$SO_4^{2-} + H_2O + 2e \Longrightarrow SO_3^{2-} + 2OH^-$
$HSnO_2^-/Sn$	-0.91	$HSnO_2^- + H_2O + 2e \Longrightarrow Sn + 3OH^-$
$HGeO_3^-/Ge$	-0.9	$HGeO_3^- + 2H_2O + 4e \Longrightarrow Ge + 5OH^-$
$[Sn(OH)_6]^{2-}/HSnO_2^-$	-0.9	$[Sn(OH)_6]^{2-} + 2e \Longrightarrow HSnO_2^- + 3OH^- + H_2O$
$Fe(OH)_2/Fe$	-0.877	$Fe(OH)_2 + 2e \Longrightarrow Fe + 2OH^-$
H_2O/H_2	-0.828	$2H_2O + 2e \Longrightarrow H_2 + 2OH^-$
$Cd(OH)_2/Cd$	-0.809	$Cd(OH)_2 + 2e \Longrightarrow Cd + 2OH^-$

电对符号	$E_B^{\ominus}$/V	电对平衡式
$FeCO_3/Fe$	-0.756	$FeCO_3 + 2e \Longleftrightarrow Fe + CO_3^{2-}$
$Co(OH)_2/Co$	-0.73	$Co(OH)_2 + 2e \Longleftrightarrow Co + 2OH^-$
$Ni(OH)_2/Ni$	-0.72	$Ni(OH)_2 + 2e \Longleftrightarrow Ni + 2OH^-$
HgS/Hg	-0.72	$HgS + 2e \Longleftrightarrow Hg + S^{2-}$
Ag_2S/Ag	-0.69	$Ag_2S + 2e \Longleftrightarrow 2Ag + S^{2-}$
AsO_4^{3-}/AsO_3^-	-0.67	$AsO_4^{3-} + 2H_2O + 2e \Longleftrightarrow AsO_3^- + 4OH^-$
SbO_2^-/Sb	-0.66	$SbO_2^- + 2H_2O + 3e \Longleftrightarrow Sb + 4OH^-$
SO_3^{2-}/S	-0.66	$SO_3^{2-} + 3H_2O + 4e \Longleftrightarrow S + 6OH^-$
$SO_3^{2-}/S_2O_3^{2-}$	-0.58	$2SO_3^{2-} + 3H_2O + 4e \Longleftrightarrow S_2O_3^{2-} + 6OH^-$
$Fe(OH)_3/Fe(OH)_2$	-0.56	$Fe(OH)_3 + e \Longleftrightarrow Fe(OH)_2 + OH^-$
$HPbO_2^-/Pb$	-0.54	$HPbO_2^- + H_2O + 2e \Longleftrightarrow Pb + 3OH^-$
Cu_2S/Cu	-0.54	$Cu_2S + 2e \Longleftrightarrow 2Cu + S^{2-}$
S/S^{2-}	-0.48	$S + 2e \Longleftrightarrow S^{2-}$
NO_2^-/NO	-0.46	$NO_2^- + H_2O + e \Longleftrightarrow NO + 2OH^-$
Bi_2O_3/Bi	-0.44	$Bi_2O_3 + 3H_2O + 6e \Longleftrightarrow 2Bi + 6OH^-$
$[Cu(CN)_2]^-/Cu$	-0.43	$[Cu(CN)_2]^- + e \Longleftrightarrow Cu + 2CN^-$
Cu_2O/Cu	-0.358	$Cu_2O + H_2O + 2e \Longleftrightarrow 2Cu + 2OH^-$
$TlOH/Tl$	-0.3445	$TlOH + e \Longleftrightarrow Tl + OH^-$
$[Ag(CN)_2]^-/Ag$	-0.31	$[Ag(CN)_2]^- + e \Longleftrightarrow Ag + 2CN^-$
$[Cu(NH_3)_2]^+/Cu$	-0.12	$[Cu(NH_3)_2]^+ + e \Longleftrightarrow Cu + 2NH_3$
CrO_4^{2-}/CrO_2^-	-0.12	$CrO_4^{2-} + 2H_2O + 3e \Longleftrightarrow CrO_2^- + 4OH^-$
$Cu(OH)_2/Cu_2O$	-0.080	$2Cu(OH)_2 + 2e \Longleftrightarrow Cu_2O + 2OH^- + H_2O$
O_2/HO_2^-	-0.076	$O_2 + H_2O + 2e \Longleftrightarrow HO_2^- + OH^-$
$MnO_2/Mn(OH)_2$	-0.05	$MnO_2 + 2H_2O + 2e \Longleftrightarrow Mn(OH)_2 + 2OH^-$
$[Cu(NH_3)_4]^{2+}/[Cu(NH_3)_2]^+$	-0.010	$[Cu(NH_3)_4]^{2+} + e \Longleftrightarrow [Cu(NH_3)_2]^+ + 2NH_3$
$[Ag(S_2O_3)_2]^{3-}/Ag$	$+0.01$	$[Ag(S_2O_3)_2]^{3-} + e \Longleftrightarrow Ag + 2S_2O_3^{2-}$
NO_3^-/NO_2^-	$+0.01$	$NO_3^- + H_2O + 2e \Longleftrightarrow NO_2^- + 2OH^-$
SeO_4^{2-}/SeO_3^{2-}	$+0.05$	$SeO_4^{2-} + H_2O + 2e \Longleftrightarrow SeO_3^{2-} + 2OH^-$
$S_4O_6^{2-}/S_2O_3^{2-}$	$+0.08$	$S_4O_6^{2-} + 2e \Longleftrightarrow 2S_2O_3^{2-}$
HgO/Hg	$+0.098$	$HgO + H_2O + 2e \Longleftrightarrow Hg + 2OH^-$
$[Co(NH_3)_6]^{3+}/[Co(NH_3)_6]^{2+}$	$+0.1$	$[Co(NH_3)_6]^{3+} + e \Longleftrightarrow [Co(NH_3)_6]^{2+}$
$Mn(OH)_3/Mn(OH)_2$	$+0.1$	$Mn(OH)_3 + e \Longleftrightarrow Mn(OH)_2 + OH^-$
$Co(OH)_3/Co(OH)_2$	$+0.17$	$Co(OH)_3 + e \Longleftrightarrow Co(OH)_2 + OH^-$
PbO_2/PbO	$+0.248$	$PbO_2 + H_2O + 2e \Longleftrightarrow PbO + 2OH^-$
IO_3^-/I^-	$+0.26$	$IO_3^- + 3H_2O + 6e \Longleftrightarrow I^- + 6OH^-$

电对符号	$E_B^{\ominus}/V$	电对平衡式
ClO_3^-/ClO_2^-	$+0.33$	$ClO_3^- + H_2O + 2e \Longrightarrow ClO_2^- + 2OH^-$
Ag_2O/Ag	$+0.344$	$Ag_2O + H_2O + 2e \Longrightarrow 2Ag + 2OH^-$
$[Fe(CN)_6]^{3-}/[Fe(CN)_6]^{4-}$	$+0.36$	$[Fe(CN)_6]^{3-} + e \Longrightarrow [Fe(CN)_6]^{4-}$
ClO_4^-/ClO_3^-	$+0.36$	$ClO_4^- + H_2O + 2e \Longrightarrow ClO_3^- + 2OH^-$
$[Ag(NH_3)_2]^+/Ag$	$+0.373$	$[Ag(NH_3)_2]^+ + e \Longrightarrow Ag + 2NH_3$
TeO_4^{2-}/TeO_3^{2-}	$+0.4$	$TeO_4^{2-} + H_2O + 2e \Longrightarrow TeO_3^{2-} + 2OH^-$
O_2/OH^-	$+0.401$	$O_2 + 2H_2O + 4e \Longrightarrow 4OH^-$
ClO^-/Cl_2	$+0.42$	$2ClO^- + 2H_2O + 2e \Longrightarrow Cl_2 + 4OH^-$
IO^-/I_2	$+0.45$	$2IO^- + 2H_2O + 2e \Longrightarrow I_2 + 4OH^-$
$NiO_2/Ni(OH)_2$	$+0.49$	$NiO_2 + 2H_2O + 2e \Longrightarrow Ni(OH)_2 + 2OH^-$
I_2/I^-	$+0.535$	$I_2 + 2e \Longrightarrow 2I^-$
MnO_4^-/MnO_4^{2-}	$+0.564$	$MnO_4^- + e \Longrightarrow MnO_4^{2-}$
AgO/Ag_2O	$+0.57$	$2AgO + H_2O + 2e \Longrightarrow Ag_2O + 2OH^-$
MnO_4^-/MnO_2	$+0.588$	$MnO_4^- + 2H_2O + 3e \Longrightarrow MnO_2 + 4OH^-$
MnO_4^{2-}/MnO_2	$+0.60$	$MnO_4^{2-} + 2H_2O + 2e \Longrightarrow MnO_2 + 4OH^-$
BrO_3^-/Br^-	$+0.61$	$BrO_3^- + 3H_2O + 6e \Longrightarrow Br^- + 6OH^-$
ClO_2^-/ClO^-	$+0.66$	$ClO_2^- + H_2O + 2e \Longrightarrow ClO^- + 2OH^-$
$H_3IO_6^{2-}/IO_3^-$	$+0.7$	$H_3IO_6^{2-} + 2e \Longrightarrow IO_3^- + 3OH^-$
Ag_2O_3/AgO	$+0.74$	$Ag_2O_3 + H_2O + 2e \Longrightarrow 2AgO + 2OH^-$
BrO^-/Br^-	$+0.76$	$BrO^- + H_2O + 2e \Longrightarrow Br^- + 2OH^-$
HO_2^-/OH^-	$+0.88$	$HO_2^- + H_2O + 2e \Longrightarrow 3OH^-$
N_2O_4/NO_2^-	$+0.88$	$N_2O_4 + 2e \Longrightarrow 2NO_2^-$
ClO^-/Cl^-	$+0.89$	$ClO^- + H_2O + 2e \Longrightarrow Cl^- + 2OH^-$
FeO_4^{2-}/FeO_2^-	$+0.9$	$FeO_4^{2-} + 2H_2O + 3e \Longrightarrow FeO_2^- + 4OH^-$
BrO_4^-/BrO_3^-	$+0.93$	$BrO_4^- + H_2O + 2e \Longrightarrow BrO_3^- + 2OH^-$
Br_2/Br^-	$+1.065$	$Br_2 + 2e \Longrightarrow 2Br^-$
$Cu^{2+}/Cu(CN)_2^-$	$+1.12$	$Cu^{2+} + 2CN^- + e \Longrightarrow Cu(CN)_2^-$
ClO_2/ClO_2^-	$+1.16$	$ClO_2 + e \Longrightarrow ClO_2^-$
O_3/OH^-	$+1.24$	$O_3 + H_2O + 2e \Longrightarrow O_2 + 2OH^-$
Cl_2/Cl^-	$+1.360$	$Cl_2 + 2e \Longrightarrow 2Cl^-$
OF_2/OH^-	$+1.69$	$OF_2 + H_2O + 4e \Longrightarrow 2OH^- + 2F^-$
$S_2O_8^{2-}/SO_4^{2-}$	$+2.01$	$S_2O_8^{2-} + 2e \Longrightarrow 2SO_4^{2-}$
F_2/F^-	$+2.87$	$F_2 + 2e \Longrightarrow 2F^-$

　　注:表中数据录自 W. M. Lalimer. Oxidation Potentials. 2nd ed. New York:Prentice-Hall,1952。但该书采用的是标准氧化电势,它与本表中标准电极电势的数值相等而符号相反。

附录 9　配离子的累积稳定常数（291～298K）

化学式	$K_{稳}^{\ominus}$	$\lg K_{稳}^{\ominus}$	化学式	$K_{稳}^{\ominus}$	$\lg K_{稳}^{\ominus}$
$[AgCl_2]^-$	1.1×10^5	5.04	$[Cu(NH_3)_2]^+$	7.4×10^{10}	10.87
$[AgI_2]^-$	5.5×10^{11}	11.74	$[Cu(NH_3)_4]^{2+}$	4.3×10^{13}	13.63
$[Ag(CN)_2]^-$	5.5×10^{18}	18.74	$[Cu(OH)_4]^{2-}$	3.0×10^{18}	18.5
$[Ag(NH_3)_2]^+$	1.7×10^7	7.23	$[Fe(C_2O_4)_3]^{3-}$	1.0×10^{20}	20
$[Ag(S_2O_3)_2]^{3-}$	1.6×10^{13}	13.22	$[FeF_6]^{3-}$	$\sim2.0\times10^{15}$	~15.3
$[AlF_6]^{3-}$	6.9×10^{19}	19.84	$[Fe(CN)_6]^{4-}$	1.0×10^{35}	35
$[Al(OH)_4]^-$	1.1×10^{33}	33.04	$[Fe(CN)_6]^{3-}$	1.0×10^{42}	42
$[AuCl_4]^-$	2.0×10^{21}	21.3	$[Fe(NCS)_6]^{3-}$	1.2×10^9	9.10
$[Au(CN)_2]^-$	2.0×10^{38}	38.3	$[HgCl_4]^{2-}$	9.1×10^{15}	15.96
$[BiCl_4]^-$	4.0×10^5	5.6	$[HgI_4]^{2-}$	1.9×10^{30}	30.28
$[CdI_4]^{2-}$	2.0×10^6	6.3	$[Hg(CN)_4]^{2-}$	2.5×10^{41}	41.40
$[Cd(CN)_4]^{2-}$	7.1×10^{18}	18.85	$[Hg(NH_3)_4]^{2+}$	1.9×10^{19}	19.28
$[Cd(NH_3)_4]^{2+}$	1.3×10^7	7.12	$[Hg(SCN)_4]^{2-}$	2.0×10^{19}	19.3
$[Cd(OH)_4]^{2-}$	4.2×10^8	8.62	$[Ni(CN)_4]^{2-}$	1.0×10^{22}	22
$[Co(NCS)_4]^{2-}$	1.0×10^3	3.00	$[Ni(en)_3]^{2+}$	2.1×10^{18}	18.33
$[Co(NH_3)_6]^{2+}$	7.9×10^4	4.90	$[Ni(NH_3)_6]^{2+}$	5.5×10^8	8.74
$[Co(NH_3)_6]^{3+}$	4.6×10^{33}	33.66	$[Pb(OH)_6]^{4-}$	1.0×10^{61}	61.0
$[Cr(OH)_4]^-$	8.0×10^{29}	29.9	$[Zn(CN)_4]^{2-}$	7.8×10^{16}	16.89
$[CuCl_2]^-$	3.2×10^5	5.50	$[Zn(en)_2]^{2+}$	6.8×10^{10}	10.83
$[CuI_2]^-$	7.1×10^8	8.85	$[Zn(NH_3)_4]^{2+}$	3.0×10^9	9.47
$[Cu(CN)_2]^-$	1.0×10^{16}	16.0	$[Zn(OH)_4]^{2-}$	4.6×10^{17}	17.66
$[Cu(en)_2]^{2+}$	1.0×10^{20}	20.00			

注：表中数据录自 W. M. Latimer. Oxidation Potentials. 2nd ed. New York：Prentice-Hall，1952 和 J. A. Dean. Langé's Handbook of Chemistry. 13th ed. New York：McGraw-Hill，1985。

附录 10　常用有机溶剂的物理常数

溶　剂	沸点 (101 325Pa)/℃	熔点 /℃	相对分子质量	相对密度 (20℃)	介电常数	溶解度 /(g·100g^{-1})	和水共沸混合物 b. p. /℃	H$_2$O 的含量/%
乙醚	35	−116	74	0.71	4.3	6.0	34	1
二硫化碳	46	−111	76	1.26	2.6	0.29(20℃)	44	2
丙酮	56	−95	58	0.79	20.7	∞		
氯仿	61	−64	119	1.49	4.8	0.82(20℃)	56	3
甲醇	65	−98	32	0.79	32.7	∞		
四氯化碳	77	−23	154	1.59	2.2	0.08	66	4
乙酸乙酯	77	−84	88	0.90	6.0	8.1	71	8
乙醇	73	−114	46	0.79	24.6	∞	78	4
苯	80	5.5	78	0.88	2.3	0.18	69	9
异丙醇	82	−88	60	0.79	19.9	∞	80	12
正丁醇	113	−89	74	0.81	17.5	7.45	93	43
甲酸	101	8	46	1.22	58.5	∞	107	26
甲苯	111	−95	92	0.87	2.4	0.05	85	20
吡啶	115	−42	79	0.98	12.4	∞	94	42
乙酸	118	17	60	1.05	6.2	∞		
乙酸酐	140	−73	102	1.08	20.7	反应		
硝基苯	211	6	123	1.20	34.8	0.19(20℃)	99	88

附录 11　容量分析常用基准物质

名　称 (化学式)	式　量	处理及保存
碳酸钠 (Na$_2$CO$_3$)	105.989 0	500～650℃干燥 40～50min,干燥器中冷却
邻苯二甲酸氢钾 (KHC$_8$H$_4$O$_4$)	204.229	110～120℃干燥至恒量,干燥器中冷却
重铬酸钾 (K$_2$Cr$_2$O$_7$)	249.192	研细,100～110℃干燥 3～4h,干燥器中冷却

续表

名　称 （化学式）	式　量	处理及保存
铜 （Cu）	63.546	乙酸（2mL 冰醋酸配成 100mL 溶液）、水、乙醇（99.5％）、甲醇依次洗涤，干燥器中保存 24 h 以上
溴酸钾 （$KBrO_3$）	167.004	105℃以下干燥至恒量，干燥器中冷却
碘酸钾 （KIO_3）	214.005	120～140℃干燥 1.5～2h，干燥器中冷却
乙二酸钠 （$Na_2C_2O_4$）	134.000	150～200℃干燥 1～1.5h，干燥器中冷却
氯化钠 （NaCl）	58.443 2	500～650℃干燥 40～45min，干燥器中冷却
硝酸银 （$AgNO_3$）	169.873	硫酸干燥器中干燥至恒量
碳酸钙 （$CaCO_3$）	100.09	120℃干燥至恒量，干燥器中冷却
氧化锌 （ZnO）	81.37	800℃灼烧至恒量，干燥器中冷却
氧化镁 （MgO）	40.304	800℃灼烧至恒量，干燥器中冷却
锌 （Zn）	65.38	盐酸（1∶3）、水、丙酮依次洗涤，干燥器中干燥 24h 以上
对氨基苯磺酸 （$H_2NC_6H_4SO_3H$）	173.192	120℃干燥至恒量，干燥器中冷却

附录 12　国际相对原子质量表

序　数	名　称	符　号	相对原子质量	序　数	名　称	符　号	相对原子质量
1	氢	H	1.0079	32	锗	Ge	72.61
2	氦	He	4.0026	33	砷	As	74.922
3	锂	Li	6.941	34	硒	Se	78.96
4	铍	Be	9.0122	35	溴	Br	79.904
5	硼	B	10.811	36	氪	Kr	83.80
6	碳	C	12.011	37	铷	Rb	85.468
7	氮	N	14.007	38	锶	Sr	87.62
8	氧	O	15.999	39	钇	Y	88.906
9	氟	F	18.998	40	锆	Zr	91.224
10	氖	Ne	20.180	41	铌	Nb	92.906
11	钠	Na	22.990	42	钼	Mo	95.94
12	镁	Mg	24.305	43	锝	Tc	97.907$^+$
13	铝	Al	26.982	44	钌	Ru	101.07
14	硅	Si	28.086	45	铑	Rh	102.91
15	磷	P	30.974	46	钯	Pd	106.42
16	硫	S	32.066	47	银	Ag	107.87
17	氯	Cl	35.453	48	镉	Cd	112.41
18	氩	Ar	39.948	49	铟	In	114.82
19	钾	K	39.098	50	锡	Sn	118.71
20	钙	Ca	40.078	51	锑	Sb	121.76
21	钪	Sc	44.956	52	碲	Te	127.60
22	钛	Ti	47.867	53	碘	I	126.90
23	钒	V	50.942	54	氙	Xe	131.29
24	铬	Cr	51.996	55	铯	Cs	132.91
25	锰	Mn	54.938	56	钡	Ba	137.33
26	铁	Fe	55.845	57	镧	La	138.91
27	钴	Co	58.993	58	铈	Ce	140.12
28	镍	Ni	58.693	59	镨	Pr	140.91
29	铜	Cu	63.546	60	钕	Nd	144.24
30	锌	Zn	65.39	61	钷	Pm	144.91$^+$
31	镓	Ga	69.723	62	钐	Sm	150.36

序　数	名　称	符　号	相对原子质量	序　数	名　称	符　号	相对原子质量
63	铕	Eu	151.96	86	氡	Rn	222.02
64	钆	Gd	157.25	87	钫	Fr	223.02+
65	铽	Tb	158.93	88	镭	Ra	226.03+
66	镝	Dy	162.50	89	锕	Ac	227.03+
67	钬	Ho	164.93	90	钍	Th	232.04
68	铒	Er	167.26	91	镤	Pa	231.04
69	铥	Tm	168.934	92	铀	U	238.03
70	镱	Yb	173.04	93	镎	Np	237.05+
71	镥	Lu	174.97	94	钚	Pu	244.06+
72	铪	Hf	178.49	95	镅	Am	243.06+
73	钽	Ta	180.95	96	锔	Cm	247.07+
74	钨	W	183.84	97	锫	Bk	247.07+
75	铼	Re	186.21	98	锎	Cf	251.08+
76	锇	Os	190.23	99	锿	Es	252.08+
77	铱	Ir	192.22	100	镄	Fm	257.10+
78	铂	Pt	195.08	101	钔	Md	258.10+
79	金	Au	196.97	102	锘	No	259.10+
80	汞	Hg	200.59	103	铹	Lr	262.11+
81	铊	Tl	204.38	104		Rf	261.11+
82	铅	Pb	207.2	*105		Db	262.11+
83	铋	Bi	208.98	*106		Sg	263.12+
84	钋	Po	208.98	*107	铍	Bh	264.12+
85	砹	At	209.99	*108		Hs	265.13+
				*109		Mt	(268)

注：上角有＋的表示半衰期最长的同位素的相对原子质量。

表中数据是根据 IUPAC1995 年提供的五位有效数字相对原子质量数据得来的。

上角有 * 的摘自大学化学.1998,13(3):29。

附录 13　常用仪器汉英对照表

B

饱和甘汞电极	saturated calomel electrode
保温槽、绝热储灌、绝热储槽	insulating tank
本生灯、煤气灯	bunsen burner
泵	pump
闭管压力计	closed pipe manometer
标准甘汞电极	normal calomel electrode
表面玻璃、表面皿	watch-glass
玻璃棉	glass wool
玻璃纸	glassine paper
布式漏斗	buchner funnel

C

差式压力计	differential manometer
长颈漏斗	long stem funnel
常压蒸馏装置	atmospheric distillation unit
超离心机、超速离心机	ultracentrifuge
超微量吸量管	ultra micropipette
沉淀用离心机	sedimentation centrifuge
称量瓶	weighing bottle
抽气泵	suction pump
储冷器	refrigerator
瓷漏斗	porcelain funnel
瓷皿　培养皿	porcelain dish
磁坩埚	porcelain crucible
磁力搅拌机	magnetic stirrer
萃取器、抽提器	extractor
萃取器、抽提器、提取器、分离器	extraction
萃取用冷凝管	extraction condenser
萃取用烧瓶	extraction flask
萃取蒸馏装置	apparatus for extractive distillation
锉刀	file

D

带玻璃塞的磨口瓶	ground stopper bottle
单球移液管	single pipette
弹簧夹	pinchcock, pinchcock clamp
导气管	air duct
滴定器具	titration utensil

滴管	dropper
滴瓶	dropping bottle
滴液漏斗	dropping funnel
点滴板	spot plate
电烘箱、电炉	electric oven
电极	electrode
电极塞子、插头	electrode plug
电极支架、电极夹	electrode holder
电炉、电热器	electric heater, electric furnace
电热板	electric heating panel
定量滤纸	quantitative filter paper

F

砝码	weight
防毒面具	gas mask
防护手套	hand saver
防护眼镜	goggles
沸点测定仪	ebulliometer
分光光度计	spectrophotometer
分馏柱	fractionating column
分析天平	chemical balance
分析用超速离心机	analytical ultracentrifuge
分液漏斗	separating funnel, separatory funnel
分液瓶	delivery flask
粉末灭火器	dry chemicals extinguisher
伏特计	voltmeter

G

干燥管	drying tube
干燥器	dryer
干燥皿	drying basin
干燥器、保干器	desiccator
甘汞电极	calomel electrode
坩埚	crucible
坩埚钳	crucible tongs
钢瓶	cylinder
高型烧杯、高颈烧杯	tall beaker
格雷森(挥发性液体)称量瓶	Grethen's weighing bottle
管接头	pipe joint
管式炉	pipe still
广口瓶	wide mouth bottle
过热水蒸气发生器	superheated steam generator

H

恒温槽	thermostat,thermostatic bath
恒温箱	incubator
虹吸管、吸量管	siphon pipette
回流冷凝器	reflux condenser
火柴	match

J

集气瓶	gas jar
加热板	hot plate
加热夹套	heating jacket
角匙	horn scoop
搅拌棒	stirring rod
搅拌器(机)	stirrer
精密滴定管	precision burette
精密温度计	precision thermometer
酒精灯	spirit lamp,alcohol lamp

K

开普真空升华装置	kempf vacuum sublimation apparatus
刻度瓶、刻度容器	graduated jar
刻度吸量管	graduated pipette
刻度吸移管	measuring pipette
肯尼迪萃取器(一种多级连续固体提取装置)	Kennedy extractor
空气冷凝器	air cooler
快速干燥器	flash dryer

L

冷却阱	cold trap
离心泵	centrifugal pump
离子选择电极	ion selective electrode
量筒	measuring cylinder
量筒、量杯、刻度烧杯	meter glass,graduated jug
量液滴定管	measuring burette
馏分收集器	fraction collector
滤纸	filter paper

M

马弗炉	muffle furnace
毛细管	capillary pipe
密度计	densimeter
密封管	sealed tube
秒表	stopwatch

N

尼科尔棱镜	Nicol prism
泥三角	pipeclay triangle
镊子	pincette

P

泡沫灭火剂	foamite
喷灯	blast burner
偏振光光度计	polarization photometer
平底烧瓶	flat-bottomed flask

Q

气流干燥机	pneumatic conveying dryer
气压计	air gauge
汽提蒸馏器	stripping still
启普气体发生器	Kipp's gas generator，Kipp's apparatus
氢电极	hydrogen electrode
琼脂桥	agar-bridge
球形冷凝器	bulb condenser
取样勺	scoop

R

热漏斗、保温漏斗、双层漏斗	hot funnel
容量瓶	volumetric flask，measuring flask
容量瓶、刻度量瓶、内容积(刻度)量瓶	measuring flask for content
容器夹	vessel clip
熔点管、熔点测定管	melting point tube
弱碱性阴离子交换树脂	weakly basic anion exchange resin

S

三脚架	tripods
色谱法用滤纸	filter paper for chromatography
色谱柱	chromatographic column
砂滤器	sand filer
砂纸	sand paper
烧杯	beaker
烧瓶支架	flask holder
蛇管冷凝器	coiled condenser
升华器	sublimation apparatus
升降台	elevator
石棉网	gauze
石英池,石英容器(比色皿)	quartz cell
试管	test tube
试管夹	test tube holder，test tube clamp
试管架	test tube support

试管刷	test tube brush
试剂瓶	reagent bottle,bottle
试纸	test paper
刷子	brush
水分离器	water separator
水银气压计	Fortin's barometer
水浴	water bath
水蒸气发生器	steam generator
酸度计	pH-meter

T

套管	telescopic pipe
套管接头	telescopic joint
天平	balance
托架	bracket
托盘天平	top pan balance
T 形管	T-tube,three-way connection

U

U 形管压力计	U-tube manometer

W

微孔滤器	microporous filter
微量滴定管	microburette
微量分馏装置	micro distillation apparatus
微量熔点测定装置	micro melting point apparatus
微量吸移管	micropipette
尾管	tail pipe
温度计	thermometer

X

吸滤瓶	suction bottle,filtering falsk suction flask
吸滤器、抽滤机	suction filter
吸气瓶、下口瓶	aspirator bottle
吸收吸液管	absorption pipette
洗涤瓶,洗瓶	washing bottle
洗管机	tube cleaner
洗管器	tube cleaner
洗气瓶	gas bottle
旋光仪	polarimeter

Y

研钵	mortar
氧气钢瓶	oxygen cylinder
液体压力计	liquid manometer
乙酸铅试纸	lead acetate test paper

鱼尾灯头	fish-tail head
预热板	preheating table
圆底烧瓶	round-bottomed flask

Z

折射仪	refractometer
真空干燥器	vacuum drier
真空过滤器	vacuum filter
蒸发皿	evaporating dish
蒸馏瓶	distillation flask
蒸馏头	still head
蒸馏装置	distillation apparatus
支台、支座、支架	supporting stand
指示剂	inidicator
指形冷凝器	cold finger
锥形瓶	conical flask
自动滴定管	automatic burette
棕色瓶	brown bottle

参 考 文 献

北京大学化学系分析化学教研组.1998.基础分析化学实验.第二版.北京:北京大学出版社

北京大学化学系普通化学教研室.1991.普通化学实验.第二版.北京:北京大学出版社

北京大学有机化学教研室等.1990.有机化学实验.北京:北京大学出版社

北京师范大学无机化学教研室等.1993.无机化学实验.第二版.北京:高等教育出版社

蔡良珍等.2003.大学基础化学实验.北京:化学工业出版社

曹庭礼.1988.基础化学.北京:中央广播电视大学出版社

陈虹锦.2002.无机与分析化学.北京:科学出版社

陈行表,蔡凤英.1989.实验室安全技术.上海:华东化工学院出版社

成都科学技术大学分析化学教研组等.1996.分析化学实验.第二版.北京:高等教育出版社

大连理工大学.2004.基础化学实验.北京:高等教育出版社

大连理工大学无机化学教研室.2004.无机化学实验.北京:高等教育出版社

迪安 J A.2003.兰氏化学手册.第15版.北京:科学出版社

董松琦,宁鸿霞.1999.基础化学实验(1).东营:中国石油大学出版社

杜志强.2005.综合化学实验.北京:科学出版社

复旦大学等.1979.物理化学实验(上册).北京:高等教育出版社

傅献彩.1999.大学化学(上册).北京:高等教育出版社

古凤才,肖衍繁.1999.基础化学实验教程.北京:科学出版社

郭丙南等.1991.无机化学实验.北京:北京理工大学出版社

郭伟强.2005.大学化学基础实验.北京:科学出版社

国家环境保护总局.1989.水和废水监测分析方法.第三版.北京:中国环境科学出版社

华中师范大学等.1987.分析化学实验.第二版.北京:高等教育出版社

黄涛.1998.有机化学实验.第三版.北京:高等教育出版社

焦家俊.2002.有机化学实验.上海:上海交通大学出版社

金世美.1989.有机分析教程.北京:高等教育出版社

兰州大学等.1994.有机化学实验.北京:高等教育出版社

雷群芳等.2005.中级化学实验.北京:科学出版社

李珺.2003.综合化学实验.西安:西北大学出版社

李梅,梁竹梅,韩莉.2004.学实验与生活——从实验中了解化学.北京:化学工业出版社

刘约权等.2000.实验化学.北京:高等教育出版社

刘约权,李贵深.1999.实验化学(上册).北京:高等教育出版社

刘珍等.1998.化验员读本.第三版.北京:北京化工大学出版社

楼书聪,杨玉玲.2002.化学试剂配制手册.第二版.南京:江苏科学技术出版社

吕春绪,诸松渊.1994.化验室工作手册.南京:江苏科学技术出版社

吕苏琴等.2001.基础化学实验教程(Ⅰ).北京:科学出版社

南京大学.1999.大学化学实验.北京:高等教育出版社

南京大学.2006.无机及分析化学.第四版.北京:高等教育出版社

南京大学大学化学实验教学组. 1999. 大学化学实验. 北京:高等教育出版社

南京大学化学实验教学组. 1999. 大学化学实验. 北京:高等教育出版社

宁鸿霞,李丽. 2002. 无机及分析化学实验. 东营:中国石油大学出版社

申泮文. 1980. 无机化学丛书(第九卷). 北京:科学出版社

沈君朴. 1992. 无机化学. 第二版. 天津:天津大学出版社

《实用化学手册》编写组. 2001. 实用化学手册. 北京:科学出版社

史启桢,肖新亮. 1995. 无机化学及化学分析实验. 北京:高等教育出版社

孙尔康等. 1997. 物理化学实验. 南京:南京大学出版社

田玉美. 2005. 新大学化学实验. 北京:科学出版社

王伯康,钱文浙. 1984. 无机化学实验. 北京:高等教育出版社

王福来. 2001. 有机化学实验. 武汉:武汉大学出版社

王尊本. 2003. 综合化学实验. 北京:科学出版社

吴琴媛等. 1988. 化学实验. 南京:南京大学出版社

吴泳. 1999. 大学化学新体系实验. 北京:科学出版社

武汉大学. 1982. 分析化学. 第二版. 北京:高等教育出版社

武汉大学. 1983. 无机化学. 第二版. 武汉:武汉大学出版社

武汉大学. 1998. 分析化学实验. 第三版. 北京:高等教育出版社

武汉大学等. 1997. 分析化学实验. 北京:高等教育出版社

武汉大学化学与分子科学学院《无机及分析化学实验》编写组. 1989. 无机及分析化学实验. 第二版. 武汉:武汉大学出版社

谢少艾等. 2006. 元素化学简明教程. 上海:上海交通大学出版社

徐伟亮. 2005. 基础化学实验. 北京:科学出版社

殷学锋. 2002. 新编大学化学实验. 北京:高等教育出版社

印永嘉. 1985. 大学化学手册. 济南:山东科学技术出版社

袁书玉等. 2006. 现代化学实验基础. 北京:清华大学出版社

张小林等. 2006. 化学实验教程. 北京:化学工业出版社

浙江大学等. 2001. 综合化学实验. 北京:高等教育出版社

郑豪,方文军. 2005. 新编普通化学实验. 北京:科学出版社

郑化桂. 1988. 实验无机化学. 合肥:中国科技大学出版社

中山大学等. 1981. 无机化学实验. 修订本. 北京:高等教育出版社

周宁怀. 2000. 微型无机化学实验. 北京:科学出版社

周其镇等. 2000. 大学基础化学实验(Ⅰ). 北京:化学工业出版社

Ballinger J T. 2006. 化学操作人员便携手册. 北京:机械工业出版社

Bell C E, Clark A K, Taber D F et al. 1997. Organic Chemistry Laboratory Standard & Microscale Experiments. 2nd ed. New York: Saunders College Publishing

Mohrig J R, Hammond C N, Morrill T C et al. 1998. Experimental Organic Chemistry: a Balanced Approach, Macroscale and Microscale. New York: W H Freeman

Pavia D L, Lampman G M, Kriz G S. 1989. Introduction to Organic Laboratory Techniques: a Contemporary Approach. 3rd ed. Philadelphia: Saunders College Publishing

Wilcox C F. 1988. Experimental Organic Chemistry: a Small Scale Approach. New York: Macmillan

常用化学信息网址资料

http://lcc.icm.ac.cn	中国科学院科技文献网
http://www.cnc.ac.cn	中国科技网
http://www.cintcm.ac.cn	数据库网
http://chem.itgo.com	化学信息网
http://chin.icm.ac.cn	重要化学化工信息导航网
http://www.ccs.ac.cn	中国化学会网址
http://www.acs.org	美国化学会网址
http://webbook.nist.gov	美国国家标准局网址
http://chemistry.org	美国化学信息网
http://bibll.las.ac.cn	中国科学院情报所网
http://jiansuo.com	中国专利检索网
http://patents.uspto.gov	美国专利检索网
http://www.ipdl.jpo-miti.go.jp	日本专利检索网

课程网站

http://inorganic.sjtu.edu.cn	上海交通大学无机与分析化学